设计·民生
当代中国设计研究

刘佳 主编

北京时代华文书局

图书在版编目（CIP）数据

设计·民生：当代中国设计研究 / 刘佳主编 . — 北京：北京时代华文书局，2022.3
ISBN 978-7-5699-4476-1

Ⅰ . ①设…　Ⅱ . ①刘…　Ⅲ . ①设计学 – 中国 – 文集　Ⅳ . ① TB21-53

中国版本图书馆 CIP 数据核字 (2022) 第 246181 号

拼音书名 | SHEJI MINSHENG : DANGDAI ZHONGGUO SHEJI YANJIU

出 版 人 | 陈　涛
责任编辑 | 周海燕
执行编辑 | 胡元曜
责任校对 | 薛　治
封面设计 | MM末末美书
内文设计 | 段文辉
责任印制 | 訾　敬

出版发行 | 北京时代华文书局 http://www.bjsdsj.com.cn
北京市东城区安定门外大街 138 号皇城国际大厦 A 座 8 层
邮编：100011　电话：010-64263661　64261528
印　　刷 | 河北京平诚乾印刷有限公司　电话：010-60247905
(如发现印装质量问题，请与印刷厂联系调换)
开　　本 | 710 mm×1000 mm　1/16　　印　　张 | 34.5　　字　　数 | 540 千字
版　　次 | 2023 年 6 月第 1 版　　印　　次 | 2023 年 6 月第 1 次印刷
成品尺寸 | 170 mm×240 mm
定　　价 | 108.00 元

前　言

本书获得2017年中国艺术研究院基本科研业务费项目资助。该项目“当代中国设计的‘民生’问题研究”属于设计学与社会学跨学科交叉研究，力图在研究当代中国社会民生问题的基础上，通过设计寻找解决社会民生问题的应对方式。课题全部内容是以设计学研究为核心，借鉴社会学观点，并以设计调研、文献阅读、理论归纳和设计实践为基本方法，以发现问题、分析问题、解决问题为研究思路展开的针对性研究。因此，其具有设计学与社会学的实践性、现实性、针对性的显著特点，并以解决社会问题、保障社会民生、改善百姓生活为最终目标，具有较高的学术价值与应用价值。本书包括绪论，以及数字媒体与视觉传达设计、手工艺与工业产品设计、公共空间与环境艺术设计三编的内容。

绪论“设计·民生：当代中国设计的‘民生’问题研究”，在阐释设计与民生的关系的基础上，提出本项目涉及的当代中国设计的11个民生问题。本部分由刘佳撰写。第一章“幸福和谐：数字媒体艺术沉浸式设计研究”，是以数字媒体艺术为背景、范畴的当代沉浸式设计内容，以期达到“幸福和谐”的生活目标。此章由孙玉洁撰写。第二章“温暖适用：视觉传达设计中的适老性问题研究”，是视觉传达设计领域里关于满足且适合老年人需求的“既温暖又适用”的设计理念与方案。此章由耿晓涵撰写。第三章“半定制化：澳门华商故居文化创意产品设计的视觉表达研究”，是以澳门卢家大屋为例、以半定制概念为核心的文创产品视觉表达的设计理论与实践，体现了满足消费者个性需求且价格合理的设计方案。此章由李洋艺撰写。第四章“致用利人：互联网产品设计的人文关怀研究”，是针对互联网产品人文特色设计的探究，以达到致用利人的设计目标。此章由王静文撰写。第五章“智慧向善：智能产品设计伦理的科技问题研究”，是针对科技进步的智能产品设计应遵循伦理道德的研究，促进智能产品向善发展。此章由周帅撰写。第六章“同享相和：共享单车设计原则研究”，是对当下共享经济视野下共享单车设计应遵循原则的研究，阐释共享的真谛。此章由张帆撰写。第七章“顺时应势：鲁锦生态设计研究”，是以设计生态理念为视野，关于山东鲁锦当代设计顺时应势的研究。此章由高文倩撰写。第八章“匠心民需：苏州檀香扇传统工艺研究”，是以苏州檀香扇为研究对象，研究其传统工艺及其匠心与民需的设计价值。此章由王越撰写。第九章“乡土温度：鲁东农村公共空间设计研究”，是以新农村建设为指导思想，阐释鲁东地区农村公共空间新乡土的设计理念与方案。此章由王梦晓撰写。第十章“诗意栖居：北京机构养老设施的交往空间设计研究”，是在调研数家机构养老设计交往空间现状的基础上，提出老年人养老的诗意栖居的设计理念与方案。此章由李雪撰写。第十一章“文治教化：复合型书店的体验式空间设计研究”，是以体验经济为导向，强调当下复合型书店体验式空间设计的文治教化理念。此章由何诗诗撰写。

上述设计问题均以研究当代中国的社会问题为前提、以解决社会民生问题为目标、以设计学为方法，就存在的设计与社会问题提出相应的解决方案和对策，希望借助设计力量提高广大百姓的生活水平和质量，促进当代中国社会的建设与发展，为保障民生、完善社会制度做出应有的贡献。

刘　佳

2020年12月

目　录

绪论　设计·民生：当代中国设计的“民生”问题研究

上编　数字媒体与视觉传达设计

第一章　幸福和谐：数字媒体艺术沉浸式设计研究

第一节　数字媒体艺术沉浸式设计的时代性 / 57

第二节　数字媒体艺术沉浸式设计产业现状 / 71

第三节　创造幸福的数字媒体艺术沉浸式设计 / 79

第四节　构建和谐的数字媒体艺术沉浸式设计 / 87

第二章　温暖适用：视觉传达设计中的适老性问题研究

第一节　视觉传达设计中的适老性现状 / 97

第二节　视觉识别系统设计的适老性构想 / 113

第三节　导视系统设计的适老性思考 / 122

第四节　适用于老年人的包装设计 / 132

第五节　针对老年人无障碍阅读的书籍设计 / 142

第三章　半定制化：澳门华商故居文化创意产品设计的视觉表达研究

第一节　澳门文化创意产品设计的发展现状 / 151

第二节　澳门华商故居文化创意产品设计的视觉文化内涵 / 165
第三节　澳门华商故居文化创意产品设计的视觉表达方法 / 177
第四节　卢家大屋文化创意产品的设计实践 / 190

第四章　致用利人：互联网产品设计的人文关怀研究
第一节　互联网产品设计的情感化表现 / 203
第二节　互联网产品设计的个性化表达 / 215
第三节　互联网产品设计的生活化呈现 / 225

中编　手工艺与工业产品设计

第五章　智慧向善：智能产品设计伦理的科技问题研究
第一节　科学技术与智能产品设计的关系 / 240
第二节　智能产品设计的伦理困境 / 242
第三节　科技领域中智能产品设计伦理性对策 / 271

第六章　同享相和：共享单车设计原则研究
第一节　共享设计理念下的共享单车 / 279
第二节　共享单车的可持续设计原则 / 288
第三节　共享单车的安全设计原则 / 298
第四节　共享单车的公平设计原则 / 304

第七章　顺时应势：鲁锦生态设计研究
第一节　鲁锦就地取材的自然生态设计 / 314

第二节 鲁锦地域民俗的人文生态设计 / 324
第三节 鲁锦时移势迁的产业生态设计 / 339
第四节 鲁锦天人和谐的生态设计走向 / 358

第八章 匠心民需：苏州檀香扇传统工艺研究
第一节 苏州檀香扇传统工艺形成的背景 / 367
第二节 檀香扇传统工艺传承的必要性 / 380
第三节 工艺传承面临的问题及解决策略 / 399

下编 公共空间与环境艺术设计

第九章 乡土温度：鲁东农村公共空间设计研究
第一节 从公共生活到公共空间设计 / 409
第二节 人际互动性——鲁东农村公共空间规划设计 / 420
第三节 乡土设计观——鲁东农村公共空间设施设计 / 433
第四节 社区认同感——鲁东农村空间视觉与环境设计 / 442

第十章 诗意栖居：北京机构养老设施的交往空间设计研究
第一节 北京机构养老设施交往空间调研及现存问题 / 457
第二节 “物境”——交往空间的普遍设计原则 / 465
第三节 “情境”——交往空间与老年行为的动态互动 / 471
第四节 “意境”——场所精神的追求与表达 / 483

第十一章 文治教化：复合型书店的体验式空间设计研究
第一节 传统书店与复合型书店的现状 / 495
第二节 复合型书店的体验内容 / 503

第三节　复合型独立书店的体验式空间设计实践与反思 / 515

参考文献 / 526

后记 / 542

绪论
设计·民生：当代中国设计的“民生”问题研究

当代中国设计的“民生”问题研究属于设计学与社会学跨学科交叉研究的内容，其目的是在研究社会学有关社会民生问题的基础上，为解决社会问题寻找设计对策。本章包括两个内容：一是在分析设计内涵、设计责任与社会民生问题的同时，阐释设计与民生的关系，并明确通过设计来解决、保障民生问题的关键；二是综述当代中国设计的民生问题的研究现状，以及研究的必要性、学术价值和实践意义，并概括本项目涉及的当代中国设计的11个民生问题的简要内容和主要观点。本部分作为本项目的总论，也是本项目理论研究的指导思想。

一、当代中国设计与民生的关系

民生是指民众在温饱、就业、教育、收入分配、生活保障、社会安定等方面的基本生存状态，设计是针对目标的求解和决策过程，是人类有目的的创造活动，其目标包含社会民生问题。当代中国社会最主要的问题就是民生问题，从某种程度上说，具体民生问题的落实、解决、改善和保障是通过设计完成的，即设计保障民生且解决了诸多民生问题，同时也解决了当代社会的诸多问题。目前，农村民生问题、产品设计安全与伦理问题、生态环境保护问题、保障性产品设计问题、适老性设计问题、为特殊人群提供特殊性设计问题等是急需解决的设计问题，也是需要进一步解决的社会问题。本部分主要内容包括：在对民生、设计的内涵及其相互关系阐述的基础上，指出当代中国社会存在的主要民生问题，以及探求如何通过当代中国设计解决社会民生问题。

（一）民生是当代中国设计研究的重要目标

什么是民生？民生，一般理解为广大民众、社会群体在温饱、就业、教育、收入分配、生活保障、社会安定等方面的基本生存状态。中华人民共和国70多年的发展经验表明，民生是经济发展、社会建设的重点，推动社会进步需要以民生为先。具体而言，“温饱是民生之始，就业是民生之本，教育是民生之要，收入分配是民生之源，生活保障是民生之依，社会安定是民生之盾”[①]。就业、教育、收入分配等在民生范畴里起着举足轻重的作用，就其中的“生活保障是民生之依”来看，民生又涵盖了广大民众的衣食住行，也牵扯到百姓的温饱问题，是至关重要的。而设计是有目的的创造活动，充分满足和改善民众的生存需求、生活条件，同时达到社会安定和社会进步。

什么是设计？设计是针对目标的求解和决策过程，是人类有目的的创造活动，它是人类的科技、文化、艺术、社会活动。设计无论从创造、改变、求解活动的角度思考，还是从艺术、科技、商业活动的角度思考，基本反映的都是人与自然、社会、文化等方面的相互关系。人类设计的任何一种设计物，都源于人类社会的需要，设计最终要用于人类社会，服务于整个社会群体衣食住行的需求。比如，几千年来，作为保暖遮体的服饰已经演变为体现社会文化驱动创意的时尚服装；作为能填饱肚子的食物已进化为各种以健康为准则的生态产品；作为栖身之地的居住地已演变为普通人积蓄一生为之奋

① 李培林等：《当代中国民生》，社会科学文献出版社2010年版，第1页。

斗的高楼；作为代步工具的舟、船、车现在甚至可以“飞”向其他星球。在这些始终变化着的物品中，随着科技进步，人类的设计创造活动对社会建设与发展起到了推动的作用，而设计理论则是依托于社会背景下的科技、艺术、产业、市场、消费等各层面的综合研究。从某种意义上说，设计与社会紧密相连，设计研究也是社会研究。

设计源于且服务于以人为主体的社会。其一，设计承载了社会的信息。设计承载着一个时代科学技术的发展水平、一个国家经济建设的发展程度，反映大众对设计产品的需要，满足大众对生存与发展的物质载体的需求，也反映大众的社会素质、审美倾向与精神面貌。设计是社会的镜子、时代的反映，并镶嵌于社会之中。通过设计可以看到社会的变迁、结构、功能的各个方面。其二，社会是理解设计的依据。设计产品联结了设计师与消费者的情感，体现出提供与需求的关系。从设计师的角度讲，理解设计的依据和从事设计实践的方法植根于社会，设计基于对个体和社会的综合分析，服务于包括每个人、每个群体的整个社会，而不是依靠设计师的感觉和凭空想象。其三，社会结构是研究设计的基础。社会结构是“指一个国家或地区的占有一定资源、机会的社会成员的组织方式与关系格局”[①]，也就是社会资源在社会成员中的配置，以及社会成员获得社会资源的机会（即公平性）的结果。社会结构是研究设计艺术的基础，无论什么人都可以在社会结构中寻找到与自己对应的位置，因为每个人都是社会成员。设计与社会关系研究的目的，不仅是为了了解社会而考察设计，也是为了设计的发展而研究社会，研究影响设计发展的社会结构的变动，更好地为社会服务、为广大人民群众服务。虽然由于社会地位结构的不断变化出现了社会分层，但设计的价值是均等的。需要强调的是，设计文化价值的评判遵循“民主平等”的原则，运用于各种设计生产、消费范畴和不同社会阶层之间。设计文化价值不会因为社会结构

---

① 陆学艺主编：《当代中国社会结构》，社会科学文献出版社2010年版，第10页。

中社会阶层高低的不同而出现相应层次等级的差别。比如说，广泛适用于普通百姓的生活用品的设计文化价值与高收入者追求的奢侈品的设计文化价值同样应该受到尊重。虽然两类设计产品的“价格”有着天壤之别，但其设计本质和文化价值则是同等的，不该存有高低之区别。

什么是设计目标？设计是人类有目的、有方向的创造活动。设计的目标就是解决百姓衣食住行的问题、解决设计物的功能与审美结合的问题、解决人与物的关系问题。一方面从实践与应用的角度解释设计的内涵，就是“设计解决问题”，而解决百姓衣食住行的基本生存保障问题则是设计最为基本的内涵；另一方面从设计师社会责任的角度，努力解决广大民众的基本生存保障问题是设计师的基本设计任务和社会责任，也是设计师较为明确的设计目标。

根据陆学艺主编的《当代中国社会结构》，中国社会结构的深刻变动主要表现在社会结构的基础结构、社会整合结构、空间分布结构、生存活动结构和社会地位结构等五个方面。以下就这五个结构进行简要的分析，并以此为依据来探求解决社会民生问题的必要性、价值观，以及解决民生问题的要点。

其一，人口结构是社会结构的基础结构。人作为社会的主体，是资源和机会的基本载体，一定数量和质量的人口是构成一个社会的基础。当代中国设计所关注的设计与艺术包括肩负全面提高人口整体素质的设计，充满社会关怀和应对老龄化社会所做的适老性设计，以及为残障人员进行的特殊性设计，它们不仅彰显“以人为本”的设计理念，更是以研究当代中国人口结构状况为基础进行的。适老性设计、特殊性设计成为设计师面临的设计与社会的双重问题。其二，当代中国社会整合结构体现在家庭结构、社会组织结构的变动上。对家庭结构的研究是小型设计、过渡性设计、简易化设计、折叠式设计、组合设计等设计形式的基础，家庭形式的多样化（丁克家庭、单亲家庭和空巢家庭）成为设计多样化的理论依据，而上述家庭中的一部分人口生活在贫困线以下。为此，除了采用节约成本、避免浪费的适度设计解决问题之外，还要充分发挥设计组织的作用、深化设计产业结构，让针对贫困家庭生存生活保障性产品的设计成为设计领域关注的设计问题。其三，当代中国空间分布结构表现在资源与机会配置的不同城乡、区域。城乡二元结构与区域自然地理形成了当代中国社会空间分布结构，同时城乡之间、区域之间的自然资源与机会配置也带来了发展差距。这些年来，为缩小城乡差距，除了乡村公共基础设施设计、通过良好设计提高村民生活水平之外，设计助力乡村文化振兴、设计精准扶贫成为国家发展的重要战略，而设计师助力且激发村民内生动力和提高农村农民的生产力等成为乡村经济可持续发展的举措。其四，当代中国生存活动结构包含了就业、收入与消费三大结构。就业、收入、消费与设计艺术有着直接或间接的关系，影响民众对设计产品的各类需求。其中，设计师的适度设计是促进消费者适度消费最为重要的环节，也体现出一种良好的生活与消费方式。此外，在对当代中国生存活动结构进行分析的基础上，密切关注低收入者生存生活保障需求是体现设计师设计实践与价值观的重要表现。其五，当代中国社会地位结构体现为现代社会阶层结构的初步形成。当代社会阶层结构是设计分层的理论依据。设计分层与设计定位存在区别，设计分层更加科学，尤其是对社会阶层的“层级”、各阶层占全社会总人口的比例、各阶层的基本状况的研究，已经成为设计师研究的重点内容。可以说，没有社会阶层结构的分析就没有设计分层理论。比如，中国的中产阶层规模比例已达到了23%左右。虽然经历了40多年的改革开放，社会结构发生了很大的变化，以往的“金字塔型”已不复存在，但目前社会结构还是中间略大、底部更大的“洋葱型”。社会中仍有一定数量的低收入人口存在，他们的生存生活保障产品的设计也不容忽视。因此，设计惠及且服务于百姓、保障且改善“民生”始终成为当代设计师从事设计实践时秉持的重要设计价值观。

从设计领域思索民生问题是设计师的职业道德和社会责任，也是评价设计的又一个标准和不可回避的问题。随着经济的快速发展和社会矛盾的不断涌现，仅从设计的功能、材料、结构、技术、经济、安全、审美、人机交互的评价体系层面评判设计价值已经不能完全适应社会发展的需求。以国家政策为导向的、以保障和改善民生为设计目标的设计路程成为当代中国设计师重点思索的问题。从国家政策层面来看，以保障且改善民生为目标，一直是党和政府工作的重要举措。关于改善民生问题，习近平总书记在中国共产党第十九次全国代表大会上的报告中就加强社会保障体系建设明确指出："全面建成覆盖全民、城乡统筹、权责清晰、保障适度、可持续的多层次社会保障体系。全面实施全民参保计划。完善城镇职工基本养老保险和城乡居民基本养老保险制度，尽快实现养老保险全国统筹。完善统一的城乡居民基本医疗保险制度和大病保险制度。完善失业、工伤保险制度。建立全国统一的社会保险公共服务平台。统筹城乡社会救助体系，完善最低生活保障制度。坚持男女平等基本国策，保障妇女儿童合法权益。完善社会救助、社会福利、慈善事业、优抚安置等制度，健全农村留守儿童和妇女、老年人关爱服务体系。发展残疾人事业，加强残疾康复服务。坚持房子是用来住的、不是用来炒的定位，加快建立多主体供给、多渠道保障、租购并举的住房制度，让全体人民住有所居。"①习近平总书记针对贫困地区的扶贫政策提出："坚决打赢脱贫攻坚战。要动员全党全国全社会力量，坚持精准扶贫、精准脱贫，坚持中央统筹省负总责市县抓落实的工作机制，强化党政一把手负总责的责任制，坚持大扶贫格局，注重扶贫同扶志、扶智相结合，深入实施东西部扶贫协作，重点攻克深度贫困地区脱贫任务，确保到二〇二〇年我国现行标准下农村贫困人口实现脱贫，贫困县全部摘帽，解决区域性整体贫困，做到脱真贫、真脱贫。"②其中完善最低生活保障制度，健全老年人关爱服务体系，加强残疾康复服务，注重扶贫同扶志、扶智相结合等民生战略成

---

① 习近平：《提高保障和改善民生水平，加强和创新社会治理》，中华人民共和国中央人民政府网，http://www.gov.cn/zhuanti/2017-10/18/content_5232656.htm，2017年10月18日。

② 同上。

为保障和改善民生的重中之重。

那么，就目前社会现状而言，当代中国设计面临着哪些急需解决的民生问题呢？

（二）当代中国社会的民生问题

提高人民物质文化生活水平、保障且改善民生是党和政府加强社会建设的重点工作，要实现百姓“幼有所育、学有所教、劳有所得、病有所医、老有所养、住有所居、弱有所扶”的美好生活愿景。从设计的角度思索民生问题，是探求能否在经济发展与社会建设过程中发挥“设计力量”的独特作用，能否在保障和改善民生的工作任务中，通过设计实践与产业发展解决百姓生活中的各类设计需求问题的关键。目前，在众多设计保障与改善民生工作中，要重点解决的民生问题体现在：农村农民的民生问题、适老性设计问题、为特殊人群提供特殊性设计问题、保障性产品设计问题、产品设计安全和环境生态保护问题等。为什么这些问题是当代中国社会存在且需要解决的呢？

第一，农村农民的民生问题。自从1958年推行城乡二元制度以来，“城里人”和“乡下人”的区隔特征不仅表现在资源和机会的占有、收入分配、政策安排上，更表现在思维方式、精神面貌、生活习惯等方面。所以，设计助力乡村振兴、设计满足农民的需求、设计缩小城乡差距已成为设计学界的热点研究内容。以城乡结构为例，当前中国城乡二元结构的实质是城乡之间各种资源配置不均衡、机会获得不平等。虽然过去那种“城市像欧洲，农村像非洲”的城乡发展差距有所改善，但是长期存在的中国城乡二元结构仍然影响着农村家庭的生活质量和消费水平，以及农业、农村、农民的全面发展。特别是在城市被认定的部分公共产品、公共设施，无法被农村家庭享有。农村家庭对以家电为主的大众耐用消费品的消费意愿高于城市，但农村消费因受收入低和社会保障水平低的局限而处于相对低迷的状态。

国家统计局关于农村人口比例的统计数字显示：截至2020年，农村人口为50979万人，占全国总人口的36.11%。李克强在2020年的《政府工作报告》

中指出："常住人口城镇化率首次超过60%。"[①]但是，城乡二元结构仍然是我国社会结构中最典型、最突出的问题之一，关系到一部分人的民生问题。因此，设计师肩负着针对农民的生活意愿采取相应的服务设计从而促进社会健康发展的重担。

习近平在《关于〈中共中央关于全面深化改革若干重大问题的决定〉的说明》中明确指出："改革开放以来，我国农村面貌发生了翻天覆地的变化。但是，城乡二元结构没有根本改变，城乡发展差距不断拉大趋势没有根本扭转。根本解决这些问题，必须推进城乡发展一体化。""必须健全体制机制，形成以工促农、以城带乡、工农互惠、城乡一体的新型工农城乡关系，让广大农民平等参与现代化进程、共同分享现代化成果。"[②]

第二，适老性设计问题。适老性设计是专门为老年人服务的人性化设计。截至2020年，我国老龄人口总数超过2.64亿，老龄化程度达18.7%，我国进入典型的老龄化社会。一线城市的老龄化程度更加严重，截至2017年年底，上海老龄化程度达到33%，北京老龄化程度达到25%。因此，与老年人身心健康有关的工业产品、养老设施等的适老性设计成为设计与社会的双重问题。在充分研究老龄化社会问题的基础上，研发相关适老性设计项目且形成产业化已成为设计者的重要目标。

维也纳老龄问题世界大会有关文件认为，一个国家60岁以上的人口占10%以上或65岁以上的人口占到7%，该国即进入"老龄化"或"老年型"社会。中国老龄科学研究中心编写的《中国老龄事业发展报告（2020）》中的数字统计，显示2020年我国老年人口（60岁以上）数量达2.64亿，老龄化水平将达18.7%。可以预测，2035年后，60岁以上老人可达4亿多人，占全国人口的

① 李克强：《政府工作报告》，中华人民共和国中央人民政府网，http://www.gov.cn/guowuyuan/zfgzbg.htm。

② 习近平：《关于〈中共中央关于全面深化改革若干重大问题的决定〉的说明》，《中国共产党第十八届中央委员会第三次全体会议文件汇编》，人民出版社2013年版，第102–103页。

30%。显然，我国是一个老龄化比较严重的国家。关于人口老龄化，习近平指出：“积极应对人口老龄化，构建养老、孝老、敬老政策体系和社会环境，推进医养结合，加快老龄事业和产业发展。”[①]随着老年人口的不断增多，关心老年人的身体健康，丰富老年人的文化体育生活，减少老年人生活、工作、娱乐障碍的设计逐渐成为设计师所关心的热点之一。设计师应针对老年人的生理、心理特点，设计、生产满足他们需求的生活用品、食品、娱乐设备、体育设备，以及康复设备和护理用品。适老性设计是当代设计关注的重点之一，也是我国当前发展“银色产业”的应有之义。随着老年朋友思想观念的不断更新，这一领域的市场空间在不断扩大，而为老年人服务也是设计师的职责。

第三，为特殊人群提供特殊性设计问题。特殊性设计是指专门为满足特殊人群生活、学习所进行的无障碍设计产品。这里所说的特殊人群是指生理残障人群，包括四肢残疾者、视力障碍者、听力障碍者、智力障碍者等特殊人群。通过为特殊人群设计适当的产品，辅助、提升他们的生活能力和质量，可以使他们尽可能像普通人一样生活。

中国残疾人联合会的《全国持证残疾人人口基础库主要数据》显示：截至2021年12月31日，全国持证残疾人人口约为3805万人。其中，视力残疾人约415万，听力残疾人约330万，言语残疾人约61万，肢体残疾人约2037万，智力残疾人约343万，精神残疾人约419万，多重残疾人约200万。[②]由此可见，特殊人群需要社会力量的关爱和帮助，党和国家“发展残疾人事业，加强残疾人康复服务”的工作导向明示了设计的方向。

第四，低收入家庭保障性产品设计问题。在多层次的设计与规划过程

---

① 习近平：《提高保障和改善民生水平，加强和创新社会治理》，中华人民共和国中央人民政府网，http://www.gov.cn/zhuanti/2017-10/18/content_5232656.htm，2017年10月18日。

② 中国残疾人联合会：《3-2全国持证残疾人人口基础库主要数据》，https://www.cdpf.org.cn//zwgk/zccx/ndsj/zhsjtj/2021zh/80f9400851214705a7e2774616e2e0e6.htm。

中，设计师应不忘加大保障性设计的力度。加大保障性产品设计力度是解决民生问题的关键，百姓衣食住行问题基本解决之后，才谈得上“安居乐业”，否则就会引起百姓不满，潜在的社会问题与矛盾日积月累后必将集中爆发。解决城乡低保问题、扩大就业率、增加人民收入是政府要做的最为实际的工作。应呼吁设计师将目光放在完善百姓日常生活的基础设施设计和日用品设计上，贯彻中央政策，“完善保障和改善民生的制度安排，把促进就业放在经济社会发展优先位置，加快发展各项社会事业，推进基本公共服务均等化，加大收入分配调节力度，坚定不移走共同富裕道路，使发展成果惠及全体人民”[①]。

中华人民共和国中央人民政府网贫困人口比例的统计数据显示：截至2018年9月底，全国共有城乡低保对象4619.9万人，城市低保平均标准为每人每月575元，农村低保平均标准为每人每年4754元（每人每月396元），分别较上年同期增长7.6%、12.9%。区域扶贫工作，在“坚持大扶贫格局，注重扶贫同扶志、扶智相结合”[②]的战略指导下，在做好低收入群体保障性服务设计的同时，应加大该群体成员的设计培训，以设计力量助力、激发该群体的创造力，提高其生产能力以改善生活条件。

第五，产品设计安全和生态环境保护问题。近几年，频频发生工业产品、食品安全问题与事故，这不仅对“中国制造”在国际上的口碑产生了不良影响，也暴露出我国在工业产品安全的设计、监管等方面的欠缺，而且这也与百姓生活、生存的基本安全和保障相冲突。因此，加强工业产品设计的安全性、加强工业产品使用安全监督是设计服务民生的内容之一。设计是“使用的艺术”，消费者的基本需求强调的是产品的功能性、安全

① 《中共中央关于制定国民经济和社会发展第十二个五年规划的建议》，人民出版社2010年版，第7页。

② 习近平：《提高保障和改善民生水平，加强和创新社会治理》，中华人民共和国中央人民政府网，http://www.gov.cn/zhuanti/2017-10/18/content_5232656.htm，2017年10月18日。

性。即便是最美丽的设计作品，其功能性、安全性也是最重要且不可忽视的两个方面。产品使用安全关系到使用者的人身安全，除了产品设计自身安全和使用者的使用安全问题之外，还要非常关注与设计有关的环境保护和安全问题。环境保护、低碳生活的绿色设计是设计意识问题，行动起来是解决问题的前提，寻找切实可行的方案是解决问题的关键，把环境保护、低碳生活作为永久的设计原则是解决生态环境问题的基础。生态环境问题是无国界的、全球性的关注要点，设计领域提倡的绿色设计、可持续设计、适度设计都涉及自然、社会与人的关系。

上述几个方面的民生问题，从设计批评的层面来看有充分合理的依据，并依托于一套相对完善的设计评价体系。许多设计师的设计思想根植于为大众服务，在注重使用价值与个性表达有机结合的基础上，追求美的日常生活方式和朴素的哲学思想，从维护社会稳定的“民主”理念出发，保障弱者的权利，解决民生问题。“民主是由公民支配、对公民负责的政府体制”[①]，而设计与设计文化价值的评判是以民主平等为标准的，运用于各种设计、生产、消费等范畴，以及社会的各社会阶层之间，而不是以社会阶层高低划分的。就设计与设计文化价值而言，普通百姓常用的“生活用品”的设计文化价值与高收入者追捧的“奢侈品”的设计文化价值同样应该受到尊重。虽然两类设计产品的“价格”有着天壤之别，但其设计本质、设计价值是同等的，不该有高低的区别。从设计师设计理念的基本取向着眼，设计改善民生已成为当代设计师关注的问题，它不仅是设计问题，也是社会问题。解决好设计保障和改善民生的问题，也就在一定程度上解决了社会问题、缓解了社会矛盾，所以，设计保障且改善民生成为当代中国社会关注的最为重要的问题之一。那么，当代中国设计应如何保障且改善民生呢？

---

① 蔡定剑：《民主是一种现代生活》，社会科学文献出版社2010年版，第52页。

（三）当代中国设计，解决当代社会民生问题

解决社会民生问题的渠道和路径有很多，设计是其中之一，通过设计理论与实践针对性地解决社会问题，是直接且有效的方式方法。设计学最为突出的特点就是它强调实践性，这也是理论与实践密切结合的体现；同时，要追求以设计学为核心且与其他学科交叉的研究，注重其学术价值与应用价值并重，并广泛服务于民众的社会生活。因此，设计跨学科理论研究有明确的指向性（即设计实践成果的转化），且服务于设计实践和设计产业领域的发展。就设计学自身研究的指向性及与社会学跨学科研究的实践成果而言，设计面临的社会问题，尤其是面临的“民生”问题是重中之重。就目前社会现状而言，解决农村农民的生活保障问题、为特殊人群提供特殊性设计问题、保障性产品设计问题、产品设计安全问题、生态环境保护问题等是急需解决的民生问题。那么，设计应如何解决当代中国社会的民生问题呢？

第一，内生动力，解决农村农民的民生问题。

中国是一个以城乡结构性为鲜明特征的国家，而当代中国大多数的乡村并非封闭的、纯粹的农业社会，由于城市经济、城市生活的介入，传统乡村中已经具备了非乡村因素，城市和乡村在某种意义上是共生于中国社会之中的。比如，农民在农闲季节可以外出打工、经商，村庄周边的集市庙会、采摘大棚、农家乐、乡土手工艺品设计与加工工厂、乡土食品加工企业是乡村的重要经济场所和生产发展的场地，吸引城市居民前来观赏、游玩和享用。在当代中国，乡土与城市化不应该是对立的，当今的城市化进程并不意味着必须摧毁乡村，现代化也并不意味着去乡土化。由于城乡之间存在着文化和价值观的差异，因此，不能完全用城市的设计规划、技术手段、审美标准来衡量乡村，有些研究者甚至认为“用城市理念和方式方法建设农村，那就不是建设，而是破坏”。一个村庄有一个完整的村庄生态、文化系统，应遵循一定的乡村建设原则，提高乡村居民的生活水平，尊重乡村居民的生活习惯与意愿，建设好乡村，使乡村成为“未来城市消费的奢侈品”；应通过城市设计与乡土多样化设计，保留中国城市与乡村的双重面貌，促进文化的多样性发展。

激发村民内生动力更为重要。依据国家乡村振兴战略，设计者应将理论与实践相结合，参与国家社会建设。近些年，研究者从美丽乡村设计、艺术乡村建设、设计扶贫、设计赋能传统手工艺等层面落实了乡村振兴战略。但针对设计如何提高农业生产力、提高农民生活水平等问题，激发村民内生动力更为重要。一方面，应在遵循“突出地域和农村的特色，保护特色文化风貌”原则的基础上，振兴乡村经济，推动乡村发展。在保持乡村自然面貌、遵循乡村自然规律、尊重乡村居民意愿的基础上，通过设计实现乡村居民生活水平有所提高且能够达到与城市居民等同的愿望，实现乡村生产原料和生产方式与城市有效合作、互通。另一方面，以乡土文化作为设计的元素，利用现代科技手段和城市优秀的设计水平，使设计产品既有乡土气息又具时代特点，发挥乡土文化、乡土设计的优势，改进乡土设计的不足，在生活水平、生活质量、生活方式上缩小城乡差距。

通过设计缩小城乡差距，解决农村农民的民生问题。当前中国城乡二元结构的实质为城乡之间各种资源配置不均衡，机会获得不平等。应在尊重农民意愿的基础上，通过设计帮助农民提高生活水平、生产能力；通过设计赋能与助力，激发村民内生动力，从根本上缩小城乡差距。一方面，尊重村民意愿，借助乡土文化的活力，有效引导、激发村民的创造力，调动村民的积极性、主动性和创造性，使得村民成为自己村庄的设计者和美丽乡村的建设者，成为振兴乡村的推动者和收获者。另一方面，以国家乡村振兴战略为契机，满足村民生产生活需求，完善农村公共基础设施设计，提高乡村经济生产能力。通过设计解决乡村“民生”问题，要比“艺术改变乡村”“设计美丽乡村”等短期效益“项目”更切实际。值得一提的是获得2019中国设计智造大奖铜奖的“FISON纯电动无人驾驶拖拉机”（图0–1）。它由湖南大学设计艺术学院师生主持研发，集结机械与运载工程学院、物理与微电子科学学院等专业学院研究生共同设计完成，是我国首款纯电动智能驾驶拖拉机。它具有零排放、零污染的优势，适用于农田、大棚等农业生产模式，解决了农民生产工具智能化的问题，将会推动农业生产力的大大提高，同时真正践行了设计助力乡村振兴战略。

第二，适合与关怀，解决老龄化社会的适老性设计问题。

适老性设计是指适合老年人生理与心理特征且满足他们生活、学习与工作需求的设计，其密切关注老年人的身体素质、身体限度和心理变化与诉求。

图0-1 FISON纯电动无人驾驶拖拉机
（图片来源：中国设计智造大奖官网）

如何应对老龄化社会的适老性设计问题呢？首先，建立中国老年人人体结构数据库，储备标准的参数，为老年人产品的设计做好准备；研究老年人骨骼钙化、肌肉退化、关节老化、视力下降等生理变化，以及心理和感觉系统的问题。其次，建立不同层次的养老机构，做好养老配套设施的系统化设计，提供优质的服务设计。再次，完善适老性设计的智能化，建构老年群体以简单、易学、易用、亲切为特点的社交互动平台，专门为老年人提供智能产品。充分处理好老年人的体型、体质与产品之间的关系，通过参与、体验、情景再现、人工智能等方法，为老年人提供养老设施和产品，让老年人有尊严地生活，实现老年人“老有所养”、获得社会关爱的设计目标。

2020年11月第七次全国人口普查结果显示，我国老龄人口总数为2.64亿，老龄化程度达18.7%，是一个典型的老龄化国家。因此，如何做好关乎老年人身心健康的工业产品和养老设施等适老性设计成为设计与社会的双重问题。在充分研究老龄化社会问题的基础上，研发相关适老性设计项目且形成产业化已成为设计者的重要目标。比如：获得2019中国设计智造大奖铜奖、由杭州博博科技有限公司设计的“健康监测仪”（图0-2），就是针对老年人健康设计的一款非穿戴式夜间健康监护仪，它能有效监测老年人的身体状况。人们仅需将它放置于床垫下方，它就可以通过一片压电薄膜采集人体的心冲击图信号，以构建不同的人工智能深度学习算法模型，判断老年人的生理状况。该产品具有预防老年人心血管疾病发生、舒适、价廉和操作方便等特点。

图0-2　健康监测仪
（图片来源：中国设计智造大奖官网）

第三，智能与信心，解决特殊人群的特殊性设计问题。

特殊人群是指生理残障人群，包括四肢残疾者、视力障碍者、听力障碍者、智力障碍者等特殊人群。特殊性设计是专门为特殊人群所做的设计，可以辅助提高他们的身体能力，提高他们的生活质量，使他们尽可能像普通人一样生活。特殊性设计是针对残障人士生活、工作中的特殊需求而进行的无障碍设计，目的是解决身体残障给他们带来的生活工作问题，有助于他们的日常生活和身心健康。

如何满足特殊人群对特殊性设计的需求呢？一是行动无障碍设计，无障碍设计是针对视听、肢体、智力、精神障碍等群体研发的无障碍物、无危险物、无操纵障碍的设计，目的是帮助他们消除障碍，避免他们的行动受到限制。二是心理无障碍设计，设计师在为特殊人群提供特殊性设计的同时，要关心他们的心理健康，增强其生活的能力和勇气，使得他们在心理上也无障碍。三是特殊性设计的智能化，借助科技创新惠及特殊人群，用更多“无障碍”设计提升特殊人群的生活品质，使其获得幸福感。通过特殊性设计的智能化的应用普及，真正解决特殊人群的问题，使得他们无障碍地生活，能像普通人一样生活和工作，从根本上提升他们的生活质量，实现技术创新成果惠及特殊人群的设计目标。

近些年，特殊性设计仍是许多设计者关注的设计领域，他们从人文关怀的角度，研究特殊人群的生理特征和生活、工作需求，并借助高科技成果设计、研发专为特殊群体服务的智能产品。获得2019中国设计智造大奖金奖的于红雷设计团队设计的“盲人视觉辅助眼镜Ⅱ”（图0–3）就是其中一例，该产品首次将三维立体信息技术应用到视觉辅助领域，利用相机采集图像，并对图像信息进行深度处理，将检测结果转化为声音编码，通过骨传导耳机对盲人进行辅助。该产品采用轻量化的塑胶钛机身和智能芯片处理中心，配合专属app，并创建云平台，搭建贯穿视障人士衣食住行全领域的服务系统。

图0–3　盲人视觉辅助眼镜Ⅱ
（图片来源：中国设计智造大奖官网）

第四，社会分层意识，解决低收入家庭的保障性设计问题。由于职业及占有的组织、经济、文化资源不同，当代中国社会地位结构形成了十大社会阶层，社会的分层意味着消费分层与设计分层。当代中国处于“洋葱型”的社会形态。贫困人口比例较大，存在的贫富差距较大。保障性设计旨在解决保障贫困人口基本生存需求的设计产品的问题，保证做到“物美价廉”；发展各项社会公共事业，推进基本公共服务均等化，让设计成果惠及每一位普通百姓。

当代中国社会阶层结构呈现出的是中间略大、底部较大的“洋葱型”结构。虽然说当代中国高收入群体快速崛起，但社会底层人口占总人口的比例仍然很大，这就意味着设计师的设计目标应该聚焦在为广大下层、中下层消费者服务上，因为他们的收入较低或难以有稳定的经济保障，而大部分消费品属于赖以生存的保障性产品。据统计，低收入家庭消费率高达90%以上，这意味着低收入家庭每年的收入几乎全部用于消费。满足低收入家庭对消费品的需求也是设计师的一种社会责任。实际上这种保障生存的基本消费品需求量很大，占有较大比例的市场份额，所以在工业产品价格与价值相应的基础上，其价格定位要同这些人的职位和经济收入相对应。虽然说中国的消费结构已完成了从生存型消费向发展型消费的过渡，进入大众消费时期，但是需要基本保障性设计产品的群体依然很大，城市与乡村的低收入者依然需要社会保障制度的惠及、帮助与支持。

如何解决贫困人口、贫困地区对设计需求的问题？一是满足低收入人群对生活生存基本保障的需求，设计更多的基本保障性产品，确保满足底层社会阶层、弱势群体对设计产品的基本需求和特殊需求，努力做到设计产品的“物美价廉”，体现设计服务民生的原则。二是从民生角度加强对贫困地区公共基础设施的设计。党的十八大以来，习近平总书记在国内考察调研的过程中，经常会问起农村厕所改造问题，强调“小厕所、大民生”，2017年11月就在“厕所革命”中提出“改厕问题也要科学设计”。近几年，作为公共卫生设施的厕所的设计备受设计者的关注，不仅要解决城市、乡村厕所的数量、质量、布局和管理等问题，还要加大深层次的生态理论与实践研究力度，贯彻“坚持精准扶贫、精准脱贫”“注重扶贫同扶志、扶智相结合”的战略。

此外，还要从安全性和社会道德规范探讨智能产品的设计伦理问题，从“可持续发展”理念出发深化产品设计的生态环境保护意识。上述具有特殊意义的有关特殊阶层和特殊群体的设计，其服务对象是某一领域的特殊群体，以求实现设计的“民主”与“民生”价值观，设计解决社会问题与矛盾。它们不仅是设计问题，也是社会问题，解决好适老、特殊与保障等设计问题，也就是解决了社会问题与矛盾，改善、保障了“民生”，且促进了社会的进步。

二、当代中国设计的民生问题的研究综述[①]

本项目涉及的当代中国设计与民生问题研究涵盖了数字媒体与视觉传达设计、手工艺与工业产品设计、公共空间与环境艺术设计领域，涉及数字媒体艺术沉浸式设计、视觉传达设计中的适老性问题、文化创意产品设计视觉表达、互联网产品设计的人文关怀、智能产品设计的科技伦理、共享单车设计原则、鲁锦生态设计、苏州檀香扇传统工艺、鲁东农村公共空间、机构养老设施的交往空间、复合型书店体验式空间等多个当代中国设计问题，它们以设计学为核心、以民生为目标，借鉴社会学研究成果和观点，重点研究当代中国社会面临的某些社会与设计问题。本部分内容包括上述诸问题的研究现状、主要内容和观点。

（一）当代中国设计的民生问题的研究现状

有关当代中国设计的民生问题的研究，包括设计与民生关系、设计解决

① 参见各章研究现状、内容和观点。

民生问题的研究，我们将从研究现状的角度，探求本项目的价值和意义。

1.“幸福和谐：数字媒体艺术沉浸式设计研究”是以数字媒体艺术为背景和范畴的当代沉浸式设计内容研究，以期达到“幸福和谐”的生活目标。那么，有关数字媒体艺术沉浸式设计的民生问题的研究现状如何呢？

数字媒体艺术沉浸式设计是以数字媒体艺术为背景和范畴的沉浸式设计，它以沉浸式设计为创作方式、手段，同时沉浸式设计也是其创作目的。因此，可以从数字媒体艺术和沉浸式设计两方面来考察数字媒体艺术沉浸式设计的相关研究。

数字媒体艺术是20世纪60年代计算机技术与艺术结合所催生的信息时代的主流艺术类型。数字媒体艺术具有鲜明的连接性和交互性，这些都是实现沉浸的重要因素，可以说沉浸式设计一直暗含于数字媒体艺术之中，而数字媒体艺术相关研究也会偶尔显现零星沉浸式设计的相关内容。与沉浸式设计相比，数字媒体艺术相关文献相对丰富，可大致分为理论、实践两类。对“幸福和谐：数字媒体艺术沉浸式设计研究”一章较有影响的理论型专著包括 *Digital Art History: A Subject in Transition*（《数字艺术史：转型中的学科》）、*Art of the Digital Age*（《数字时代的艺术》）、*Digital Art*（《数字艺术》）、《新媒体的语言》、《重思策展：新媒体后的艺术》、《理解媒介：论人的延伸》等，这些专著对数字媒体艺术的定义、内涵、特点、发展等方面从不同角度进行了论述，但并未太多或明确涉及沉浸式设计，基本只能为本章提供沉浸式设计背景、范畴方面的内容。数字媒体艺术实践型专著中，有两本专著颇为重要，即《数字媒体技术与应用》《数字媒体导论》。这两本专著对数字媒体艺术的发展阶段、技术应用、具体操作、典型案例等进行了全面介绍，但其作为教材偏实操、重技术，论述相对简单，未涉及与沉浸式设计关系密切的心理学、哲学方面的内容，这些都为本项目的研究提供了契机。

沉浸式设计是21世纪初，尤其是2015年随着日本teamLab艺术团队数字艺术展等活动进入中国市场后，才逐渐被中国观众了解的，时间之短使得其相关文献极为有限，且绝大部分文献都由国外学者撰写，国内相关研究成果主要是一些期刊文章、学位论文，相关专著几乎空白。目前业内公认“沉浸式设计”一词出自2018年由辽宁科学技术出版社出版、威廉·立德威（William Lidwell）等人撰写的《设计的法则》（第3版）一书。不过“沉浸”法则只是该书列举的150个设计法则之一，只有不足300字的简短描述。据该书介绍，沉浸式设计的理论来源主要是美国积极心理学奠基人米哈里·契克森米哈赖（Mihaly Csikszentmihalyi）的《心流：最优体验心理学》一书，书中提出产生心流的八大原则，为思考如何实现沉浸指明方向，特别是心流对促进个人成长的积极作用、团体心流引发的快乐高于个人心流等内容，都对思考沉浸式设计相关问题起到了指导作用。但该书主要是从积极心理学的角度来分析如何实现沉浸这一心理行为，并未具体涉及沉浸式设计。因此，关于数字媒体艺术沉浸式设计的时代背景、产业现状、重要作用等重要内容，需要进一步展开探求、思考、研究。

除了相关专著、期刊等常规研究成果，数字媒体艺术沉浸式设计的相关研究还具有一定的特殊性。首先，由于数字媒体艺术沉浸式设计与民生问题息息相关，很多项目、作品都是在国家政策大力扶持的背景下诞生的。因此，近年国家各部门颁布的相关文件、政策需要重点关注。其次，由于数字媒体艺术沉浸式设计是全新的艺术样式，其发展处于新兴阶段，公开出版的相关文献极其有限，因此，包括学术报告、白皮书、网站等一些非正式出版的文献资料也是不容忽视的研究成果，如《2019全球沉浸式设计产业发展报告》及《2020中国沉浸产业发展白皮书》就属于此类，它们都为本章内容提供了重要研究数据。

2.“温暖适用：视觉传达设计中的适老性问题研究”是视觉传达设计领域里有关满足且适合老年人需求的“既温暖又适用”的设计理念与方案。那么，现阶段关于视觉传达设计中适老性问题的研究现状是怎样的呢？

近年来，从我国老龄化产业的初步建立与发展来看，市场已经意识到潜藏在老年人群体中的巨大商机。设计的产生是由于市场的需求，设计既由市场决定又反作用于市场，因此，当前的人口老龄化现状为设计带来了新趋势与新要求。2010年秋，由英国皇家艺术学院和清华大学美术学院共同举办的“老龄化设计”学术周活动在北京召开。活动中，来自英国皇家艺术学院的大师级学者与清华大学美术学院的专家教授一起探索、研究老龄化问题，同时融合国际的前沿设计精神，进一步交流讨论“老龄化设计”。该届学术周的交流目的是想通过不同的视角和文化去了解“老龄化问题”，譬如老年人家居服装的防水透气性设计、贴身和保暖性设计，老年人的健康设计课题及产品的开发等。2016年6月25日至26日，“亚洲国际综合设计项目——2016亚洲设计论坛”在北京理工大学设计与艺术学院隆重举行。论坛的主题为“老龄化社会中设计的作用”，来自中国、日本、韩国、美国、新加坡等国家和地区的众多学者、设计教育专家及博士等出席了会议。论坛内容涉及产品设计、环境艺术设计、视觉传达设计、服装设计等多个领域，并通过大量设计案例对老龄化社会中设计的意义、价值、途径、方法等内容进行了深入的探讨。目前在适老性设计领域中，面向老年人的适老性环境设计与适老性产品设计的研究已经越来越多。例如，在刘斐、陆军石、姜颖、戴云亭著的《为老人而设计》一书中，就有针对现有老年人产品及部分未来概念化的老年人产品的系统梳理与分析。

然而，依据美国著名人本主义心理学家亚拉伯罕·H.马斯洛（Abraham H.Maslow）所著的《动机与人格》一书中的需要层次论，当代老年人的需求也是具有层次与多样性的，因此在针对老年人的设计中还存在着许多适老性问题。以往的适老性设计，更多的是关注老年人的生理需求，忽略了老年人的情感需求，脱离了老年人的社会文化属性。此外，现阶段的适老性设计大部分主要是关于老年人的产品设计与环境设计，就设计内容的充实度来说尚不够成熟与完善，尤其缺少以老年人为首要设计对象的适老性视觉传达设计的研究。事实上，当下老年人生理、心理需求的动态变化和社会结构的相对静态变迁不仅充实着设计的内容，更对当代视觉传达设计提出了新的纵向要求。在杜士英撰写的《视觉传达设计原理》一书中，可以了解到人类长期的视觉传达实践，这为视觉传达设计的探索留下了丰富而宝贵的经验。在各个时期与阶段都有很多专家、学者对视觉传达设计的各种理论进行探索研究，使视觉传达设计逐渐变成了一个较为系统和科学的专业。特别是近几十年来，图像学、符号学、心理学、传播学等学科探索研究的发展，为视觉传达设计探索研究提供了坚实的理论依据与借鉴。

在我国，人口老龄化成为社会广泛关注的问题，目前对适老性视觉传达设计需要加强整体性、系统性的研究工作，老龄化社会的设计问题也成为设计师设计工作的目标和责任。此外，设计师除了在看到老龄化产业作为一个多元化的市场拥有巨大的潜力与商机之外，不仅应重视让老年人的生活变得更加舒服便捷，还应尽可能实现其物质生活和精神生活双重层面的需求。

3.“半定制化：澳门华商故居文化创意产品设计的视觉表达研究”，是以澳门晚清华商故居的卢家大屋为研究对象，且以“半定制”概念为核心，关于文创产品视觉表达的设计理论与实践的研究成果。目前，有关澳门华商相关方面的研究现状如何呢?

本章以澳门晚清华商故居为研究对象，以澳门历史为背景，以视觉传达设计理论为依托，以澳门华商卢氏故居文化创意产品的视觉表达为最终研究成果。因此，本章针对涉及的澳门晚清华商、澳门晚清华商故居、澳门世界文化遗产文化创意产品视觉表达等进行了概念界定和相关文献、研究现状的综述，进而指出本章研究内容的价值。

第一，关于澳门华商历史的研究。林广志在其撰写的《晚清澳门华商与华人社会研究》中阐述了澳门晚清华商的定义，他认为：“从普遍意义上说，我们认为晚清时期的华商应该是指当时清政府有效行政管辖范围以外的华人经商者，或者是接受其他所在地殖民者统治的中国商人。一般定居于海外以及港澳等地区，是介于外商与国内商人之间的一类。”[1]依据目前在历史学上的常规认

① 林广志：《晚清澳门华商与华人社会研究》，暨南大学博士论文，2006年，第3页。

识，“晚清”指鸦片战争后至民国建立这段时间；确切来讲，“华商”这一概念是指定居于异国的华人商人。澳门自古以来就是中国领土，而葡萄牙人只是缴纳地租久居于此而已。居住于澳门的华人长久以来服从香山县的管辖，所以本没有所谓的华商问题。在鸦片战争后，澳门政治格局发生了变化，澳门的华商问题就此产生。“晚清华商”这一概念只有在澳门管辖权属于葡萄牙殖民者的前提下才成立。所以，在鸦片战争前不能将在澳门从事商业活动的人称为华商。因此，本章中所指的华商是指葡萄牙人在澳门取得管辖权之后，在澳门从事商业活动的华人商人。鸦片战争后，随着经济转型及相关法律法规的实施，澳门华商群体发展迅速，华人商业由早期单一的对外贸易，而后发展为鸦片、赌博、金融、工业、房地产等多支柱产业共同发展的经济模式。华人经济由附庸于葡萄牙经济转为掌控澳门经济，基本主宰澳门经济的产业群。

第二，关于澳门华商故居的研究。晚清之时，随着经济地位的提高，华商开始建造豪华住宅，其设计基本上采用了中国传统建筑风格的整体结构，内部保留着中国传统建筑的空间布局与室内设计，但在装饰细节上，则采用了西方艺术元素，呈现出以中国传统建筑为主和西方建筑装饰为辅的中西合璧的建筑特色。本章以目前对外开放的卢家大屋为研究对象。卢家大屋于清朝光绪十五年（1889）落成，位于大堂巷七号，是澳门著名华商卢九家族的旧居。卢家为广东新会人，咸丰六年（1856）前后来到澳门。关于卢家大屋，刘托撰写的《濠镜风韵——澳门建筑》、刘佳撰写的《澳门设计艺术》和刘先觉等人撰写的《澳门建筑文化遗产》均对卢家大屋的建筑特点及装饰细节进行了分析、研究，可为本章以建筑为载体的文化创意产品设计研究提供依据和可提炼的视觉元素，且可应用于文化创意产品视觉表达的设计上。

第三，关于澳门文化创意产品视觉表达的研究现状。文化创意产品设计以设计学为核心，涉及经济学、文化学等学科内容的创意产业或设计产业的范畴。“十一五”规划中将“文化创意产业”以政府文件正式公布之后，有关“创意产业”“设计产业”“文化创意产品设计”的研究不断增多。2006年4月20日，中国设计产业协会在北京召开了年会，提出：“设计产业是以创新概念、设计营销、设计管理为基础，使企业在原有生产价值上增值，并提高生产、服务品质，通过设计产品、设计服务促进并提高人们工作生活品质的新兴产业，它不同于传统的产业，是积聚了人的精神、智慧的创造性和高技术、高知识密集的领域，在一定程度上有助于'创新型国家'的建设。未来产品竞争力，设计含量是其核心要素。"[①]文化创意产业以文化为主体，蕴含着产业伦理和经济原创的精神，是中国经济发展的重要战略。

澳门特区政府成立了"文化产业委员会"等机构，实施了相关政策，加速了文化创意产业的发展进程。2010年8月，澳门文化产业委员会举行了第一次全体会议，制定了将澳门打造为展会、休闲、旅游、人文为一体的国际化都市的发展目标，关于视觉传达设计领域的学术研究也得到了更多的关注。黄光辉等人在《"澳门元素"在旅游纪念品设计中的应用研究》一文中认为，澳门文化创意产品的视觉表达可以分成宗教文化、民俗文化、商业文化、葡萄牙文化四类。[②]韩丛耀的《澳门视觉形象传播理论研究》又将澳门"符号形象"简缩为象征、精神、听觉、嗅觉、触觉、时间、形状、运动、颜色等十种。[③]但是，如何把符号形象应用于文化创意产品当中，如何提取视觉语言进行再设计，这两个问题还有待研究。整体来说，澳门文化创意产品及其视觉设计的现状还是不容乐观的，尤其是华商故居文化创意产品，其市场有待于开发，其视觉设计有较大的发展空间。本章以卢家大屋为研究对象，以澳门华商故居文化创意产品设计视觉表达研究为目标，针对清朝晚期澳门华商卢家大屋室内外装饰，从视觉层面上提炼其设计元素，并应用于平面设计类创意产品设计的视觉表达上。这是在对澳门华商故居分析、研究的基础上进行的相应设计的实践与创新，相关设计方案在观照消费者个性与价格适度的层面上将考量社会民生问

① 刘佳：《澳门设计艺术》，社会科学文献出版社2015年版，第262页。

② 参见黄光辉等：《"澳门元素"在旅游纪念品设计中的应用研究》，《装饰》2011年第10期。

③ 参见韩丛耀：《澳门视觉形象传播理论研究》，《中国出版》2017年第6期。

题。因此，本章研究内容不仅有学术价值，也具有应用价值。

4.“致用利人：互联网产品设计的人文关怀研究”，是针对互联网产品人文特色设计的研究，以达到致用利人的设计目标。目前，以人文关怀为主题的互联网产品设计研究现状是怎样的呢？

人文关怀就是对人的关注，在理顺人与其他不同对象的关系中，确立人的主体性，从而确立一种能赋予人生意义和价值的关怀。目前，人文关怀互联网产品设计的相关研究主要体现在人文关怀的理论研究和互联网产品设计的实践研究上。例如寇东亮等人撰写的《人文关怀论》对“人文关怀”概念进行了详尽的阐述；安娜·伯迪克（Anna Berdick）等从人文学科与数字技术结合的角度提出“数字人文”的概念；沈晓阳的《关怀伦理研究》深入挖掘“关怀伦理”等，这些观点为本章中“人文关怀”概念的辨析提供了重要的参考。另一方面是作为人文关怀载体的互联网产品设计的研究，也就是互联网产品设计的人文关怀。它不仅要分析人文关怀的内涵，更重要的是要明确设计中人文关怀的内涵，强调人的主体性，始终坚持以人为本的理念与宗旨。在20世纪60年代，美国设计理论家维克多·帕帕奈克（Victor Papanek）率先在《为真实的世界设计》中提出设计应该致力于服务人民，坚持社会发展的长期利益，而不是只考虑设计师的个人利益。帕帕奈克设计伦理概念的提出给早期工业化产品设计提供了理性的指导。但随着技术的进步和人们物质生活的逐步富裕，设计已经从工业时代背景下满足人们的物质需求发展到信息时代背景下满足人们的精神追求，设计的研究对象也从有形的产品发展到无形的产品，工业时代背景下的人文关怀理论已无法全面适应信息时代背景下快速发展的产品节奏，这就需要结合互联网产品设计的发展现状，进行进一步的研究。

目前，针对互联网产品设计的人文关怀没有直接的研究成果，而人文关怀正是实现互联网产品设计良性发展非常关键的一环，刘佳在《新媒体艺术：非遗传播的新手段》一文中关于新媒体艺术与文化的论述给本章提供了研究思路，她提出“作为大众传播的信息传播媒介，传播机构凭借技术、技术工程师、艺术设计师，通过新媒体技术手段广泛传播具有符号性、思想性和价值观的文化内容已经成为一种趋势”，而技术应用有利有弊，“为了避免新媒体艺术由于技术而带来的内容上的趋同、同质化的问题，最为有效的办法是增加文化的渗透”。[①]因此，本章主要内容是以互联网产品设计为载体，从人文关怀的视野研究互联网产品设计，并通过互联网产品设计的情感化表现、个性化表达以及生活化呈现等方面，分析、探讨如何在高速运行的社会中实现人文关怀的意愿，且优化用户的使用体验，发展具有“温度”的互联网产品设计。

5.“智慧向善：智能产品设计伦理的科技问题研究”，是针对科技进步的背景下智能产品设计应遵循的伦理道德的研究，从而促进智能产品向善发展的趋势。目前，从设计伦理的角度探讨智能产品设计的科技问题研究现状是怎样的呢?

20世纪60年代末，美国设计理论家维克多·帕帕奈克提出了“设计伦理”这一概念，认为“设计应该为广大人民服务，而不是只为少数富裕国家服务；设计不但为健康人服务，同时还必须考虑为残疾人服务；设计应该认真地考虑地球的有限资源使用问题，设计应该为保护我们居住的地球的有限资源服务”[②]。帕帕奈克把设计放在社会语境中考察，提出“为真实世界而设计”，也就是在社会中寻找人的真实需求而不是短暂欲求来进行设计。当前，智能产品已逐渐成为消费主义操纵市场的迭代“前锋”和引领时尚的欲求“新宠”，在我们为“虚假世界”“虚假需求”而争名夺利之时，帕帕奈克的此言此论如“冰泉涌灌”，让利欲熏炙下的热烈之心变得冷静，重新思考智能产品的设计本质是什么、设计的真实需求是什么。随后，帕帕奈克在《绿色律令——设计与建筑中的生态学和伦理学》中指出“任何

① 刘佳：《新媒体艺术：非遗传播的新手段》，《中国文化报》2017年4月16日第7版。

② [美]维克多·帕帕奈克：《为真实的世界设计》，周博译，中信出版社2012年版，第7页。

产品的创意与生产——既包括它实际有用的时期，也包括用过之后——都可以分为至少6个单独的周期”[①]，即原材料的选择、制造过程、产品包装、产品、产品运输和浪费。因此，设计与生态之间的关系非常密切，并引发着一系列的伦理关系和伦理问题，设计的影响不只在于形式、功能，设计师的责任应贯穿于一个产品从计划生产到报废回收的全过程。与此同时，帕帕奈克在文中所提倡的拆解设计、去中心化生产、个性化定制、简单设计、分享式设计、参与式设计等一系列设计法则都值得当代智能产品设计借鉴。尽管帕帕奈克给予了很多伦理性的设计意见，但毕竟其发声之时为20世纪70年代至90年代，所以并未很全面地涉及当前智能产品设计的诸多复杂严峻的设计伦理问题。

当下，尽管人们已经渐渐意识到智能产品所产生的伦理问题的严重性，但针对智能产品的设计伦理问题的研究专著和成果甚少。陶然、周艳在《论智能化设计中的设计伦理》中提出了可持续的智能产品设计伦理观，但缺乏深入、细致、全面的研究，并且在理论和观点上人云亦云，缺乏独到见解和可行性发展建议。斯坦福大学人工智能与伦理专家杰瑞·卡普兰（Jerry Kaplan）在《人工智能时代》中提出了由人工智能产品所引发的三大伦理问题：资产与人、失业与经济失调、工作与雇佣关系。而其他有关智能产品设计的问题研究，通常只集中在产品特征和设计研究方面的探析。李世国在《物联网时代的智慧型物品探析》中将智能产品定义为：“是指以人工智能为基础能够在一定程度上理解、接受和执行人类指令，并具有一定程度的推理、判断和处理事件能力的产品。”[②]杨楠、李世国在《物联网环境下的智能产品原型设计研究》中将物联网环境下智能产品的

① [美]维克多·帕帕奈克：《绿色律令——设计与建筑中的生态学和伦理学》，周博、赵炎译，中信出版社2013年版，第17页。

② 李世国：《物联网时代的智慧型物品探析》，《包装工程》2010年第4期。

特征归结为敏锐的感知能力、智能的处理能力和自然的交互方式。华东理工大学的王悦、聂桂平在《可穿戴智能产品设计研究》中从多个维度对可穿戴智能产品进行了归类。

在设计伦理的问题研究中，杨正在硕士学位论文《产品设计的伦理性研究》中对艺术、伦理、设计的关系做了说明。江南大学高兴的博士学位论文《设计伦理研究》所提出的设计伦理原则包括确立向自然学习的方法路径；秩序的创立、遵守和不断校正；普适性体现群体公众性伦理与设计的结合；设计产物的伦理宣示功能，互不伤害、利益均等的伦理认识。而针对智能产品、人工智能产品发展的相关国家政策规定《中国制造2025》《关于积极推进"互联网+"行动的指导意见》《国家智能制造标准体系建设指南（2015年版）》《消费品标准和质量提升规划（2016—2020年）》《中共中央关于制定国民经济和社会发展第十三个五年规划的建议》等也从方针政策层面为智能产品的设计伦理问题研究提供了指导性支撑。

6. "同享相和：共享单车设计原则研究"，是当下共享经济视野下对共享单车设计应遵循的原则研究，阐释共享的真谛。目前，该领域的研究现状是怎样的呢？

由于共享经济是一个新事物，对其进行研究的学者比较少，较为系统论述的书籍也不多。全球范围内，美国的共享经济发展较早，相关著作与研究较多。如美国经济学家杰里米·里夫金（Jeremy Rifkin）在《第三次工业革命》一书中就对共享经济的兴起做了一个详细的解释，并预测了未来的走向。该书从根本上解释了共享经济这个经济学现象发生的原因，这对我们认识设计在共享经济中发挥的作用有一个清晰的指向。2015年出版的《共享经济时代：互联网思维下的协同消费商业模式》是雷切尔·博茨曼（Rachel Botsman）等人关于共享经济的著作。其内容可以和里夫金的《零边际成本社会：一个物联网、合作共赢的新经济时代》相互补充，他们描绘了共享经济发展对商品制造、商品流通的影响，并描绘了产品设计未来的前景，相关内容奠定了本章的理论基础。倪云华、虞仲轶的《共享经济大趋势》是一本系统性阐述共享经济的书籍，是通过中国人的视角来审视共享经济的。国内有关共享经济的著作不多，这本书较为系统地阐述了共享经济是什么，详细叙述了中国共享经济背景之下共享产品发展的现状。此书虽然是从经济视角进行论述，但其思路对于研究共享单车的设计原则具有极大的指导价值。卡尔·米切姆（Carl Mitcham）是美国当代颇具影响力的技术哲学家，他出版的《技术哲学概论》《通过技术思考：工程与哲学之间的道路》等著作对目前研究共享单车的科技引导具有极大的帮助，本章的第三节借鉴了该作者的大部分观点，并利用其哲学理论对研究的本体进行了分析。

关于共享单车的国内文献资料不是很充分，且从经济、法律、社会角度论述得较多，鲜少提及设计对共享经济的贡献，但从这些文献材料里也能客观地了解到共享经济需要什么样的设计、共享单车的设计痛点是什么。经过梳理，笔者在众多权威文献和学术论文中挑选出有代表性的论文进行了分析，其中有董成惠的《共享经济：理论与现实》、赵斯惠的《基于O2O视角的共享经济商业模式研究——以汽车共享为例》、莫小华的《共享经济下服务期望和消费者参与的关系研究》、戚开敏的《共享经济背景下Uber中国大陆发展路径的传播学研究》、肖飒等的《O2O的盈利模式对企业价值的影响研究——以滴滴出行为例》、范春蓉的《共享经济下我国消费者参与协同消费的影响因素研究》等。本章写作阅读参考了近百篇学术论文，引用了上文中提到的论文中的观点，其他论文引用较少，故不在此列出。这些学术论文从不同学科视角论述了共享经济的发展及其面临的问题。虽然学科不同，但是研究的本体都是相同的，对本章的构思和写作帮助极大。

在研究方法上，本章采用跨学科研究、田野调研、文献分析等一系列常规方法，力求对共享经济之下的产品设计有一个全面客观的认知，有一个较为公正的价值判断，避免在书写过程中的主观倾向。本章对共享单车的设计研究主要借鉴设计学的研究原理与方法，通过深入剖析设计对象，对共享单车使用的市场进行详尽的考察，本着共享设计这个中心点，客观地以“他者的眼光”对这个新生设计事物进行考量观察。本章坚持理论分析与实证研究相结合，综合参考和运用“设计稳态”“绿色设计理论”“设计分层理论”“设计安全原则”等理论对该设计进行剖析。在写作过程中，笔者同时利用文献研究和分析法、统计法等收集有关资料，力求做到不疏漏、不偏颇。

7．“顺时应势：鲁锦生态设计研究”，是以设计生态理念为基础，关于山东鲁锦设计的研究。目前，以鲁锦为对象的生态设计研究现状是怎样的呢？

随着生活水平的提高，农村人口不断向城镇转移，民间的传统手工艺逐步丢失了市场，民俗习惯随之发生改变，生态失衡问题也随之出现。近年来，在国家政策和时代进步的推动下，民间的传统手工艺逐渐受到重视，国家积极采取措施振兴民间传统手工艺，开放的市场环境推动了民间传统手工艺的兴旺发展。前期阶段，国家抢救性地建立了各层级的保护名录，以文字、音频、视频等形式对工艺流程等非物质文化予以记录；现阶段注重传承，是民间传统手工艺的探索阶段，与之相关的非物质文化遗产代表性传承人、设计师、专家学者和企业家等各方力量都在不遗余力地向传承传统手工艺的方向靠拢。与此同时，许多问题也逐步显现：如何协调正在变化的自然环境因素、人文环境因素与市场中的产业因素的关系？

鲁锦的研究现状表现在织机及工艺研究、手工艺保护的研究、产品设计的开发应用研究、代表性案例研究等方面，而鲜有将鲁锦置于生态环境中的相关研究，以及通过什么样的方法能使鲁锦融入当代生活的研究。本章从生态设计的角度研究鲁锦，研究现状包括两个方面的内容：鲁锦相关的研究成果和生态设计相关的研究成果。

关于鲁锦的研究成果有以下几个方面：（1）鲁锦的综合性研究。任雪玲的《千年齐鲁文化遗存：鲁锦文化艺术及工艺研究》一书对鲁锦的文化源流、图案艺术、纺织机具、工艺、创新应用与文化产业发展作了全方位的研究。（2）对民艺的宏观认识。王朝闻针对民间艺术的观点为本章提供了一个宏观的视角。鲁锦作为艺术研究对象中的一个典型，可以通过它来探究国家发展的历程，还可以通过它来循迹时代的变化。英国人类学家罗伯特·莱顿（Robert Layton）和英国研究学者詹姆希德·德黑兰尼（Jamsid Tehrani）从人类学的角度分析了传统艺术的留存与复兴，以及鲁锦设计的开发应用方面，包括对衣着服饰、室内软装、工艺品等的研究。(3)鲁锦与其他织锦的对比研究——研究鲁锦的主要特征；把鲁锦作为艺术品本身进行研究，从美术的角度分析鲁锦图案的风格特点，包括图案的纹样、丰富的色彩、形式的构成等。(4)鲁锦的织机及工艺的研究，进而将之推进到提花技术的研究。(5)把鲁锦视作保护对象进行研究，强调它的社会身份，从非物质文化遗产的角度出发探讨民间传统手工艺。

关于生态设计的相关研究成果，帕帕奈克的《为真实的世界设计》强调应该把地球资源、环境因素考虑进设计活动中。本章是从民间传统手工艺的角度阐释生态设计。鲁锦不仅与自然环境互相影响，作为广大劳动人民的创造，它也与文化密切相关。在整理资料的过程中，笔者发现国内目前对于“鲁锦生态设计”没有系统深入的研究，而生态设计是关系人与自然、人与人和谐相处很重要的一点。唐家路在《民间艺术的文化生态论》一书中提到了文化生态的视角，探讨了民间艺术的本质，他从自然生态学的理论出发，扩展到文化生态理论，探讨了民间艺术在自然和文化生态中的可持续发展问题。上述研究成果从不同层面阐述了生态设计的相关问题，本章试图从鲁锦这项特定的民艺入手研究鲁锦的生态设计。

8.“匠心民需：苏州檀香扇传统工艺研究”，以苏州檀香扇为研究对象，研究其传统工艺及其匠心与民需的设计价值。目前，以苏州檀香扇为对象的传统工艺研究现状是怎样的呢？

首先，关于中国传统制扇工艺的研究现状。近年来，关于传统民族手工技艺的保护与传承已经成为社会各界关注和讨论的焦点。众多学者从不同的视角对其传承与发展进行了有深度的思考，发表了一批研究成果，为本章的研究提供了重要的参考依据。从肯定其文化价值的角度来看，一些学者认为手工技艺是传统民族文化的重要的一部分，是民族文化的载体。费孝通等编著的《人性和机器——中国手工业的前途》分析了传统手工艺的价值与机器价值，充分肯定了手工艺价值的存在。鲍懿喜在《手工艺：一种具有文化意义的生产力量》一文中认为手工艺是人类为满足精神价值需要的一种生产文化活动，是人类参与、介入、认识和感悟生活的手段，是一种被赋予文化意义的实践方式。在古代文献中，对“扇”的记载很多，尤其是对折扇、团扇的记载。而檀香扇作为由折扇演变而来、明末清初才出现的一种扇子，加上其制作的原材料异常珍贵、制作工艺烦琐复杂、制作周期长，并没有得到普遍的推广应用，因此国内相关的研究文献较为少见，对檀香扇的记载大都开始于20世纪90年代。

其次，关于苏州檀香扇传统工艺的研究现状。从技术的角度进行分析，江苏工艺美术大师、制扇技艺传承人邢伟中在《百工录：檀香扇制作技艺》一书中侧重研究檀香扇的制作技艺，对檀香扇的历史和技艺特色进行了概括，详细介绍了10多道烦琐工艺的具体操作流程、要求和操作注意事项，并对檀香扇技艺的传承现状进行了思考。他把檀香扇作为艺术品进行研究，着重分析檀香扇的艺术特色，包括纹样、色彩、形式构成等，对本章的参考价值巨大。张科、何耀英所著的《江南扇艺》介绍了檀香扇的演变历程，且以杭州王星记扇庄为例，对檀香扇制作经营的兴衰成败娓娓道来。《江南扇艺》还详细地讲解了扇子的历史、扇子的种类和扇子的历史功能、结构，以及扇子与各艺术门类之间的关系。《江南扇艺》内容丰富，图文并茂，刊集了百余幅有关扇文化的图片，对笔者的论文写作很有启发。此外，沈从文的《扇子史话》详尽地介绍了扇子的产生、发展，从先秦时期的便扇的初始阶段，到魏晋南北朝时期的麈尾扇、羽扇及比翼扇，隋唐时的团扇，宋元时期出现的折扇等一系列扇子的产生发展，一直到明清时期各种扇子的衍生、演替，从其功能性、演变及装饰性等方面，表现中国传统文化的内涵。《扇子史话》还从百姓生活的角度，配以历史古扇的图片加以解说，虽通篇未提及檀香扇，但对于读者了解扇子的历史大有裨益。

有些文献虽未涉及苏州檀香扇传统制扇技艺的内容，但对厘清扇骨的材质及收藏价值、折扇的发展历史有一定的帮助。《苏州民间手工艺术》一书主要记录了苏州手工艺术的发展过程及多种苏州民间手工艺品种，其中“扇子篇”有一段简略地介绍了檀香扇，内容和其他著作文献的重合度较高。陈耀卿所著的《中华扇文化漫谈》分扇之名、扇之史、扇之缘三大部分来讲述折扇的兴起与发展、扇上书画流芳千古、与人书扇和求人书扇等内容。《扇骨的鉴赏与收藏》一书共有八章，就扇骨的材质，扇骨的造型和款式，扇骨的雕刻和加工，制扇名店与制骨名家，扇骨的收藏、使用及禁忌，从扇骨说“收藏经”等角度来叙述。目前专门从设计学角度对明清以来苏州折扇进行研究的文献还比较少，其中赵羽主编的《怀袖雅物：苏州折扇》是一部详细记载苏扇的大书，全面展现了明清以来苏州折扇在材质、造型、雕刻技艺、扇面艺术上的全貌，力图表现苏扇自明代以来六个世纪的演变历程。

目前，国内虽然已经对民间传统手工技艺开始关注，并取得了一定进展，但把苏州檀香扇传统制扇技艺放置在当今社会大背景下来探讨总结的研究甚少。虽然以上文献著作都不是专门从总结苏州檀香扇传统制扇技艺的角度来论述，但为本章研究其生存、传承、发展的内在规律，分析其传承与发展的可行途径奠定了基础。

9.“乡土温度：鲁东农村公共空间设计研究”，是以新农村建设为指导思想，阐释鲁东地区农村公共空间新乡土的设计理念与方案。目前，公共空间设计的研究现状是怎样的呢？

在公共领域研究方面，汉娜·阿伦特（Hannah Arendt）在《人的境况》中指出，人的活动分为三种：劳动（labor）、工作（work）、行动（action）。前两者属于私人领域，行动则是人类社会特有的，属于公共领域范畴。斐迪南·滕尼斯（Ferdinand Tönnies）在《共同体与社会》中提出了“共同体”的概念，他将“共同体”理解为“一种生机勃勃的有机体，而社会应该被理解为一种机械的聚合和人工制品”[①]，进而指出农村地区的人们组成的生活共同

---

① [德]斐迪南·滕尼斯：《共同体与社会》，林荣远译，商务印书馆1999年版，第54页。

体相对于城市而言更加强大和富有生机，也是更加持久的共同生活。滕尼斯在共同体理论的基础上，引申出血缘、地缘和精神共同体。20世纪30年代，费孝通将共同体概念翻译为“社区”，并将社区分为：血缘性社区、地缘性社区和精神上的社区三种类型。吴文藻也指出：“社区乃是一地人民实际生活的具体表词，它有物质的基础，是可以观察得到的。”[①]他将社区分为部落、乡村和都市社区。社会学家埃米尔·涂尔干（Émile Durkheim）也按照性质将社会分为“有机的团结”和“机械的团结”，这也是后来中国人类学家费孝通在《乡土中国》中指出的“礼俗社会”和“法理社会”之别。[②]

在中国近现代农村的研究方面，费孝通在《乡土中国》中指出，中国传统的农村社会是有着血缘与地缘联结的差序格局的熟人社会。这样的社会无法在变迁很快的时代中出现。而近年来由于城市化、农村空心化和新农村建设进程等影响，农村社会逐渐显露出不同于几十年前的面貌和变迁，传统农村社会结构逐渐解体，农民的行为逻辑逐步发生改变。吴重庆在《无主体熟人社会及社会重建》中将现代乡土社会变迁归纳为“无主体熟人社会”。贺雪峰将其归纳为“半熟人社会”，他在《新乡土中国：转型期乡村社会调查笔记》中指出，村庄由三种边界构成：“一是自然边界，二是社会边界，三是文化边界。”[③]贺雪峰还在《中国农民价值观的变迁及对乡村治理的影响——以辽宁大古村调查为例》一文中指出，在各样现代性因素和农村社会流动状况增加的影响下，村庄逐渐呈现原子化状态，会出现村民价值观失落的问题，进而指出新农村建设要关注农民的精神生活，加强农民价值观的建设，同时注重农村公共空间的建设。

目前，国内有关农村公共空间概念的研究主要有以下几个方面：首先是来自西方社会学“市民社会理论”中社会公共空间的概念，有学者认为它由

① 吴文藻：《现代社区实地研究的意义和功用》，《社会研究》1935年第66期。

② 参见费孝通：《乡土中国》，北京大学出版社2012版，第13－14页。

③ 贺雪峰：《新乡土中国：转型期乡村社会调查笔记》，广西师范大学出版社2003年版，第30页。

“民间组织、乡村精英和社会舆论三部分组成”[①]，偏重探讨农村社会与民主的关系。其次是村庄生活语境下对公共空间内涵的理解，包含“公共场所、公共权威、公共活动与事件、公共资源”[②]。王东等人在《功能与形式视角下的乡村公共空间演变及其特征研究》中指出，传统乡村公共空间形成的一般规律是“使用功能驱使—交往的形成—公共空间”[③]。曹海林则认为“社会内部业已存在一些具有某种公共性且以特定空间相对固定下来的社会关联形式和人际交往结构方式”[④]。

此外，有关国外研究现状主要参考的是国外学者研究中国农村的著作，借鉴了真正站在“他者”立场上的研究成果。其实有关中国近代农村社会的研究，最早是由国外学者展开的相关系统研究。最先调查中国近代农村社会生活状况的外国人是美籍传教士明恩溥（A. H. Smith），他在中国农村布道传教期间做了很多相关的田野调查，并将成果写成了《中国乡村生活》。这是一本使用社会学相关研究方法来考察中国农村生活现状的专著。美国社会学家同时也是传教士的葛学溥（Daniel Kulp）在其著作《华南的乡村生活——广东凤凰村的家族主义社会学研究》中通过体质人类学的研究理论和个案分析来研究中国农村社会。人类学家施坚雅（G.William Skinner）在《中国农村的市场和社会结构》一书中说明了农村社会的市场形势和集期的时间安排规则。此书将市场分为基层市场、中间市场和中心市场，这对全方位立体地分析农村经济活动与社会内部结构的关联有重要的参考意义。

---

① 王春光等：《村民自治的社会基础和文化网络——对贵州省安顺市J村农村公共空间的社会学研究》，《浙江学刊》2004年第1期。

② 董磊明：《村庄公共空间的萎缩与拓展》，《江苏行政学院学报》2010年第5期。

③ 王东、王勇、李广斌：《功能与形式视角下的乡村公共空间演变及其特征研究》，《国际城市规划》2013年第2期。

④ 曹海林：《村落公共空间：透视乡村社会秩序生成与重构的一个分析视角》，《天府新论》2005年第4期。

10.“诗意栖居：北京机构养老设施的交往空间设计研究”，在调研数家机构养老设计交往空间现状的基础上，提出老年人养老的诗意栖居的设计理念与方案。目前，以养老设施为例的设计研究现状是怎样的呢？

中国在20世纪末迈入老龄化社会，老年建筑空间环境研究领域也起步较晚。20多年来，我国的养老政策不断完善，从福利保障、建筑设计标准、医疗卫生与养老服务等方面都做出了详尽的规划与指导，相关的学术成果和实践成果不断涌现。国外对于养老问题的研究起始于20世纪50年代，发展至今已经形成较为系统、完整的老年建筑空间环境相关理论，拥有了大量实践经验，具有代表性的国家为美国、瑞典、日本等。

第一，国内研究现状。通过对相关文献的梳理，可以总结出我国目前对养老设施的研究主要集中在养老模式、养老设施类型及养老设施设计三大方面。清华大学周燕珉教授长期致力于老年建筑的研究，相关著作有《老年住宅》《老人·家》《养老设施建筑设计详解》（1、2卷）。其中《养老设施建筑设计详解》（1、2卷）明确了我国养老设施未来的发展方向，并通过工作室实际操作的案例对设施内空间进行了精细化描述。此著作还有针对特定地区的优秀设计项目的详细研究及国内外的对比研究等。国内具有代表性的关于养老设施建筑设计的著作还有赵晓征的《养老设施及老年居住建筑——国内外老年居住建筑导论》，此著作根据发达国家的老年建筑建设状况，同时结合我国现有养老设施的调查研究，对建筑内设计要点、内外空间构成要素等方面做了详细论述。关于“行为-空间”的相关研究，近几年国内也出现了对老年人日常生活行为和养老设施空间关系的研究，同时随着政策法规、养老保险制度的完善，众多研究者也开始关注养老设施交往空间质量对老年生活品质的影响。大连理工大学周博的一系列研究对构建老年人行为模式下的交往空间具有现实意义。通过对一系列养老设施的深入调研与数据分析，他将养老设施内空间要素与老年生活行为分类，阐述了两者在空间使用及建筑设计中的关系，并对公共交往空间形态进行构建与解析。《中日机构式养老院交往空间形态比较探讨》从空间构成入手，探讨了中日不同的交往空间模式与组成形态，为以后的交往空间模式研究提供了范本。此外，同济大学的李斌教授对“行为–空间”的研究，也对养老设施空间结构的研究产生了很大影响。《环境行为学的环境行为理论及其拓展》简明扼要地介绍了环境行为学近几年在中国的发展，为养老设施交往空间的研究提供了理论框架。他依照此理论撰写的《养老设施空间结构与生活行为扩展的比较研究》，对上海养老设施的居住环境现状和问题做出分析，对老人日常行为和空间关系及领域分布进行了量化研究。

第二，国外研究现状。从20世纪80年代开始，国外关于养老设施的研究已经从对空间布局的研究，转向对老年人行为特征、心理需求和空间的研究，着重对空间的结构、空间的秩序进行深入探讨，倡导高品质的老年生活，提倡将设施融入社区环境，摒弃特殊、隔离的差别待遇措施。劳顿·M.鲍威尔（Lawton M. Powell）的*Environment and Aging*（《环境与老龄化》）从环境学的角度研究能够满足老人心理与行为特征的老年住宅设施的设计方法。J.道格拉斯·波蒂厄斯（J. Douglas Porteous）的*Environment & Behavior: Planning and Everyday Urban Life*（《环境与行为：规划与每日城镇生活》）认为，老年人的生活质量取决于空间环境是否满足老年人的需要。这样的空间环境不仅能够实现老年人的基本日常需求，还能够鼓励老年人独立自主地生活，加强与外界社会、家庭的联系，从而形成积极向上、丰富多彩的老年生活。日本相关学者在近几年也开始关注老年人的生活行为和对公共设施的使用情况，如《护理型养老院公共与半私密空间研究》和橘弘志的《特别护理老年人设施的公共空间的半私密半公共领域的考察》等，都是从老年人对空间层次性需求的角度，探讨养老设施中公共空间的设计手法，强调从老年人行为出发的公共空间在养老设施环境中具有的重要地位。此外，建筑领域关于环境行为学的理论观点也趋向成熟。生态心理学家罗杰·巴克（Roger Buck）1968年提出了“行为–场所”的理念，并对此进行了系统的阐释。他认为，人的行为、心理特点的形成是由于总是处在一定的场所中，依赖一定的场所，行为与场所之间也存在着某种互动性，两者可以动态、有机地彼此转化。罗杰·巴克的“行为–场所”论将行为与空间看成可以相互影响、相互作用的整体，这种互动关系不仅仅是物质因素的体现，更是社会、文化因素的展现，他系统科学化的理念展示成为后续研究“行为-空间”的标杆，本文也将以“行为-空间”论为主要理论基础，探讨在养老设施空间内的行为与空间彼此相互作用的关系。

可以看出，随着国内外学者对机构型养老建筑的关注日益增多，针对能够提升老年人幸福指数的交往空间也开始逐渐被人重视，但基于“行为-空间”的系统化建设理论研究仍显欠缺，部分研究只是机械罗列不同行为与空间环境的对应关系，缺少对养老设施交往空间系统建设的概念与倾向的研究。本研究则是通过“行为”与“空间”不同层次对应关系的研究，充分挖掘老年人行为的外在需求与内在心理，以期建设宜居、可持续的生态交往环境。

11.“文治教化：复合型书店的体验式空间设计研究”，以体验经济为导向，强调当下复合型书店体验式空间设计的文治教化理念。目前，以复合型书店为例的设计研究现状是怎样的呢？

本章主要运用设计学、文化创意产业的方法来关注现代的复合型独立书店，并研究其体验设计的内容，但因为复合型书店尚未有大量的文献资料，因此主要从“书店”和“体验设计”两个方面展开，并对极少的关于“书店中的体验”的文献进行了梳理。同时，国内外关于复合型独立书店的设计实例十分丰富，而且相关的宣传资料也较多，因此笔者将新闻资料与调研报告也进行了整理。首先是关于实体书店的相关文献研究。国外关于书店的研究经验比较丰富，有许多关于这方面的专著与论文，分别从不同的角度对书店进行了分析。日本清水玲奈（Reina Shimizu）所著的《世界最美的书店》详尽地描述了美国网站评选的“世界上最美的20家书店”榜单里的书店。除此之外，清水玲奈还有《书店时光》《理想的书店》等多部与书店相关的著作。肖恩·白塞尔（Shaun Bythell）的《书店日记》则是从书店主人的角度去描述实体书店里发生的各种有趣的故事，以及作为一个书店负责人需要如何行动才能维持良好的书店运营。刘易斯·布兹比（Lewis Buzbee）所著的《书店的灯光》，讲述了一个关于爱书人与书和书店的故事，还有他所知道的书与书店的历史，向读者介绍了他所喜欢的世界各地的书店。西尔维亚·毕奇（Sylvia Beach）在《莎士比亚书店》中主要介绍了世界著名的莎士比亚书店，讲述了书店从建立以来的故事，书店如何发展成为文人雅士喜爱的聚集地，成为一家非常具有文化历史性的书店。彭柏格·大卫（Penberg David）的*Saving Bookstores from the Endangered Species List*（《不要让书店进入濒危物种名单》），表达了他对美国实体书店的推崇和信仰，同时也关注了互联网技术对于传统书店造成的影响，并且认为书店在未来的发展还需要不断的探索，尤其要探索互联网技术和书店之间的结合与激发想象力之间的关系。其次，体验式空间设计研究。体验设计的概念最早出现在国外，因此国外针对体验设计的文献研究比国内丰富得多。在1970年出版的经典著作《未来的冲击》中，美国未来学者阿尔文·托夫勒（Alvin Tofflor）最早提出“体验经济”的概念。书中表明，体验经济将成为继农业经济、工业经济、服务经济之后的新浪潮。此后，哈佛大学商学院教授B.约瑟夫·派恩（B. Joseph Pien）和詹姆斯·H.吉尔摩（James H. Gillmor）在合作的著作《体验经济》一书中提出体验经济已经到来，企业会遭遇体验经济的挑战。并且，他们在书中也对体验经济进行了系统性的研究。作者认为，体验主要有四种不同的类型，分别是娱乐、审美、教育和遁世。而且，体验设计可以帮助企业实现新的附加值，这种附加值来源于将物质转换为体验来满足人们的精神需求。2000年，伯德·H.施密特（Bernd H. Schmitt）的《体验式营销》从营销学的角度探究了在体验经济中企业应用体验的问题。作者还将体验分为感官、情感、思考、行动和关联五种形式，认为这五种形式可以分别组合出不同的体验内容，而不同的体验组合要对应不同的营销策略。之后，内森·谢佐夫（Nathan Shedroff）在*Experience Design*（《体验设计》）中第一次给出了体验设计的定义：将消费者的参与融入设计中，是企业把服务作为“舞台”、产品作为“道具”、环境作为“布景”，使消费者在商业活动过程中感受。

笔者通过对上述文献资料、研究成果的综合梳理和述评，探究了当代中国社会的民生问题，阐释了当代中国社会民生问题与当代设计的密切关系，认为可以通过相应的设计、设计观念、设计对象、设计实践、设计目标、设计产业等解决百姓生活中的民生问题，并在某种意义上缓解社会问题与社会矛盾，促进社会的建设、繁荣与发展。

（二）当代中国设计的民生问题的研究内容及其观点

本书包括绪论和数字媒体与视觉传达设计、手工艺与工业产品设计、公共空间设计与环境艺术三编，共十一章。绪论为“设计·民生：当代中国设计的‘民生’问题研究”，是该项目研究的指导思想，内容包括两部分内容：一是在分析当代中国社会民生问题的基础上，阐释设计与民生的关系，明确可以通过设计解决社会民生的问题。二是综述当代中国设计的民生问题的研究现状，并提出本项目涉及的当代中国设计的11个民生问题的简要内容和主要观点。

1.“幸福和谐：数字媒体艺术沉浸式设计研究”是以数字媒体艺术为背景、范畴的当代沉浸式设计内容，以期达到“幸福和谐”的生活目标。其主要内容与观点如下。

“沉浸式”近年来在国内外都是热词，涉及文化、娱乐、科技、游戏等诸多领域。从实践行为来看，沉浸式设计（Immersive Design）早已有之，但这一名称为中国公众所知大约是从2015年开始。目前业内普遍认为“沉浸式设计”一词出自威廉·立德威等三位美国设计师、人机工程师撰写的《设计的法则》一书，书中列举了150个设计原则，“沉浸”为其一。该书指出沉浸式设计法源于美国心理学家、积极心理学奠基人之一米哈里·契克森米哈赖在1975年提出的心流（Flow）理论。“心流即一个人完全沉浸在某种活动当中，无视其他事物存在的状态。这种体验本身带来莫大的喜悦，使人愿意付出巨大的代价。”①

“幸福和谐：数字媒体艺术沉浸式设计研究”一章的研究对象“数字媒

① [美]米哈里·契克森米哈赖：《心流：最优体验心理学》，张定绮译，中信出版社2017年版，第67页。

体艺术沉浸式设计”（Immersive Design of Digital Media Art）是当代沉浸式设计中最具代表性的内容，以数字媒体艺术为背景和范畴，沉浸式设计则是其创作方式、手段。本章内容包括四部分：一是对数字媒体艺术沉浸式设计时代背景及相关概念进行介绍。数字媒体艺术沉浸式设计在国内之所以能够在极短时间内迅速发展，除了数字媒体艺术本体向纵深发展的原因外，还包括两个重要的外部原因。首先它是体验经济呼吁新型设计方式的产物；其次与国家政策的大力扶持密不可分。数字媒体艺术沉浸式设计自2015年进入中国公众视野后，其实践行为非常兴盛，但无论从业者还是公众，真正对其概念、历史、特点有深入了解的并不多，甚至存在一定的认知误区，因此厘清其相关概念非常重要。二是对中国相关产业现状进行分析，并指出IP打造的重要性。目前中国沉浸式产业的兴旺主要体现为产业活跃度高、市场潜能大。但与此同时，我们不难察觉到一些业已存在或隐现的问题，主要体现为产业亟待成熟、认知亟须深入。当下沉浸式设计逐渐成为IP落地的有效途径，要打造中国本土优秀的数字媒体艺术沉浸式设计IP，其孵化需要解决两个问题。首先，找到产品的DNA；其次，形成完整产业链。三是从能产生幸福感的机制入手，分析数字媒体艺术沉浸式设计在促进个人成长和发展方面所扮演的重要角色。以“心流”为理论基础的数字媒体艺术沉浸式设计可为体验者提供多种价值，满足其多种需求，是一种关乎快乐、幸福的设计思维和设计方法。四是进一步从“团体心流产生的快乐往往高于个体心流”这一积极的心理学研究成果出发，阐释数字媒体艺术沉浸式设计在解决促进人际和谐、助力经济发展、提供就业机会等关乎“民生”方面的问题发挥的积极作用。

2.“温暖适用：视觉传达设计中的适老性问题研究”是视觉传达设计领域里有关满足且适合于老年人需求的“既温暖又适用”的设计理念与方案。其主要内容与观点如下。

本章以当今老龄化社会为背景，通过对老年人生理、心理等特征以及老年人的视觉传达设计需求的调查分析，发掘当代视觉传达设计中存在的适老性问题，以及未来视觉传达设计发展的适老性趋势。在已有的适老性视觉传达设计研究的理论成果支持下，对当代视觉传达设计中适老性问题的解决办法提出一点建设性的意见，并以发现问题、解决问题为路线。第一，对当代视觉传达设计中存在的适老性问题进行解读，试图概括、明确适老性视觉传达设计的概念，并从老年人的视觉生理特征、视觉认知特征、审美特征及心理特征这四个方面提出当代视觉传达设计中存在的老年人视觉信息识别障碍、视觉审美及情感温度等问题。第二，在企业形象识别系统（CI）的启示下，试图构建一个针对老年人的视觉识别系统，并以此来初步解决老年人在当今社会中面临的信息认知与识别等问题。第三，依据视觉识别系统设计与导视系统设计的密切联系，对当代导视系统设计中适老性问题进行研究，从"无障碍理念"与"情感温度"两个方面来实现当代导视系统设计的适老性。第四，依据老年人的视觉特征以及生活行为习惯，分别对包装设计中信息识别、商品开启和获取的无障碍设计，商品包装设计中的安全性设计，商品包装设计中的情感化设计，商品包装设计中的重复使用设计这四个方面进行适老性的改进。第五，依据老年人的阅读习惯及视觉需求，分别从书籍设计本身及辅助工具方面进行书籍设计适老性的思考。

全球范围内的人口老龄化趋势给当代视觉传达设计带来新的启示，与此同时，适老性视觉传达设计的出现不仅满足了老年人的需求，其能动作用也反作用于社会，为社会带来了积极的影响。要解决当代视觉传达设计中的适老性问题，就需要从视觉出发，再回归到视觉中去。虽然当下对适老性视觉传达设计的研究还没有形成一个完整的体系，但希望在不久的将来能够有适合老年人的视觉识别系统出现。适老性设计比老年人设计涉及的目标群体更广泛，针对的年龄范围更大，因为其面对的是已经步入晚年生活或未来将要步入老年生活的人群。所以，对适老性视觉传达设计的研究是当今社会的需求，也是发展趋势。

3."半定制化：澳门华商故居文化创意产品设计的视觉表达研究"是以半定制概念为核心的文创产品视觉表达的设计研究，以及体现消费者个性的设计方案。其主要内容与观点如下。

此章选择的研究对象是澳门晚清华商故居的卢家大屋，它属于世界文化遗产，体现了中葡文化交融的特色。设计者可以通过视觉传达设计理论研究，以及澳门华商故居文化创意系列设计的实践探索，为澳门的文化艺术事业和经济适度多元化发展做出应有的贡献。第一，澳门文化创意产品设计有发展优势，同时也存在阻碍发展的问题。澳门文化创意产品设计有其发展优势，是因为它有得天独厚的地理与区域发展环境，中央人民政府和澳门特区政府也给予它重点经济发展领域的扶持政策，多元文化特色成为澳门独有的发展优势。但是目前看来，澳门文化创意产品设计的发展还存在一些问题，如同质化现象与文化审美缺失等。以澳门晚清华商卢氏故居的文化创意产品设计为例解决存在的问题，是促进澳门文化创意产品设计继续发展的有力之举。第二，澳门晚清华商卢氏故居澳门文化创意产品设计的发展，需要挖掘其澳门文化的内涵。挖掘澳门晚清华商卢氏故居卢家大屋的文化内涵，一方面要从澳门华商卢九、卢廉若传奇故事及其故居的历史文化中，寻找赋能于澳门文化创意产品的设计可行性；另一方面要抓住澳门中葡文化融合的设计特质，从设计内容、设计形式上使得澳门晚清华商卢氏故居文化创意产品设计拥有“澳门设计”特色。为了实现这一目标，本章以卢氏故居为载体，从建筑与室内装饰的传统视觉元素提炼上进行设计视觉表达可行性的尝试。第三，澳门晚清华商卢氏故居澳门文化创意产品设计的发展，需要在视觉设计、表达方式方法上不断探索与创新。具体而言，澳门晚清华商卢氏故居文化创意产品设计的视觉表达方法之一，是澳门华商故居建筑与室内装饰传统视觉元素的提炼，尤其是在卢氏故居建筑与室内装饰、图形、色彩和人文等层面上，将传统视觉元素、人物传奇故事与当代设计审美价值观念相结合，采取当代视觉设计表达方法进行“再利用”“再组合”“再设计”等适度创新性的践行与尝试。第四，在上述理论研究的基础上，最终完成卢家大屋文化创意产品系列设计方案，也就是李洋艺设计的卢家大屋文化创意产品设计作品，并提出“半定制”的概念。它践行了澳门晚清华商卢氏故居文化创意产品设计的理论。具体的卢家大屋文化创意产品的设计实践是以卢家大屋为研究对象与载体的传统视觉元素提炼，包括对“卢家大屋字体设计”“卢家大屋图形设计转换”等进行再设计，完成了“父子择一”冰箱贴、“卢氏循环”手机壳和“玫影”徽章等卢家大屋文化创意产品的系列设计方案，以及相应的包装设计和部分推广用品设计。该章节以发现问题、分析问题、解决问题为研究思路，以分析发展现状、强调当代价值、提炼设计元素、重视设计实践为写作思路和研究内容，主要采取文献研读、个案研究与实地调研相结合的研究方法，针对澳门晚清华商卢氏故居文化创意产品设计，从视觉艺术表达层面，研究设计方法、设计内容，且以创新意识完成具有时代特征的系列设计。其特点除了提供澳门文创设计发展对策之外，还有设计实践遵循生态环保的理念，以及从消费者利益角度着重思考和保障民生且提高民众的生活水平、审美品质。

4.“致用利人：互联网产品设计的人文关怀研究”是针对互联网产品人文特色设计的探究，以期达到致用利人的设计目标。其主要内容与观点如下。

互联网产品的定义与传统产品的定义有所不同，主要指以互联网为基础的为满足用户需求而创建的具备营利性质的功能和服务的综合体，主要表现形式有网站、电脑软件、手机应用程序等。互联网产品设计则是指在用户研究和数据分析的基础上开展的针对互联网产品的一系列设计与开发，其中主要包括需求分析、产品策划、原型设计、交互设计、视觉设计、开发测试等。随着各类智能设备的普及，互联网产品逐渐影响人们生活的方方面面，从线上购物到网课学习再到云医疗等公共网络服务，不同类型的互联网产品层出不穷。从最初的新闻资讯到实时的网络通信，从简单便捷的线上购物到深入日常的移动支付，继而发展到在线课程、网络医疗、交通云等关系民生的各类公共服务，互联网产品已无处不在。

互联网产品设计的人文关怀研究通过对互联网产品设计的情感化表现、个性化表达及生活化呈现等方面的研究分析，探讨如何在高速运行的社会中实现人文关怀，优化用户的使用体验，发展具有“温度”的互联网产品设计。第一，将互联网产品设计的情感化表现与优化互动联系起来。当人们将互联网产品视为解决问题的工具时，如何更流畅地帮助人们解决问题、规范人们的使用行为成为互联网产品设计关怀的重点，强调互联网产品设计的情感化表现就是要利用情感关怀来优化人与产品之间的互动。笔者搜集了互联网产品应用过程中出现的不当的互动表现，即信息冗杂与过度沉浸，并分析因这些不当表现而给用户带来的负面情感体验，由此认识到互联网产品中情感表现的重要性。第二，将互联网产品设计的个性化表达与重塑路径联系起来。当人们开始使用互联网产品进行个性创作时，如何拓展人们的兴趣范围、辅助人们进行高质量的内容创作成为互联网产品设计关怀的重点。强调互联网产品设计的个性化表达就是要利用个性关怀来帮助人们优化塑造自我的路径、提升人们创作内容的质量。其内容主要围绕互联网产品设计的信息传递与用户内容生产（UGC）特性展开，发现在信息传播过程中因设计不当而出现的“人设”标签和信息茧房等现象，并分析这些现象对用户个性表达所产生的不良影响。由此提出重塑路径的设计策略来扩展用户的兴趣范围，促使用户进行自我创作。第三，将互联网产品设计的生活化呈现与回归理性生活联系起来。当互联网产品成为人们生活的一部分时，如何增加人们的审美理性、帮助人们发现生活的意义成为互联网产品设计关怀的重点。强调互联网产品设计的生活化呈现就是要关心人们的日常生活，并从中提炼出生活元素应用到互联网产品之中，凸显生活意义，引导人们回归理性。

5.“智慧向善：智能产品设计伦理的科技问题研究”是针对科技进步的智能产品设计应遵循的伦理道德的研究，从而促进智能产品向善发展的趋势。其主要内容与观点如下。

首先，科技与智能产品设计的关系。智能产品是利用先进的计算机和网络通信、自动控制、传感器等技术，将与生活有关的各种应用子系统有机结合在一起，通过综合管理而具有感知能力、学习能力、记忆能力、思维能力和决策能力的“智慧产品”。近几年来，伴随着信息网络技术的发展，智能化进程大步迈进，智能产品品类不断丰富，智能产业稳步扩张。智能产品凭借其高互动性、高体验性、高智能性的产品特点深入百姓的日常生活之中，甚至影响到人类的社会生活。在面对智能产品深入百姓生活蓬勃发展之时，由智能产品引起的伦理问题也开始渐渐显露，并且随着智能技术的不断发展和使用人群的扩大，这些伦理问题又在朝着矛盾尖锐化、问题突出化、恐慌严重化的方向发展。其次，科技异化下的智能产品设计陷入伦理困境。智能产品设计是整合智能技术于产品之中的一个必要流程，是连接智能产品、智能技术与人、社会之间的桥梁。可以说，智能产品所引发的伦理性问题并非完全归咎于智能技术本身，很大程度上与智能产品设计伦理的缺失有着直接或间接的联系。智能产品设计伦理问题可划分为智能化依赖、智能化围困和智能化隐患三大困境。智能化依赖是指消费者因智能产品设计伦理性考量不周所引起的对智能产品的过度依赖，这种依赖涉及生理和心理两个层面，直接或间接地影响人类健康并致使人际关系冷漠。智能化围困是指因智能产品设计伦理性矛盾所引发的智能产品在进入社会并参与社会生产生活时所引发的一些打破原有平衡和秩序的影响，从而造成一定程度上的传统秩序消解、认知方式单一和个人行为透明等问题，进而产生对人类多方面的围困，让人类的单向度逐渐加重。智能化隐患是指因智能产品设计伦理性缺失导致的在智能产品设计研发过程中应用技术不适当、安全设计不到位等问题，以及可能因潜藏的一系列安全隐患衍生出一系列的安全事故。最后，科技异化下的智能产品设计伦理性对策。设计，尤其是工业设计，它是一种将策略性解决问题的过程应用于产品、系统、服务及体验的设计活动。通过其输出物对社会、经济、环境及伦理方面问题的回应，旨在创造一个更好的世界。面对科技异化下的智能产品设计伦理问题，智能产品设计应该以服务与发展为核心，充分发挥其作用与价值。因此，应在借助设计艺术学的手段和方法的基础上，提出具有指导性、可行性的智能产品设计意见。其一是智能产品的提示约束型设计，也就是通过温馨且善意的提示和必要的强制约束相结合的设计手段，提醒、告诫甚至制止智能产品过度使用者和不当使用者，并通过正确的方法来引导他们适度使用智能产品，避免长时间使用而引发机体退化和心理问题。其二是智能产品的安全保障型设计，其倡导在设计研发过程中通过选择安全技术，提升安全意识和健全安全标准来保障智能产品的合理性、稳定性和安全性。无论是智能产品的提示约束型设计，还是智能产品的安全保障型设计，都意在通过富有伦理性考量的设计手段更好地促使智能科技发挥向善向好的一面，也希望通过科技领域中的智能产品设计伦理和谐为广大的使用者提供真、善、美的智能产品。

6.“同享相和：共享单车设计原则研究”是针对当下共享经济视野下共享单车设计应遵循的原则的研究，意在阐释共享的真谛。其主要内容与观点如下。

民胞物与、天下大同一直是人类最美好的向往与追求，第三次工业革命以来，随着信息技术、移动支付技术的发展，万物互联互通成为可能，共享经济蓬勃发展，“物物与共”成为现实。共享单车就是基于共享经济大概念领域衍生出的小领域和小应用。虽然是“小”领域和“小”应用，但其中有“大”学问。共享单车的设计背后有很多复杂抗解、值得追问的设计问题，比如：如何打破使用界限，让不同年龄、不同教育背景的人共同使用？如何在开放使用情况下保证使用者的安全？在资本裹挟下，如何参与共享设计？本章就共享单车反映出的设计问题进行了探究，将较为突出的矛盾进行了梳理，并从设计学角度去分析和解决问题，同时从以下四个角度进行了阐述。第一，“共享设计理念下的共享单车”，介绍了共享单车诞生的背景，与其联系紧密的共享经济的概念如何界定，发展的动因、特征以及与共享单车之间的关系，也对共享单车发展的历史脉络进行了简单的梳理。此外，对共享单车发展所面临的矛盾进行了归纳和总结，将较为突出的商业矛盾、节能矛盾都进行了简要的分析，并提出了对策，进而引导出基于设计学角度的解决策略。第二，“共享单车的可持续设计原则”，就共享单车与可持续设计原则关系进行简要的论述与分析。分为两部分，首先对当今的消费伦理以及受消费伦理影响的消费社会进行分析，阐述了设计在消费者主权原则和应享消费原则的影响之下造成的负面影响，从而推导出可持续设计对于改善现状的作用。其次，探讨了共享单车设计中所采用的可持续设计思想是否可以应用于普通设计上。第三，“共享单车的安全设计原则”，就共享单车设计的安全原则做了详细的分析和论述。共享单车的特点是使用权和所有权分离，在一个开放的使用场域之下，必然会伴随一系列的安全问题。安全问题又分为安全引导设计、安全使用、安全监管及设计师的安全责任意识，其中安全引导设计最为重要。该节着重探讨了“设计引导”在安全设计中发挥的作用。第四，“共享单车的公平设计原则”，就共享单车设计中的公平原则进行了探讨。该节分为两部分。首先，分析了共享单车设计的社会意义。共享单车作为共享经济的产物，对社会有一定程度的影响，补充了现有设计的不足之处，丰富了设计种类。其次，评价了共享单车作为设计产品的价值，它缓解了设计矛盾，驱动了优良设计的共享。虽然现在仍存在一些问题，但还是代表着优良设计的前进方向。

中国涌现出的领先世界的共享经济与服务的创新企业，通过设计思维创新，正在改变着人们的日常生活方式，成为驱动社会发展的重要力量，共享单车也是设计思维创新的一种体现——基于共享经济大概念领域中衍生出的小领域和小应用。针对共享单车的设计原则研究，更重要的是对其背后的设计思维进行挖掘，启发未来的设计。

7.“顺时应势：鲁锦生态设计研究”是以设计生态理念为视野，关于山东鲁锦设计的应时应势研究。其主要内容与观点如下。

在经济全球化的大背景下，传统手工艺相对脆弱，受强势文化影响，存在同质化的趋向。随着城镇化进程的加速，民间的传统手工艺逐步丢失了市场，民俗习惯也随之发生变迁，存在生态失衡问题，同时也出现了越保护传统文化，传统文化反而越远离我们生活的现象。针对这些现象，本章主要观点认为生态设计是沟通传统与当代及未来的桥梁。近几年，在国家政策和时代发展的推动下，传统的手工艺受到关注，本章试图在理论上分析设计赋能传统手工艺的可能，并选取鲁锦作为研究对象。鲁锦是山东省西南地区的一项老粗布织造工艺，在农耕社会是普遍存在的生活用品，兼具使用功能和审美功能。在工业化和信息化的社会环境下，新工艺、新材料不断研发，鲁锦也受到冲击，在新的环境下鲁锦是否还能回归民众生活，通过什么方式可以平衡因时代发展而弱化的使用价值是我们要面对的问题。本章以发现问题、分析问题和解决问题为研究思路，认为生态设计是让鲁锦回归民众生活的方式。第一，从自然生态设计的角度，分析鲁锦存在的自然环境以及当地人的生产方式和生活方式。自然生态设计是鲁锦融入当代语境的起源，就地取材是鲁锦自然生态设计的核心。第二，从人文生态设计的角度来看，鲁西南地区人们长期积累的民俗习惯形成了特有的人文生态，人文生态设计是鲁锦融入当代语境的文化根源，其特点受地域民俗影响较大。第三，从产业生态设计的角度来看，外部市场环境的变化影响着鲁锦的兴衰。产业生态设计是鲁锦融入当代语境的动力，鲁锦发展的规律是时移势迁。第四，在对鲁锦自然生态、鲁锦人文生态、鲁锦产业生态三个方面的综合分析之后，笔者认为鲁锦生态设计需要讲天人和谐，要进一步探讨非物质文化遗产在助力精准扶贫、提供多元就业岗位、刺激年轻群体的消费等关乎“民生”问题的解决方面所发挥的积极作用。

鲁锦的自然产地是农村，农村中农民的传承是鲁锦融入当代语境的关键。鲁锦的社会身份是非物质文化遗产（简称“非遗”），“非遗助力精准扶贫”在脱贫攻坚、乡村振兴等国家重大战略中发挥了重要作用。非遗扶贫就业工坊的建立提供了多元的就业岗位，扶贫对象可以通过居家就业的方式就近增加收入，有效地解决了传承非遗文化和贫困人口就业的难题。同时，刺激年轻群体的消费也是解决民生问题和使非遗保护形成规模的一个非常重要的方面。鲁锦生态设计为解决民生问题提供了一个很好的示例，能够让非遗有效地形成规模并为解决当代社会存在的民生问题发挥重要作用。

8.“匠心民需：苏州檀香扇传统工艺研究”是以苏州檀香扇为研究对象，研究其传统工艺及其匠心与民需的设计价值。其主要内容与观点如下。

苏州檀香扇传统工艺有着上百年的历史，从最初的“半檀香扇”到细拉花檀香扇，再到拉烫结合檀香扇，直至“四花”工艺的檀香扇，檀香扇传统工艺一直在不断演变。在地域文化的长期浸润下，经过一代代心灵手巧的制扇艺人的不断探索与创新，以及文人墨客潜移默化的影响，苏州檀香扇最终形成了“精、细、雅、洁”的艺术风格，在扇文化中占有很重要的地位。制扇艺人技艺高超，精工细作，这是他们给传统工艺文化注入的一份承诺；同时，苏州檀香扇传统工艺对于制扇艺人来说也是他们生活的保障。除此之外，传统工艺是中华文化的重要载体之一，作为精神文化与生产技术的统一，我们理应从文化的、美学的角度去审视它。笔者以实地调研为基础，通过现场考察和深入访谈，对苏州檀香扇传统工艺的原材料与制作工具、工艺流程进行了较为全面的图片和影像资料采集，并对几位有代表性的工艺美术大师、手工技艺传承人进行了访谈，获得了较为详细的第一手资料，为深入论述奠定了基础，同时也为进一步研究苏州檀香扇传统工艺提供了真实客观的文字记录和影像资料。本章的核心内容分为三部分：第一，探究苏州檀香扇传统工艺的起源，对檀香扇传统工艺形成的自然环境和人文环境做了简单介绍。第二，着重对苏州檀香扇传统工艺传承的必要性进行梳理。本章着眼于文化的载体、审美的需要、工艺的独特三个方面，从传统工艺美术的角度出发，阐述制扇艺术在当代的传承必要性，为传承必要性提供依据。第三，主要是对苏州檀香扇传统工艺在传承中面临的问题进行探究。本章从原材料的缺乏、部分工艺的失传和传承人的减少三个角度剖析了传统工艺传承的现状和问题，并明确檀香扇的定位和发展方向，以期苏州檀香扇传统工艺能在当代社会环境中寻求生存空间和新的发展机遇。

本章选择苏州檀香扇传统工艺个案作为研究对象，期望客观真实地反映苏州民间传统工艺的生存状况，及其形成发展动因和自身特性价值，思考在当今全球化的背景下，中国传统工艺如何传承与发展，以及保护传统工艺与发展民生之间的关系，并以此形成可借鉴和参照的研究成果。

9.“乡土温度：鲁东农村公共空间设计研究”是以新农村建设为指导思想，阐释鲁东地区农村公共空间新乡土的设计理念与方案。其主要内容与观点如下。

本章运用设计学、人类学、社会学相关理论的研究方法，以鲁东地区农村为研究范围，立足当下农民群体的公共生活，并将公共空间作为研究对象和出发点进行了相关的设计研究。在当代中国社会，城乡二元结构导致了城乡发展的不均衡，很多农村还处于不太成功的转型阶段。在新农村建设研究中，涉及农民日常生活、经济文化、人情来往等的公共空间自然有着极其重要的意义。因为它在相当大的程度上塑造着农民物质生活和精神生活的状态，影响着农村的社会关系、人际往来、道德价值和秩序体系的形成，并为农民群体提供认同、聚集、参与、交流和满足归属等方面的需求。对于农村公共空间的研究应包括对公共场所、公共活动和活动主体等方面的研究。第一，从群体公共生活的角度对农村公共空间的相关概念理论与变迁做出了阐述，并按照功能性对公共空间类型做出了归纳，分为交易型、娱乐型和服务型公共空间。在此基础上从形态、时间、功能、社会与认知五个维度进行农村公共空间的设计思考。第二，主要从公共生活的人际互动角度看待规划设计，从形态与时间维度进行具体的设计研究，使得公共空间的规划设计可以促进公共生活中的人际互动。第三，从农村社会特点出发关注乡土文化视野下的公共生活，通过精神文化和物质文化两方面进行公共设施的设计思考，最终在乡土设计观下展开功能维度中各类公共空间下的公共设施设计研究。第四，主要站在社会与认知维度进行具有地方特色的农村公共空间视觉与环境设计研究，以视觉上的审美认同作为提升社区认同感的一个起点。

本章以“设计解决问题”的观点为支撑，将组成完整公共空间的行为者、公共活动、场所等进行理论剖析，结合鲁东地区农村实际和国家发布的农村建设指导方针，引出具体设计研究，使重新改进的公共空间成为富有活力的场所，满足当下农民群体的公共生活需求。

10.“诗意栖居：北京机构养老设施的交往空间设计研究”是在调研数家机构养老设施的交往空间设计现状的基础上，提出老年人诗意栖居的设计理念与方案。其主要内容与观点如下。

本章研究内容是以老年人行为与心理需求调查为依据的养老设施交往空间设计研究，认为交往空间的系统化构建在养老设施环境内具有十分重要的作用。随着家庭结构小型化、抚养负担的加重，越来越多的老年人需要依靠机构养老设施的特有优势辅助日常生活，安度晚年。由于老年人退休后与原有社会关系的切断，与原有社会人脉的隔离，如何在现有生活区域构建科学合理的交往空间，重塑老年人的社会人脉，丰富老年人的晚年生活，就成为现有机构养老设施环境建设面临的重大问题。同时机构养老设施是一种相对封闭的老年居住环境，如果能加强对交往环境的建设，不断改善现有建筑环境封闭、单一的状况，塑造出原有生活空间的熟悉感、亲切感，增强老人对环境的信任感与依赖感，也会在很大程度上缓和目前养老机构入住率较低的社会现象。纵观国内养老设施设计研究领域，多数关于交往空间的研究成果关注的是物质空间环境，倾向于建筑本体的空间设计、细节设计，对公共空间只进行简单的分类设计，并且只是机械地进行。从行为出发的研究成果并不多，在养老设施空间环境与老年人行为特征等空间构成与个人属性的研究仍占少数。本章以罗杰·巴克的“行为-场所”理论及环境行为学的“相互渗透论”为主要研究方法，着重从老年人行为与空间环境相互影响的多重机制展开研究，分别探讨了空间设计的三个层次——物境、情境、意境，并进行系统化的交往环境构建，旨在为未来养老院、养护院等设施的建立提供相应的设计依据与设计对策，缓解当前封闭、单一的建筑环境，提升老年人的居住品质。

本章以空间环境为角度，认为若要解决现有养老设施的种种问题，还需要心理学、生理学、管理学、老年学、社会学、康复治疗学等多学科、多领域的通力协作，完善各项保险制度，建立起全方位、立体化的养老服务保障体系。这将会促进养老设施类型体系与设计标准的完善，从空间构成上满足老人对功能性和精神性的双重需求。通过着力改善现有养老设施内集中供养的护理方式，建立多元化、个性化的服务系统与服务理念，方能与整个养老服务体系有效衔接、共同协作，从而促进建成稳定的、生态化的养老设施服务体系。

11.“文治教化：复合型书店的体验式空间设计研究”，以体验经济为导向，强调当下复合型书店体验式空间设计的文治教化理念。其主要内容与观点如下。

本章主要关注民生内容中书店设计的发展情况，主要研究对象是由传统书店转型后的复合型书店中的体验式空间设计。本章通过介绍传统书店转型复合型书店的背景、体验内容以及对复合型书店的体验式空间设计的分析，探究复合型的体验式空间设计的实质及其问题，并提出相关的建议。本章首先探讨了传统书店转型的背景与研究复合型书店的体验式空间设计的原因。根据资料显示，国内外的实体书店从2000年就开始面临危机，不仅因为便捷实惠的网上书店，还因为大众越来越倾向电子阅读方式，再加上新媒体的冲击，传统实体书店销售图书的优势已经不复存在，所以很多传统书店不得不依据市场转型为复合型书店。体验经济催生了新的设计思想与方法——体验设计。体验设计是以体验为核心展开的系统设计。复合型书店的市场定位为复合型公共文化空间，因此，本章着重研究复合型书店内的体验式空间设计。复合型书店的体验式空间设计的灵感来源于复合型书店的体验内容。复合型书店的体验式空间设计，在于空间场景的设计与氛围场域的营造能够更完整、系统，甚至有序地将体验内容呈现给大众，并感染大众。复合型书店的体验内容包括围绕书籍的物感体验与阅读体验、文化交流活动的交往性文化体验、多样的主体文化体验、基于书店文化的文创产品消费体验等。而分析体验内容可为空间设计提供素材与依据。体验式空间设计是塑造复合型书店空间场景的重要设计手段和内容。空间场景设计决定了整个文化体验的氛围和文化体验层次的秩序感和联系。与传统书店不同的是，复合型书店在空间上普遍占地面积更大，空间功能分区更多更复杂，空间场景的设计更看重统一性和整体性。其空间设计是多层次的，分别是物理空间与功能设计、精神空间的文化设计和社会空间的交往互动空间设计。本章通过对复合型实体书店的物理空间、精神空间和社会空间三个方面的分析，来进一步理解复合型书店中体验式空间设计的重点和实践问题。

复合型书店的体验式空间设计具有文化商业化和消费感性化的特征。大部分的复合型书店为了迎合市场需要，一味地将各类项目糅进书店的文化体验中，导致文化体验缺乏秩序、层次和整体性。但体验式空间设计的重点在于文化体验的塑造，而非追随消费主义为商业价值而设计，所以只有超越消费主义，才能够避免与大众文化完全趋同而丧失文化主语权，真正地实现其文化体验的完整性和独特性。同时，复合型书店的设计重点应该在于优化其设计的内涵，传达文化精神和发挥文化传播的本质作用。在空间设计方面，要避免流于形式、过度设计，否则既浪费时间和资源，同时也影响书店的用户体验。所以，提倡体验式空间设计要以人为本，讲究适度，这样才能更好地发挥其文化教育与传播的作用。

本书是对当代中国设计与社会民生问题之间关系的研究，上述涉及的问题仅仅是一部分，仍有大量与设计有关的民生问题没有提到，而设计目标与设计师的责任就是解决百姓的民生问题，且履行“设计服务于人民”“设计服务于社会”的宗旨。因此，本书涉及的是一个不间断的研究主题。希冀有关设计与民生问题的后续研究，将延续民生的普惠价值，解决民生的具体问题，同时拓展研究内容的广度，增加研究内容的深度，继续传承、传播“设计为人民服务”的宗旨和思想。

上编　数字媒体与视觉传达设计

第一章
幸福和谐：数字媒体艺术沉浸式设计研究

沉浸式设计是以积极心理学的“心流”理论为基础的设计方式，是借助一定的技术和条件，营建某种氛围，通过作用和刺激体验者的感觉和知觉，令其达到沉浸其间、忘却他物的状态，在体验结束后获得满足感和幸福感的设计。数字媒体艺术沉浸式设计是当代沉浸式设计的核心组成部分，即以数字媒体艺术为背景和范畴的沉浸式设计。沉浸式设计是创作方式、手段。

第一节　数字媒体艺术沉浸式设计的时代性

幻境[①]2019年12月发布的《2020中国沉浸产业发展白皮书》认为中国沉浸式产业以2013年大型情景体验剧《又见平遥》为肇始，但笔者认为，该演出主要舞美因素仍以仿古建筑此类实物为主，数字媒体艺术相关技术成分还较薄弱。数字媒体艺术沉浸式设计真正为中国观众所关注大约是在2015年之后，随着“不朽的凡·高”感映艺术大展、英国兰登国际创作的大型互动装

① 幻境国际沉浸产业平台是中国沉浸产业联盟联合发起单位，曾策划多个全域沉浸项目，编撰了国内第一份沉浸式产业白皮书《2018中国沉浸产业发展白皮书》。

置《雨屋》、日本teamLab数字媒体艺术展相继进入中国市场，此后以沉浸式设计为名的各种作品、活动逐渐流行开来。此外，以中国本土设计师为创作主体、富有中国传统文化韵味的设计作品也开始登上舞台。

一、体验经济催生，国家政策扶持

数字媒体艺术沉浸式设计在国内之所以能够在短时间内获得迅速发展，表面看来似乎是“忽如一夜春风来，千树万树梨花开”，实际却是诸多因素长期酝酿、积淀的结果。除了数字媒体艺术本体向纵深发展的原因外，还包括两个重要的外部原因。其一，它是体验型消费呼吁新型设计方式的产物；其二，它的发展与国家政策的大力扶持密不可分。

1.体验型消费呼吁新型设计方式

数字媒体艺术沉浸式设计是体验经济发展的结果。体验经济是继农业、工业、服务业之后的第四个经济增长点、第四种经济产出。有关体验经济诞生的原因，B.约瑟夫·派恩、詹姆斯·H.吉尔摩在《体验经济》一书中这样解释：“科技是部分原因，它推动了许多新体验的产生；企业间日益严峻的竞争是另一个原因，它促使公司不断寻找新的产品或服务差异”[①]，生活的日益富足也是一大原因，但最主要、全面的原因应当是“经济价值的本质及其自然递进的趋势”[②]。“作为一种经济产出，当企业有意识地利用服务为舞台、为产品、为道具来吸引消费者个体时，体验便产生了。和初级产品的可互换性、产品的有形性、服务的无形性相比，体验的独特之处在于它是可回忆的。”[③]但笔者认为，可回忆性固然是体验经济的一个突出特性，但并非唯一特性，因为无论是实体产品还是无形服务，它们都可以为消费者提供美好

---

① [美]B. 约瑟夫·派恩、詹姆斯·H. 吉尔摩：《体验经济》，毕崇毅译，机械工业出版社2002年版，第13页。

② 同上。

③ 同上，第6–7页。

的回忆，典型案例如旅游产品、文创衍生品这类被法国思想家让·鲍德里亚（Jean Baudrillard）在《消费社会》一书中称作具有摆设性质的“媚俗物”。“通常是指所有那些粉饰的、伪造的‘蹩脚’物品、附属物品、民间小杂什、‘纪念品’、灯罩或黑人面具的总和……它自己会宁愿把自己定义为伪物品，即定义为模拟、复制、仿制品、铅版，定义为真实含义的缺乏和符号、寓物参照、不协调内涵的过剩，定义为对细节的歌颂并被细节填满。”①从其作为符号、寓物的参照等功能来看，都与提示、保存、记录记忆相关，也就是说，鲍德里亚认为这些有形产品是以“可回忆性”为其主要特性的。在笔者看来，包括数字媒体艺术沉浸式设计产品在内的体验型产品，真正吸引人的地方更在于其场景性价值。“即便商品的价值并不在于其对于生活世界里的活动而言的有用性，其价值也绝不可能只是在于其所代表的交换价值。被利用的毋宁说恰恰是商品的场景性的功能”②，其最大作用在于激发作品气氛。德国当代美学家格诺特·波默（Gernot Böhme）在其《气氛美学》一书中认为场景性价值属于商品的使用价值和交换价值之外的第三种价值，不过本文更愿意将其视为交换价值的升级和变体。

马克思将消费分为生存型、发展型和享受型三种类型。“生存型消费是指物质消费，是以获得产品的使用价值和维持人们基本生存需要为目的的消费；发展型消费是指交换价值的消费，在生存型消费获得满足的基础上，注重产品的价值，显示购买能力，往往通过消费表达个性与品位；享受型消费则关注的是对商品符号价值的消费，在生存型消费获得满足的基础上，注重产品的符号价值，时而通过消费炫耀个人财富。”③从《2020中国沉浸产业发展白皮书》中公布的2019中国沉浸体验客单价分布图（展陈类业态）（图

① [法]让·鲍德里亚：《消费社会》，刘成富、全志钢译，南京大学出版社2014年版，第98页。

② [德]格诺特·波默：《气氛美学》，贾红雨译，中国社会科学出版社2018年版，第34页。

③ 刘佳：《当代中国社会结构下的设计艺术》，社会科学文献出版社2014年版，第154页。

1–1）可看到，单价100元人民币以下项目占总比的31%；价位在100—300元的项目占总比的61%，为主流价位区间。从2019年8月由NeXT SCENE[①]发布的《2019全球沉浸式设计产业发展报告》公布的2018全球沉浸体验客单价分布图（图1–2）可以看到，最为集中的项目价格区间为25—49美元，约占总比的31%，价格低于10美元的项目位列第二，约占总比的22.5%。根据这两个图表显示的消费信息以及数字媒体艺术沉浸式设计重视体验快感的特点来看，数字媒体艺术沉浸式设计应当属于发展型消费。此外，因为数字媒体艺术沉浸式设计行业及业态众多，其中不乏一些高消费产品，例如2018年在上海静安区开业的“良设·夜宴”沉浸式文化感官餐厅（图1–3），由设计师王杨与周平打造，建造历时两年之久，总投资2000多万元人民币。该餐厅以包括美食、音乐、舞蹈等在内的唐代文化为美学背景，为体验者提供视、听、味、嗅、触、知为一体的体验型沉浸。整个餐厅占地面积达1000平方米，就餐区域却只有一间屋子，可容纳12人，人均就餐费为4800元人民币。菜品共18道，每道菜都是食物、视觉、影像、音乐、味道与情绪的呼应和融汇。可以说，在“良设·夜宴”就餐，“醉翁之意不在酒”，也不在于菜，而在于整个餐厅为食客提供的氛围价值。

① NeXT SCENE成立于美国纽约，是专注于沉浸式设计的媒体和服务公司，2019年入驻哥伦比亚大学创业实验室，成立专门研究团队NeXT SCENE ReSEARCH对沉浸式设计展开研究，持续发布沉浸式体验周报，建立爱好者和创造者社群，举办线下交流活动，促进沉浸式创作者社群发展和中美沉浸式产业交流。

图1-1　2019中国沉浸体验客单价分布（展陈类业态）

图1-2　2018全球沉浸体验客单价分布
（图片来源：《2020中国沉浸产业发展白皮书》，幻境发布）

图1-3　“良设·夜宴”沉浸式文化感官餐厅内部场景（图片来源：搜狐网）

数字媒体艺术沉浸式设计往往会应用大量高新科技，制作方为团队作业，展陈方式要求颇高，因此其高昂成本往往导致产品售价比一般文化产品高。消费人群范围相对狭窄，大部分都是喜欢大众文化、崇尚时尚生活方式且有一定消费能力的年轻人。但在此定位下，因数字媒体艺术沉浸式设计涉及产业、领域众多，消费人群在社会结构中所处位置不同，因此其设计依然需要遵循“设计分层”原则。所谓“设计分层”，是“设计师根据社会阶层结构具体状况的分析所做的、有效的设计定位”[①]，目的是满足位于社会结构中不同阶层、具有不同消费能力的人群，一种典型做法是通过体验时间段以及体验位置的不同来设定票价。以2019年9月13日在国家大剧院上演的张艺谋导演的《对话·寓言2047》第三季观念演出票价为例，单人票价区间为280元至1280元人民币，双人票分1632元和1836元人民币两档，三人套票分2304元和2592元人民币两档。

2.国家政策大力扶持

体验经济引发新型消费方式，包括数字媒体艺术沉浸式设计产品在内的新型消费产品往往囊括娱乐、体验、科技、文化等多种要素。近年来，为引

① 刘佳：《当代中国社会结构下的设计艺术》，社会科学文献出版社2014年版，第189页。

导健康、合理的新型消费方式，国务院及文旅部、科技部、中宣部等各部委分别印发稳健推动、鼓励沉浸式产业发展的相关文件。其中，与数字媒体艺术沉浸式设计关系最为密切的有四个文件。其一，2017年4月11日文化产业司发布的《文化部关于推动数字文化产业创新发展的指导意见》，其中第三点“着力发展数字文化产业重点领域”中的第十一条“增强数字文化装备产业实力”中指出：“适应沉浸体验、智能交互、软硬件结合等发展趋势，推动数字文化装备产业发展，加强标准、内容和技术装备的协同创新。研发具有自主知识产权、引领新型文化消费的可穿戴设备、智能硬件、沉浸式体验平台、应用软件及辅助工具，加强以产品为基础的商业模式创新。研发智能化舞台演艺设备和高端音视频产品，提升艺术展演效果，满足高端消费需求。”[①]其二，2019年8月23日国务院办公厅印发的《关于进一步激发文化和旅游消费潜力的意见》，其中第二点“主要任务”中的第八条“促进产业融合发展”规定：“促进文化、旅游与现代技术相互融合，发展基于5G、超高清、增强现实、虚拟现实、人工智能等技术的新一代沉浸式体验型文化和旅游消费内容。”[②]其三，2019年8月27日科技部等六部门印发《关于促进文化和科技深度融合的指导意见》的通知，其中第二点“重点任务”中的第一条“加强文化共性关键技术研发”中指出：“以数字化、网络化、智能化为技术基点，重点突破新闻出版、广播影视、文化艺术、创意设计、文物保护利用、非物质文化遗产传承发展、文化旅游等领域系统集成应用技术，开发内容可视化呈现、互动化传播、沉浸化体验技术应用系统平台与产品，优化文化数据提取、存储、利用技术，发展适用于文化遗产保护和传承的数字化技术和新材

① 中华人民共和国中央人民政府网：http://www.gov.cn/gongbao/content/2017/content_5230291.htm。

② 中华人民共和国中央人民政府网：http://www.gov.cn/zhengce/content/2019-08/23/content_5423809.htm，2019年8月23日。

料、新工艺。”[①]其四，2020年11月18日文化和旅游部在《文化和旅游部关于推动数字文化产业高质量发展的意见》第三条“培育数字文化产业新型业态”中明确将第15点列为“发展沉浸式业态”，提出：“引导和支持虚拟现实、增强现实、5G+4K/8K超高清、无人机等技术在文化领域应用，发展全息互动投影、无人机表演、夜间光影秀等产品，推动现有文化内容向沉浸式内容移植转化，丰富虚拟体验内容。支持文化文物单位、景区景点、主题公园、园区街区等运用文化资源开发沉浸式体验项目，开展数字展馆、虚拟景区等服务。推动沉浸式业态与城市公共空间、特色小镇等相结合。开发沉浸式旅游演艺、沉浸式娱乐体验产品，提升旅游演艺、线下娱乐的数字化水平。发展数字艺术展示产业，推动数字艺术在重点领域和场景的应用创新，更好传承中华美学精神。”[②]

值得一提的是，当前我国沉浸式产业从业者在学习、研究国外优秀沉浸式设计的同时，已经开始在研究、贯彻国家相关政策的基础上努力探索具有中国文化特色、适应本土体验者审美和情感的作品，其中数字媒体艺术沉浸式设计与“夜经济”的结合就是一个典型案例。2019年8月27日国务院办公厅印发的《关于加快发展流通促进商业消费的意见》在“培育消费热点”中提出：“活跃夜间商业和假日消费市场，完善交通、安全、场地设施等配套措施。”[③]此文件发布之后，各地纷纷响应并出台相关意见。北京市发布的《北京市促进新消费引领品质新生活行动方案》曾提出启动夜京城2.0行动计划。北京市预设计开发10条左右‘夜赏北京’线路，策划举办10场精品荧光夜

① 中华人民共和国中央人民政府网：http://www.gov.cn/xinwen/2019-08/27/content_5424912.htm，2019年8月27日。

② 中华人民共和国中央人民政府网：http://www.gov.cn/zhengce/zhengceku/2020-11/27/content_5565316.htm，2020年11月27日。

③ 中华人民共和国中央人民政府网：http://www.gov.cn/xinwen/2019-08/27/content_5425015.htm，2019年8月27日。

跑、夜间秀场等户外主题活动；实施‘点亮北京’夜间文化旅游消费计划，推动有条件的博物馆、美术馆、景区、公园、特色商业街区等延长营业时间；优化调整促消费活动审批流程，推动相关流程网上办理。2020年8月，北京歌华文化发展集团有限公司选址玉渊潭公园，联合推出“万物共生”户外光影艺术沉浸式体验展。该展览将玉渊潭公园独特的人文景观和自然景观与包括灯光、雾森、激光、交互、影像、造景、音乐、表演等高新科技、特效装置、多种艺术品进行结合，借景构景、移步换景、虚实结合，打造了全国首个城市公园景观户外沉浸式光影艺术体验空间。（图1–4）

图1-4　“万物共生”户外光影艺术沉浸式体验展现场
（图片来源：孙玉洁供图）

二、基于心流的数字媒体艺术沉浸式设计

数字媒体艺术沉浸式设计进入公众视野后，其实践活动非常兴盛，但无论是从业者还是公众，真正对其概念、历史、特点有深入了解的并不多，而在创作及传播过程中，认知不足甚至认知误区也给数字媒体艺术沉浸式设计的发展造成一定障碍。如果从业者不能从更专业、更深入的角度对其进行认

识和研究，仅仅仰仗高新科技营建的华丽景观，或是持“拿来主义”的态度引入国外既有成功IP而不进行本土化，市场早晚会出现饱和、体验者拒绝买账等问题，因为大浪淘沙、优胜劣汰才是常态。

1.实现沉浸的基础与条件

目前业内普遍认为“沉浸式设计”一词出自由威廉·立德威等三位美国设计师、人机工程师撰写的《设计的法则》（第3版）一书。不过书中并没有直接出现“沉浸式设计”一词，而是简单列举了150个设计原则，“沉浸”为其一：“沉浸是指全身心专注于某件事的状态，以至于完全失去了对现实世界的感觉。”[①]该书所提及的设计中的“沉浸”法则来源于美国心理学家、积极心理学奠基人之一米哈里·契克森米哈赖在1975年提出的“心流”概念。“心流即一个人完全沉浸在某种活动当中，无视其他事物存在的状态。这种体验本身带来莫大的喜悦，使人愿意付出巨大的代价。”[②]

如何达到沉浸或心流状态，契克森米哈赖总结了八个因素：具有挑战性的任务；行动与意识结合；目标明确；反馈及时；全神贯注；自控感；忘我状态；时间感变化。在产生心流体验的各种具体活动中，这些要素并不总是全部出现，但通常相互关联，比如即将展开的任务的难度和个人技能之间的平衡，一个人知道他需要做什么（明确的目标）以及在做这件事上有多成功（即时反馈），而技能和任务之间的契合度正是产生心流体验的核心前提。1987年契克森米哈赖连同另外两名心理学家马斯米尼（Massimini）和卡利（Carli）发表了八通道流动模型（图1-5），描述了不同层次的挑战和技能所产生的体验感。由此可看到，当手头任务是一个高于平均水平的挑战（在中心点之上），而个人拥有高于平均水平的技能（在中心点右侧）时，有可能发

① [美]威廉·立德威、克里蒂娜·霍顿、吉尔·巴特勒：《设计的法则》（第3版），栾墨、刘壮丽译，辽宁科学技术出版社2018年版，第106页。

② [美]米哈里·契克森米哈赖：《心流：最优体验心理学》，张定绮译，中信出版社2017年版，第67页。

生心流，实现沉浸。

在生活中，有人无论走到哪里、做什么，都能自得其乐；相反，有些人无论做什么，总提不起精神。契克森米哈赖认为，具有几种非常特殊的人格特征的人可能比普通人更容易获得心流。这些个性特征包括好奇心、坚持不懈、低自我中心、高活动率等，拥有这些人格特征的人被称为“自具目的的人”，也叫“具有内在动机的人”。“这个理论把内在动机定义为一种追求新奇和挑战、发展和锻炼自身能力、勇于探索和学习的内在倾向。这个理论预测：胜任需要、交往需要、自主需要得到满足后，内在动机才有可能出现；若这些需要没有得到满足，自我激励就不大可能发生。”[①]2019年9月13日在中国国家大剧院上演的张艺谋导演的《对话·寓言2047》第三季观念演出（图1–6）中，台上歌者在表演侗族大歌时，笔者身旁的一位小观众显得很不耐烦，直呼听不懂。尽管舞美是炫酷的，歌者是动情的，一切艺术手段都在试图营造一种令人沉浸的氛围，但或许因为观众年纪尚小，其知识构成、领悟能力都还不足以欣赏和感悟侗族大歌所蕴含的强烈生命力，这也说明每个人不同的内在状况会直接影响其沉浸体验感的产生。正如英国艺术社会学家

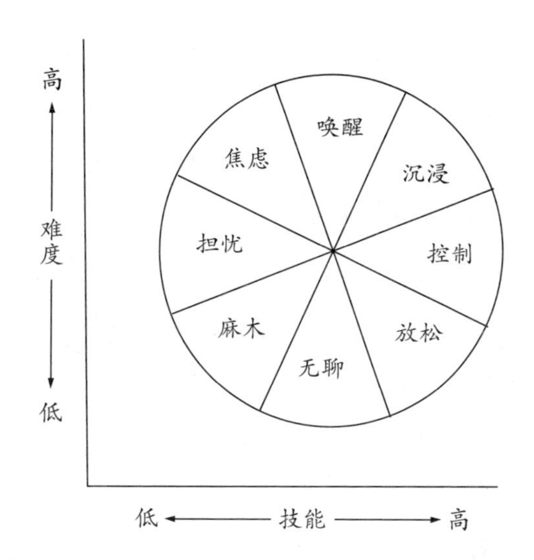

图1-5　心流八通道流动模型
（图表来源：[爱尔兰]艾伦·卡尔《积极心理学：有关幸福和人类优势的科学》（第二版），丁丹等译，中国轻工业出版社2018年版。）

---

① [爱尔兰]艾伦·卡尔：《积极心理学：有关幸福和人类优势的科学》（第二版），丁丹等译，中国轻工业出版社2018年版，第136页。

提亚·德诺拉（Tia DeNora）所说："对听者而言，每首音乐都包含着一定的可能性；它为观众提供工具，使其便于建构情绪和认知（或忽略）的反应；并体现精力或平静。但关键在于观众可能选择或拒绝这些工具。也就是说，承担特质是暗示，而非强迫的行为模式。"①简单来说就是"没有任何音乐能够打动所有听众"。内在状况对于实现心流的影响，契克森米哈赖也曾明确指出："不过，千万别以为只要把工作设计得像游戏，就能让每个人快乐。即使最有利的外在条件，也不能保证把人带入心流状态。最优体验是对行动机会和个人能力的主观评估，工作潜能虽好，但工作者不知如何发挥，仍有可能感到不满。"②

图1-6 《对话·寓言2047》第三季观念演出中的"说书·染"，漫天飞舞的"塑料袋雪花"是由瑞士无人机团队Verity Studios呈现的表演。（图片来源：钛媒体供图）

① [英]维多利亚·D. 亚历山大：《艺术社会学》，章浩、沈杨译，江苏美术出版社2013年版，第314页。

② [美]米哈里·契克森米哈赖：《心流：最优体验心理学》，张定绮译，中信出版社2017年版，第265页。

除了以上这些心流活动本身及体验者的内在动机等因素，作品的时空因素、技术手段等也是非常重要的条件，沉浸的实现是内、外等诸多因素共同作用的结果。沉浸式设计作品的空间设计，依赖作品展陈所在地的地理、气候、动植物群落等自然条件，以及周围的人文环境。理想状况是作品可以巧妙地与这些因素融为一体，不破坏当地自然环境或者显得格格不入。如果从空间属性来分，数字媒体艺术沉浸式设计的展陈空间可分为商业空间（如商场、酒店、餐厅、健身房、实景游戏体验店、画廊等）和非营利机构（如博物馆、美术馆、部分剧院等）。其中，绝大多数数字媒体艺术沉浸式设计作品会选择在商业空间进行展示，原因在于数字媒体艺术沉浸式设计往往是大众的、通俗的、富有趣味性的，而商业空间人员流量大，在这里进行展示可以最大限度地吸引参与者，其中不乏一部分在商业空间进行其他休闲活动的即兴参与者。沉浸式设计的时间因素，主要指可以借助声、光、电、气味等技术及空间、动线设计等手段，让体验者的时间感发生变化。时间感的扭曲分两种情况：一种是体验者在数字媒体艺术沉浸式设计活动产生时间飞逝的感觉，比如在体验展览、演出或电影时，或是与友人共进沉浸式晚餐时，虽然实际上已经度过一段不短的时间，但浑然不知；另一种是细微时间决定成败、对速度有极高要求的作品，体验者对每一分每一秒的流逝都非常敏感，比如在VR摩托车游戏《创世纪》中，戴着VR头盔的体验者坐在摩托车座椅上，置身于大型3D图像屏幕的包裹中，在逼真的街道上风驰电掣，享受着速度与激情。

2.数字媒体艺术沉浸式设计的类型

数字媒体艺术沉浸式设计属于新兴产业，每年都会有新品类诞生或旧业态升级转型。本章所采用的数字媒体艺术沉浸式设计的分类，依据的是《2020中国沉浸产业发展白皮书》提供的在12类产业基础上遴选出来的信息，并结合其他资料，根据现实情况剔除了非数字媒体艺术范围的沉浸式设计品类、重单品类型、轻综合类型，将数字媒体艺术沉浸式设计分成了展览、演艺、游戏、餐厅、创意体验五大类型。

数字媒体艺术沉浸式设计展览是最早为中国公众所了解的沉浸式设计品

类。通常此类展览作品多元，常使用互动娱乐设计领域内的各种设计手段，如互动装置、交互墙面、交互动画、全息投影等。此外，通常还会借助其他技术、手段来突出主题、共建氛围。因此，氛围的沉浸感程度往往因技术、手段的不同应用方式而有异。

在北京、上海、成都三个城市中的数字媒体艺术沉浸式设计产品位居沉浸式设计产业榜首，包括数字媒体艺术沉浸式电影、话剧、歌剧、舞剧、歌舞剧等。根据其沉浸程度的深浅，又可大致分为被动交互式数字媒体艺术沉浸式设计演艺和主动交互式数字媒体艺术沉浸式设计演艺，前者主要涉及体验者坐在剧院中、以视觉欣赏为主的作品，后者是观众成为角色，直接参与演出。当然，这二者之间也并非泾渭分明，所谓的主动、被动是相对的，在很多数字媒体艺术沉浸式设计演艺作品中，体验者往往既可观看也可互动，这与一直以来演艺富有活力、易于调动观众情绪的特性有关。早在莎士比亚时代，演员就可以在空间里四处走动，舞台四周挤满观众，观众和演员互动频繁，常会出现台上演员提问，台下观众应和的情形。因此，有人将这一时期的剧院演出视为沉浸式话剧的肇始。

数字媒体艺术沉浸式设计游戏主要是实景游戏，是在真实空间里搭建场景并进行互动游戏的线下游戏类型，代表业态包括沉浸式密室逃脱、沉浸式谋杀之谜、沉浸式真人游戏，技术多元化，可使用手持PDA[①]、VR设备（头显设备、数据手套、数据马甲等）、AR技术，经常还有真人NPC[②]介入。由于实景游戏总要占据一定的空间，因此往往与主题公园、体验店相关，这些空间可以是虚拟现实类型的，也可以是混合现实或增强现实类型的。

---

① PDA是Personal Digital Assistant的缩写，意为“个人数字助理”，即掌上电脑。可分为工业级PDA和消费品PDA。工业级PDA主要有条码扫描器、RFID读写器、POS机等；消费品PDA包括智能手机、平板电脑、手持游戏机等。

② NPC是英文non-player character的缩写，是指为了游戏进行而设置的角色，一般在游戏中起到推动剧情发展的作用。这类角色是玩家不能控制的，比如给玩家发任务的角色、触发剧情的角色。

数字媒体艺术沉浸式设计餐厅以饮食为主要经营项目，如前文提及的“良设·夜宴”沉浸式文化感官餐厅，体验者在这里享受的不仅是美酒佳肴的味蕾之乐，更是此类餐厅营造的整体氛围。通常设计师会采取系统设计的手法，菜肴、陈设、氛围、服务皆围绕一个共同的主题展开，融饮食文化及影像、音乐、舞蹈、戏剧等多种艺术表达方式于一体。

“数字媒体艺术沉浸式设计创意体验”严格来说是一个不太准确的名词，因为以上项目本质上都是充满创意的体验形式，在此主要指那些不太好归入以上品类的沉浸式健身房、照相馆、婚礼、聚会等，它们皆以创意为核心，旨在通过刺激体验者五感产生心流，进而体验到沉浸所带来的满足感、幸福感。

第二节　数字媒体艺术沉浸式设计产业现状

在中国，数字媒体艺术沉浸式设计从2015年后逐渐为大众关注，经过短短几年的发展，呈现指数级增长态势。目前中国沉浸式产业的兴旺主要体现为产业活跃度高、市场潜能大。但在相关产业、市场火热的同时，不难察觉到一些业已存在或隐现的问题，主要体现在产业亟待成熟、认知亟须深入等方面。当下沉浸式设计逐渐成为IP落地的有效途径是打造中国本土优秀的数字媒体艺术沉浸式设计IP，其孵化需要解决两个问题：其一，找到产品的DNA；其二，形成完整产业链。

一、中国沉浸式产业的兴盛

近年以“沉浸式”为核心的“沉浸式体验”“沉浸式设计”“沉浸式娱乐”等词在国内外都炙手可热，涉及文化（包括教育、娱乐、游戏等产业）、零售、科技、医学、管理等诸多领域，给这些领域带来很大变化。以沉浸式为名的新兴产业、业态、产品不断出现，既有商业及存量市场对于业态更新的渴求也十分强烈，可以说当下进入了一个“万物沉浸”的时代。作为全球沉浸式产业最为发达的市场之一，中国沉浸式产业在项目数量上已经超越美国成为世界第一，其兴盛体现在以下两方面。

1.产业活跃度高

2019年12月幻境发布的《2020中国沉浸产业发展白皮书》公布：“沉浸产业在中国发展也有7年历史，2019年中国沉浸产业总产值达48.2亿元（人民币）。”[①]报告显示，中国沉浸式产业目前覆盖12大产业、34类业态。根据美团点评研究院发布的《2018年度大众生活消费趋势洞察报告》显示，夜食族、宠物洗澡、文身、网红品牌、小语种、轻极限运动等新型业态都体现出客户对于个体感、存在感和价值感的追逐，这同样是沉浸式体验的突出特点，它最终凭借高达3800%的搜索增长量从众多新型业态中脱颖而出。伴随市场的不断繁荣，主题论坛、研讨会、沙龙、培训、白皮书发布等相关活动也相继展开。

2.市场潜能巨大

经过对“2019中国沉浸体验客单价分布（展陈类业态）”与“2018全球沉浸体验客单价分布”进行对比，通过人民币、美元折算，并考虑到一定的物价因素，笔者发现整体上两者分布情况类似，而且中国消费市场总体对沉浸体验的消费额度和满意度略高于全球市场，这也说明中国沉浸式产业未来市场潜能巨大，可发挥空间广阔。

二、中国沉浸式产业发展的不足

虽然目前中国沉浸式产业在项目数量上超越美国位列全球第一，但无论从市场成熟度来看，还是从从业者及公众的认知程度来说，与美国、英国、日本等国的沉浸式产业还是存在一定差距。

1.产业亟待成熟

美国沉浸式产业如今已经形成初具规模的创作者社群，例如以纽约、洛杉

---

① 幻境官方网站：http://illuthion.com/industry-institute/2020-illuthion-immersive-industry-whitepaper, 2019年12月20日。

矶为中心的实验戏剧的发展以及好莱坞、硅谷引领的娱乐科技的发展，从艺术和科技两个角度推动了沉浸式产业向更为多元、跨界的方向快速发展。虽然整个行业还处于早期发展阶段，学界和业界都还没有一套规范、成熟的标准，但至少在创作者社群内已经达成了一定程度的共识，社群内已经开始激烈地讨论和交流，而且沉浸式设计师在美国等国已经成为一个新兴职业。产业的成熟度还体现在专门以数字媒体艺术沉浸式设计作品作为展示、收藏对象的主题性空间方面。目前此类空间在美国、法国、日本、荷兰等国并不鲜见，例如日本知名跨领域数码艺术团队teamLab的全球第4座常设美术馆teamLab Forest于2020年7月21日在日本九州福冈市开馆。在此之前，从2018年6月起，teamLab的其他3座全球常设美术馆分别在日本东京台场、中国上海无界美术馆、中国澳门金沙开馆。显然，teamLab不断扩建其常设美术馆意在通过连锁方式不断扩大影响力。荷兰、日本等国还出现了专门的沉浸式剧院，例如2010年10月荷兰戏剧和电视制片人罗宾·德·莱维塔（Robin De Levita）为经典音乐剧《橙色士兵》（*Soldaat van Oranje*）设计了一种新型戏剧舞美——荷兰Hangaar剧院360度可旋转的全景舞台，伴随着180度的投影，整个观众席可360度转动。此后，莱维塔还设计了荷兰的阿姆斯特丹剧院、日本的IHI Stage Around Tokyo等沉浸式360度旋转剧院。目前虽然国内以"沉浸式"为名目的作品、活动层出不穷，但更多呈现的是一个个分散的点，尚未形成一定创作群，专门展演场所也较有限，即便出现上海无界美术馆、麦金侬酒店①，但是它们展出的沉浸式项目都是从国外引进的成熟IP，而非真正意义上的原创IP。值得高兴的是，随着数字媒体艺术沉浸式设计产业在中国的不断发展，这一状况正在发生改变。2018年在北京798艺术区成立的幻艺术中心，是国内首家以数字媒体艺术展览为核心的艺术空间，致力于通过优质的数字媒体艺术展、公共教育项目和前沿性的文化探索，

① 上海文广演艺（集团）公司（以下简称"上海文广"）将一座位于上海静安区、面积达9738平方米的烂尾楼改造成为沉浸式话剧《不眠之夜》的专门演出场所。

为当代艺术创作实践提供支持和交流，促进艺术文化与城市生活的融合，其成立以来先后推出“星际漫步系列”“未来系列”“幻境系列”等主题的数字媒体艺术展，受到媒体、公众及业内人士关注。

2.认知亟须深入

除了创作上不断成熟，美国等国相关学术研究的步伐也紧随其后，常见做法是在一些知名大学设立相关组织或团队。例如美国哥伦比亚大学创业实验室NeXT SCENE ReSEARCH对沉浸式设计展开研究，持续发布沉浸式体验周报，建立爱好者和创造者社群，举办线下交流活动。英国电影和电视艺术学院（BAFTA）在2018年成立沉浸式娱乐小组，主要由来自美国和英国的专家组成，旨在更好地评估沉浸式娱乐带来的影响，创造更好的学习体验。我国虽然已经出现像幻境、东西文娱等以沉浸式产业为研究对象的机构，但尚属少数；大学、学院的研究基本未涉及此项内容。虽然沉浸式产业在中国发展得如火如荼，但是据《2020中国沉浸产业发展白皮书》披露，其团队于2016—2019年在近百场的主题分享会进行现场调研时发现：文旅商专业领域对于“沉浸式体验”概念的清晰认知鲜有超过30%，而亲身经历过一次“沉浸式体验”的人群比重更低。当前，包括媒体、专业人士在内的一些人将“沉浸式”视为昙花一现的商业噱头，甚至直接称相关展览为“网红展”，例如策展人、艺术评论家王晓松就曾在某艺术类媒体上发表观点，他认为沉浸式和交互设计联系更紧密，在博物馆展览或展会上使用得更多。目前看来‘沉浸式’的艺术有些只是因为它是个流行词语，推广时借用一下。大部分仍是以通过感官体验营造奇观为主，或者说是在视觉艺术语言上的扩展。可见数字媒体艺术沉浸式设计产业在盛景之下存在严重的认知和研究空白，如果不能够使从业者、公众对沉浸式设计等相关概念有正确、深入的认知，很可能会影响大家以更为专业、广阔的视野看待沉浸式产业的未来，从业者难以树立正确的“投资-开发运营”方法论，也会导致体验者的消费误区。

三、数字媒体艺术沉浸式设计的IP打造

关于当下沉浸式设计逐渐成为IP落地的有效途径，业内甚至有“沉浸式

IP”的提法，它指的是“以多种先进多媒体技术的运用为基础，打破媒介边界，和用户的感知、情感、消费行为形成直接交互，最终形成独特IP形态”。IP原本是法律用语，指“知识产权”（Intellectual Property），“即是一个指称‘心智创造’（Creations of the Mind）的法律术语，包括音乐、文学和其他艺术作品，发现与发明，以及一切倾注了作者心智的语词、短语、符号和设计等”[①]。现在人们常说的IP，其含义被极大扩展而显得非常模糊，它可以是故事、游戏、形象、艺术品，甚至是一个人。产品及服务实现体验化的方式有两种：其一是旧有业态调整、升级；其二是创造全新内容。作为体验经济产品的数字媒体艺术沉浸式设计在IP打造方面也相应呈现为两种方式：第一种是IP再造。这是文化产业惯常采用的方式，借助或引入既有IP，以此为基础进行再创造。第二种是原创IP。其实两者并没有太严格的界限，即使以既有IP为创作基础，也往往需要跨越媒介或本土化改造，因而这种设计活动仍然具有很强的原创性；而所谓的原创IP，其设计也不可能是无源之水、无本之木，总要有一些可以依托的灵感来源。

1.两种方式，各有利弊

值得一提的是，并非所有的人类心智成果都会成为IP，必须有优秀内容和商业价值，二者缺一不可，内容是基础，商业价值是必要条件。无论是原创IP还是IP再造，都各有利弊。对既有IP进行再创造，优点之一是，体验者已熟悉IP的相关背景和大致内容，因而不需要进行预先学习和太多知识储备，制作方、宣传方也无须进行太多背书；优点之二是，既有IP往往已自带一定粉丝流量，为其之后的传播、营销奠定了良好的受众基础，某种意义上对项目收益有一定保证。IP再造的缺点之一是，热门IP竞争性大，进行再创造的空间有限；缺点之二是，成熟IP尤其是超级IP价格不菲，目前中国市场引入IP的价格往往比国际市场要高出很多，加上其他花费，打造一款数字媒体艺术沉浸式设计产

① 陈琼：《文化IP：在无形资产中创造文化价值》，中国电影出版社2017年版，第2页。

品往往成本极高，因此导致票价不低，具有一定的消费门槛；缺点之三是，如果选用的IP时效性非常强，如热门影视剧、文学作品，新闻热点过后，其可持续发展可能会成为问题。时效性向来是一把双刃利剑，如何为同名数字媒体艺术沉浸式设计作品注入新的活力、打造独立风格，不会因电视剧剧终、话题性渐弱而被淘汰，这些是需要相关从业人员研究和解决的难题。

原创IP的优缺点与IP再造正好相反。原创IP最大的好处就是创作自由度高，容易给人耳目一新之感；最大的坏处则是成功率低、沉淀期较长，需要根据市场不断进行调整。原创IP的成功往往无法一蹴而就，通常会处于不断调整、修改的动态过程之中。虽然在信息化时代的今天，一夜成名不再是神话，但爆红之后如果不能继续创新，也可能仅是昙花一现。即便是在今天声名大噪的teamLab数字艺术团队，起初发展得也并不顺利，因为当时跨界艺术还很难为设计界所接受。从2001年创立后大概有10年时间，teamLab的实验都毫无方向，作品也卖不出去。直到2010年才迎来转机——其作品得到日本艺术家村上隆（Murakami Takashi）的赏识。2011年村上隆利用自己在中国台北的画廊为teamLab办展。当年年底的红白歌会上，teamLab为日本偶像团体岚（ARASHI）的演出定制了一套交互视频。演出现场轰动，该演出视频在Twitter上一月内点击量达260万次，为teamLab赢得了社会关注和商机。

2.孵化IP，聚合内容

无论是原创IP还是IP再造，其价值都可以孵化，IP在孵化的过程中不断吸收营养，充实、调整，逐渐成熟。所谓IP孵化“指的是将一个具有单一知识产权的‘内容’放大成具有复合知识产权的‘内容矩阵’”[①]。在孵化过程中，IP打造方及设计师需要注意以下两点：

第一，找到产品的DNA。每个IP都有自己的DNA，即核心价值——沉淀用户情感。任何一个IP，只有具备了能够打动人心的情感价值，才能进一

① 陈琼：《文化IP：在无形资产中创造文化价值》，中国电影出版社2017年版，第59页。

步挖掘其商业价值。想要挖掘、打造IP的DNA，其中一条可行途径就是从传统文化中汲取养料，并借助科技创新的力量与资本对接，这样在成长的过程中，IP也以一种鲜活的方式传承了历史、文化，或者可以说，在今天人们可以通过数字媒体艺术沉浸式设计来创造“活历史”。“‘活历史’是今日还发生着功能的传统，有别于前人在昔日的创造，而现在已失去了功能的‘遗俗’。”[①]例如由格兰莫颐文化艺术集团（GLA）和数字媒体艺术团队“黑弓”（Blackbow）联合香港、上海、北京三地艺术家及团队出品的“瑰丽——犹在境”沉浸式数字意境展（图1-7），从《千里江山图》《洛神赋图》《百花图卷》三幅古画中取意象元素，转化为现代美学语言，通过装置、互动、演绎等表现方式，立体呈现画作中众多情景。笔者相信，随着我国数字媒体艺术沉浸式设计和产业的逐渐成熟、细分，从本国传统文化中寻找优质IP的DNA将是一个重要的探索方向。

第二，形成完整产业链。优质IP必须是有商业价值的内容产出，即便有好的内容，但不能转化为商业价值、不能被市场认可，也是枉然。因此，打造IP从一开始就要有跨平台意识，考虑IP的DNA可以根植于哪些领域，并根据该领域的具体情况进行调整，力求兼顾多种媒体、产生多元价值，且通过多种平台、载体形成线上渠道、线下渠道、衍生品渠道共同发力。其目的是促成IP的自我造血能力、自循环系统，形成完整的产业链，最终促成数字媒体艺术沉浸式设计产业生态系统的形成。目前，能给数字媒体艺术沉浸式设计相关从业者带来启示的是2016年将《不眠之夜》引入中国的上海文广，它采取的是一种“1+N”的发展路径。2016年至2019年，上海文广以该剧作为核心陆续推出浸入式酒店、节庆主题浸入式派对，同时与快速消费、生活方式、电影等各种品牌合作，打造跨界体验。2020年6月13日，《不眠之夜》和天猫跨界合作了一场特殊的直播带货。在这场长达4个多小时的直播中，Mr.Miss乐

---

① 费孝通：《论人类学与文化自觉》，华夏出版社2004年版，第93—94页。

队的两位歌手在第一个小时就带领观众进入麦金侬酒店，在一个个梦幻的空间里开始各种“寻宝”冒险之旅，之后才和另一位主播在酒吧里开始正式带货。这场特别的直播带货成绩瞩目：在线观看人数超过百万，直播间互动次数达到384万。据上海文广方面透露，未来还会与英国Punchdrunk剧团①继续合作，在其他空间及领域探索沉浸式概念，如沉浸式餐秀、沉浸式展览、沉浸式音乐节、沉浸式旅游演艺项目等。此外，还会推进沉浸式项目在北京、西安、成都等全国各地落地。可见，以某一IP为出发点，通过多方辐射，将其放大为具有复合知识产权的“内容矩阵”，是IP内容被市场检验、释放商业价值的必经之路。

图1-7　“瑰丽——犹在境”沉浸式数字意境展
（图片来源：主办方供图）

① 2000年，菲利克斯·巴雷特（Felix Barrett）在伦敦创立了沉浸式剧团Punchdrunk（意为酩酊大醉、晕头转向），观众可以自由地在空间中选择自己想去的地方和想看的场景。Sleep No More（《不眠之夜》）为该剧团代表作，首演于2003年，在纽约上演一年便已经收回成本，打破了百老汇音乐剧的纪录。

第三节　创造幸福的数字媒体艺术沉浸式设计

《2020中国沉浸产业发展白皮书》将“沉浸式体验”定义为：“一种全新的网红型体验业态，常见于娱乐、展陈和文旅行业，可以为参与者带来娱乐、社交、成长等不同维度的价值。”[①]从这一定义可以看出沉浸式设计产业是一项能为体验者提供多种价值、满足其多种需求的新兴产业。作为沉浸式设计重要内容的数字媒体艺术沉浸式设计是一种关乎快乐、幸福的设计思维、设计方法，它在数字媒体艺术的背景和范围内，以积极心理学的“心流”理论为理论指导，通过运用以数字媒体艺术为主的技术和方法展开设计，通过改变体验者对于时间、空间等的认知感，令其达到专心致志、沉浸其间的忘我境界，在体验完成后获得满足感、幸福感。正是因为数字媒体艺术沉浸式设计与积极心理学的密切关系，导致了它的“幸福特性”。积极心理学创始人之一、宾夕法尼亚大学教授马丁·塞利格曼（Martin Seligman）设计的PREMA模型（图1–8）是一个关于“人生的幸福大厦”的模型，每一个单词都代表构建大厦的一种要素，它们分别是正面情绪（Positive Emotion）、人际关系（Relationships）、投入（Engagement）、成就（Accomplishment）、人生意义（Meaning &Purpose），而优势与美德则是构成这一大厦的基石。想了解数字媒体艺术沉浸式设计如何提升体验者的幸福指数，就要先了解幸福感产生的生理机制。

一、幸福感产生的生理机制

美国神经学家大卫·J. 林登（David J.Linden）指出，人类的愉悦回路与大脑中做计划、决策以及管理情绪和储存记忆的神经中枢交织在一起。每当人

① 幻境官方网站：http://illuthion.com/industry-institute/2020-illuthion-immersive-industry-whitepaper, 2019年12月20日。

们获得某种愉悦体验时，就会把外界的感觉线索（画面、声音、气味等）和内在的感觉中枢（当时的想法和感受等）与愉悦的体验联系在一起，人们还会借助这些线索来预测下次怎样才能获得类似的体验。

图1-8　马丁·塞利格曼设计的PREMA模型（图片来源：百度）

1.基于人脑愉悦回路的工作机制

与奖赏、愉悦、幸福等正面情绪相关的区域集中于人脑底部中间位置，这些区域包括腹侧被盖区、内侧前脑束、伏隔核、中隔、丘脑和下丘脑，这些脑区产生的愉悦刺激程度各异，彼此相互连接组成奖赏/愉悦回路。当外部刺激激活大脑中这些区域的细胞，细胞就会释放出一种名为多巴胺的神经递质，多巴胺与另一种目标神经元的多巴胺受体结合，人就能产生愉悦的感觉。人脑激活多巴胺的工作路径可分为两条：一条属于基本的生存机制，其工作方式为：信息（颜色、声音、形状）⟶食物、水、性⟶多巴胺；另一条属于社会生存的奖励机制，其工作方式为：品牌［颜色、符号、产品（食物、水）、状态］⟶自我（良好感觉）⟶多巴胺。显然，数字媒体艺术沉浸式设计对于多巴胺的激活、正面情绪的营建，依赖的是第二条路径。数字媒体艺术沉浸式设计基于人脑愉悦回路的工作机制，主要是利用数字媒体艺术的各种技术、手段，营建出美丽的画面、动人的音乐、适宜的气味、炫酷的光效、如梦似幻的氛围，多维度地刺激着体验者的各个感官发挥作用，从而令其沉醉其间。可以说，美好的其实是人的思想，而不是产品本身，后者只是激发人的感官和人脑进行工作的线索和信号。“在人们起心动念的一瞬间——自我入驻的瞬间，一切都发生了改变。无论人们注意到什么——任何事、任何物、任何人，又或者是自己身体的某一部分，甚至是一些想法、一些理念，只要自我入驻，一切都不再是事情本身，而更多的是思想本身。”[①]

在众多的数字媒体艺术沉浸式设计作品品类中，游戏（特别是实景游戏）是最易引发心流心理状态、最易让人感到愉快甚至上瘾的品类之一。游戏性与沉浸关系密切，具有游戏性的活动（不只是游戏）往往趣味性、代入感较强，容易让体验者产生心流，进入沉浸状态。游戏与艺术关系为何如此紧密，要从艺术发生的主要理论之一“游戏说”谈起。该学说由18世纪德国思想家弗里德里希·冯·席勒（Friedrich von Schiller）和19世纪英国哲学家赫伯特·斯宾塞（Herbert Spencer）提出，因此这一理论又被称为“席勒－斯宾塞理论”，在19世纪末20世纪初风靡一时，为时人信奉。“美的艺术的本质就是外观”是席勒的一个重要观点，他认为艺术发生的真正原因是以外观为目的的游戏冲动，人在现实世界中，会受到自然力量、物质需要、理性法则等多重强迫和束缚，因而是不自由的。人只有摆脱这些桎梏，发现没有任何利益关系的纯粹外观时，才会开启充满自由、审美、游戏、人性、艺术的时代的到来。“什么现象标志着野蛮人达到了人性呢？不论我们对历史追溯到多么遥远，在摆脱了动物状态奴役的一切民族中，这种现象都是一样的：即对外观的喜悦，对装饰和游戏的爱好。”[②]人为何需要游戏？席勒认为主要原因是精力过剩，游戏是过剩精力的宣泄。当人摆脱了功利目的，才能产生自由的游戏，正是这种自由游戏，推动了艺术的发生。“以外观为快乐的游戏冲动一出现，立刻就产生出模仿的创造冲动，这种冲动把外观作为某种独立的东西来对待。……审美的艺术冲动发展的或早或迟，只是取决于人们对专注于单纯外观的那种热爱的程度。”[③]

① 程志良：《成瘾：如何设计让人上瘾的产品、品牌和观念》，机械工业出版社2017年版，第157页。

② [德]席勒：《美育书简》，徐恒醇译，中国文联出版公司1984年版，第133页。

③ 同上，第135页。

斯宾塞进一步发展了席勒的理论，认为游戏与审美的共同特征就是两者都不能直接有助于维持生命，都与功利无关。但他也认为，游戏虽然没有实际的功利价值，但也并不是没有任何价值，游戏对个人和整个民族都具有生物学上的价值。到了当代，游戏的价值被极大开发，具有了鲜明的功利价值，产业化是游戏功利价值最鲜明的体现。2015年，我国游戏总产值为1407亿元，是总产值为440亿元的电影市场的三倍多。中国音像与数字出版协会游戏出版工作委员会发布的《2019年中国游戏产业报告》显示，2019年中国游戏市场实际销售收入为2308.8亿元，同比增长7.7%；中国游戏用户规模达到6.4亿人，同比增长2.5%。其中，“AR和VR这两类新生市场在中国仍处于培育阶段，市场实际销售收入和用户规模仍处于较低水平。随着硬件技术成熟和网络传输能力提高，中国VR游戏市场或将迎来新的发展机遇”①。具体到数字媒体艺术沉浸式设计，可以说游戏性渗透于各个品类，特别是VR游戏，密室逃脱，虚拟现实、混合现实主题乐园，沉浸式电影，沉浸式话剧等品类。虽然目前VR、AR游戏市场还处于刚刚兴起的发展阶段，但如果从具有游戏性的数字媒体艺术沉浸式设计整个领域来看，很多品类的发展态势可谓良好，《2020中国沉浸产业发展白皮书》公布的“上海、北京、成都三城沉浸业态分布表”显示，沉浸式实景娱乐在这三个城市的沉浸业态分布中都位居榜首，占据30.7%甚至52.6%，其中又以成都公众最为青睐这一品类。

2．“成瘾”效应的两面性

人之所以如此渴求愉悦和美好，主要是为了表达自我情感和意志，从而体验到自我存在感。换句话说，体验只是肇始，在体验之上还有更高一层的目标，即改变自我——让自己上升到另外一种更为理想和美好的状态。“自我情感就是关于抗拒、抵制、逃脱自身的局限，渴望成为完美、持续美好的自

① 央广网：http://www.cnr.cn/hn/jrhn/20191219/t20191219_524905431.shtml，2019年12月19日。

己，说白了就是人类抗拒自身局限的意志和情感。”[①]但大脑中的多巴胺与受体的结合并非永久，过不了多久多巴胺就会自行脱落，这也就是愉悦感通常比较短暂的原因，而且人脑对于同样的刺激会产生耐受性，这也是一些风格类似、创作手法简单的数字媒体艺术沉浸式设计产品难以吸引体验者复购的主要原因。了解了这一点就可以促使从业者从更专业、更深入的角度去思考如何打造可以让人“上瘾”的产品。

“成瘾一词来自拉丁文，原是判刑的意思。也就是说，对某些事情成瘾的人，处于不自觉地被奴役状态，强迫自己不断地满足对‘瘾品’依赖性的需求。”[②]成瘾并非一蹴而就的行为，而是日积月累的过程，通常会经历“出现耐受性”“产生依赖性”“产生强烈渴望”三阶段。[③]契克森米哈赖对此表示担忧：“当一个人沉溺于某种有乐趣的活动，不能再顾及其他事时，他就丧失了最终的控制权，亦即决定意识内涵的自由。这么一来，产生心流的活动就有可能导致负面的效果：虽然它还能创造心灵的秩序，提升生活的品质，但由于上瘾，自我便沦为某种特定秩序的俘虏，不愿再去适应生活中的暧昧和模糊。”[④]但在笔者看来，“成瘾”这一沉浸式体验所谓的负面效应并非完全负面。原因有二：第一，人性复杂，既有追求快乐、满足的一面，也有理性、克制的一面，体验者可发挥其主观能动性对沉浸行为进行控制；其二，设计师可反向利用“成瘾”原理创造出引人入胜的优秀作品。古希腊哲学家德谟克利特曾说：“水可载舟，亦可覆舟，不过有个消除危险的方法，就是去学游泳。”“游泳”可以理解为学习明辨心流的益和害——追求快乐的同时对其设

① 程志良：《成瘾：如何设计让人上瘾的产品、品牌和观念》，机械工业出版社2017年版，第162页。

② 同上，第9页。

③ 同上，第55页。

④ [美]米哈里·契克森米哈赖：《心流：最优体验心理学》，张定绮译，中信出版社2017年版，第143页。

限。例如曾经被视为“戒网瘾”重点对象的电子游戏，如今人们对其认识更为全面、深入，2018年北京大学副教授陈江在该校开设了“电子游戏通论”课，选课人数庞大，引发媒体热切关注。在这门课上，游戏领域的专家进行游戏科普，教授游戏发展史、游戏产业规则、健康游戏心理等方面的知识。在陈江看来，如今电子游戏已是娱乐业主要分支，“游戏很可能是人类逃不脱的未来，既然无可回避，就请选好自己的角度，勇敢直面”①。

二、促进个人成长与发展

在契克森米哈赖归纳的产生沉浸这一心理状态的八项原则中，“充满乐趣的体验使人觉得能自由控制自己的行动”是为其一。数字媒体艺术沉浸式设计之所以令人感到愉悦、满足，主要原因之一就在于其让人感到自我对于事物的控制力以及自我存在感。产生心流、促成沉浸，这份深沉的快乐是需要用严格的自律、集中注意力来换的，在此过程中，自我也逐渐走向负熵、实现和谐。

1.实现个人生命和谐

数字媒体艺术沉浸式设计的理论基础“心流”本身就是一种构建和谐、对抗无序的最优体验。“精神熵的反面就是最优体验。当发觉收到的资讯与目标亲和，精神能量就会源源不断，没有担心的必要，……积极的反馈强化了自我，使我们能投入更多的注意力，照顾内心与外在环境的平衡。”②熵的定义有二：一是化学及热力学中的熵，是一种测量在动力学方面不做功的能量总数，当总体的熵增加，其做功能力也下降，熵的量度正是能量退化的指标。热力第二定律认为，任何孤立系统都会自发地朝着熵值最大的方向演

---

① 孙玉洁等：《陈江：游戏是人类逃不脱的未来》，《文化月刊》2018年第4期。

② [美]米哈里·契克森米哈赖：《心流：最优体验心理学》，张定绮译，中信出版社2017年版，第111页。

变。但在一个总熵趋于增加的世界中，一些局部的和暂时的减熵地区也是存在的。“要想摆脱死亡或者活着，只有从环境中不断吸取负熵——我们很快就会明白，负熵是非常正面的东西。有机体正是以负熵为生的。或者不那么悖谬地说，新陈代谢的本质是使有机体成功地消除了它活着时不得不产生的所有熵。”[①]随着统计物理学、信息论等一系列科学理论的发展，熵的本质被逐渐解释清楚，简单来说，熵的本质即一个系统“内在的混乱程度”，越混乱，熵值越高；反之，一个系统内部越有规律，结构越清晰，熵值就越低。

从某个角度来说，心流可被视作大脑的生命。当心熵较高时，在混乱的状况下，大脑的做功能力就很低，很多心理能量都被浪费在内耗上了；一旦进入心流状态，“意识全神贯注、秩序井然，有助于自我的整合。思想、企图、感觉和所有感官都集中于同一个目标上，自我体验也臻于和谐。当心流结束时，一个人会觉得，内心和人际关系都比以前更‘完整’”[②]。这种整合本质上是一种成长，令自我比过去变得更为复杂（笔者更愿意将“复杂”一词理解为“丰富”）。这种复杂性可以体现在两个方面：一方面是独特性，笃定做自己，朝着自我认定的目标前行；另一方面是整合性，当一个人因心流达到超越自我的境界，自我与宇宙万物同为一体，那么与他人、他物的联结自然更为紧密。简单来说，这种心流带来的“复杂性”，就是一种“各美其美”“美美与共”的生命和谐状态。

2.为个人提供“第三空间”

人的自我成长很大一部分体现在对情绪的处理方面。正面情绪的塑造往往与负面情绪的消减相随，也与人脑的运作机制关系密切。为了获得愉悦、幸福，大脑会在事物和多巴胺之间建立联结，并对这种因果关系进行强化（学

---

① [奥]埃尔温·薛定谔：《生命是什么？》，张卜天译，商务印书馆2018年版，第75页。

② [美]米哈里·契克森米哈赖：《心流：最优体验心理学》，张定绮译，中信出版社2017年版，第114页。

习），这种强化又可分为正面强化和负面强化。所谓正面强化就是当某种行为发生之后会伴随着有规律的愉悦感，这一行为往往会得以加强、重复；所谓负面强化则是减轻或消除那些令人不舒服甚至讨厌的刺激。这两种强化方式反映在自我情感上则表现为人对于美好的渴望以及对自我局限的抗拒。数字媒体艺术沉浸式设计的设计原则之一正是建立在人类趋利避害的天性之上。

数字媒体艺术沉浸式设计从业者通过运用各种数字媒体艺术为主的技术和手段刺激人的各个感觉器官，并通过特定环境、氛围的营建，将人们对于时间、空间的常规感知进行改变，体验者置身于一个不同于日常生活的"异度空间"，甚至会失去自我意识，这正是美国社会学家雷·奥登伯格（Ray Oldenburg）在其*The Great Good Place*（《了不起的最佳空间》）一书中提出的"第三空间"这一概念。"'第三空间'今后指代那些被我们称为'非正式公共生活中的核心环境'。第三空间是对那些个人欣然参与的有规律性、可自主的各类公共空间的统称，它们属于家庭和工作之外的空间。"[①]它既指物理空间，也是数字空间，满足人们对社交、创意、娱乐的需求，是一种被某种情调渲染的空间，对体验者的影响是润物无声的，却又富有侵袭性。音乐人老狼清楚地记得第一次体验《不眠之夜》的情景：进场前，工作人员递给他一张面具，"戴上面具之后特别自在，终于没有人认识我了"。老狼的体验代表了一部分观众痴迷《不眠之夜》的消费心理——卸下日常生活的负重和伪装，戴上面具隐身于一场20世纪30年代的繁华旧梦之中，自由游荡其间。在这个空间里，你不必是谁的谁，你只是你自己，在这里可以获得在其他地方无法复制的体验。"对比性经验就是这样一些经验，在这些经验那里，人们遇到使人产生某种情调的气氛，而这种情调与人们自己带有的情调是相矛盾的。"[②]数字媒体艺术沉浸式

① Ray Oldenburg, *The Great Good Place: Cafes, Coffee Shops, Bookstores, Bars, Hair Salons, and Other Hangouts at the Heart of a Communitye*, Cambridge: Da Capo Press, 1989, P. 41.

② [德]格诺特·波默：《气氛美学》，贾红雨译，中国社会科学出版社2018年版，第34页。

设计作品将体验者“包裹”于精心营建的环境中，该环境可以是通过舞美、音乐、灯光、表演和科技形成的实际环境，也可以是令体验者“迷失”的虚拟场域。“还有些人则钟情于更有历史感的冒险活动，因为这种体验不但能让他们忘记所有悲哀忧愁，还能让他们在富丽堂皇的环境中享受小钱赢大钱的感受。”①

第四节　构建和谐的数字媒体艺术沉浸式设计

以心流为理论基础的数字媒体艺术沉浸式设计可以令个人得到成长，而作为社会主体的个人成长后，又会进一步促进社会的和谐与进步。“我们已经知道：文化可以使人格深深地改变，所以，无疑地，文化可以令人放弃他的自私自利。因为，人与人的关系，并不只依靠外力的束缚，人与人之所以可能相互合作，乃因由个人感情和忠诚中产生了一种道德的力量。”②属于文化领域的数字媒体艺术沉浸式设计在提升体验者的幸福指数，增强人际交往，促进社会乃至地区、国家之间的和谐相处等方面，都扮演着重要角色。

一、增进感情，加强人际黏性

在沉浸式电影中，不仅每位体验者的体验是独特的，在完成任务的过程中，体验者还需要和其他角色互动，共同完成一些活动。数字媒体艺术沉浸式设计的突出特点是“交互性”，这不仅体现在体验者和作品之间的交互，也体现在各个体验者之间的互动。这一点也在沉浸式话剧、VR游戏体验等其他数字媒体艺术沉浸式设计作品中得以充分体现。此外，在数字媒体艺术沉浸式设计展览中有一个比较有趣的现象——观众往往很少单独前来，因为这类展览视觉效果通常华丽、浪漫、神秘，适合情侣、朋友及家人互拍或合影，

---

① [美]B. 约瑟夫·派恩、詹姆斯·H. 吉尔摩：《体验经济》，毕崇毅译，机械工业出版社2002年版，第41页。

② [英]马林诺夫斯基：《文化论》，费孝通等译，中国民间文艺出版社1987年版，第76页。

因此也有人将其称为一种特殊的社交方式。

1.数字媒体艺术沉浸式设计的交互性

交互式艺术的根源可追溯到1957年，达达主义、超现实主义代表艺术家及创始人之一马塞尔·杜尚（Marcel Duchamp）在德克萨斯大学的一次演讲中，把艺术家描述为媒介，并谈论了观众与艺术作品相互作用产生的重要意义。此后的20世纪60年代发生了很多与交互相关的事件和活动，到1989年“交互艺术”一词被发明并很快在公众中开始传播，当年《艺术论坛》（*Artforum*）杂志及电子艺术节正式将其引入西方艺术史中。

交互性之所以成为数字媒体艺术沉浸式设计最突出的特性，主要因为数字媒体本身就是一种交互媒体艺术，是一种体验者可以通过视、听、嗅、触、味等感觉和智能化技术手段实现即时交互，由此达到全身心沉浸和情感交流的艺术形式。英国普利茅斯大学教授、国际数字媒体艺术家罗伊·阿斯科特（Roy Ascott）认为数字媒体艺术遵循着五条权威并行路径，交互为其一，其他四条路线分别是联结、沉浸、转换和出现。数字媒体艺术沉浸式设计的交互性作品按照程度划分，可分为主动交互和被动交互。主动交互作品体验者主要通过语言、触觉、手势或操控杆、遥控器等工具与作品做出相对动态的互动行为。体验者可以通过行为变化或直接参与影响、改变作品状态、内容，这种改变可以表现为一些作品的内容和形态由众多体验者参与完成，还可以表现为体验者直接参与沉浸式电影、话剧这类作品。被动交互作品主要是通过多种艺术手段全方位影响、刺激体验者五感，而其中又以视觉、听觉为主。体验者通常相对被动地参与作品，对作品的介入有限，典型案例如《又见平遥》、“五维记忆”——中国非遗创意对话秀（图1-9）、《对话·寓言2047》等（不包括沉浸式话剧）数字媒体艺术沉浸式设计作品。需要指出的是，这种主动、被动是相对的，在实际应用中经常是各种艺术手法综合使用，对观众的影响和刺激也是多方面的，二者并不是泾渭分明的。

图1-9 “五维记忆”——中国非遗创意对话秀
[图片来源：中影华腾（北京）影视文化有限公司供图]

数字媒体艺术沉浸式设计的核心在于交互，体验者必须在作品中留下痕迹，这成为衡量数字媒体艺术沉浸式设计作品是否成功的重要标准。所谓“交互痕迹”，可以从两个方面理解：第一，作品层面。体验者直接接触作品，使用可穿戴设备，这种接触和交互总会令物体的分子结构发生改变，例如工具的磨损或皮屑、汗水等体验者的身体物质遗落。第二，主体层面。通过交互，至少在以下两方面对体验者产生重要影响：首先，引发从行为到思想的改变。“发生重大改变的是观众。他们不但是互动，而且是主动参与。交互变成了承担……但最重要之处在于它能引发我们的改变，改变思维和行为各个方面，带来网络知觉和电子预知，改变感官的比率。”[①]在心流状态下，置身于数字

① [英]罗伊·阿斯科特：《未来就是现在：艺术，技术和意识》，周凌、任爱凡译，金城出版社2012年版，第169页。

媒体艺术沉浸式设计作品中的体验者，也是置身于真实和虚拟两个世界的体验者，具备双重目光、双重身体、双重意识，而且这三者是相互关联的。在这种状态中，体验者既可以感知到日常熟悉的自我，也可以产生一种自我分离的存在感；在同一时间里，体验者的知觉意识中存在两个身体，一个是肉身，另一个是由大量多彩的粒子和光点构成的化身。[①]体验者的不同视野、不同知觉交替出现，当然也可同时出现。

受到数字媒体艺术沉浸式设计作品的影响，人的身体会因高新科技的作用而被电子化、媒体化，弥散、扩展，刺激物引发身体的变化，相关信号通过感觉神经反馈给大脑，大脑做出感知，当人们用身体来表达自己时，就会产生不同的想法，这是数字媒体艺术沉浸式设计重要的意义之一。其次，引发同理心。很多富有交互性的数字媒体艺术沉浸式设计作品往往是开放的、自由的、无边界的，任何体验者的意识、化身都可以弥散其间，特别是由于网络的介入，更使得各个体验者的思想、意识及化身可以交流、分享、碰撞，共同建构作品，引发同理心，从而带来自我复杂性的增强和自我成长，这也正是心流理论意欲实现的获得幸福的终极目标。

2.团体式的沉浸式体验

沉浸式体验可以是个人的，也可以是团体的。爱尔兰积极心理学家艾伦·卡尔（Alan Carr）在其《积极心理学：有关幸福和人类优势的科学》（第二版）一书中指出："在最初的概念里，沉浸体验来自个体活动。现在，大家了解到，团体活动也可以带来沉浸体验。在一系列研究中，沃克（2010）发现，团体活动带来的沉浸体验比个体活动带来的沉浸体验更令人快乐……在这些实验中，在团体条件下与在个体条件下的活动，难度与技能水平匹配度是一

---

① 英文对照词为"embodiment"，《朗文当代高级英语词典》对其的解释是"典型代表某种想法或品质的人、物"。该词源于古代印度教，通常指神或精灵等超自然力量，通过某种方式，以人类或动物的形态，实体化出现在人类世界之中。当代一些数字媒体艺术从业者，通常也将体验者在虚拟世界中的身体视为"化身"。

样的。”[①]在团体活动中，不仅需要个人的努力，更需要彼此相互配合、调整步伐，向共同的目标迈进。

团体式的沉浸式体验之所以要比个人沉浸式体验带来的快乐程度高，与团体行为所创造的“涌现的特征”关系密切。《连线》（*Wired*）杂志创始主编、网络文化观察者凯文·凯利（Kevin Kelly）在其《失控》一书中，援引了蚂蚁研究者托马斯·奥谢–惠勒（Thomas O'Shea-Wheller）的研究成果，后者从超越了蚂蚁群体固有特征的超级有机体中看到了“涌现的特征”，惠勒团队认为，“涌现”是一种非常普遍的自然现象。与之对应的是普遍的因果关系，例如A引发B，B引发C，或者2+2＝4，但是在“涌现”这里，2+2并不等于4，甚至也不等于其他数字，而可能等于性质完全不同的其他事物。“随着成员数目的增加，两个或更多成员之间可能的相互作用呈指数级增长。当连接度高且成员数目大时，就产生了群体行为的动态特征——量变引起质变。”[②]将“涌现的特征”运用于数字媒体艺术沉浸式设计作品中不仅会引发意想不到的艺术效果，而且会加强参与体验者之间的联系。

沉浸式电影、话剧是数字媒体艺术沉浸式设计中非常典型的团体式沉浸式体验形式，整个作品需要演员们各司其职、协作完成；曾经“作壁上观”的观众也需化身为演员，这样一来，不只是观看距离被缩短，更是真实地参与并构建着作品。上文提及的《不眠之夜》是当代沉浸式话剧的鼻祖，上海文广将其引入国内，并进行了本土化再创作。根据麦家小说《风声》打造的同名大型原创沉浸式戏剧是国内首个谍战沉浸式戏剧。尽管已有电影《风声》珠玉在前，对此IP有所了解的人也都早已知道“老鬼”是谁，但这并不妨碍创作者通过将着力点放在场景塑造、细节打磨、演员表演等方面所营造

① [爱尔兰] 艾伦·卡尔：《积极心理学：有关幸福的人类优势的科学》（第二版），丁丹等译，中国轻工业出版社2018年版，第126页。

② [美] 凯文·凯利：《失控》，东西文库译，新星出版社2010年版，第32页。

出的紧张气氛，让每一个体验者在踏入裘庄的刹那就感觉到了危机四伏。此外，体验者的参与有很大自由度，并非事先规定。在《风声》中，体验者作为党的情报人员潜伏进入裘庄，他会感受到想救却无法救自己同志的煎熬、痛苦——如果没忍住出手相救，那么这里所有的同志都会暴露。到底该怎么办呢？主办方将这个决定权交给参演的体验者自己来决定，让其负责。正是由于包括体验者在内的每个演员的灵活表演、相互配合、共同努力，作品最后才得以成功完成，这种团体的沉浸式体验获得的乐趣自然要比个体的沉浸式体验获得的乐趣更浓烈、更令人难忘。

二、刺激就业，助力经济增长

以心流为理论基础的数字媒体艺术沉浸式设计可以令个人获得成长，而作为社会主体的个人获得成长后，又会进一步促进社会的和谐与进步。数字媒体艺术沉浸式设计对于提升体验者的幸福指数，增强人际交往都发挥着重要作用。

由于数字媒体艺术沉浸式设计涉及领域众多，“沉浸式”作为一种设计方法和叙事哲学可以广泛应用于各个产业，现有数据已经表明它具有强大的“吸金”能力和市场潜力，可为促进国家经济发展发挥重要作用。巨大的市场需求导致对相应创作队伍和人才的渴求。由于数字媒体沉浸式设计师属于新兴职业，而且作品的完成需要团队作业，涉及的工种需要具备多种技能，因此该领域就业缺口众多，有利于促进就业。经济发展、就业顺畅、人际友爱，这些是和谐社会的重要特征，也是数字媒体艺术沉浸式设计能够为解决民生问题发挥一定作用的表现。

1.助力经济增长，刺激消费

人是社会这一“以一定的物质生产活动为基础而相互联系的人类生活共同体”的主体和单位，人际交往畅通，情感联结紧密，对于构建和谐社会将发挥重要作用。“和谐，是指在一定的条件下事物的辩证统一，是事物之间相辅相成、互助合作、互助互惠、共同发展的关系，它是辩证唯物主义和谐观的基本观点。”[①]而和谐社会则指“一种美好的社会状态和一种美好的社会理想，即‘形成全体人们各尽所能、各得其所而又和谐相处的社会’”[②]。2004年，中国共产党第十六届中央委员会第四次全体会议首次提出了构建社会主义和谐社会的历史任务。《2005年社会蓝皮书》以“构建和谐社会：科学发展观指导下的中国”为题分析了2004年的社会发展状况和2005年的若干社会发展趋势，提出了构建和谐社会的总体目标。这一总体目标是：扩大社会中间层，减少低收入和贫困群体，理顺收入分配秩序，严厉打击腐败和非法致富，加大政府转移支付的力度，把扩大就业作为发展的重要目标，努力改善社会关系和劳动关系，正确处理新形势下的各种社会矛盾，为建立一个更加幸福、公正、和谐、节约和充满活力的全面小康社会而奋斗！

社会和谐首先需要经济稳定增长。包括数字媒体艺术沉浸式设计在内的沉浸式产业的巨大产值、不断扩大的市场容量，为满足人民群众的新型消费需求、促进国家经济发展发挥了重要作用。

2.为多种职业提供就业机会

沉浸式产业是综合性极高的产业，跨越多个行业、领域，其作品创作往往是集体合作的结果，所需职业缺口众多，这也为多种专业人才的引入、提供众多就业机会做了准备。一般来说，数字媒体艺术沉浸式设计中拥有不同技能的人员包括：项目指导者、技术专家、技术撰写员、艺术家、设计师、视频制作者、声音制作者、界面设计专家等，其中，艺术家、设计师需要负责所有可视内容，包括从单个图形单元到整个项目的风格或“外形”。“通常，单独在工作室工作的艺术家不会发现他们需要的团队环境，在工作室中，他们支配其中的每个部分。为了整个项目，有时不得不采取一些折中方案。虽然如此，在成功完成之后，跟队友分享激情时会有很大的满足感。这

① 刘佳：《当代中国社会结构下的设计艺术》，社会科学文献出版社2014年版，第221—222页。

② 同上，第233页。

种快乐是独立的艺术家无法感受到的。”[①]可以说，各个角色参与数字媒体艺术沉浸式设计的过程本身也是进行沉浸式体验的过程，而且是乐趣更为强烈的团队式沉浸式体验。在NeXT SCENE同时面向纽约、洛杉矶、北京、上海四地发布的一份2020春季招聘启事中，显示招聘新媒体运营编辑、社群用户运营、视觉交互设计师、NSR沉浸式行业研究员、沉浸式体验自由撰稿人等各种背景的人才。其中，视觉交互设计师需要精通Photoshop、InDesign等设计、排版工具，掌握至少一种矢量设计工具，如Sketch或Illustrator；熟悉Affter Effects、Adobe Premiere Pro等动效视频软件为加分项，对交互设计UI/UX、新媒体艺术设计或装置设计有经验者也是加分项。由此可见，这一职业综合能力要求很高，需要具备平面设计、视频编辑以及交互设计等多种设计能力，且需求急迫。在新冠肺炎疫情暴发后，全球的数字媒体艺术沉浸式设计行业受到重创，后疫情时代的自救过程同时也是艰辛的变革过程。在蛇形画廊发布的一份“未来艺术生态系统第1卷：艺术×先进科技”（Future Art Ecosystems 1: Art × Advanced Technologies）的报告中就提出了一种艺术技术领域的新形式：art stack（艺堆）。“art stack是一个垂直整合的艺术工作室，更像一个公司，而非传统的艺术家工作室。art stack会聘用专业人员，开发定制技术和商业模式，比大多数传统艺术机构更具灵活性。”[②]未来的数字媒体艺术沉浸式设计，不仅要求从业者具有专业细化的技能，还要能够与不同领域的公司及艺术家群体进行垂直整合，以便其作品能快速面对公众和市场。

如何弥补沉浸式产业专业人才的缺口？教育是关键。“当代中国生存活动结构，包括就业、收入分配与消费三大结构，我国提倡共同富裕、普世惠民、适度设计、设计的民主性和可持续性的设计价值观。就业是民生之本，

---

① [美]刘易斯、露西娅娜：《数字媒体导论》，郭畅译，清华大学出版社2006年版，第12页。

② artnet咨询：https://mp.weixin.qq.com/s/ffCcWBVIrqVqnVUkvjxfQg，2020年7月30日。

而设计教育可以扩大就业范围，增强就业稳定性，同时也面临着挑战。”[①]目前，包括交互设计在内的各设计专业在全球范围内主要作为高等教育专业进行设置，而作为设计“同胞姐妹”的美术却从幼儿园起就开始出现在每个公民的生命里。20世纪初，日本GK设计集团核心设计师野口琉璃曾建议，设计教育应该作为从幼儿园教育开始的终生教育的基础修养。他同时认为：“仅仅依靠设计教育并不能全面提高社会的整体设计水平。设计有了真正的理解者，才能得到社会的认可。”[②]对于以开放性、交互性为主要特征的数字媒体艺术沉浸式设计来说，要想发挥其创造美好、拉近人际距离乃至营造和谐社会的用途，光有设计师的好想法、好作品还不够，还需要有广大体验者的欣赏、理解、参与，只有这些相互融合，作品才能发光。在数字媒体艺术沉浸式设计中，不仅需要解决设计以人为本、用之于民的课题，还需要让公众主动地参与其中，与设计师同呼吸、共命运，这才是这一新型设计品类最大的人文价值和艺术魅力。

① 刘佳：《当代中国社会结构下的设计艺术》，社会科学文献出版社2014年版，第19页。

② [日]荣久庵宪司等：《不断扩展的设计——日本GK集团的设计理念与实践》，杨向东等译，湖南科学技术出版社2004年版，第70页。

第二章
温暖适用：视觉传达设计中的适老性问题研究

视觉传达设计是借助作为传播媒介的视觉符号，对信息进行传递的一种设计活动；也是社会生活中信息传达的主要途径与载体。在每个人的晚年生活中，都需要通过适老性信息传播载体，即适老性视觉传达设计来更加有效地获取讯息，且这种需求是十分迫切的。因此，本章主要是对当代视觉传达设计中存在的适老性问题进行解读与探讨。第一，依据当前老龄化社会的背景、老年人的界定等信息，对适老性视觉传达设计的含义与内容进行归纳定义，初步了解何为适老性，何为适老性视觉传达设计。适老性视觉传达设计是依托在老年人需求的基础上产生、存在的。因此，笔者根据社会文化语境中老年人的特征，分析他们对视觉传达设计的需求以及其中现存的适老性问题。第二，笔者参照企业形象识别系统设计，希望将其设计模式与设计方法原理运用到当代适老性视觉识别系统设计中，试图初步实现老年人视觉识别系统的构建蓝图。第三，依据视觉识别系统设计与导视系统设计的密切联系，本章的第三部分是对当代导视系统设计中适老性问题的研究，力图从“无障碍理念”与“情感温度”两个方面来实现当代适老性导视系统设计。第四，依据老年人的视觉特征及生活行为习惯，分别对包装设计中的信息识别设计、商品开启和获取的无障碍设计，商品包装设计中的安全性设计、情感化设计及可重复使用设计进行适老性改进。第五，结合老年人的视觉特征和行为习惯，发现当代书籍设计中的适老性问题，并分别从经适老性设计的书籍的易读性和实用性，即书籍本身和辅助工具两方面分析探索老年人无障碍阅读的实现，从而使老年人精神层面的需求得到满足。

第一节　视觉传达设计中的适老性现状

一、视觉传达设计的适老性界定

人口老龄化是由英文“Aging of Population”翻译而来。所谓人口老龄化，是一个国家或一个区域的老年人数量占其总人口数量比重不断增加的动态进程；在一定范围内的人口总量中，人口的组成表现出老龄化的迹象，即步入老龄化社会。依据联合国标准，如果某国家、某地区60岁以上人口占总人口的比重达到10%，或者65岁以上人口占比达到7%，则表示这个国家、这个地区已经进入老龄化社会。老龄化，“它既表示一个过程，也表示这个过程的结果”[①]。老龄化社会的产生一方面是社会经济增长的客观规律，另一方面是由于随着生产力和科学技术的不断进步，人类的寿命得到延长以及低生育率这双重力量演绎的结果。老年人群体总量的日益增加，所带来的问题是社会性的，使人类社会面临新的挑战和难题，但这也是社会进步的一个重要标志，产生的影响既有积极的也有消极的。

老龄化现象的出现派生出一个新兴的产业类型——老年人银发产业。在许多发达国家，由于社会老龄化的程度较高，老年人群体在当今社会中的整体消费能力逐渐崛起，老龄化产业被称为21世纪的朝阳产业。老年人银发产业是对为老年人群体设计的各种物品与提供服务的行业的统称。老龄化产业是老龄化社会的产物，它的出现是社会发展不可避免的结果。在我国，老龄化产业起步较晚，这是由于我国进入老龄化社会的时间不长，老龄化产业没有被普遍认知并重视起来。但是，我国社会的人口结构正在发生深刻意义的

---

① [法]保罗·帕伊亚：《老龄化与老年人》，杨爱芬译，商务印书馆1999年版，第6页。

改变，打造老龄化产业实质上是生产资源向老龄化群体倾斜这种转变的表现之一，而老龄化产业也正是因为要完成这样一种转变才自然产生的。

一般来讲，头发和眉毛变白是我们判断一个人是否为老年人的重要依据，但不是衡量的唯一标准。那么老年人的定义是什么呢？如何判断一个人是不是老年人呢？就年龄分界而言，世界卫生组织把60周岁以上的人判定为老年群体。在我国，凡年满60周岁的人就被称作老年人。按照年龄层次划分，世卫组织于2021年作出了新规定：45岁至59岁被称作中年人，60岁到74岁是年轻的老年人，75岁至89岁为老年人，90岁以上被称作长寿老人，100岁以上则称为百岁老人。步入老年后，老年人的身体会呈现出新陈代谢放缓、抵抗力变弱、身体机能降低等特点，部分老龄化人群还可能出现记忆力减退等其他现象。

在步入老年的过程中，老年人生理与心理的老化现象必然催生出各种不同于其他年龄群体的特殊需求。美国著名人本主义心理学家马斯洛将人类的需求分为五个层面，“由低到高依次为：生理的需求、安全的需求、归属与爱的需求、尊重的需求、自我实现的需求”[①]。人类步入老年后，由于身体机能的衰退会产生相应的生理需要，而依据马斯洛的需要层次理论，生理的需要是最基本、最重要的需求，其次是心理需求。老年人生活在社会环境中，从来都不是一个独立存在的个体，因此，老年人生理、心理机能的变化在一定程度上会受到许多社会环境因素的影响。

随着年岁慢慢地增长，老年群体逐渐从职业生活中退出。在中国传统孝文化的影响下，中国人的家庭意识较为浓厚，中国老年人退休后绝大多数仍生活在家庭中，家庭生活逐渐成为他们生活的主要内容，家庭成员成为他们生活的主要伙伴。现在很多家庭都是独生子女家庭，加上老年人退休后社会

① 转引自张耀庭：《马斯洛需要层次理论与老年人心理保健新探》，《理论观察》2013年第9期。

活动明显减少，与社会接触减少，社会交往的次数也显著减少，严重的甚至可能与社会脱离，于是他们就容易感到孤单和失落，因此更需要社会的关注与关爱。

在社会不断进步与发展的推动下，老年人在晚年生活的问题上也拥有不一样的看法。部分老年人认为，人年纪大了就没有了个人的价值，容易被社会遗弃；也有一些老年人认为，他们步入老年后会重新开始新生活。老年人在退休后，闲暇时间增多，有更多的机会去选择自由、休闲的生活方式。为了追求和满足个人的兴趣爱好，丰富精神生活，开发个人潜力，增进社会交往，实现个人价值，一部分老年人会选择参加一些学习活动或休闲娱乐活动，如进入老年大学学习、参加夕阳红艺术团表演、外出旅行等。在这个庞大的群体中，老年人个体的生理与心理机能等方面存在的差异导致老年人的需求也是多样的，尤其是在快速发展的当前社会，老年人需求的多样性与差异性就表现得更加复杂与明显了。

通过对老龄化社会和老年人的解读不难得出结论，适老性就是指具有适应老龄化社会现状、符合老年人人体尺度、尊重老年人生理和心理等特征、满足老年人生理和心理等需求、适应老年人生活习惯及个性的性质。适老性设计是指在老龄化社会的背景下，为顺应老龄化社会发展趋势，满足老年人需求，依据老年人生理、心理以及生活行为方式等特征而做出的相应设计。适老性设计比老年人设计涉及的目标群体更广泛，针对的年龄范围更大，是满足已经步入晚年生活以及未来将要步入老年生活的群体的需求。另外，适老性设计是一种共融性的设计，它在适老的前提下也能适合其他人，但反之不一定成立，这是它有别于一般设计的关键所在。视觉传达设计是指通过视觉媒介手段传达视觉讯息的一种创作活动，传达的目标与讯息的接收方是社会人群。由此可以推断，适老性视觉传达设计是以老年人为主要传送对象和讯息接收方，通过利用视觉符号与视觉媒介手段进行讯息传达的设计。“适”就是适应、适合，“老”既包括老年人，也包括整个老龄化社会，因此，适老性视觉传达设计可以理解为针对老年人的，具有顺应老龄化社会发展趋势的，符合、适应老年人特征与需求的视觉传达设计，是当代视觉传达设计中的一部分。

视觉传达设计的本质是传达信息的功能，其中包括传达信息精准、快速的物理功能需求，以及能够通过视觉审美使人产生愉悦心情的心理功能需求。老年人在视觉传达设计中的需求首先是视觉方面的生理需求，他们需要能够快速地通过视觉接收信息，从而无障碍地阅读信息内容。其次，老年人还需要在视觉传达设计中感受到便捷、安全以及舒服惬意，体会到设计对他们的尊重与关爱。再次，适老性视觉传达设计还要满足老年人的审美需求，虽然他们已经步入老年，但是仍然拥有对美的憧憬与追求。适老性视觉传达设计的存在本身就是对老年人群体的一种尊重，在他们感受到被尊重、被重视的同时，也能够感受到设计师以及社会对他们的关怀。依照老年人在机体逐渐衰退的演变中呈现出的生理以及心理等方面的特征，把老年人放在社会环境中，从发展的角度着眼于当下老年人以及未来老年人对视觉传达设计的诉求，才能使当代视觉传达设计的存在与力量更具持久性。

二、基于老年人特征的适老性视觉传达设计

视觉传达设计凭借视觉的方式来实现人们之间的思想交流和讯息沟通。在光的作用下，视觉器官中的细胞组织感受到兴奋活跃起来后，外界的视觉信息经过视觉神经系统的加工处理，最终到达了人的视觉系统。通过视觉，人类可以感知外界物体外形的大小，色彩的明暗、深浅以及物体的动与静，并且在感知的过程中能够获取对本体的存在具有重要价值的各类信息。人类在外界环境中至少有五分之四的信息是通过人类五官中最重要的感官——拥有视觉的眼睛来接收的。因此，对适老性视觉传达设计的探究，应掌握老年人的视觉生理特征，并且依据其特征发掘老年人在视觉方面对适老性视觉传达设计的需求以及当代视觉传达设计中存在的适老性问题。

人类依靠视觉器官——眼睛来感觉、认知世界，整个过程被称为视知觉（图2-1）。在视知觉的过程中，人类的大脑在外界信息对眼睛的刺激下，通

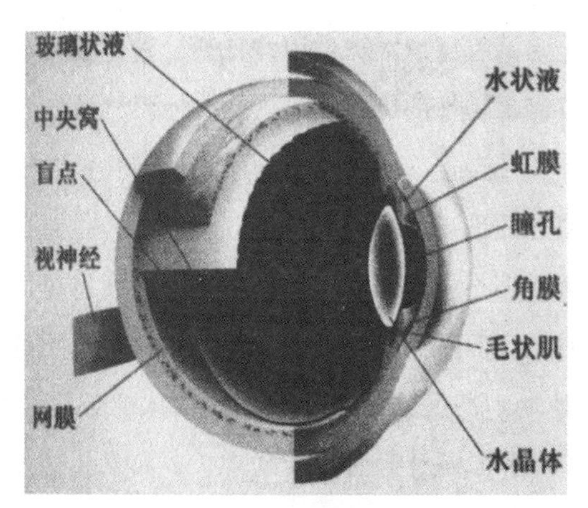

图2-1 眼睛结构示意图
（图片来源：杜士英《视觉传达设计原理》，
上海人民美术出版社2009年版）

过对这些刺激结果的诠释与处理，形成感应并认知外界环境中的事物。人类认知世界的视觉过程有四个构成元素，即物体、光、眼睛和大脑，其中后三种要素是视觉产生的物质基础。视觉的形成是物体、光、眼睛和大脑相互作用产生联系并完成某种讯息交换的过程。光线在物体表面产生反射或者折射之后，会导致这个物体的能量被释放和被传递。于是，光便获取了与这些被照射物体相关的信息，并带着这些信息一起反射进了视觉器官——眼睛。当这些充满着物体信息的传达媒介——光束进入人类的眼睛以后，经过角膜、晶状体的折射，位于眼球后壁的视网膜上便会呈现出物体携带着的信息，视觉就这样产生了。视觉的整个完成过程是很短暂的。①

人类就是通过这直径约2.3厘米的圆球体产生视觉的，同时还能够进行辨别与区分。人类的眼睛基于对光波的分析和对光亮强弱的适应性，不只可以发现光，而且还拥有辨别对照物的能力（在特定范围的三维空间内）。视觉是由伴有物体信息的光透过眼角膜产生折射、聚焦，再经过瞳孔进到眼睛

① 杜士英：《视觉传达设计原理》，上海人民美术出版社2009年版，第60页。

的内部开始的。作为具有保护眼球作用的角膜，它位于眼球的正前方，是一层透明、坚固且具有柔韧性的组织。眼白是能使眼睛感知色彩的非透明的虹膜。虹膜和晶状体相互接连，位于角膜的后面，其功能与照相机的光圈作用相似，能够掌控眼球的进光量。瞳孔位于虹膜的中心位置，虹膜依靠特殊的肌肉帮助瞳孔放大或缩小。瞳孔后面是晶状体，晶状体可以在肌肉调解下对观察的事物进行对焦。离观察物较远的时候晶状体是平缓的；而在看距离较近的物体时，精神处于高度紧张的状态，晶状体的弧度会增大。根据相关晶状体实验的研究资料显示，随着年龄的增长，晶状体会逐渐老化，弹性下降。因此，老年人看近距离的物体时，时常看不清楚，需要把头向后靠才能勉强看清楚，甚至未必能看清楚。

图2-2　书籍文字内容横向排版
（图片来源：耿晓涵拍摄）

老年人

Design

图2-3　书籍中常用印刷文字
（图片来源：耿晓涵设计）

当眼睛“看”某物体时，“眼睛不是被动的，而是主动的仪器”[①]。视线在眼球的旋转运动下转移到被看物体的位置，然后被看物体的像在晶状体形状改

① 杜士英：《视觉传达设计原理》，上海人民美术出版社2009年版，第59页。

变使光线产生折射的作用下，清楚地倒映在视网膜中，最终经过视网膜感光细胞的选择与加工后被发送给大脑，从而产生视觉。眼睛是为大脑服务的，人类在观看、获取外界信息的时候，眼球自始至终保持着持续运动的态势。唯有眼球持续不断地上下运动、急促而频繁地振动，才可以引起大脑的警惕与关注，而大脑对于外界的信息必须进行有效的取舍，不然在面对大批复杂的外界信息时，眼睛会呈现出目不暇接的状态。另外，我们现在的杂志、书籍等都是横向排版（图2-2），印刷文字多是横细竖粗（图2-3），这是基于眼球运动的原理。因为我们的眼球相对于上下运动来说，更容易进行左右运动，所以横向排版比竖向排版更容易让人阅读，而且不易产生视觉疲劳。

因此，人类眼睛的生理构成和特性直接决定着适老性视觉传达设计的特点和视觉信息的传达效果，通过对眼睛特性的分析可以更好地对获取到的视觉信息进行设计与创作。随着年龄的增加，人类眼部睫状肌的调节能力逐渐减弱，晶状体渐渐收缩，眼睛的水晶体表面由凸转平，弧度变小，折光率下降。当人类的年龄到达40岁时，其调节能力按平均计算是四屈光度（4D），但是，当年龄达到50岁时，调节能力会骤减至一屈光度（1D）。当介质的密度存在差异时，光线从一类物质照射进另一类物质的过程中，光线的传递方向会发生偏移和折射，此类现象被叫作屈光现象，而代表此类屈光反应强弱的即屈光力的指数叫作屈光度。因为老年人眼睛屈光调节力的降低，导致影像无法精确地在视网膜上显示，这种状态表现为老视，俗称“老花眼”。通常状况下只有佩戴眼镜，利用镜片改善眼睛自身的屈光度，才能恢复视网膜的正常功能，重新达到精确的效果。

老视作为一种生理现象，是身体机能逐渐衰退的象征之一，与年龄有着直接的关系，是人类迈向中老年后会产生的视觉状况。眼球中的晶状体伴随着人类年龄的增加越来越厚、越来越硬，并且眼睛周围肌肉的自我调整能力也顺势衰退，促使变焦能力下降。当近距离观看某物的时候，老年人眼中呈现的物体是朦胧的，这是因为影像在光的作用下呈现在视网膜上时没有办法实现全部聚焦。步入老年以后，人们会逐步察觉到在同样的距离下，如果仍然按照过去的习惯阅读，字号小的文字就会看不清晰，出现视近困难，远看则相对清楚。并且在阅读的过程中，倘若把头部向后仰或将读物拿得再远一些，文字就会清晰许多，这种阅读时的行为起初都是下意识的，而阅读的距离则会随着人类年龄的增长逐渐扩大。

除了视近困难，老年人对于阅读光线强弱程度的需求也表现得较为明显。针对光线需求，老年人在每个年龄段的表现都有细微的差别。比如，部分年纪较轻的老年人在阳光照射条件较好或阅读物处于与背景对比强烈且有优良光线的条件下，其视觉的灵敏度和分辨能力都还不错。但对于一些年岁较高的老年人来说，他们的视觉灵敏度和分辨力不佳，对于光线的变动反应较慢，阅读时需求的光照程度也更高。在光线条件不好的情况下，老视的程度会加剧，这是因为瞳孔在缺乏光照的环境下会散大，使得视网膜上留下的较大弥散圈阻碍了视觉。老年人的角膜、晶状体、玻璃体等功能的下降和瞳孔缩小，使进入眼内的光线量减少。一般来说，60岁的老年人视网膜能够进入的光线量大概是20岁青年人的30%，75岁之后只有12%，所以老年人在夜间阅读时习惯用较明亮的灯光。

另外，在颜色、空间和视觉反应方面，老年人的视觉都表现出与年轻人不同的特点。老年人辨别颜色的能力总体上比年轻人平均低33%，并且，针对不同的色调，老年人的判断能力也会有所不同。比如，老年人对红、黄两色系（图2-4）的辨识度就超过蓝、绿两色系（图2-5），也可以说，老年人面对暖色调时的辨识能力要高于面对冷色调时。除此之外，步入老年后，人对事物的尺寸、空间地点、活动范围、视觉距离等层面的认知也产生了不同程度的改变。例如，当老年人拿起或放置某物时，容易产生拿错或漏放的情况。人在面对多而杂的视觉信息时拥有一定的适应能力，在花费一定时间后，能够习惯视觉的运动轨迹，进而缩小后面辨识信息所花费的时间。但是，老年人辨识信息的整个过程与以往相比用时会变长，这是由于高级视觉神经中枢功能衰退导致的。

基于老年人视觉生理的特殊性与视觉需求，在适老性视觉传达设计中，

图2-4　红、黄色系的部分颜色
（图片来源：耿晓涵设计）

图2-5　蓝、绿色系的部分颜色
（图片来源：耿晓涵设计）

应将解决老年人对视觉信息的识别与接收问题放在首要位置。视觉传达设计的目的是传递信息，能够让老年人清晰、准确地接收到发送者的讯息，是适老性视觉传达设计的主要职责，也是其意义所在。总的来说，老年人对光的对比度要求较高，因此应为老年人提供印刷清晰、字体较大、黑白分明的阅读材料。因老年人的视觉分辨能力开始下降，所以颜色在适老性视觉传达设计中的妥当使用尤为关键。值得注意的是，在部分适老性的设计中应尽可能多地选用一些暖色调的颜色，例如红色、橙色和黄色等，适度避免使用蓝色、绿色和紫色，因为暖色调的颜色会带给人们温暖的感觉，能够缩小心理上产生的距离感，符合老年人的情感要求。

我们的眼睛无时无刻不在接收着外部不断变化的复杂信息，而我们不仅能够接收外部讯息，还可以对外部讯息进行选择、记忆、判断等。认知心理学将人类认知活动看成是对信息选择与处理的过程。但是，人类的认知活动不是简单的机械化，人类作为一个生命系统，除了具备生物性，还拥有社会性。人不仅具有需求、动机等驱动力因素，还具有情绪和感情。人是感性动物，我们的情绪和个人感觉会对我们的认知行为产生影响。认知行为就是我们对外部讯息进行处理，并将这些讯息转变为我们自己的生活经验。就人类的视觉认知行为而言，能够总结为“注意”“识别”“记忆”“思考”“语言”这五种认知行为。围绕适老性视觉传达设计的研究需要，本节主要对老年人的“注意”“记忆”“识别”这三种行为进行分析。

“注意是人知觉和认知的起点，是主体心理活动对一定对象存在的指向和集中，也是对外部环境刺激的选择性知觉”[①]，具备判断和筛选信息的特性。人们在社会环境中所接触到的信息有些会被视觉关注、留意，而有些则会被有意或无意地忽视，人们识别的是被选择后的信息。人类的大脑以及视觉处理系统对于同一时间内接收的讯息数量是有要求的，接收讯息的过程是按照一定的规律和行为完成的，因此，视觉注意就尤为重要。这表示人类的眼球会跟随指定的对象，视觉则转移到指定事物位置，并经过筛选和过滤，对收入的局部信息进行更深层次的改进处理。

视觉注意作为适老性视觉传达设计里的一个紧要环节，必须在视觉上促成老年人对讯息的注意，最终才可以完成传递讯息的任务。从视觉功能上来说，设计师在进行适老性视觉传达设计时，理应考虑到种种视觉上与心理上那些必不可少的因素，以便引起老年人的注意，特别是那些重要的信息。

然而，视觉是怎样挑选讯息并进行注意的呢？心理学家研究发现，选择注意是视觉自然形成的一种能力：一是我们主动进行目标的选取，将视觉定位到目标物体，即主动注意；二是目标物体做出一些行为吸引我们的视觉，

① 杜士英：《视觉传达设计原理》，上海人民美术出版社2009年版，第97页。

这叫作被动注意。

主动注意是人在自我认知的支配下做出的主动行为，并且意识的强弱决定着注意力的高低。因为我们所关注的事情是有限的，在信息爆炸的情况下，我们会不自觉地把我们的注意力集中在目标讯息上，这些信息的选择因每个人知识、社会环境背景等的不同而不同。所以在主动注意的情况下人们一般都是注意那些与自己知识背景、兴趣爱好相关的事情。被动注意是在周围环境中的某些刺激下导致的视觉注意，也被叫作“刺激驱动捕捉”。被动的视觉注意是在处于较为稳定的环境中，忽然产生的刺激要素的波动唤起了人们的注意。比如：在漆黑的地方猛然产生的亮光；在平静的湖面中毫无征兆出现的物体运动；忽然发生巨响和一些特殊气味的泄露等。视觉注意是在个人心理与知识背景之下发生的，比如在大脑的记忆中，那些对人们影响深远的事件或以往的境况，两次、三次及更多次出现在人们眼前时也能形成视觉注意。多个刺激信息的强弱差异和对比，能够影响到人们对某个信息的注意程度，刺激与注意成正比，因此影响被动注意的重要元素就是刺激的强弱程度和差异。

从心理学方面的研究结果来看，被动注意遵循这样几种规律：第一，大小刺激。通常状况下，视觉元素在数量上的多少或尺寸上所占体积的大小与人们视觉注意的程度高低成正比。就阅读物中的广告来说，广告信息所占版面的比例越大，能够被人们注意的程度也就越高，如图2–6。第二，对比刺激。在共同的区域界限内，视觉中必要的构成元素之间的对比强度与人们的视觉注意程度成正比。通过利用对比强烈的图形、文字、颜色以及空间布局等元素，来提升观者的视觉注意程度，是以往视觉传达设计中惯用的视觉表现方式，如图2–7。第三，活动刺激。与停止不动的物质实体相比，活动着的或变换着的物质实体更能刺激人们的视觉注意。例如，电视广告在视觉注意方面就比招贴广告拥有更多的有利形势。第四，新奇刺激。新奇刺激又可以叫作差异刺激。当人的感官面对外界长时间的刺激时，久而久之会产生相对程度的适应能力，因此，使用更新颖、更与众不同的视觉信息，能够进一步促进

图2-6 阅读物中的广告
（图片来源：耿晓涵拍摄）

图2-7 对比强烈的数字导视标识
（图片来源：普象工业设计小站2015-5-12）

人们的视觉注意。[①]例如，不同的地铁路线采用各不相同的颜色来进行区分，以便人们可以很快地分辨出自己需要乘坐的那条路线。此外，在视觉传达设计中通常会在视觉要素的艺术形象和内容上运用此规律，形成既有趣又具有创新性的视觉表达方式，从而实现对人们视觉注意的吸引，如图2-8。

图2-8 视觉传达设计中的差异刺激
（图片来源：孙迎峰《平面设计》，山东美术出版社2010年版）

① 杜士英：《视觉传达设计原理》，上海人民美术出版社2009年版，第99页。

在适老性视觉传达设计中，以老年人的自我认知为基础，能够迎合老年人的需求以及行为目的性的视觉信息才更能引起他们的注意。设计师在针对老年人进行视觉传达设计时，应对传达对象——老年人的注意行为进行充分的调查和了解，如老年人的行为目的性、兴趣爱好、行为习惯以及生活方式等方面。另外，依据老年人的心理特征和以往经验，应通过对视觉符号的大小、对比、活动以及新奇的表现方式等规律的合理运用，来加强老年人的视觉注意。特别是在当下这个物质文明与精神文明十分富裕的时代，老年人的需求是复杂而多元的。所以，要想成功吸引老年人的注意力，设计师就必须将视觉信息的核心内容与特性通过设计展现出来。

人类通过记忆得到知识与经验，凭借记忆了解外界的事物，记忆力就是时光在人类的大脑皮层上刻下的符号。人类的记忆模型存在三个层次，即感觉记忆、短期记忆和长期记忆。[①]人类接收到外面的刺激讯息后，讯息第一时间到达感觉记忆，再由感觉记忆到达短期记忆。由于短期记忆的特性是很容易被打乱，因此，原本在短期记忆中的讯息会失去一部分。之后，只有被持续重复加强的讯息才可以转变为长期记忆，长期记忆则更加稳定。心理学家研究表明："感觉获得的外部信息首先进入到短期记忆，如果不持续复述的话，在15秒至30秒内就会消失。"[②]那些通过反复叙述得到相应处理的信息能进入长期记忆中，信息在长期记忆中可以被存储一分钟甚至永远。"感觉记忆的时间很短，大约在0.25秒到2秒钟，但它具有鲜明的形象性，可将刺激按物理特征和感觉的顺序保持下来。"[③]

视觉记忆大多为初始时期的记忆，可作为人的形象记忆和从事形象理性认识及其过程的最基础的资料。视觉记忆很多时候只存在于短期记忆的时期，

---

① 沈德立主编：《基础心理学》，高等教育出版社2012年版，第265页。

② 杜士英：《视觉传达设计原理》，上海人民美术出版社2009年版，第101—102页。

③ 同上，第102页。

非常容易消失。这是因为视觉记忆经常发生错乱，又因为每个人对于视觉记忆的理解也各不相同，所以，视觉记忆没有固定的内容。我们经常会将一些特殊的、能引起我们注意的外界刺激对象的某个“点”保存在我们的长期记忆中，当我们再次见到这个“点”时，我们有关整个刺激对象的记忆就会被激活。因此，在电视广告或其他视觉传播媒介中，记忆“点”的设计经常会被用来对观众进行再次刺激，这样我们就可以储存起电视广告所宣传的事物的讯息，而当我们去超市购物的时候就会被记忆“点”唤醒从而产生似曾相识的感觉。

短期记忆是在一定限度的容量范围内，迅速、有效的记忆讯息的暂时性记录，通常最多记录五到七个讯息。但是，倘若对讯息的含义进行多次重复叙述，其储存的讯息容量也可以达到十至十二个。然而，由于短期记忆是一种暂时性的记忆，它的抗干扰能力较弱，在记忆的过程中易出现讯息错乱、遗漏等现象。

长期记忆，是被记录下来的以往讯息。人们是否能在长期记忆中高效地提炼、获取客观世界的讯息，基本上完全依靠最开始了解这些讯息的方法和形式。与短期记忆对比，长期记忆需要更加耗时耗力来保存和获取讯息。存放在长期记忆里的讯息内容，是经完整的程序分析和处理过的，虽然与客观存在的物体、现象相比，可能会存在误差与变动。

人类持续性的长期记忆活动中存在许多记忆方法，依据使用的普遍程度，依次是机械式记忆、关联式记忆和理解式记忆。机械式记忆是指记忆者仅需要将客观事物表现内容的外在方式方法留在记忆中，不必会意有关讯息中包含的内容。这种记忆方法的缺点在于：用时长，成效低，记忆困难程度较高，单位时间内完成的工作量最少，并且当出现遗忘讯息的情况时，无法在以往的记忆中搜索到具有提示性的内容。关联式记忆指的是记忆者通过自身的知识体系对需要记住的讯息进行关联、分析，最终整理组合起来记忆。这些事物的外在现象虽然看起来混杂零乱，没有一点联系，但是当记忆者忘记讯息时，可以凭借自行设定的规律重新回忆起来。而理解式记忆与关联式记忆相比，更容易被记忆者使用。理解式记忆是人类通过理解、剖析和学习客观存在的物体和现象，之后把其过程或结果应用于外界讯息的记忆方法，这种记忆方法使得信息不会轻易被人们忘记。

步入老年后，人类的脑细胞总量变少，传递功能衰退，大脑皮层逐渐呈现出体积缩小、功能减弱的现象。年龄越大，脑神经细胞减少得越明显，记忆力下降现象越突出。加上在外界的影响以及心理因素的作用下，老年人会表现出注意力易分散、容易忘记事情的情况。具体表现为：长期记忆功能显著衰退，但是感觉记忆与短期记忆尚可；机械式记忆的本领降低，但是逻辑性仍然维持较高水平，所以在理解式记忆方面的能力没有太大变化。在适老性视觉传达设计中，考虑到提高老年人对于视觉信息的敏感性，情理上需在老年人知识体系的基础上构想和建立信息传达更有效的方式。这是由于老年人以自身的知识体系为背景，可以通过理解式记忆的方法对外界的信息进行再度体会与吸收，从而将形成的信息储存在原有的记忆中。

认知心理学认为，人对外界客观存在的所有物体和现象的辨识是在一定的阶段过程中进行的。我们的眼睛从外界接收到相应的刺激信息，然后通过神经系统传入大脑，大脑神经元对这些刺激信息进行分析以及与记忆做出对比，待相互匹配后对刺激信息进行判断，同时做出相应的反应。由此说明，我们对外界的感知除了外界的刺激还包括自己大脑中所记忆的经验和知识这两个部分。我们对刺激信息的认知和辨别存在“再认”的阶段，也就是存在我们把接收到的刺激信息和记忆中显露于事物外部的迹象相互联系的行为。这表明人的视觉识别与大脑中的记忆片段存在直接关联。笔者希望在对适老性视觉传达设计的研究过程中，通过对老年人注意力、记忆、识别这三方面的分析，为解决老年人在日常生活中的视觉认知与购买行为中的选择问题提供一个视角。其目的是想通过适老性视觉传达设计，让老年人在晚年生活中能够更自主、快捷、轻松地识别信息，从而选择最适合自己的物品以及前行的方向，为他们的生活提供便利与温暖。

审美是人们在物质需求得到满足后，为了尽力寻求精神层面的满足而产生的，是人们对于美的主观感受、亲身体会和由此形成的愉悦感，它代表了人们对于生活趣味与美的向往。在人们的审美变化过程中，其产生的心理运动叫作审美心理。客观存在的物体的外在形态、肌理与颜色等作为审美体验的直接源泉，能够唤起人们的审美心理，使其审美需求得到满足。当客观存在的物体能使视觉信息传达对象产生审美喜悦时，我们就可以说这个物体具备了审美的功能。此外，人们在进行“看”的行为时，往往会将自身的主观情感带入观赏物中，并且当物与欣赏者之间产生审美情趣的相互交换、相互吸收时，便形成了审美的更高境界。

在适老性视觉传达设计中，既要思考物本身具备的审美功能，又要对老年人与具有审美功能的物体之间产生的审美情感交流进行设想，考虑到物与人之间产生的审美交流对老年人审美心理起到的作用。当一个人踏入老年阶段，记忆力渐渐衰退，对于外界新鲜事物的刺激也表现得较为麻木。这导致部分老年人形成遵循以往审美习惯与审美经验的心理现象，对颜色与造型的需求比较保守，而产生一种从众心理。当然，这只是较为普遍与典型的老年人审美心理，还有部分老年人仍保持着一颗年轻的心，认为人虽然老了但也要活出精彩，他们对于审美也有自己独特的见解与追求。因此，在适老性视觉传达设计中，对于老年人多方面的审美心理要做具有针对性的思考，在设计的过程中加入一些老年人熟知的视觉审美要素，满足他们的审美需求，使他们能够产生精神上的愉悦。

随着老年人生理功能的减弱，他们的外表也在同步改变，外表的衰老时常给老年人的心理情感带来许多负面的影响，如悲观、失落、自卑等。加上听觉能力的下降，他们因社会生活产生的孤单感会更加强烈。他们可能会经常回想起年轻时的那个自己，希望得到周围人更多的鼓舞与赞美。

退休对于老年人来说，是其晚年生活的转折点，也是一个新的开始，但是老年人对于退休或者说对于退休后的晚年生活有着不同的看法。当人们工作时，在社会中扮演着特定的角色，忙碌而且充实，具有强烈的社会参与感。但是，当人们离开工作岗位之后，原本的生活节奏突然发生改变，出现了大量的空闲时间。这时，有许多老年人觉得个人价值无法体现，不知道如何是好。他们对社会渐渐产生了距离感，甚至可能会有一种被社会抛弃的负面情绪。另外，缺少儿女的陪伴也让他们产生寂寞、孤独的心理感受。然而，也有些老年人对晚年生活抱有积极的态度，他们认为，人步入老年后又将是一个新的开始。在退休后的闲暇时间里，这部分老年人会选择参加一些学习和娱乐活动，如加入老年大学学习、加入老年艺术团表演、外出旅行等，来丰富他们的精神生活。

从老年人的需求角度来看，适老性视觉传达设计不仅要考虑到老年人的视觉生理特征，满足其生理需求，还应更加关注老年人的情感与精神需求。通过调研显示，很多老年人在步入晚年之后，逐渐开始追求精神上的感悟，将物质生活看得很淡，更加看重自身的精神追求、社交活动以及家庭生活。因此在适老性视觉传达设计中，在满足老年人对物品功能性需求的基础上还应适当加入情感化设计，使老年人在使用中或使用后都能够感受到人文关怀与情感的温度，让适老性视觉传达设计不仅成为有情感的设计，还要成为有温度的设计。

第二节　视觉识别系统设计的适老性构想

一、CI对老年人视觉识别系统的启示

CI，即企业形象识别系统，它是基于企业的经营理念、行为准则、规章特点以及企业文化等方面对企业的形象进行塑造，结合颜色的合理应用，进行统一化、标准化的视觉设计，最终刻画出最具企业代表性的完美视觉形象。如此，企业就可以通过CI增强对社会公众的吸引力，让社会公众更加快速地完成对企业从注意到认识再到了解的整个过程，从而形成主体内部及主体与公众之间的信息传达与沟通，并从中获取社会的认同感与价值观，达到传播与发展的目的。CI归于形象传达领域，对形象的塑造不是单纯地从视觉立场出发，它是以传达为根本的动态形象战略活动，具有互动性，注重与社会公众的相互影响，目的是形成社会公众对企业形象的识别与认知。它虽然是一种以树立企业形象、彰显企业精神魅力为目的的战略性活动，但我们可以从中提取出CI关于

认识和实践的根本方法的理论。它的方法论，其实也适用于一般意义上形象的树立。

设计者可以将CI应用到对老年人视觉识别系统设计的猜想中，通过对老年人全面地了解与分析，总结归纳出能够代表他们的形象特征。同时，应依据老年人的生理和心理需求、兴趣喜好以及行为习惯等方面，进行符合老年人群体特点的有关标志、色彩等方面的设计，形成一套较为完整、统一的视觉识别系统。将视觉设计运用到社会公共环境与公共设施中，可作为对适老性设计的说明与区分，让公众尤其是老年人形成恰当的认知。通过这样的视觉媒介，可以促进老年人与社会之间、老年人与老年人之间的信息交流与互动，为他们提供更人性化、更便捷的晚年生活服务。

老年人视觉识别系统是视觉化、符号化的抽象的老年人群体形象集合，社会群体可以通过感官感知识别，设计师的开发目的是从视觉设计的角度为老年人群体形象做一个系统的设计，它是具有社会性质、公益性质的群体识别符号系统。当老年人出门在外时，可以仅借助这样一个属于自己的群体标志，顺利达成自己的行为目的，更高效地进行选择。另外，老年人视觉识别系统还要在与公共环境和谐共存的前提下，做到与导视系统合理结合。

二、视觉识别系统设计的适老性应用

标志，在视觉传达设计里占据首要的位置，在当今社会之所以被越来越普遍地使用，是因为与文字符号相比，视觉符号的传达能力更强。其实，标志就是形象化、视觉化的视觉识别符号，传达着特定的视觉信息，人们通过记忆认知其独特性与唯一性，从而完成最终识别。标志可以通过一种简洁的图形或图形化文字，向人们传达视觉信息，提示人们它所代表的符号。

视觉认知和视觉识别是标志的重要功能，它以简约、独特的形态存在，是用来区别于其他行业、组织机构及个人的提示性视觉区分符号。标志分为Mark、Logo和Logo Mark三种。英文中习惯将以图形为核心的标志称为“Mark”，以苹果公司的标志为例（图2-9），这类标志通常以具象图形或抽象图形为表现方式；英文中通常将以文字为主的标志称为“Logo”，即文字类标志，它直接以各种原态文字或变形文字结构形态为表现方式，如联想集团的标志（图2–10）；英文中将图形与文字组合设计的标志叫作“Logo Mark”，图形与文字组合类标志是将图案与文字相结合，进行混合搭配的应用表现方式[①]（图2–11）。

图2–9　苹果公司标志

图2–10　联想集团标志
（图片来源：耿晓涵拍摄）

图2–11　图形与文字组合类标志

标志设计在表达形式上，主要分为具象表现方式和抽象表现方式。具象表现方式，通常以自然界和人文社会中比较具体的物体形象为蓝本或参照进行归纳变形，其基本形态比较直观，是以人物、动物、植物等物质实体的具体形状为原型的形态表现手法。例如，世界自然基金会的标志（图2–12）。抽象表现方式，一般为非具象元素，通常以几何形态、任意自由形态、文字变形形态、书法笔触形态等为表现方式。例如，全球著名体育运动品牌NIKE的标志（图2–13）。

标志是大量信息的归纳和浓缩形态，在应用环境中带有明显的“比较性”特征，所以标志的独特性和唯一性及视觉冲击力就显得特别重要。为了让人们能在繁杂的社会信息环境中第一时间看到标志，设计者应将标志自身简约、独特、冲击力强的形态传达给受众，并反复快速地进行归纳、分析、

① 孙迎峰主编：《平面设计备考》，高等教育出版社2001年版，第76页。

整合，最终完成沉淀，使受众能在较短时间内记忆并识别。这个过程非常短，因此要求标志包含的信息量不能过大，而且信息形态也要尽可能保持统一性和秩序性，这样更有利于人们记忆。

标志与其他视觉传达设计形态最大的区别在于，它的延续使用性和延展应用限制性更特殊。[①]标志必须能在宣传延展中适应各种材料制作、复制难度低等特性规定，而且还要遵循商标法规的规定和限制。一旦标志被确定采用，即会作为相对永久的固定识别元素存在（企业因时代性更新、更换标志除外）。因此，它的延续时间相对较长，在后续的延展应用当中，通常不会改变其形态和色彩标准。另外，在延展应用中，由于需要将标志应用到各种载体和特殊环境中，因此要求标志必须具备良好的适应环境的能力。

在当今社会老龄化的趋势下，为老年人设计专属的标志，要以老年人的生理、心理特征为基础，以老年人的需求为准则，进行标志设计的定位与构思。同时，还要将老年人的综合信息与标志所要表达的意图进行整合和归纳，然后将其浓缩为非常简练的视觉符号。设计代表老年人的标志时应注意：首先，在功能方面，要强调标志的符号性，结构力求简单，以“做减法”为主，强调信息的集中传达。其次，标志应具有较强的识别性，易于老年人识别、理解和记忆。再次，标志应具有良好的延展性，能够在充满众多标志的环境中易于被发现，拥有视觉优先性。最后，在审美方面，标志的色彩种类不宜过多，力求造型美观，具有亲和力，同时讲究赏心悦目的艺术性，伴有一定的寓意及想象空间，符合当代老年人的审美语言。

---

① 孙迎峰主编：《平面设计备考》，高等教育出版社2001年版，第78页。

图2-12　世界自然基金会标志
（图片来源：https://www.wwfchina.org）

图2-13　NIKE标志
（图片来源：http://www.nike.com/cn _cn/）

图2-14　代表老年人的公共标志
（图片来源：耿晓涵拍摄）

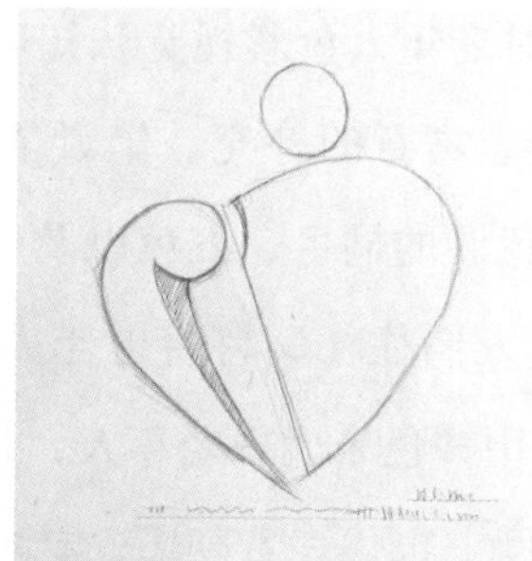

图2-15　标志设计草图
（图片来源：耿晓涵设计）

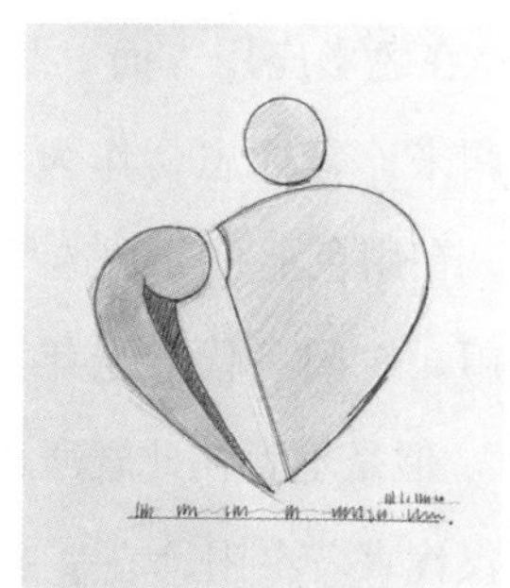

图2-16　标志设计草图
（图片来源：耿晓涵设计）

图2-17　老年人标志设计
（图片来源：耿晓涵设计）

图2-18　老年人标志设计
（图片来源：耿晓涵设计）

通过前文对标志设计的概述，以及对老年人标志设计必要性的分析，笔者初步对老年人群体的标志进行了设计（图2-17、2-18）。该标志的整体形象由代表老年人的公共标志（图2-14），和生活中具有代表性的老年人形象变形、抽象结合而来（图2-15、2-16）。标志中右侧的图形代表侧面弯腰的老年人，左侧的图形是指握在老年人手中的拐杖。另外，左侧图形的外形与人手的侧面相似，其中蕴含着两层寓意：既代表老年人手中的拐杖，又代表社会对老年人的关爱，此时社会发挥着同拐杖一样的作用——帮助与支持；左右图形共同组成一个心形，说明只有社会公众与老年人群体相互连接、互相传递关爱，老年人才能在晚年生活中拥有更多的参与感，这颗“心”、这份爱才是完整的。

在色彩应用方面，基于对老年人色彩视觉认知度的分析，笔者选择用暖色调来诠释标志，作为对标志寓意的补充。笔者依据图形面积的大小、顺序，在用色上将分别选择暖色调的橘色、红色以及局部的暗红色。橘色代表夕阳，夕阳又代表老年人，人们往往又喜将老年人的晚年生活称为“夕阳红”。但是笔者在此之所以选用橘色来表现老年人，是因为笔者觉得，橘色不仅仅代表着夕阳，在一定程度上也代表着朝阳。首先，老龄化产业又被称为朝阳产业；其次，笔者认为，老年生活对老年人来说并不意味着结束，而是一个崭新的开始。而红色代表着设计工作者、社会公众拥有一双温暖而炙热的手，去呵护老年人，去关爱老年人。暖色调不仅具有强烈的视觉冲击力，能够引起人们的注意，更给人一种温暖的感觉，所以这是一个有温度的标志，老年人群体也将是一个能感受到社会关爱与情感温度的群体。

人类视网膜的锥体细胞数量在步入老年后便开始渐渐变少，视觉神经的功能性开始衰退。在色彩的认知方面，老年人群体表现出识别能力与分辨能力的降低，还表现出“对短波长的色彩区辨能力更差”[①]的情况。这是由于

① 杨志：《针对老年人的文字、色彩及版式设计研究述评》，《装饰》2012年第5期。

随着老年人视觉的老化，眼睛的晶状体逐渐浑浊，变成泛黄的状态。与青年人相比，老年人的色彩感知范围较狭小，当多种颜色的密度相互接近时，他们对色彩的辨识与区分能力明显不足。年龄的增长使老年人对于绿色至蓝色范围内的颜色，存在识别障碍，容易产生混淆，尤其是在光线不充足的条件下，这种错误率更高。但是在识别色至黄色范围内的色彩时，正确率较高（图2–19）。[①]

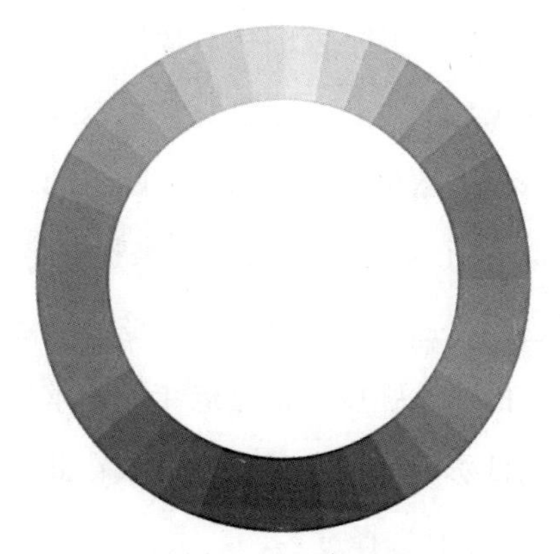

图2–19　色环
（图片来源：网络）

在制定老年人的标准色与辅助色设计时，通常情况下应多选择红色至黄色区间的颜色。《高龄者在小型TFT–LCD之文字视认度研究》这篇文章提到，老年人分别对红色至蓝紫色区域、蓝色范围内的色相相邻区域、绿色范围中的色相相近区域以及黄色与橘色等范围内的色彩组合的视觉认知能力较弱。因此，在适老性设计的标准色与辅助色的选择上，应尽可能地避免选用红色、蓝色以及绿色各区域内相邻颜色的组合，建议选取色相对比较大的颜

① 参见李传房等：《高龄者对计算机屏幕与100色相测试之色彩区辨能力研究》，《科技学刊》2005年第4期。

色搭配，这有利于提高老年人的视觉认知度。并且，当某种色彩与其对比色组合在一起时，反馈给老年人的视觉认知度同样较好。其中值得一提的是，相比其他颜色，白色和黑色无论是作为背景的颜色还是文字的颜色，经以往的研究者调查表明，它们的视觉认知度都是最高的。

总的来说，黑色与白色、黄色、蓝色或绿色的分别组合在老年人阅读的过程中，显现的识别效果较好；其次是黑色与橘色、黑色与桃红色、白色和红色以及与其色相差异大一点的色彩组合。对老年人来讲，视觉认知度效果最差的是黄色与白色的组合，其他差的还有像白色与蓝色的组合、白色与淡紫色的组合、淡紫色与黑色的组合、紫色与红色以及相邻的绿色之间的组合等。另外，还要避免绿色、蓝色、紫色这三种颜色的组合使用，以防影响老年人的视觉识别效果。除了通过色彩的组合来提高老年人的视觉辨识度之外，还可以通过加强色彩与色相的对比程度，适当地运用对比色，提高阅读背景与阅读物在色彩上的对比强度。依据老年人的审美心理特征，在色彩的选择上，除了避免选用低彩度的颜色外，还应该在此基础上，增加稳重而高雅的设计，但色彩的种类不宜选择过多。

除色彩之外，还要对与色彩产生密切联系的因素多加考量。例如，由于老年人相对年轻人视网膜的进光量减少，视觉敏感性降低，导致阅读时对光线的要求较高。周围的阅读环境同样是设计师需要考虑的要素之一。在为老年人进行标志设计的过程中，设计师可以借助黄色（模拟灯光）的镜片对颜色的适老性进行判断，从而更贴近老年人视觉认知的真实体验。

人类为了传达自己的思想感情和必要的信息，逐渐创造出了语言。口头语言作为人类传达活动进程中最初的媒介，有一定的局限性，易受空间与时间的限制。因此，人类祖先为了使语言能够留存下来，为了能够实现情感的沟通，又创造发明了文字语言。在语言和说话人分开的情况下，文字可以使信息传得更久、更远，它延长了人与人传达信息的距离，同时也把历史真相与长期积累的经验留存了下来，促进了人类文明的进程。实际上，在人类的日常社会生活中，文字就是视觉化的口头语言，是记录语言的一种使用最为普遍的视觉符号，也是现代社会视觉传达的基础形态。

同时，文字也是约定俗成的符号。改变文字的形式，虽然不会改变所传递讯息的内容，但是会对讯息的传达效果起到一定程度的影响。而字体设计是在继承文字自身意义的基础上，对文字的尺寸、字体的构造、文字的颜色以及字体的罗列方式等要素，遵循审美规律，以传递信息为宗旨进行的设计。在字体设计的作用下，信息不仅能更高效地传递出去，而且还能让社会公众体会到更深刻的文字含义，产生审美愉悦。

对字体设计适老性的研究内容主要包括字级与字体。对于字级的选择，《LCD文字与背景色彩组合对高龄者视认性之影响》一文表明，当老年人进行有关印刷媒介的阅读行为时，“在50cm的视距下，老年人能看清楚的字级尺寸约为35.6弧分（相当于15pt）”[①]，“若文字为8pt时，会出现高比例错误率，所以在老年人视觉设计上一般则建议使用14pt—16pt的字级”[②]。在老年人对字体的视觉认知程度方面，《高龄者在小型TFT-LCD之文字视认度研究》一文中分别对三组字体的字级和字形进行研究，研究结果表明，按照视觉认知程度从高到低排列分别是明体（似宋体）、中圆体和楷体。并且，楷体的辨识度低于宋体及黑体；在笔画数相同的前提下，宋体的辨识度高于黑体。另外，笔者的调查也显示出，老年人对于黑体和宋体的文字视觉认知程度较其他字体更高。

总之，在字体设计的适老性问题上，设计师应要着重注意以下四点：第一，字体辨识度最好的是宋体，其次是黑体和中圆体，在针对老年人的字体设计中如没有特殊情况应尽量避免使用楷体。另外，黑体字一般用作标题，宋体字一般作为内文中的阅读文字使用。第二，老年人对文字笔画较粗的字

---

① 陈美琪：《LCD文字与背景色彩组合对高龄者视认性之影响》，台湾云林科技大学工业设计研究所硕士学位论文，2002年，第115页。

② 李馥如：《高龄者在小型TFT-LCD之文字视认度研究》，台湾云林科技大学工业设计系研究所硕士学位论文，2004年，第6页。

体与空心的字体识别度较差，应避免使用另类的字体与手写体。第三，文字的笔画数和识别的错误率是正比关系。第四，老年人对字体的熟知程度与阅读时光线的强弱程度都影响他们对文字的视觉认知。

第三节　导视系统设计的适老性思考

一、老年人与导视系统设计

生活在当今社会环境中的老年人，都不是单独存在的个体，他们与社会环境中的一切都发生着信息的传递与交流。随着年龄增长，他们逐渐从各自的职业生活中离开，在一般情况下，与社会的沟通变少，私人空间变大，空闲时间渐渐变多，与以往相比较易感到孤独、失落。因此，许多老年人为了满足自身的兴趣爱好，增进社会交往，会选择参加一些学习、社交活动，如加入老年大学、老年艺术团等。老年人闲暇的时间增多，除了心系家庭之外，他们也有更多的时间去接触自己生活轨迹之外的事物。这表明，关于公共空间环境中的事物，老年人群体的需求比重正逐步增加，并且他们的日常生活、学习工作以及兴趣娱乐等方面，都与导视系统有着密切的联系。

步入老年以后，人们会出现视近困难，当近距离观看某物的时候，眼中呈现的物体是朦胧的，看远则相对清楚。除了视近困难，老年人对于阅读光线的需求程度也表现得较高，在光线条件不好的情况下老视的程度会加剧。在颜色、空间和视觉反应方面，老年人辨别颜色的能力与年轻人相比总体上平均低33%，并且，对于不同色调的颜色，老年人的判断能力会有所不同。比如，老年人对红、黄两色系的辨识度就超过蓝、绿两色系，也可以说老年人面对暖色调时的辨识能力要高于面对冷色调时。另外，人们步入晚年，对事物的尺寸、空间地点、活动范围、视觉距离等层面的认知产生了不同程度的改变。但是，在面对多而杂的视觉信息时，老年人拥有普遍的适应能力。他们在适应一定的陌生环境后，能够逐渐意识到视觉的运动轨迹，进而缩小辨识信息所花费的时间。在视觉认知方面，老年人的注意、识别、记忆功能都有所下降，出现注意力不集中、对新事物识别困难、记忆力下降等问题。因此，在导视系统设计中，不仅要依据老年人的视觉特征进行适老性的设计，还要基于老年人的兴趣爱好、视觉经验、以往记忆等，在老年人经常出现的地点做出指示标志的适老性调整。

在公共空间环境中，标识性系统的缺乏通常会给老年人的行为带来障碍。所以，在老年人经常出现的公共场所，应秉承以人为本的设计理念，设立明显的标志和提示设施，使得老年人能以拥有足够的感官素材去体会整个空间。总之，不管是从当前的人口老龄化趋势，还是老年人的根本需求方面考虑，都迫切需要设计师对当代导视系统设计进行适老性的思考和完善。

二、适老性导视系统设计中的人性化特点

老年人属于特殊群体中的一个分支，对当代导视系统具有特殊的需求。就导视系统设计的指引和识别功能而言，关于适老性问题的无障碍化方面，需要从导视信息识别的无障碍化和导视信息导向的无障碍化两方面进行分析。

老年人在户外进行日常活动时，首先要清楚地认识与了解自己所在的位置，其次要明白目标位置所在的方位。因此，适老性导视系统设计中的导视信息，是否能够及时给感知能力衰退的老年人提供快速而有效的信息是非常重要的。这就需要从导视信息的语言形式来把握，要将导视系统中的文字、图形符号、版式、色彩等设计要素与老年人的心理和生理特征相结合进行适老性设计，从而把讯息快速、精确地传递给老年人。

文字是视觉化的口头语言，也是约定俗成的符号。它不仅是记录信息的一种使用最为普遍的视觉符号，也是导视信息传达的重要载体。与图形符号和色彩相比，文字所传递的社会讯息内容是最精准的。文字设计包含对文字的字号、字体、笔画、字间距以及行间距等要素的设计，这些要素都关系到信息能否通过文字准确、有效地传递到老年人那里。

当人们对于文字的识别产生障碍时，首先想到的是调整文字的大小（字

号），字号对信息的传达效果起到直接的作用。老年人群体中存在不同程度的视觉衰退、老花眼等现象，老年人普遍存在阅读困难与识别障碍。根据日本产业技术综合研究所的研究显示，“65岁以上的老年人经过矫正后的视力仅为0.17左右，年龄在68岁的人在距离50厘米处阅读黑体字时，字号至少要达到24号”①。另外，当人们识别导视系统中的信息时，时常会处于行走、运动的状态，这就要求信息内容需在极短的时间内被人们准确地识别与获得。所以，合理地加大字号，能够使文字信息更便于识别，也有更好的传达效果。这一点，对于老年人尤其重要。但是，有时字号也并不是越大就越有帮助，一味地增大字号会导致承载着信息的导视系统的面积、体积增加，从而对社会公共环境产生不利的影响，甚至还会给老年人带来视觉压迫感，反而阻碍老年人的识别与阅读。对于需要分级阅读的导视信息，字号的选择可以相对小一些；而对于需要进行瞬间识别的导视信息，字号的选择就要略大一些。

在当代导视系统的信息识别问题中，除了字号的大小会影响信息的识别程度之外，字体的不同也会产生不一样的识别效果。由于汉字的结构种类繁多，并且某些汉字的外部形状极为相似，因此，文字信息的识别效果直接受字体的影响。《高龄者在小型TFT-LCD之文字视认度研究》一文表明，按照老年人视觉认知程度从高到低排列分别是明体（似宋体）、中圆体和楷体。并且，楷体的辨识度低于宋体、黑体；在笔画数相同的前提下，宋体的辨别度高于黑体。结合笔者的问卷调查结果显示，对老年人来说，宋体和黑体比楷体的视觉认知度高，如果作为标题，黑体则更便于老年人识别。在适老性导视系统设计的字体选择中，应尽量使用老年人熟知的常用字体。在影响文字信息识别的主要因素中，笔画作为文字的构成要素，数量越多就越不易于老年人识别。而无论是哪一种字体，如果笔画超出十画，就会影响老年人的视

① [日]田中直人、岩田三千子：《标识环境通用设计：规划设计的108个视点》，王宝刚、郭晓明译，中国建筑工业出版社2004年版，第28页。

距，从而影响文字信息的识别结果。

图形符号是将信息进行平面化处理后的视觉传达符号，它通过视觉使公众产生刺激反应，公众会将以往的视觉经验与图形符号刺激后产生的联想相结合，进而完成对信息的识别行为。在导视系统的适老性信息识别问题中，要求图形符号应具有较高的识别性，这是由导视系统的识别功能决定的。对于老年人而言，外形简洁的图形符号更易于识别。老年人的视觉生理特征表明，具有块面感的图形符号更能引起他们的视知觉反应。另外，对于图形符号的实际应用，应该根据老年人以往的视觉经验进行选择与设计，尽量避免使用过于抽象的图形符号。图形符号中包含的图片形式的视觉信息是最有利于老年人识别、理解与记忆的。借助图片，老年人可以更直观、更快捷地获取信息，而且与熟悉的事物相关的信息也更容易从以往的视觉经验中被人们提取出来，从而方便辨识与记忆。有时在特定的环境中，图片比标识的传达效果更明显。

图形符号在满足导视系统中适老性信息的成功识别后，还可以融入一些情感化的视觉元素，满足老年人的心理需求。部分老年人退休后的生活是单调、枯燥的，在适老性导视系统设计中，多采用一些他们熟悉的视觉元素作为图形符号设计的原始材料，这样既有利于老年人对信息内容的识别程度，又可以使他们在接收信息的过程中产生愉悦的心情，感受到温暖与亲切。

在导视系统中，由于受信息传播媒介的限制，有时需要在有限的空间中放置大量的信息内容，并且还要保证信息的传播质量。这就需要通过版式设计对信息以及其他视觉元素进行合理地排列与整合，使人们既能有秩序地进行阅读，又能节省阅读时间。在适老性导视系统设计中，可以运用网格对视觉信息进行有序排列，网格的应用能够在保证设计形式完整的前提下，实现信息阅读的秩序性、规律性与连续性，利于提升老年人的信息阅读速度与质量。运用导视系统的导视牌等多种传播媒介中的信息内容一般由文字和图形符号组成，多以文字与文字、文字与图形组合出现。因此，在版式的适老性设计中，不仅要对点、线、面进行合理的应用，还要熟悉文字与文字、文字与图形这两种组合的关系，并能将其自由运用，使其内容与形式一致。

在对文字与文字进行组合时，要在了解老年人的视觉特点及阅读习惯后，再进行文字的编排。合适的字间距能够提高文字的辨识度，有利于减轻老年人因阅读用时过长而产生的疲惫感，更有利于老年人对文字的识别，以及增强识别过程的舒适感。对于文字段落的设置，为了使信息内容一目了然、版面更加有序，应对信息进行有目的地整合、分组，注意它们之间的逻辑关系。对于较长的标题，也要根据信息的内容进行分组展现，可以依据文字内容、阅读习惯等进行断句，以免造成老年人对信息内容把握不准确等不好情况的发生。

在对文字与图形进行组合时，对信息内容的编排可以通过对比减缓老年人阅读障碍的程度。在适老性导视系统设计中，应当注意文字与图形、文字与背景两方面的对比，可以通过对大小对比、明暗对比、曲直对比、疏密对比及动静对比等方面的调整，来实现老年人对信息的无障碍识别。当文字与图形的组合关系成块面状分布时，可以对块面对比进行调整。例如，当面的比例增大时，其对视觉的刺激效果明显；缩小时，会让人产生某种温和、稳重的感觉。在文字与图形的组合中，图形的多样性使用能让文字与图形形成曲与直的对比。因为当把一条直线和一条曲线放在一起时，直线会显得更直，容易使人的视点聚焦在直线上。曲直对比的合理应用，能够提高重要信息的识别程度，增强老年人的视觉感受。在文字与图形的组合中，疏密对比，也就是文字与图形的整体密度分布往往是不均衡的。动与静的对比，实质上是某二者之间相互对比，或是特殊的形状给人带来的视错觉的心理现象。例如，发散的点，会给人一种放射的动感；水平的直线与方形，能让人产生一种宁静的静态感。在适老性导视系统设计中，可以适当地融入一些“动”元素，来提高老年人的阅读兴趣与关注度。

色彩在导视系统设计中是极为重要的要素，不一样的明度、纯度或色相会给老年人带来不一样的视觉感受以及心理感受。设计师应根据老年人的心理特征，合理地利用色彩能产生的心理效果和反应进行导视系统设计，争取对老年人成功识别信息起到辅助作用，并形成同社会环境的互融共存。“色彩心理是指客观色彩世界引起的主观心理反应”[①]，不同的色彩对老年人心理造成的影响是存在差异性的。例如，冷色调的颜色多给人宁静、收缩、坚实甚至消极的心理感受；暖色调的颜色则更多让人产生热情、膨胀、柔软以及积极的心理感受。对于色彩在适老性导视系统设计中的实际应用，除了要考虑不同色彩能让人产生特殊的心理效应外，还要考虑到老年人的生理属性、社会文化属性以及兴趣爱好等。

在了解了色彩会给人们带来的心理效应之后，还需要对不同的色彩进行合理地搭配，从而促进老年人获取导视信息的无障碍化。人们步入老年以后，对颜色方面的识别能力与分辨能力有所降低。年龄的增长使老年人不易辨识绿色至蓝色范围内的颜色，但是在对红色至黄色范围内的色彩进行识别时，正确率较高。因此，在适老性导视系统设计的色彩搭配方面，除了需要与周边环境形成统一外，还需要着重对导视信息的色彩加以合理地规划，特别是在针对那些具有警示性作用的导视信息时。通常对于导视系统中的指示性信息，可以通过增强信息与背景的对比度来突出信息的内容。值得一提的是，经以往的研究者调查表明，相比其他颜色，白色和黑色无论是作为背景的颜色还是文字的颜色，其视觉的认知度都是最高的。另外，对老年人来讲，视觉认知度效果最差的是黄色与白色的组合。在导视信息中还应该避免白色与蓝色的组合、白色与淡紫色的组合、淡紫色与黑色的组合、紫色与红色以及相邻的绿色之间的组合等的出现，以免阻碍信息的传达。对于具有警示性的导视信息，通常情况下应多选择红色至黄色区间的颜色，通过增强色相的对比度来增强老年人的视觉认知，以免老年人因忽略警示信息而发生危险。

在当今这个高度信息化的社会中，人们在获取导视信息后，还需要通过后续导向的指引才能准确到达最后的目的地，尤其是在多路口的环境中，导

---

① 朱学敏、肖聪阁：《浅议色彩的心理效应》，《科教文汇》2009年第7期。

向信息的准确性直接影响着环境的构造以及人们前进的方向。因此，在适老性导视系统设计中，导向的无障碍化也同样重要，它是老年人最终能够完成自己行为目的的保障。对于导向信息识别的适老性无障碍化问题，笔者将从导向信息的归类、醒目性、多个导向的前后连贯性以及面向五感的导向信息这四个方面来进行探讨。

图2-20　北京地铁14号线
（图片来源：耿晓涵拍摄）

在实现导视信息的无障碍识别时，可以对信息进行分栏或归类的处理，同样，在导向信息中，为了实现导向的准确性，也可以将信息进行归类。但是，导向信息的内容与导视信息不同，导向信息的内容要求高度简练与准确。因此，导向信息的内容不可随意添加，其分类也要格外注意，过于复杂的信息分类有时不仅不会帮助人们识别，还会让人们对方向产生困惑与混乱。另外，导向信息的醒目性，也是解决导视信息识别无障碍化的一个途径。例如，北京地铁14号线的车内导视设计（图2-20）运用的是线形导引，导视栏大面积地占据地铁车门的上方，当提示灯亮时，即表示开启该侧车门。

如此，乘客可以在查看站牌的过程中迅速找到下车的方向，这种方式优于以往圆点式的导视符号。通常，每个导向信息并不是独立存在的个体，它是拥有递进性、衔接性的综合系统，信息的连贯性是导向系统设计中非常需要注意的问题。在导视系统设计的初期规划阶段，设计者应尽可能地站在老年人的角度，把自己当作一个真正的寻路人，去进行规划与设计。并且，将周边具体环境的特点与公共环境相结合，从而使导向设计更加“柔和”，帮助老年人在导向的指引下通过周边的环境，明确自己的目标方向。

大多数人认为，导视系统设计仅是通过视觉来获取信息的，其实不然。人们的感觉器官，其实是相通的，“一个人就是一套努力认知世界的感觉系统”①，人类的感官“不是‘接收器’，而是积极、主动的器官”②。2004年，原研哉先生策划了一项名为“触觉展”的感觉设计展览，图2–21至图2–23为展览中的部分设计作品。人们无须真正触摸展览的作品，仅从视觉上就可以感觉到其带给人们的其他感官的感受。人们仅通过视觉的反馈就可以产生触觉的体验，这是基于人们以往的触觉经验。当人们第一次接触某物的时候，这种触觉会留存在人们的记忆中；当下一次遇到时，即使不亲自触摸，仅通过视觉也会产生以往的身心感受。在日常生活中，具有听觉障碍的人对信息的无障碍获取，往往通过其他感官（例如手语）来实现；具有视觉障碍的人则通过听觉、触觉（例如盲文）等其他感官来获取信息。同理，在适老性导视系统设计中，也可以运用此原理来帮助实现信息的无障碍传达。具有一定视觉障碍的老年人在导视系统中可以通过触觉给予的感官体验来引导他们对于位置、方位等信息的判别。关于警示性的导向或导视信息，也可以通过对导视系统外观以及材质的触觉化来引起、提醒老年人的注意。还可以借助一些具有指向性的通用肢体语言，通过图形符号化，将其运用到导向信息中。在适老性导视系统设计中，

---

① [日]原研哉：《设计中的设计 | 全本》，纪江红译，广西师范大学出版社2010年版，第68页。

② 同上，第69页。

五感（视觉、听觉、嗅觉、味觉、触觉）的介入，不仅可以促进老年人对信息的无障碍识别，对社会的其他群体也发挥着同样积极的作用。例如，人们来到一个陌生的环境中，会因为文字语言的差异性对信息的识别存在严重的障碍问题；儿童由于语言功能还不完善，且无法识别文字类信息，对于导向信息的识别也不是通过文字和语言。因此，在这种特殊情况下，五感的介入也更有益于他们对信息的理解。另外，事物对于五感的刺激作用并不只局限于生理上的反应，也会让人产生心理的差异性变化。在适老性导视系统设计中，关于适老性问题的思考是设计人性化的体现，因此其中也要加入情感化的元素，满足老年人的心理需求。

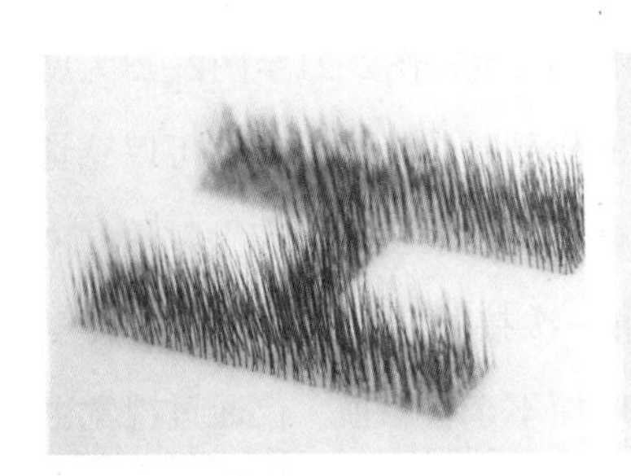

图2-21　HAPTIC 标志
视觉设计：原研哉

图2-22　KAMITAMA
设计师：津村耕佑

图2-23　木屐
设计师：挟土秀平

（图片来源：[日]原研哉《设计中的设计｜全本》，纪江红译，广西师范大学出版社2010年版）

由于外表以及身体机能的衰老、社会职能的转变，很多老年人都有负面情绪。退休后过多的私人空间与空闲时间，使得老年人对适老性导视系统设计的需求越来越强烈。设计师赋予物情感，这种夹带着情感的物，通过信息的传达，也能够将情感传递给社会公众。因此，适老性导视系统的人性化更要表现在对老年人心理情感的关注上。

社会公共环境中的导视系统面向的是所有社会人群，而不管是多么完善的导视系统也总会有意外发生。由于老年人较容易产生孤独与失落感，在日常生活中，错误地识别与使用信息让他们在产生挫败感以及其他负面情绪的同时，也极易发生危险的状况。因而，基于对安全与老年人心理因素的考虑，“允许失误”是适老性导视系统设计中需要考虑的事项。“允许失误”是指允许偶然或者意外的失误，在导视系统设计的初期，应注意安全性的设计，尽量把易产生的危险降到最低可能。例如，在发生动作失误时，导视系统可以通过传输声音传达某种指令，让使用者能够清晰地了解接下来该如何去做。这样既可以避免危险的再次发生，还可以让使用者在心理上减少恐慌感，以免因心理的不安而引发其他意外。固然，失误这样的事情最好在设计初期就应考虑到，但是总会有意外。因此，在适老性导视系统中，对易发生失误的地方进行再次确认操作是有必要的。

在导视系统设计中，除了设施的安全性之外，安全感对于老年人来说也是十分必要的。人类得到安全感的途径有很多，家庭是多数人获得安全感的途径之一。但是，我们并不是每时每刻都生活在家中，人类需要社会活动，尤其是老年人，退休后的他们极其需要参与到社会活动中。而在社会公共环境中，安全感的给予是可以通过适老性导视系统来实现的。例如，当一位老年人走在嘈杂的街道中，他需要通过导视系统来指引方向，那么对于他来说，适老性导视系统的无障碍识别功能就能给予他心理上的安慰与安全感，使他不会因为信息的识别困难而产生慌张无助的心情。

在如今快节奏的生活当中，不仅只有年轻人面临着社会压力，因为特殊的心理因素，老年人也会感觉到压力。因此在适老性导视系统中融入轻松幽默的元素，是适老性导视系统设计中人性化的体现，也是老龄化社会中情感的流露。例如，图2-24中将有趣的图片与导视信息相结合的方式，就比单纯只用文字的方式显示导视信息，更容易给人

图2-24　图片与导视信息的结合
（图片来源：设计之家2006-5-27）

带来轻松有趣的感觉。另外，在适老性导视系统设计中，文化是其无法忽略的一部分。导视系统立足社会公共环境中，自然是文化的另一种流露方式。附带着文化气息的适老性导视系统，更容易给老年人带来心理上的参与感与认同感，并且能在阅读信息的过程中创造出富有意境的识别环境。因此，在适老性导视系统设计中，融入一些老年人喜爱的文化内容和老年人年轻时所处的环境中留下的具有年代感的文化，有利于老年人在进行信息识别的过程中，进行文化与情感的互融与交流，感受文化与社会带来的情感温度。

以上对适老性导视系统设计中情感温度的思考，都是以追求老年人对信息识别的无障碍化为前提进行的。信息识别的无障碍化，本身就能够给老年人带来愉悦的心理感受，如果在设计中附加一定的情感因素，还能给老年人提供更多的心理愉悦感，何乐而不为呢！

第四节　适用于老年人的包装设计

一、包装设计的适老性界定

包装设计的形式各异，但通常都是由其基本元素，如商品图形、商品名称、说明文字等组成的。包装设计的设计手法是基于三维立体的平面设计，和以二维平面为载体的设计相比，更强调空间主次的视觉关系，以满足商品与周边环境的协调适应以及消费者从各角度的观看。对适老性包装设计来说，需要解决的是商品包装中的信息识别问题。另外，还应科学地分析老年消费者的消费心理和消费习惯，使得商品包装设计的风格和色彩能够具有一个合理和恰当的设计定位。

依据马斯洛需求理论，就当代包装设计中适老性问题的分析以及老年人对商品包装设计的需求来讲，设计者必须先从老年人的生理和心理特征入手进行设计。由于年龄的关系，老年人的身体远不如年轻人，其身体机能严重下降，对外界环境的适应能力也越来越弱。在此，笔者着重分析与商品包装设计密切相关的老年人的生理与心理特征。

很多人在步入老年后眼睛调节能力会逐渐减退，引起老花眼（远视）的产生，视觉能力下降，对于近处的事物难以看清，需要借助使用远视眼镜（俗称老花镜）。应政府要求，商品的包装上必须列有详细的产品说明以及生产信息等，所以商品包装上的信息文字字号一般都很小，老年人阅读起来十分困难。另外，在当今复杂多元的商品环境中，老年人想要找寻所需的产品是十分困难的，完成对商品的信息识别与最终获取需要消耗大量的时间。所以，笔者提到为老年人设计视觉识别系统，就是希望能从不同的角度来帮助和促进老年人的选择行为。

老年人晶状体的老化使得他们对于颜色的敏感度变低，表现为晶状体由透明转为透明度较差的黄褐色，这使得老年人的眼睛犹如戴上了一副黄色的墨镜，影响他们对波长较短的颜色的识别。比如，老年人对绿色以及蓝色的辨别能力会减弱，这种视觉生理特征和对颜色认知能力上的变化，促使设计者在适老性包装设计的色彩分配上合理地选取对比较强烈的颜色。例如，在白色、浅棕色或浅灰色的底色上印黑墨等（图2-25、2-26）。这样就比较符合老年人的视觉生理特征。此外，应谨慎使用具有一定光泽的材料，切勿使用荧光色。同时，还应将说明性文字设计为易于老年人识别的字体，如宋体、黑体等。

图2-25　山知水心饮用水产品包装设计（图片来源：正邦 http://www.zhengbang.com.cn/bangpackage/casedetail/952）

图2-26　铜虎手工蒸面产品包装设计（图片来源：正邦 http://www.zhengbang.com.cn/bangpackage/casedetail/1708）

在记忆力方面，随着年龄的增长，老年人的记忆力会逐渐变差，一些老年人对于保存了较长时期的记忆尚且清晰，但是经常会忘记刚刚发生的事情，无法长时间关注某一事物，这主要是神经系统的老化所致。所以在适老性包装设计中，针对老年人开启和闭合商品包装等操作行为，应尽量依照老年人以往的操作习惯进行设计或改良，帮助他们减少需要再记忆的内容。

老年人运动神经系统功能的减弱，让他们在做各种动作以及进行操作的时候都变得迟缓、困难、协调性降低。人体的研究资料表明，人体的细胞会随着年龄的增长而逐渐减少，这是新陈代谢功能的衰减导致的。其中肌肉组织的萎缩是导致老年人动作缓慢的原因之一。此外，老年人大脑的退化也会导致神经系统传递信息的速度减缓，从而使他们对事物的感知能力变得迟钝。因此，在适老性包装设计过程中，设计师要格外关注、留意老年人在日常生活中取、拿商品以及开启商品包装等行为，尽量减少为使用商品而需要进行的操作流程，使其更易于老年人的无障碍操作。

另外，老年人肌肉组织的萎缩也会导致许多老年人在开启商品包装时遇到障碍，年轻人徒手就可以轻易打开的商品包装，他们则经常需要借助剪刀等辅助工具，这种情形可能会导致老年人因开启商品包装失败而产生负面情绪。因此设计者在进行包装设计的过程中，要最大限度地通过改变商品的结构和造型使得老年人便于打开包装。比如可以借助人体工程学原理对适老性包装设计进行调节，从而提升老年人的使用感受。

随着人口老龄化现状的加剧，老年人群体如今已是一个潜在的庞大消费群体。对于老年人消费心理的分析，也是适老性包装设计的基础所在。第一，老年人具有习惯性消费的特点，特别忠实于“老字号”一类的商品和品牌，一旦形成购买习惯便很难发生改变。所以，适老性包装设计要努力唤醒老年人对于“老字号”品牌的忠实心理，从而顺应他们的消费心理，促进他们习惯性的购买行为。第二，老年人的消费心理更加理性，他们不会过度追求商品的华丽包装，更看重的是其实用性与耐用性。第三，老年人购买的商品种类发生了改变，保健食品类和养生类产品占绝大部分。第四，随着老年人的经济水平上升，一些老年人会出现补偿性质的消费动机，以弥补过去未能实现的愿望与事情。[①]依据上述内容能够得出，在适老性包装设计中，应更加注重商品包装的实用功能，并在功能设计上不断进行适老性的改进，为老年人带来更便利的使用体验。另外，由于前文提到老年人具有习惯性消费的特征，所以适老性包装的基本样式与元素应该予以保留，从而使老年人更加易于辨别。

二、适老性包装设计中的设计理念

无障碍设计是20世纪初人们提出的一种人道主义设计理念，主要的服务对象就是那些行动不便、对环境与设施具有特殊要求的群体。在外界特别是公共环境中，无障碍设计要保证这些特殊人群可以自主、自由地实现自己的诉求，其大多体现在道路、建筑之中，例如完善轮椅缓坡、盲人步道的设计等，方便特殊人群通行并使用。此外还包括信息的无障碍获取，在公共信息的传播中必须考虑盲人、聋哑人的特殊要求，相关设计需完善盲人可听、聋哑人可读等功能。虽然目前无障碍设计主要针对的是残疾人群，但是可以把无障碍设计的理念融入适老性包装设计中，利用无障碍的设计理念实现当代包装设计的适老性。老年消费者因自身的生理、心理特征，对包装中的信息识别存在特殊的需求。本节就包装信息传达的无障碍化，依据老年人的特性，在包装设计的字体、颜色、图案、排版等方面加以分析研究。

文字是信息传送非常有效的表现形式之一，是商品包装中最主要的传播方式。老年消费者一般都是通过文字获取与了解商品信息的，但是对于老年人而言，对商品包装上的文字进行无障碍识别又是有难度的。因此，在包装设计中有严格的设计规范，在适老性包装设计中，除了要遵循相关规范之外，还要尽量使用可辨识度高的黑体或宋体，使文字信息清晰可辨。字体色度的高低也是决定文字是否清晰可见的一个重要因素，文字的色度必须与包装的背景产生

① 余登波、龚春林：《老年消费与消费心理分析》，《市场经济研究》1999年第6期。

明确的对比，从而便于老年人无障碍辨识。而字号大小是文字是否便于无障碍辨识最主要的因素，大的文字自然清晰可见，但是由于受到商品包装空间的限制，不可能所有的文字都用大字号，这就要求设计师在设计的过程中对文字信息进行筛选，要将最有用的信息，譬如品牌、产品名称、生产日期等用大号字体表明，其他信息可以适当缩小字体或者放入索引页中。

文字背景与文字的色度是相互关联的，深色字体对应浅色背景，浅色字体对应深色背景，对比度越高，可视度也就越高。设计师如选择浅颜色的背景，字体也不要做羽化处理，否则会使得文字周边模糊化，导致降低文字内容的无障碍辨识度。老年人的读书习惯一般比较传统和专一，阅读顺序为自左向右。因此，要想让老年人无障碍地识别文字，在进行编排的时候就应符合老年人的阅读习惯，尽量避免用特殊或者乱序的排列方式来体现包装设计的独特性，否则容易造成老年人的阅读混乱，产品的说明书也应遵循这样的规律。文字的排列方向必须在最大限度上缩短观察者观察时需要移动的距离，以及减少思考角度的转变次数。由于老年人的大脑细胞老化导致思维能力变弱，同时不容易改变身体的角度以全方位地去观察商品包装上的文字，因此文字的方向应该为正视的方向，而不是颠倒的字体方向，否则会使得老年人不易观察，也容易造成意外事故的发生。

色彩是包装设计中不可或缺的一个组成部分，它是突出产品品牌特色的重要方式。但是对于适老性包装设计来说，色彩运用的第一要素不是通过美化提升商品的层次，也不只具有装饰性，而是要具有功能上的作用，通过色彩提醒老年人各方面的注意事项，从而形成美观与功能的结合。在进行包装色彩的选择与创意的时候，需要把老年人视觉器官的生理机能和习惯作为重点考虑因素。针对老年人眼睛对颜色敏感度下降的情况，设计师应选择色相明显的颜色，减少灰色度颜色的使用，[①]并对文字颜色与背景颜色进行区分。同时考虑到老年人阅读文字不易的情况，应将颜色与商品的某些功能或特点

① 叶世雄：《专为老年人设计的包装》，《上海包装》1980年第4期。

联系在一起，使得老年消费者通过颜色就可以了解商品的特性和功能。例如运用不同的颜色标识商品的保质期以及需要注意的事项等，使得老年人可以无障碍地进行商品的选择。如图2-27所示，这是一种可变色的保质期标签，标签的颜色会随着保质期的变化而变化，当保质期到了的时候，标签颜色就会变深，用来提醒老年人不要再食用，以免发生危险。

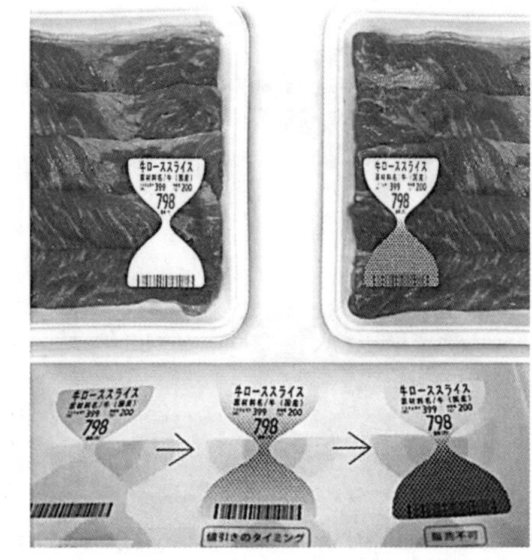

图2-27　保质期标签设计
（图片来源：艺术与设计2015-05-04）

图像是较文字更为直观的信息传送方式，对于老年人而言，文字阅读是相对困难的，而图像能够更简单易懂地传递商品的讯息。商品包装设计中，具象图像及抽象图像是文字的补充内容，其中具象图像是对产品的真实写照，一般以实物图片或者卡通图画表达需要传递的信息，可以让老年人迅速简捷地了解商品的功能，对商品有直接的认识；抽象图像是利用造型符号化的元素，通过不同的构图方式而得到的图像，以承载商品的某些特殊信息。在适老性包装设计中应尽量避免选择抽象图像，多运用具象图像，从而易于老年人理解、识别。另外应注意采用老年人熟悉的指示箭头等标志。

版式设计最主要的是要将主体信息展现得更加明显。首先，主要版面应该将商品的重要信息，如产品名称、品牌等信息展示出来，并将这些信息放在包装的视觉中心，使人第一眼便可观察到。其次，要将信息的主次关系表现出来。通过利用色块颜色的不同、色块面积的不同等将信息进行排序，让老年人可以对信息的重要程度一目了然。最后，站在老年人的角度去审视整个适老性包装的版面关系，依照老年人的心理去调整版面分布。要做到信息层次分明、重点信息版面明显，让老年人可以轻松地、全面地了解版面的信息，增加产品的可靠性。

适老性包装设计，就是在普通的包装设计上，加用老年人的眼光重新审视一遍，对文字、颜色、图案、版式等方面要素进行改进，使得老年人可以更加

图2-28　商品包装中的开启设计
（图片来源：普象工业设计小站2016-03-03）

方便、全面地获得产品包装上的讯息，从而更好地做出选择。由于身体机能的下降以及四肢协调能力的减弱，很多老年人在开启产品的包装时有很大的障碍，所以不得不借助一些工具或向别人求助。但在实践生活中，使用工具可能会发生一些危险，而向他人求助又会损害老人的自尊心。此外，一些产品难开启的包装还会使老年消费者减少购买欲望，因此为老年人设计无障碍开启的产品包装，不论对老年人还是对商家而言都是十分重要的。

在针对老年人的商品包装无障碍开启设计中，应该具有明显的导向设计（图2–28），可以在商品包装开启的部位用图案或者文字进行标注，并采用不同于其他部位的包装材质予以区分，使老年人可以轻易地找到开启部位。很多老年人有自己固定的一套思维定式，总是喜欢按照经验开启包装，因此产品的开启方式尽量不要采用新奇的形式，以防止老年人无法开启包装。包装开启的设计要细致入微地考虑老年人的身心状况，加大开启部位的摩擦力，减小对撕拉力、握力的要求，使老年人运用自身的力量就可以打开包装，减少烦琐的包装层次，减少可能误伤老人事件的发生。[①]

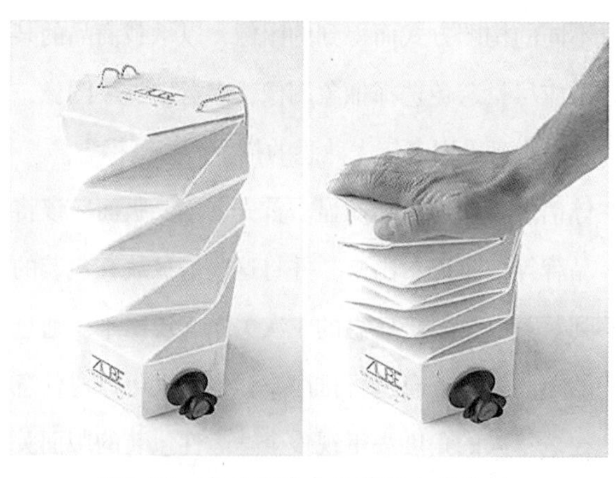

图2-29　商品包装中的获取方式设计
（图片来源：艺术与设计2015-05-04）

产品的获得对于普通

① 李慧如：《针对老年人的产品包装开启方式设计探析》，《大众文艺》2014年第20期。

人来说一般是非常轻松的，但是对于老年人来说存在一定的障碍。图2-29中，按压的获取方式，减少了老年人获取包装内液体时消耗的力量，防止了由于力量或平衡性等原因可能造成液体打翻状况的发生。另外，对于老年人而言，产品的获取采用定时定量的方式可以有效解除老年人记忆力方面的障碍，特别是医药保健品方面的包装设计。很多老年人的记忆力以及视力随着年龄增长越来越差，但是因为各种疾病或者保健的需要，吃的药物以及保健品越来越多，这便产生了矛盾，而进行产品获取的定时定量设计可以缓解这种矛盾。产品的定时定量设计可以有效地方便老年使用者无障碍获取商品，以保障老年人的安全。图2-30中药盒的巧妙设计，就可以合理地控制药量，并且避免了老年人分割药片时可能遇到的障碍。

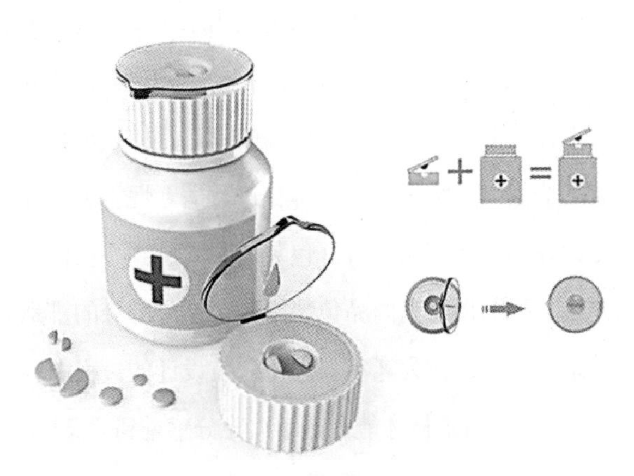

图2-30　药盒包装设计
（图片来源：普象工业设计小站2015-11-10）

伴随年龄的增长，老年人的生理、心理状态都会进入下滑的阶段，所以适老性包装设计要尽量合理地减少商品包装本身的重量，包装的边角要进行平滑处理，以免伤害到老年人。包装材料的选择也要注意安全性，选择安全、绿色、可持续的包装材料，在与老年人接触的地方要进行加大摩擦力的处理，防止商品在老年人手中滑落，同时提高适老性包装设计的舒适感。所以，适老性包装设计要尽可能地站在老年人的角度进行安全性的处理与重复测试，确保老年人的使用安全，使老年人可以安心、放心地使用。

在适老性包装设计当中，我们不仅依靠其使用功能来满足老年消费者的行为需求，还要兼顾老年人的心理需求。所以，在适老性包装设计过程中，要对老年人的心理活动进行解析与研究。第一，很多老年人的晚年生活是孤独的，在离开工作岗位之后，他们无法再获得以前在工作中获得的价值体验感，社会交往活动也越来越少，再加上身边可能没有人可以交流，会非常容易产生消极的心理感受。第二，很多老年人由于身体上的原因反应能力变弱，肢体协调能力变差，很多事情无法独立完成，又因为无法与社会进行有效的沟通而与社会脱节，因此自信心可能会受到打击从而产生自卑的心理。第三，怀旧与依恋感，老年人总是会留恋那些充满回忆的旧的事物，从而可能无法面对崭新的生活。

在针对老年人的适老性包装设计中，要同时满足老年人生理上的需求与心理上的需求，使老年人感到幸福。老年人心理上的需求主要体现在他们对于精神生活的追求，对于设计师来说，需要用设计的手法将情感表现在适老性包装设计之中。首先是适老性包装设计的形态要素。商品包装的形态是体现产品层次的一个重要方面，主要包括包装的造型以及结构。设计师在进行适老性包装设计过程中要了解老年人对造型的喜爱偏好，让老年人在打开包装的时候感到心情愉悦。其次是适老性包装设计的构图要素。构图指的是商品包装中各个组成部分的排列方式以及它们与整个空间的搭配关系。另外，在为老年人进行包装设计的过程中，要注意根据老年人的审美习惯进行设计，只有这样才能让老年人充分感觉到“身与心”的温度。

色彩元素是适老性包装设计中重要的元素之一，它对主题的渲染非常直观且富有震撼力，情感表达也非常直接。不同的颜色能够使人产生不同的心理，影响人的情绪。因此包装设计中的情感表达，最关键的就是要让消费者因商品的包装而产生情感的联想和得到心理暗示。一方面，虽然不同生活背景下的消费者对色彩产生的情感联想不尽相同，但是人们整体上对颜色的联想是相近的，有共同的感受；另一方面，又由于每一代人文化背景、社会背景的不同，不同年龄的人对颜色产生的感受不同，产生的心理暗示也不相同。所以，在选择适老性包装设计的颜色时，一定要考虑到当代老年人的生活背景，从而让产品获得老年消费者的喜爱。

在满足产品重量以及价格要求的基础上，适老性包装的材料选择，也是设计时需要考虑的重要元素。包装的材料是质感体现的载体，材料的质感有两种表现形式，一种是触觉，另一种是视觉。这两种感觉会使老年人产生不一样的情感变化。在触觉方面，不同粗糙程度的材料会令人产生不同的感觉；在视觉方面，不同的光泽感、透明度也会使人产生不同的心理感受。老年人随着身体机能的下降，触觉感官以及视觉感官都变得越来越迟钝，对于不同的材料，他们会产生与年轻人不同的感觉。老年人更喜欢那种能给人带来轻松、舒适感觉的材料。因此只有选择符合老年人心理需求的包装材质才会给予他们精神上的愉悦与满足。

另外，笔者建议，设计师可以从仿生设计及拟物设计方面考虑包装的外形（图2-31至图2-33）。仿生与拟物的设计不仅可以让老年人感受到情感的温度和人性关怀，而且直观的外形更有助于老年人对视觉信息、商品信息的成功识别。笔者认为，从另外一个角度来说，其实满足老年人对包装无障碍开启、安全性、可重复使用等需求中的任意一种，都是适老性包装情感化的实现。换句话说，产品功能性的实现能够促使老年人产生愉悦的心情，从而达到适老性包装设计中情感化设计的目的。

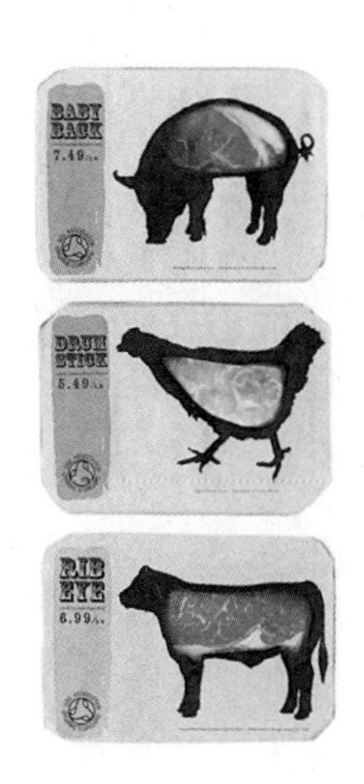

图2-31　食品类包装设计

图2-32　包装设计中的拟物设计

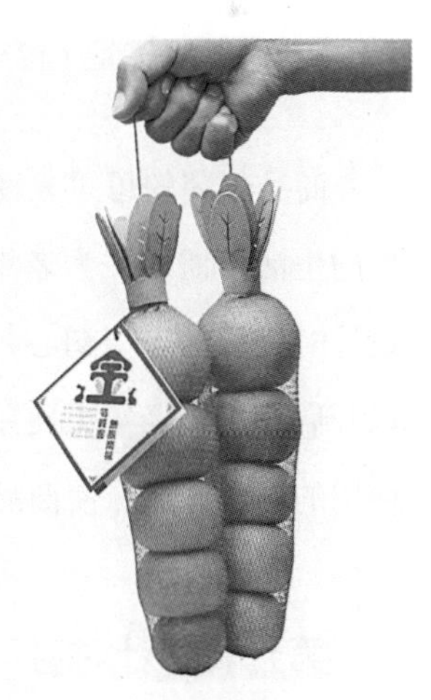

图2-33　包装设计中的拟物设计

（图片来源：艺术与设计2015-11-03）

我国大多数老年人年轻时的生活相对现在都是比较艰苦的，但他们保留了节俭的习惯，更喜欢设计较为朴素、实用性与功能性强的包装，并且时常在商品包装开启、使用之后，将包装改作其他用途。因此，在进行适老性包装设计的同时应当适当地考虑科学增加商品包装的可重复使用功能，使得包装开启使用过后还拥有其他的功能。如图2-34中的包装盒设计，商品的包装盒在使用后可回收作为衣架供消费者使用；图2-35中的商品包装在使用后，经过巧妙的折叠变成了一只可爱的小猫咪，此类的设计可供老年人在照看小孩子的时候与他们互动，来增添生活乐趣。

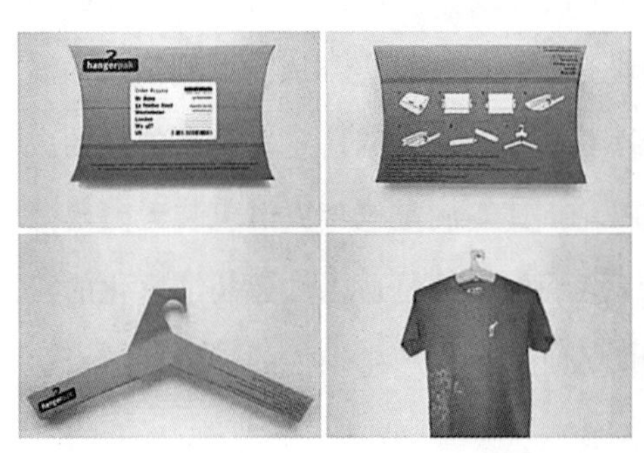

图2-34　商品包装中的可重复使用设计

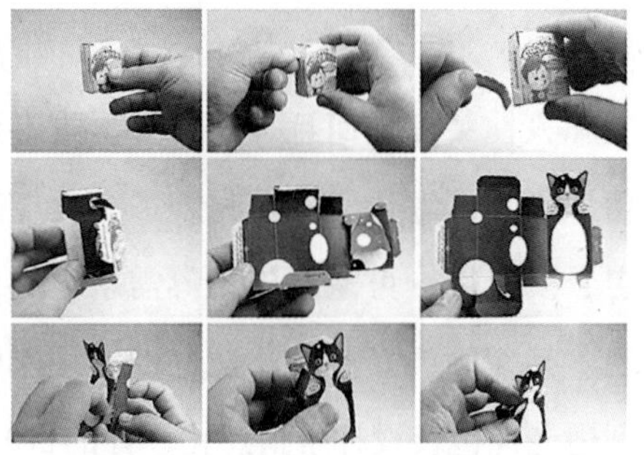

图2-35　商品包装中的可重复使用设计

（图片来源：普象工业设计小站2015-11）

商品包装的可重复使用设计，可为老年人提供其他的用途，遵循老年人节俭的生活习惯，并为老年人的生活增添乐趣与光彩。但是，在进行可重复使用设计时，切勿忘记初心，要避免为了实现商品包装的多功能性而使包装变得难以开启或违背老年人使用习惯的情况发生，应在商品包装的外部明确表明重复使用的操作方法，使商品的包装能够获得最大限度的使用价值。

第五节　针对老年人无障碍阅读的书籍设计

一、书籍设计的适老性界定

适老性书籍设计，顾名思义，就是指针对老年人的书籍设计。对书籍设计的适老性思考可以试图满足老年人的阅读需求，并顺应人口老龄化的社会现状。人类为了贮存信息，创造出了书籍这种携带信息的媒体形式。过去人类主要通过书籍来获取信息，但是随着社会的进步、科技的发展，当下人们获取信息的渠道越来越多。也可以说，我们现在的社会生活中，每一处都充斥着各种资讯与信息。现在人们获取信息的渠道越来越多，书籍也不再是获取信息的唯一方式，但是，书籍的发展已经经历了一个漫长的过程，具有十分必要的存在价值。虽然现在社会中充斥着许多电子刊物、电视媒体，但是人们还是离不开书籍，尤其对于老年人来说，承载信息的书籍与他们的晚年生活存在密切的关联。

现在有许多老年人已经会使用电子产品，但是与年轻人相比，他们获取信息的方式还是相对较为单一。另外，现代人对书籍的需求，已经不单是获取信息，还包括满足精神需求。老年人的私人空间与空闲时间随着退休渐渐变多，阅读行为也是他们为丰富晚年生活而选择的一种以消遣和学习为目的的主要生活方式。但是，现在大部分的书籍缺少从老年人的视角进行的针对性设计，这使得老年人在阅读的过程中遇到了许多问题。在当今人口老龄化现状的背景下，当代书籍设计中应当有部分设计针对老年人群体进行适老性改进。因此，当前对书籍设计中存在的问题进行分析，并依据老年人的多样性需求进行适老性书籍设计是十分重要与迫切的。另外，书籍作为信息的传递媒介，也必定会受到当下老龄化社会的影响，因此书籍设计中也要有与这种社会现状相适应的设计，只有这样才能更好地为人们提供服务，满足人们的精神需求，丰富人们的生活内容。

在老年人的阅读行为当中，最重要的就是“看”。而书籍设计作为一种视觉化的再创造过程，首先应该从老年人的视觉特征入手，解决当代书籍设计中的适老性问题，满足老年人的视觉需求。

面对一本书的时候，什么因素会促使人们开始阅读呢？除了人们原本有目的的选择之外，书籍本身的设计是促使人们开始阅读行为的关键性因素。当人们阅读书籍时，书的整体呈现出的形态对人的眼睛会形成一种刺激。人们对书籍的选择，就是在这种刺激下对阅读需求与审美需求的一种反应。另外，阅读需求也可以理解为人们的视觉需求，阅读书籍首先要满足人们的视觉需求，对视觉的需求不分年龄，也不分民族和文化。书籍对人们的视觉吸引，主要是通过书籍的封面设计来实现的，书籍的封面设计主要分为信息内容的展现与视觉的表现形式两方面。书籍的封面设计，首先要满足人们对信息识别的视觉需求，需要对书籍的内容进行概括性的体现，能够尽可能地使读者通过阅读封面上的信息了解到书籍的核心内容。其次，封面设计通过对文字、色彩、图形等视觉元素的编排设计，可以影响到阅读者的视觉注意力。书籍的正文设计在保证信息清晰传达的基础上，应力求给人们带来长远的社会效益和可观的经济效益，以及舒适的阅读过程。这样书籍才能够实现其使用价值，在当今竞争激烈的市场中带来长远的社会效益和可观的经济效益。在书籍整体设计的过程中，设计者要通过对读者视觉需求的剖析，对书籍的信息内容与表现形式进行了解与掌握，从而达到提升书籍综合呈现效果的目的。对读者视觉特征与视觉需求进行详细的了解与分析，是书籍设计当中需要格外注意的问题。只有真正意义上掌握读者的视觉特征与需求，才能实现书籍设计的真正价值。

现代人们对于书籍的需求，已经不单是获取信息，还包括满足精神需求。当代书籍设计可以通过将客观事物的表面特征直观地传递给人的大脑来实现信息的传达与满足审美。它的表现形式离不开审美要素，离不开视觉对于美的需求，它的精神含义也同样离不开审美情感。对书籍进行审美意义的设计，应依据读者的视觉特征与视觉需求，在保证书籍正常使用功能的基础上，通过多元化的思考来实现书籍设计的审美要求。

过去的书籍设计针对的大多是社会普通人群，依据大多数社会成员的视觉特点与需求进行书籍设计活动。在当代的书籍设计中，部分书籍设计应该针对特定人群进行改进，这是因为不同的人群对书籍设计的需求是不同的。即使是来自同一群体中的两个人，也会因为各自以往的社会背景、文化程度、生活方式等因素的不同，在视觉与心理需求上产生差异。书籍主要是为人们提供阅读服务的，因此，针对老年人的适老性书籍设计要对他们的视觉特征进行分析。人们步入老年后，随着身体机能的逐渐衰退，其视觉功能也产生了明显的变化。随着人们年龄的增加，眼球中的晶状体会越来越厚、越来越硬，眼睛周围肌肉的自我调节能力也顺势衰退，促使变焦功能的下降。当近距离观看某物的时候，老年人眼中呈现的物体是朦胧的，这是因为其影像在光的作用下呈现到他们的视网膜上时没有办法实现全部聚焦。在同样的距离下，老年人如果仍按照过去的习惯阅读，字号小的文字就会看不清晰，出现视近困难，远看则相对清楚。而在阅读的过程中，老年人倘若把头部略向后仰或将读物拿得距离眼睛再远一些，文字就会清晰一些。依据老年人的视觉特征，我们可以判断出，在书籍设计方面，老年人的视觉需求主要表现为阅读的无障碍问题。是否能对文字内容清楚识别、对色彩正确判断都是老年人进行阅读时可能遇到的障碍。其中，字号、字体、行距、版式、色彩等视觉要素对老年人的阅读效果都会产生影响。

老年人的阅读行为是获取信息的过程，是充实精神世界的识别活动。人们在物质需求得到满足后，为了尽力寻求精神层面的满足而产生了审美行为，它代表了人们对生活趣味与美的向往。老年人阅读书籍前后，都具有审美的需求。书籍的信息内容可以满足老年人获取信息的欲望与需求，而对老年人审美需求的满足可以通过书籍设计的视觉表现形式来实现，其中包括考虑到书籍的封面、制作书籍的材料、书籍的外在形式等。

总之，适老性书籍设计就是以老年人为设计对象、针对老年群体的书籍设计，是通过对书籍设计的适老性思考满足老年人的阅读需求，顺应老龄化社会发展趋势的设计行为。在当今社会，老龄化趋势严峻，老年群体的数量越发庞大，他们的需求越来越复杂，标准也越来越高。老年人银发产业不断扩大的市场需求，表明了解决书籍设计适老性问题的紧迫性。

二、适老性书籍设计中的易读性与实用性设计

解决适老性书籍设计中老年人无障碍阅读的问题，首先要从书籍设计的易读性原则入手。关于书籍的易读性，字体的设计、版式的设计、图形符号的设计以及色彩的应用都对实现老年人实现无障碍阅读具有重要的作用。

文字作为书籍设计中的基础视觉元素，对老年人的无障碍阅读起到决定性的作用。文字由人类的口头语言发展而来，在语言和说话人分开的情况下，文字可以让信息传得更久、更远，这延长了人与人之间传达信息的距离，同时文字记录信息的功能促进了人类历史文明的进程。实际上，在人类的书籍阅读行为中，文字就是视觉化的口头语言，是一种可代表语言且使用最为普遍的视觉符号，也是信息传达形式的基础形态。

字体设计是在继承文字自身意义的基础上，涵盖字级的大小、构造、颜色以及字体的罗列等要素，遵循审美规律，以传递信息为宗旨进行的设计。对于适老性书籍设计中的字体选择方面，字体辨识度最好的是宋体，宋体横细竖粗，多存在具有修饰性的角，符合人类眼睛的运动轨迹，一般多作为内文文字使用。其次是黑体和中圆体，黑体呈现出规矩整齐、刚硬稳固的特点，多用作标题（图2-36）。值得注意的是，在适老性书籍设计中，如没有特殊情况应尽量避免使用楷体、空心字体以及一些较前卫的字体。

视觉传达设计　视觉传达设计　视觉传达设计

宋体(系统常规字体)　黑体(系统常规字体)　中圆体(系统常规字体)

图2-36　书籍中的字体
（图片来源：孙迎峰《平面设计备考》，高等教育出版社2001年版）

在适老性书籍设计的易读性原则之下，版式设计应依据老年人的视觉生理特征以及心理特征进行适老性的判断，从而满足老年人的无障碍阅读需求。版式设计包含字间距、行距、段落分布以及节、章、篇的设计等方面的内容。如果文字间的距离太过紧密或者段落衔接过于接近，没有多余的空隙，就会给阅读的老年人带来紧迫、憋闷的心理感受。[①]因此，基于适老性书

① 李小云、王家民、俞瑾华：《老年书籍形态设计的思考》，《包装工程》2010年第24期。

籍设计的易读性原则，应依据老年人的阅读习惯与阅读经验进行合理的版式规划。首先，文章的段落内容不宜过多，不宜排太长，否则会使老年人在阅读的过程中易产生阅读疲劳。其次，对于书籍内页的版式设计，可以采取分栏的形式，使老年人可以有规律地进行阅读。关于版式设计的风格方面，老年人多习惯于简洁并具有块面感的版式设计风格（图2-37、2-38）。最后，基于老年人的视觉反应特征，每行文字的末尾，尽可能地不要是拆开词组的一部分，应尽量完整。

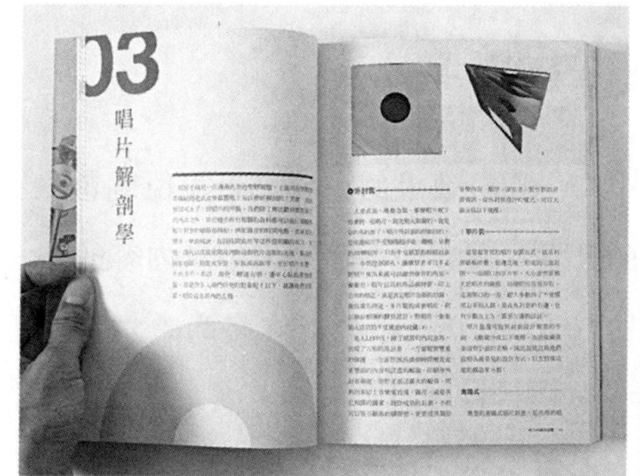

图2-37　书籍版式设计
（图片来源：设计之家2015-3）

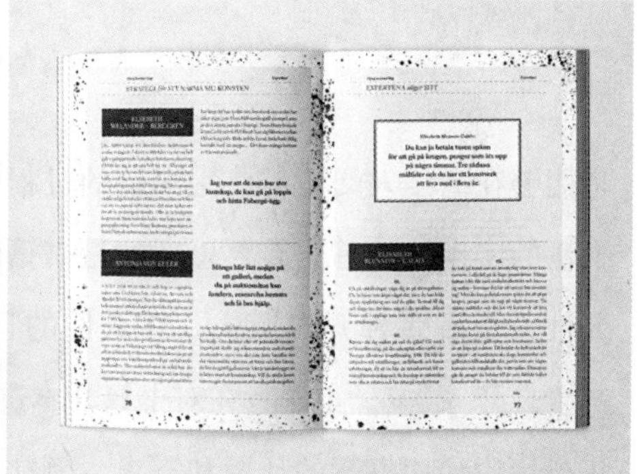

图2-38　书籍版式设计
（图片来源：设计之家2016-2）

关于色彩选择方面，总的来说，老年人视觉认知度最差的是黄色与白色的组合（图2-39）。经以往的研究者调查表明，相比其他颜色，白色和黑色无论是作为背景的颜色还是文字的颜色，其视觉的认知度都是最高的（图2-40）。关于图形的设计方面，应多选用规矩的图形，在与书籍内容风格吻合的情况下，可多采用轻松有趣的图案以提升老年人的阅读愉悦感。另外，应充分发挥图形符号的解释与说明功能，与书籍主题具有紧密的连接性，对文字信息的传达起到一定的辅助作用（图2-41）。

满足了老年人对书籍的易用性需求，还需要考虑老年人在阅读书籍的过程中产生的实用性需求。实用即实际应用，实用性设计在适老性书籍设计中是

图2-39　书籍封面设计

图2-40　书籍封面设计

图2-41　书籍封面设计

（图片来源：设计之家2015-3）

指能够在老年人阅读与使用书籍的过程中产生积极效果的设计。想实现适老性书籍的实用性，首先需要思考的是书籍的开本。现在的书籍因为信息内容的差异性，出现多种开本形式。在人们的日常生活中，书籍的开本多为十六开或三十二开。[①]设计工作者在对书籍开本进行适老性设计时，应多考虑老年人在晚年生活中使用书籍的环境和需求，例如，在家中阅读时的易握性，在户外阅读时的易携带性等。其次，纸张是制作书籍必不可少的材料之一。纸，并不只是文字信息的承载工具，也是情感信息的传达媒介。以2004年原研哉先生策划的名为“触觉展”的感觉设计展览为例。图2-42至图2-44，是三种不同材质的纸质作品，无论是视觉还是触觉，都给观者带来了不同的心理感触与情感信息。因此，对于适老性书籍设计中纸张的选择，应与书籍的内容相结合，尽可能地使老年人能在书籍的内容和书籍的纸张上体会到与设计师相通的心理情感。此外，纸张也不宜选择较厚的类型，以免增加书籍的重量，不易于老年人抓握与携带。内页纸张的颜色宜选择微黄的类型，因为黑白对比反差过大，时间长了难免会对老年人的视觉产生刺激，造成他们的视觉疲劳。选择微黄的纸张则可

① 李小云、王家民、俞瑾华：《老年书籍形态设计的思考》，《包装工程》2010年第24期。

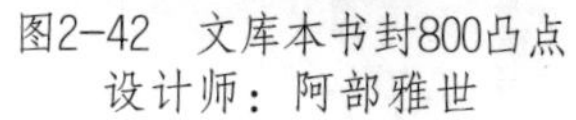

图2-42　文库本书封800凸点
设计师：阿部雅世

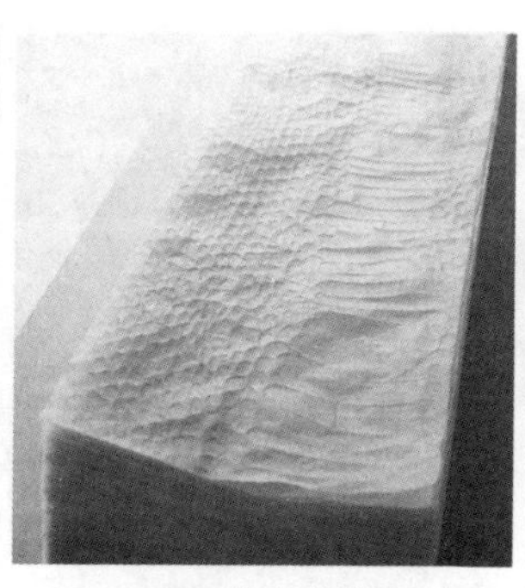

图2-43　蛇皮纹样纸巾
设计师：隈研吾

图2-44　挂钟
设计师：贾思珀·莫里森

（图片来源：[日]原研哉《设计中的设计｜全本》，纪江红译，广西师范大学出版社2010年版）

以降低背景与文字的强对比度，能够减缓老年人阅读时产生的视觉疲劳。

老年人由于视觉功能下降，在阅读书籍的过程中时常需要借助老花镜、放大镜等辅助工具。而在日常生活中，对于老年人来说，他们并不是每时每刻都随身携带这些辅助工具的。据相关资料调查数据显示，有超过一半数量的老年人平日里经常使用老花镜，而有不足半数的老年人会经常不记得随身携带老花镜。因此，在当代书籍的适老性设计中，加入对视觉辅助工具的设计，更有利于实现老年人无障碍阅读的需求。现在市面上的书籍附赠品多为书签、明信片等，缺少提供为老年人实现无障碍阅读考虑的辅助工具。如果在书籍的售卖阶段就附赠某些视觉辅助工具，例如书签式的便携式放大镜（图2-45、2-46），那么就能有利于提高老年人的阅读兴趣，也有利于推进适老性书籍设计中帮助老年人无障碍阅读的进一步实现。

图2-45　猫头鹰式书签放大镜
（图片来源：艺术与设计）

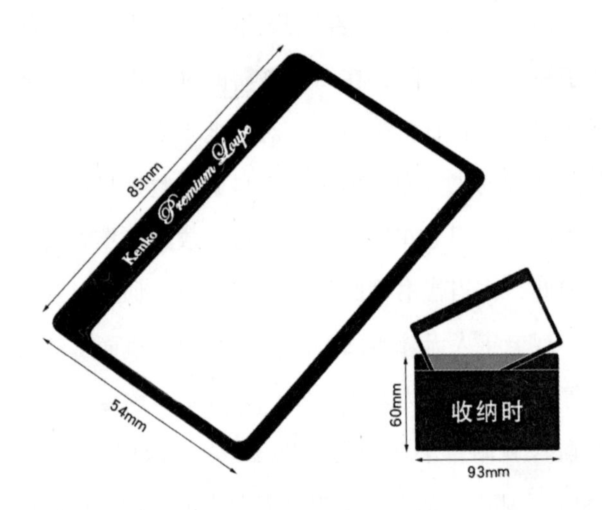

图2-46　Kenko肯高卡片
书签式放大镜
（图片来源：https://item.jd.com/43491753377.html）

第三章
半定制化：澳门华商故居文化创意产品设计的视觉表达研究

本章以世界文化遗产澳门晚清华商故居——卢家大屋、卢园为研究对象，以澳门华商历史渊源为背景，在分析澳门文化创意产品设计发展现状的基础上，挖掘澳门晚清华商及其故居视觉文化的深层内涵；同时，借助澳门中葡文化交融的多元文化特色与格局，提炼其经典视觉艺术元素，在视觉传达设计理论的指导下，针对性地进行设计方法、设计原则的实践探索，完成澳门华商故居文化创意产品的系列设计。

第一节　澳门文化创意产品设计的发展现状

澳门是一个文化多元的城市，在这里不仅可以品味到以儒家和道家为主的中国传统文化，感悟浓郁的本土风情，也可以领略到以葡萄牙文化为主的西方天主教文化，感受浪漫的西方风情，因此，澳门发展文化创意产品设计有着得天独厚的条件。本章旨在分析澳门文化创意产品设计发展的现状，主要包括澳门文化创意产品设计在发展环境、多元文化特色、经济发展重点等方面的优势，以及澳门文化创意产品设计存在的同质化现象与文化审美缺失等问题。

一、澳门文化创意产品设计发展的优势

澳门拥有一个具备多重优势的微型经济体系，国际联系与合作广泛，有明显的区域发展优势，并且努力以创新、再创新的知识经济为发展焦点。四百多年来，随着东西方经济贸易和文化交流的不断深入，葡萄牙人不断将西方文化带入澳门，并使之与中华民族传统文化并存共生。在发展文化创意产业与产品设计方面，澳门与内地各大城市相比，拥有得天独厚的发展环境、多元的文化背景和创新性的经济战略等优势。

1. 澳门文化创意产品发展的环境优势

第一，澳门具有优越的地理位置条件。澳门地处亚太及珠三角经济发达区域的中心地域，自16世纪以来就是重要的国际贸易港口之一。澳门回归祖国后，又与内地，尤其是相邻城市增强了经济合作。与香港、珠海的合作，形成了粤港澳大湾区，强强联合促进了澳门社会经济的整体繁荣。2009年8月14日，国务院正式批准通过《横琴总体发展规划》，横琴新区将成为继上海浦东新区、天津滨海新区之后第三个由国务院批准的国家级新区，是粤港澳紧密结合的示范区，其中澳门与珠海的关系最为密切。所以，澳门具有发展文化创意产品的独特区位条件。

第二，澳门具有优越的对外经济关系。澳门与葡语国家联系密切，澳门对外合作与交往的重点是打造中国和葡语国家经贸合作服务平台，建立中国和葡语国家交流与沟通的文化平台。澳门成为中国和亚洲国家经济、文化交流的纽带，在中国、亚洲其他国家与葡语国家之间经济文化的沟通、连接中发挥了重要作用。澳门长期对外关系的发展战略是“远交近融”。“远交”是指与美国、欧盟之间的关系。澳门与美国的经贸合作、文化交流长期处于平稳状态，澳门成为休闲度假与会展中心和美国企业的长期投资是分不开的。澳门还与捷克在商贸旅游等领域进行交流；与德国在经济、教育领域加强合作，合作重点将会放在文化交流上。“近融”是指澳门加强与周边邻近国家的合作关系，与孟加拉国、越南、马来西亚、菲律宾、泰国在经贸、投资、旅游、文化等领域加强合作，推进澳门与周边国家经济发展。在“远交近融”

发展战略下的文化交流平台将会给予澳门设计、澳门文化创意产品设计充分发展的机遇与潜力。

第三，澳门具有优越的区域文化。“经济香港，文化澳门”是学者的共识，也说明澳门历来就具有文化优势。澳门自16世纪以来逐步发展为以中葡文化为核心的中西方文化的汇聚之地，澳门的多元文化成为文化创意产业的设计源泉。澳门多元文化赋予澳门人宽宏包容、求同存异的澳门精神，为澳门人开放与相容的文化创意产业发展提供了良好的平台，这是其他城市所不及的。澳门的文化创意产业及产品的设计在这样的文化背景下一定会拥有自己的独到之处，并在国际上获得优良的成绩。

第四，澳门拥有创新制度保障。澳门回归祖国之后，中央一系列政治制度和行业制度的颁布为澳门文化创意产业的发展，为设计师原创设计和文化创意产品设计提供了法律保障。《澳门基本法》第37条规定：澳门居民有从事教育、学术研究、文学艺术创作和其他文化活动的自由。澳门具有明显的微型经济特征，宣导自由贸易，澳门文化创意产业也遵循自由的原则，给予设计师更多的创作空间，鼓励形式的自由与多样性，并且允许人才自由流动。

2．澳门多元文化形成独树一帜的设计风格

澳门是一个文化多元化的港湾，海洋文化、多元文化和休闲娱乐文化是澳门文化的三大特点。澳门的文化多元性成为抗衡经济全球化趋势的文化主体精神，其内涵恰好与澳门经济力图实现澳门产业结构适度多元化的意愿相匹配。前任澳门特别行政区行政长官何厚铧表示，澳门特别行政区政府启动对澳门未来整体经济结构，特别是适度多元化方面的全面研究，希望找到切实可行的方案。澳门经济应以博彩旅游业为主，带动其他行业多元发展成为众多学者的主流意见。但是博彩旅游业不能解决澳门所有的经济问题，并且博彩业存在一定的负面问题，它会在某种程度上造成资金外流、经济单一脆弱等社会问题。想要促使博彩旅游业在赚到丰厚利润的同时为澳门经济多元化服务，就必须合理分配资源，协调产业均衡发展。因此，文化创意产业为多元化发展、优化产业结构提供发展契机；文化创意产业与中央人民政府、澳门特别行政区政府提出的澳门经济适度多元发展战略相匹配。

在全球经济一体化的环境下，澳门多元文化创意产业具备抵御一体化带来的某些经济威胁的强大能力。澳门维持着一种微妙的“文化平衡”，这种平衡来源于澳门中西方文化之间的平衡、现代文化与传统文化之间的平衡。在经济全球化的视野下，澳门显示出独特的魅力，并能协调好全球性与地方性、一体化与多样性之间的关系，寻求创新发展的途径。因此，澳门多元文化并存是澳门文化的主体，也是澳门经济发展的源泉之一。而利用多元文化所设计出的产品也会独树一帜，成为澳门经济发展和文化输出的点睛之笔。

3．澳门文化创意产业成为澳门经济发展战略的重点

第一，保持博彩旅游业作为澳门经济的龙头产业。澳门独有的古今、中西建筑群成为丰富的文化创意产业资源，2005年澳门历史城区被列入联合国教科文组织世界文化遗产名录，具有不可替代性。它不仅树立了澳门这个文化城市的品牌形象，也成为支撑设计艺术领域寻求发展的灵感源泉。比如，以澳门历史城区为创造内容，抓住东西方文化融合特征，设计与开发澳门旅游产品、具有世界文化遗产内涵的旅游纪念产品，是澳门文化创意产业最有特色、最有市场、文化传播速度最快、最易彰显澳门文化的产品种类。

第二，自主研发与创新。由于客观原因所致，澳门发展重工业、尖端科技产品难度较大，但可以在轻工业多领域发展，像小巧、有新意、功能强的家居，以及小型家电等产品；也可以在投入小、效益大的服饰设计上发展，像时装、鞋帽、提包、首饰等。通过创新设计，增加产品的附加值；通过创新设计，增强产品的竞争力。以新型设计艺术理念，改造现有的传统工业；往高质量、精品化的设计方向发展；以灵活快速、求变进取的设计方式，通过创新设计艺术思维，提高产品品质和附加值。一般而言，按照澳门现有的发展水准和合理的、适度多元的产业结构，应以技术密集型和资金密集型工业为主导，使高新技术产业在澳门经济中占有一席之地，而澳门高新技术产业在澳门有待于兴起并发展起来。

第三，举办大型会展、文体盛会，使之成为澳门文化创意产品的载体。以大型会展、会议、文体盛会为核心的展示设计及与之相应的系统设计，将展示、创新产品、宣传、产品包装等联结起来，利用澳门文化创意产业资源开发与盛会相关的衍生产品开拓市场、寻找商机，带动博彩旅游业的继续繁荣。2019年在澳门成功举办的大型活动包括：澳门国际龙舟赛、国际青年舞蹈节、澳门国际排联世界女子排球联赛、第三十届澳门国际烟花比赛会演、第二十四届国际贸易投资展览会（MIF）、第三十三届澳门国际音乐节等。这些展会为数字媒体与视觉传达设计、手工艺与工业产品设计、公共空间与环境艺术设计提供了更多的机会和空间。会展业被澳门特区政府列为继博彩旅游业之外的又一个主导产业，而会展业带来的各种衍生产品的开发、设计、销售成为产业的重点之一，也将成为澳门重点发展的方向之一。

第四，培养独具澳门特色的设计师是发展文化创意产业的重点。澳门在发展文化创意产业的过程中，逐步制定、实施、落实了发展策略，将望德堂区确立为文化创意产业的孵化点。澳门特别行政区政府调整了在引进人才方面的相关政策，确立了公平竞争的原则。在引进优秀的专业人才和培养专业人才的同时，澳门也重视发挥澳门本地设计人才的作用，给予他们更多的机会和更广阔的平台。澳门设计艺术与澳门设计师的设计水准，尤其是澳门平面设计与平面设计师的水准，不亚于香港和内地平面设计与平面设计师的水准，在国际上也享有盛名。澳门设计师有多元文化创作背景和传统，其作品具有特色和生命力，设计理念新颖，富有原创性。

想做好文化创意产品的设计，一定要强化它的差异性、特殊性，这样才能给广大消费者、使用者留下深刻的印象。澳门文化创意产品设计的这种差异性、特殊性，可以聚焦在多元文化的交融上，从世界文化遗产、异国风情和休闲娱乐中寻找设计灵感和思路。设计者在追求文化创意产品个性化的同时，也应保持独特的文化内涵，在提升文化内涵价值的同时，实现文化的传承和发展。

二、澳门文化创意产品设计存在的问题

一座城市文化创意产品的发展往往伴随着这座城市文化旅游业的兴衰，而澳门的文化旅游产业与绝大多数地区不同的是，博彩业占据它近一半的比例，如此导致了“赌城”形象成为它的“刻板印象”。澳门土地资源本就少，难以扩大发展的空间。虽然博彩业的发展确实带动了旅游业等周边相关产业的发展，但是这种单一产业结构，不仅降低了澳门经济的抗击打能力，更影响了其他产业的发展。2015年，澳门的博彩业就曾受到强烈打击，盈利出现了负增长；2016年虽然没有再次出现负增长，但也只是勉强与2015年持平，所以澳门地区发展文化创意产业势在必行。

根据澳门统计暨普查局数据，截至2019年第三季度，澳门总人口为67.61万。而2019年全年每月平均入境人数约320万，其中又有70%左右是内地旅客。从上述数据看来，澳门文化创意产品的消费者应该大部分都是内地游客，但事实并非如此。内地游客并没有被澳门的文化创意产品吸引。笔者认为，社会环境方面的原因主要体现在以下两点：首先，澳门官方或民间的文化创意产业活动，虽然有很多是与内地合作的专案，但是并没有得到有效的宣传，没有将传播对象定位到潜在的访澳旅客或潜在消费者身上。因此，澳门应当充分利用潜在消费者有可能使用的社交平台、媒体进行合作。其次，澳门“网红景点式”的快速旅游方式为澳门的文化创意产业，快速“打卡”景点使旅客没有心思去深入领略澳门历史城区的美，无法真正喜爱上澳门历史城区，也没有心思去参与文化创意活动，这些都降低了文化创意产品的购买率，毕竟游客除了喜爱优秀的设计本身，对于景点的喜爱并有意纪念也是会购买文化创意产品的原因之一。

随着全球化的发展，保持文化的独特性和民族性是首要任务，而世界文化遗产与文化创意产品是可以互惠共生的，其关键在于如何使用当代设计的形式语言去表现世界文化遗产的“个性”。我们常说“设计师是戴着枷锁跳舞的舞者”，在某种意义上，世界文化遗产的“个性”正是设计的“枷锁”，但也是设计的灵魂，因为深厚的历史文化底蕴可赋予文化创意产品更高的附加

值，提升产品的格调和品位，使它们不再是廉价的快消产品。

在澳门形形色色、林林总总的文化创意产品中，有些以典型的造型图案为装饰，有些被赋予深厚的文化内涵。笔者认为对于消费者来说，二者兼得的文化创意产品更有吸引力和消费意愿。目前，澳门文化创意产品在逐步发展，但依旧存在很多问题。澳门文化创意产品在设计层面不被认可的原因，主要体现在其设计存在同质化现象和文化内涵、审美形式缺失的问题。

1．澳门文化创意产品设计的同质化现象

文化创意产品的同质化现象是当今市场上的普遍现象，澳门也同样存在一系列相关的问题。“同质化”一词源于物理学，是一个极具现代主义特点的词语。从设计学的角度来看，其典型特点是各个品牌的产品之间相互重复、没有特色、没有差异，不利于品牌识别。对于文化创意产品来说，同质化意味着出现了不同地域文化、不同品牌、不同载体的产品在本质特征上趋于相同的现象，它们之间差异甚小、不易区分，其功能、价值也都十分相似，只是价格、品牌以及所披的文化“外壳”不一样。从宏观角度来说，同质化的产生也源于全球经济的一体化。随着各国文化交流日益增多，同质化现象便存在于当代社会的多个行业中，对于一些企业来说，这也是产品从诞生走向成熟的必经之路。虽然同质化现象难以避免，但若是文化创意产品领域的同质化现象过于严重，就会对澳门的文化和旅游发展产生负面的影响。

在澳门，常见的文化创意产品设计同质化现象主要体现在设计品类少、设计概念统一、设计形式相似等层面上，产生的原因主要有两点：其一，在产品文化层面上，原创力不足，使得消费者难以感受到澳门独特魅力的文化内涵；其二，在产品品类层面上，品类少且缺乏创新，难以满足消费者更多的购买意愿。这些产品往往陷入低端的同质化竞争之中。

具体而言，在澳门的文化创意产品行业中，目前突出的第一个问题就是产品的原创力不足，澳门文化的独特魅力没有凸显。而成功的文化创意产品在设计上大多具有鲜明的地域文化特色，并体现较强的创新性，不仅有较强的艺术语言魅力和视觉冲击力，也有相应的实用价值。这些产品推出后，往往会引起各厂家和品牌争相效仿，但他们只能学个“外壳”。文化内涵是文化创意产品的灵魂，难以复制，简单地效仿只会陷入尴尬的境地。例如，故宫文化创意产品旗舰店一直很畅销的牌匾系列冰箱贴（图3-1），其中“冷宫”和“御膳房”尤为畅销。其实故宫中是没有“冷宫”这块牌匾的，只是世人将关禁嫔妃和皇子的地方称为“冷宫”，“冷宫”款的冰箱贴还有一句非常有趣的广告语：“不再去看望冰箱里的优酪乳、水果、蛋糕、果脯、冰激凌、巧克力是对冷宫起码的尊重。”这款冰箱贴既有趣又实用，并且

图3-1　故宫牌匾系列冰箱贴

图3-2　澳门路牌冰箱贴

（图片来源：https://item.taobao.com/）

做工精致，蕴含着宫廷文化，所以从推出到现在，一直备受消费者青睐且保持很高的销量。而在澳门，官也街和大三巴附近的精品小店里也能看到类似牌匾冰箱贴的澳门路牌冰箱贴（图3-2），但它们只是澳门路牌标识的“缩小”版，没有进行再设计、再优化，也没有赋予其趣味性的含义，制作粗糙，因而销量也平平无奇。

同质化现象严重的设计环境一方面将会导致消费者的审美疲劳，另一方面由于设计师的设计不被保护，创新的代价将会越来越高。在某种意义上，差异化的竞争是一种良性竞争，而同质化竞争只会把产品带往恶性循环的境地，使产品更加缺少文化特色和设计创新，又因压缩成本而使做工

更为粗糙。

澳门文化创意产品设计存在的第二个问题，就是产品的品类较少，缺乏创新，类型主要集中在钥匙扣、徽章、冰箱贴、文具、丝巾等产品上。这些产品的设计往往都是简单处理，直接将图案附加在产品上面，最终形成一系列“范本”，几乎可以套用随意一个图案。例如在大三巴附近标榜自己是“文创小店”的各种商铺里，商品的品类和样式都相差不多，不同的两家店有相同的产品也是常见的事情。大三巴牌坊可被称为澳门最具代表的世界文化遗产建筑，也经常出现在澳门文化创意产品中，以冰箱贴（图3-3）为例，每一家店铺的冰箱贴设计手法都相同，材质也十分相似，都是仿铜金属材质，换成自由女神像（图3-4）也一样适用，而且大多数都粗制滥造、价格低廉且审美体验极差。在这种情况下，消费者的购买欲望会大幅下降，因为游客不希望所购买的文创产品不具有独特性，没有因地域差异、文化内涵而拥有独特的审美享受和文化价值。澳门多数旅游景点销售的

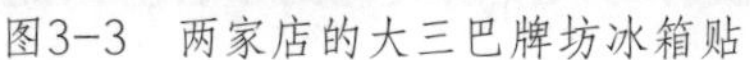
图3-3　两家店的大三巴牌坊冰箱贴

图3-4　自由女神像冰箱贴

（图片来源：https://item.taobao.com/）

文化创意产品存在某些相同的特点：造价低廉、制作时间短、容易被模仿，商家不需要耗费太多成本即可销售。久而久之，这一类文化创意产品会随着消费者审美水准的提高和设计审美需求的提高被逐渐淘汰。

澳门不同的旅游景点虽然会有相似的特征，但这不能成为澳门文创产品“同质化”的理由。澳门可以立足于自己特有的属性，制造出风格迥异的文

化创意产品，从而解决“同质化”问题，比如郑家大屋和卢家大屋，虽然它们都有中西方建筑融合的特点，但是也各有自己的建筑特点和文化底蕴；即使建筑风格相似，设计师也可以基于二者不同的名人典故、文化历史、装饰特点、风俗习惯等方面进行深入的剖析和设计。

2．澳门文化创意产品设计的文化与审美缺失

从设计层面思考澳门文化创意产品，笔者认为澳门文化创意产品设计除了同质化现象之外，还存在着文化与审美缺失的问题，具体表现为文化内涵的缺失、艺术形式感欠缺和创新设计意识的缺乏。也就是说，缺乏将景点文化内容与艺术形式相结合的创新设计意识，导致文化创意产品缺乏具有文化内涵的创新设计。

随着澳门旅游业和文化创意产业的不断发展，大量以澳门历史与文化为主题的文化创意产品涌入市场。虽然澳门文化创意产品在设计上有了很大的发展与突破，但还是有一部分商品在设计上缺乏更深层的文化内涵。设计师通常会选取一个传统建筑或者工艺品，从中选取一个图形，简单直接或者稍加改动地转印在产品上。实际上，这就是一个机械化的过程。设计师没有对建筑或图形的内涵典故、民俗信仰、图案局部与整体关系等进行深入的解析，缺乏对澳门文化深层次的挖掘与剖析。这一问题尤其体现在澳门世界文化遗产相关创意产品的设计上，设计仅为单纯追求视觉效果、依托于表象、片面追求视觉冲击力，导致产品以生拼硬凑的方式展现出来，只是披着澳门世界文化遗产这一概念的“外壳”，没有切入澳门文化的核心。因此，将文化元素作为素材，通过碎片化处理、堆积、拼凑出来的作品，并不具有足够的文化内涵，也不会有太高的审美价值。

那么，怎样的文化创意产品才可以从设计层面获得文化滋养与审美意义呢？近几年的澳门文化创意设计有着看似非常成功，但又急需不断推进、深挖潜力的设计案例。近十年来，在澳门特区政府政策的鼓励下，随着澳门博彩业、旅游业的繁荣发展，澳门的文化创意产品设计也得到迅速发展，比如上文提到的大三巴附近所谓的精品店已经发展成独立的文创品牌店，从事文化创意产品设计的设计师队伍也迅速成长起来，其中，澳门新锐文化创意产品品牌“O-MOON”和品牌“MEEET游觅澳门”就是其中有吸引力、影响力的两个品牌。

接下来，笔者就品牌“O-MOON”“MEEET游觅澳门”的设计案例，分别从品类、市场、文化、审美等层面进行较为细致地分析，且提出个人的建议，供大家一起讨论。

O-MOON是在2016年由胡智杰、伍锦声、黄嘉文三位澳门本地设计师联手创办的品牌。O-MOON接近粤语“澳门”二字的读音，所以设计师用英文拼出O-MOON这个独特新颖的名字。O-MOON的产品种类繁多、形式新颖，从文具、首饰、家庭用品到皮革制品一应俱全。其文创产品以实用性为主，既迎合消费者购买纪念品的意愿，又契合本地市场的需求。就店内的室内设计而言，店内挂着巨大明亮的“月亮”，隐藏着大三巴的剪影，又配合具有澳门风情的墙绘，让消费者一进店铺就可以感受到浓郁的澳门风情。O-MOON还与澳门老字号香记饼店推出了联名杏仁饼礼盒。经历了4年的磨炼，O-MOON在澳门可以说是成功的文创品牌之一了。但是，在文化内涵和审美方面，笔者认为它还有提升和拓展的空间。O-MOON品牌设计师伍锦声在采访时曾表示：我们会直接与厂商联络，搜罗合适的产品，再在产品上加入设计元素，这是我们可以把文创产品控制在一个合理价格的原因。O-MOON设计团队采取的这种方式确实能缩小成本，在短期来看对店铺的运营与发展是一个不错的选择。然而，如果从长远的角度来看，这个方式将会阻碍品牌的发展，很容易使消费者厌倦，产生审美疲劳。比如图3-5所示的这些文具、钱包、钥匙扣等，用的是已有的产品外形，再在上面附加设计好的文字或图形，通过运用和再设计传统的葡式纹样或者澳门世界文化遗产的建筑外形来展现澳门文化的特色。但是，笔者认为，在再设计和运用的过程中，设计者可以更为巧妙和大胆些，或者使产品外形设计得更特别、新颖些，这样会使得作品更有趣味性。现有的O-MOON部分产品，虽然富有一定的设计感，但似乎并没有体现出澳门文化特色和澳门设计的真正力量。

图3-5　O-MOON文化创意产品
（图片来源：李洋艺拍摄）

品牌“MEEET游觅澳门”成立于2017年，并推出了游·世遗系列。笔者认为，它是既实用又有一定文化内涵的系列文化创意产品，图形设计和用色具有一定的视觉冲击力。澳门的世界文化遗产代表了澳门独有的中西方文化荟萃特色，是世界记住澳门的重要窗口。游·世遗系列产品以澳门各个历史文化地标作为主角，体现了各有特色的世遗建筑、代表性的景物，呈现出有趣的澳门历史人文特点（图3-6）。这套产品制作精良、价格适中，产品种类丰富且实用，以世遗建筑平面化外形为基础进行再设计。瑰丽的世遗建筑通过现代的表现手法变得更加秀丽可爱、“平易近人”了。产品在保留建筑原本色系的基础上增加了色彩的饱和度，展现建筑色彩的同时符合当下色彩的审美趋势，增加了时尚感和消费者的接受度。这系列产品并没有设立专

图3-6　MEEET游·世遗系列文化创意产品
（图片来源：https://weibo.com/meeetmacau）

卖店，而是以自动贩卖机的形式散落在澳门各个景点和赌场内，这样一来，就大大减少了成本。同时，在售的还有游·节庆系列（图3-7），因为澳门曾是葡萄牙的殖民地，它是世界上少数同时庆祝中西方传统节日的城市，除了农历新年、复活节、圣诞节之外，澳门还有很多特有的节日，如圣像巡游、大赛车、舞醉龙等。游·节庆系列以节日元素为设计主题，呈现与节庆相关的人物、仪式用品，重现画面感，使节日盛况深入人心。希望“游觅”在今后能推出更多有新意的文化创意系列产品。

图3-7　MEEET游·节庆系列文化创意产品
（图片来源：https://weibo.com/meeetmacau）

文化和审美的缺失问题也体现在和知名IP的合作上。现在IP与IP之间的合作越来越普遍，也出现了很多优秀的案例。以北京故宫博物院为例，MAC鼠年新春系列（图3-8）是北京故宫博物院与化妆品品牌MAC联合出品的鼠年新春系列，大胆地以宫廷珐琅彩为灵感，将传统的东方美学与潮流彩妆进行结合，既提升了产品的卖点，又传承了百年文化底蕴，一上架就几乎售空。POPMART MOLLY宫廷瑞兽系列（图3-9）是盲盒玩具品牌POPMART与故宫博物院联名在2018年推出的MOLLY宫廷瑞兽系列。这个系列的原型是故宫博物院内部部分瑞兽的形象，泡泡玛特对瑞兽们进行了创意衍生设计，比如太和殿广场的青铜仙鹤、储秀宫的青铜龙雕、慈宁门的鎏金铜麒麟，每款形象都有其不同的吉祥寓意，生动可爱又蕴含传统文化，在保留了泡泡玛特典型形象的同时又展现出现代版的故宫瑞兽形象。反观O-MOON与HEIIO KITTY的联名系列文创（图3-10）就有些差强人意，虽然提取了葡式建筑经

图3-8　MAC鼠年新春系列
（图片来源：https://weibo.com/maccosmetics）

图3-9　POPMART MOLLY宫廷瑞兽系列
（图片来源：https://item.taobao.com/）

常使用的蓝彩瓷砖元素，但是在HEIIO KITTY的形象运用上显得很生硬和粗糙，只是将HEIIO KITTY的形象生搬硬套地放在澳门的景点上，信息公开栏也没有真正地与澳门中葡文化融合的风格特征结合起来。文创产品与IP或者品牌的合作应该是恰到好处的结合，互惠互利，而不只是寻找卖点，为了结合而结合。

图3-10　O-MOON与HELLO KITTY联名系列文创
（图片来源：李洋艺拍摄）

第二节　澳门华商故居文化创意产品设计的视觉文化内涵

本节在阐释澳门晚清华商及其故居的历史进程的基础上，肯定澳门华商在澳门历史发展过程中做出的贡献，同时强调澳门华商故居的设计品质与中葡融合的文化内涵。尤其是从澳门华商代表人物卢九、卢廉若传奇故事及其故居装饰艺术的历史文化之中，寻找经典故事与形象，且赋予其文化创意产品视觉设计的文化内涵，从而形成澳门文创产品的独有特色，彰显澳门设计中葡交融的文化格局。

一、澳门华商的历史与文化

澳门晚清华商群体是由赌商、鸦片商、走私商、制造商等华人巨贾组成，代表人物有何桂、何连旺、何连胜、曹有、曹善业、陈六、卢九、卢廉若、冯成、柯六、陈芳、萧瀛洲等，他们均为澳门的发展做出了贡献。其中卢九、卢廉若父子是著名的优秀华商。目前，卢九家族的卢家大屋和卢园对外开放，成为游客必到的地方，以此针对卢氏历史与文化而设计的文化创意产品也显得十分重要。

1．澳门华商的历史贡献

随着华人商业日益崛起，华商对澳门的重要性与日俱增。他们在推进澳门政治开放、经济发展、城市建设、慈善事业、文化教育，以及澳门华人社会和谐发展等多方面做出了重要贡献。

林广志、吕志鹏在《澳门近代华商的崛起及其历史贡献——以卢九家族为中心》一文中提出，华商对澳门的发展主要有以下几点贡献：第一，他们是澳门近代博彩业最大的推动者，为现在澳门以博彩业为支柱的产业格局的形成奠定了基础。第二，他们的实业投资加速了澳门工业化的发展。第三，他们建设了街区，推动了澳门的城市化进程。第四，他们领衔建设了同善堂，成为澳门现代慈善事业的奠基人。第五，他们注重传承文化，积极发展了澳门华人的教育事业。第六，他们积极参与政治，推动了华人社会的稳定以及和谐发展。华商领袖还参与澳葡政府的商业管理工作，参与介入澳葡政治，调和了华人与澳葡政府的关系，为澳门华人谋利，促进了澳门地区的社会和谐以及华人社会的进步。

由此可见，澳门华商对澳门的产业格局、工业化进程、城市化进程、民族文化传承和澳葡政治介入等都有不可估量的贡献，成为推动澳门发展不可或缺的群体。设计师可以借助他们的历史功绩、传奇故事，从视觉设计的角度弘扬澳门精神、传承澳门文化，以此鼓励后人的创业、奋斗和爱国行为。

2．卢九、卢廉若传奇故事及其视觉表达

在清朝晚期的澳门华商中，卢九、卢廉若父子最有影响力和代表性，有许多传奇故事和创业经历，这些均可以被转化为视觉形象，作为文化创意产品设计素材表达卢氏父子的精神。

（1）卢九："猪肉大王""一代赌王"和慈善家

卢九，名华绍，字育诺，号焯之，小名耇，曾用名卢华富，广东新会潮连乡人，1888年加入葡籍。很多人以为卢华绍以"卢九"之名行于世，是因其在兄弟中排行第九，其实是因为卢华绍小名为"耇"，俗称"大头耇"。在粤语中"耇""狗""九"发音相同。卢九在华葡各界经商，声望逐渐显露，称“狗”不雅，所以称为“九”。“卢九年少时，父母早亡，生计困顿，此乃外出谋生的根本起因。”[①]卢九来到澳门之后，垄断澳门、氹仔、路环的番摊生意长达几十年，将赌博生意扩充到了仁慈堂彩票、闱姓、白鸽票等，可谓澳门的“一代赌王”。与此同时，卢九还涉及猪肉贸易、房地产、金融、缫丝、茶叶加工等行业，被称作“猪肉大王”。在社会生活方面，卢九曾两次担任镜湖医院的“总理”，并创立了同善堂，积极组织慈善活动，参与澳葡政府许多经济管理政策的制定与执行。他还关心华人子弟教育，传播儒家文化，对澳门华人社会贡献良多，在澳门近代政治、经济以及社会生活中产生了巨大的影响，是一位影响澳门近代历史进程的华商。

走进卢家大屋就可以看到正厅右墙挂着一幅卢九的照片（图3-11），照片中卢九身穿清朝官服，胸前别着两枚葡国勋章。这张照片大约拍摄于1899年，当时清政府与澳门葡萄牙人对卢九都有笼络之意。卢九致富之后，成为澳门的华人首领，积极为内地捐款赈灾，为清政府奔走效劳。19世纪80年代，卢九开始在内地发展事业，在广州开办了永昌堂商行，从事省城的贸易工作，并且因大量的捐款得到了清政府的嘉奖，先后担任盐运使、荣禄大夫、广西候补道员等官职。1895年，当时的两广总督李鸿章为了筹集军饷，到香山集资，并没有人回应。身在澳门的卢九积极捐款，并劝说同乡募捐，还与李鸿章成了朋友。1901年，顺天府和直隶省发生灾荒，清政府召集募捐，为了

图3-11　卢九像
（图片来源：《卢氏族谱》，民国38年增修）

① 林广志：《卢九家族研究》，社会科学文献出版社2013年版，第25页。

支持赈灾，卢九又捐出一万两。

与此同时，卢九也为澳门的社会稳定和经济发展做了大量工作，他致力于改善华商的营业环境、缓解洋人与华人的矛盾、救济贫困、帮助葡人维持管制等。由于卢九的优越表现，澳葡政府给予了卢九最高的赞赏。1890年7月20日，葡萄牙王室决定授予卢九圣母宝星勋章；1898年11月，葡萄牙国王唐卡洛斯一世决定授予卢九基督宝星绅士勋章。

如此看来，卢九已经是当时很成功的商人，但他也是那个特殊环境造就的悲情人物。1907年12月15日，卢九在卢家大屋结束了自己的生命，享年60岁。卢九自尽的原因与当时广东的政治形势有关，卢九在澳门成为“一代赌王”之后，想要将赌业发展到内地，结果却陷入清末内政当中。卢九被牵扯进两起著名的公案中，1904年，新任两广总督岑春煊主张禁止赌博，而之前李鸿章任职内是允许赌博的。卢九被迫交了巨额罚金，背负了巨额债务，卢九也曾寻求澳葡政府庇护，但是种种政治原因使得事情适得其反。同年，卢九又被卷入广东犯官裴景福逃狱入澳门的案件中，卢九帮助官员裴景福藏匿于澳门。因裴景福任职南海知县期间收受卢九大量贿赂并且证据确凿，被列为通缉犯，不能进入内地。一直到1907年，卢九一直在清政府和澳葡政府间游走，试图寻找商机重整旗鼓，最后走投无路选择了自尽。“卢九之死，与其说是生意失败，不如说是复杂多变的政治形势之牺牲品。”[①]

（2）卢廉若：以“澳门皇帝”著称的华人领袖

卢廉若为卢九长子，名鸿翔，又名光灿，字圣管，号廉若（图3–12）。他是近代澳门最有影响力的华人领袖，为人好客、善良，孝顺持家，先后供养3个弟弟赴欧美留学，参与镜湖医院和中华总商会等华人社团组织的管理工作。卢廉若在近代澳门政治、经济和社会生活中都具有影响力，多次在危及澳门前途

① 林广志、吕志鹏：《澳门近代华商的崛起及其历史贡献——以卢九家族为中心》，《华南师范大学学报（社会科学版）》2011年第1期。

的重大历史事件中扮演重要角色，有着巨大的历史贡献，被清政府授予资政大夫、花翎二品顶戴，被葡国授予葡国三等勋章、一等基督勋章。民国大总统黎元洪授予他三等嘉禾勋章，并赠予他“乐善好施”的匾额。卢廉若的生意并不局限于澳门，而是遍布全国。他是南洋烟草公司股东之一，也是宝行银号的业主之一，还是澳门赛马场的经理及最大股东。致富之后，他还致力于公益事业和社会事务，对澳门社会贡献良多，特别是对镜湖医院、同善堂以及澳门商会的贡献。对澳门的华人事务，他也不遗余力地解决，被世人称作“澳门皇帝”。清末废除科举制度后兴建学校，卢廉若斥巨资为贫苦出身的孩子创办学校，最有名的是孔教学院，当时学生有1000人之多。

图3-12　卢廉若像
（图片来源：林广志《卢九家族研究》，社会科学文献出版社2013年版）

1927年，卢廉若病逝，享年50岁。7月31日，卢廉若的葬礼在澳门举行（图3-13），场面极其盛大。灵柩上面覆盖着三面旗帜：葡萄牙国旗、国民党党旗和赛马俱乐部旗帜。在澳门历史上，澳葡政府第一次给予中国人这样崇高的礼遇。20世纪中期，为纪念卢廉若对澳门做出的贡献，澳葡政府将小谭山脚下至史伯泰将军马路的一条半环山路命名为“卢廉若马路”。

除此之外，卢九的侄子卢光裕、二子卢煊仲、三子卢怡若、四子卢兴原等，均在不同领域为家族兴旺、为澳门乃至内地的政治、经济、文化以及社会生活等各个方面做出过重要贡献。

1860年至1950年间，卢九及其家族成员在澳门的经商以及社会活动，前后跨越百年之久。在这百年中，澳门经历了鸦片战争、亚马勒被杀、葡人“永久管理”澳门以及辛亥革命等重大事件，澳门的政治、经济和社会结构

图3-13　澳葡政府邮局发行卢廉若送葬队伍环绕澳门街头行走明信片
（图片来源：利冠棉、林发钦主编《十九至二十世纪明信片中的澳门》，澳门历史教育出版社2007年版）

发生了翻天覆地的变化。卢九家族商业帝国的崛起和扩张与这一系列事件有着直接或间接的关系，与澳门荣辱与共。卢九家族的兴衰荣辱，可以说是澳门社会的缩影，是近代澳门华人华商的共同命运写照。卢九家族对澳门的近代化发展有着突出贡献，主要表现在：参与赌博业的发展，推动澳门经济发展，促进澳门以赌博业为产业的现代经济格局的形成；参与慈善事业，为澳门现代慈善事业奠定基础；参与城市建设与发展，促进澳门的城市化建设；成为中葡之间沟通的桥梁之一，推动华人社会的稳定。

3.卢氏传奇故事的视觉表达

鉴于卢氏家族的贡献，在对卢氏家族这样一个近代澳门最具代表性又具特殊性的家族的历史进行研究的基础上，利用文化创意产品设计的形式传播澳门文化，让人们更加直接、形象地了解卢氏家族，必然会推动澳门文化艺术以及华商历史研究的发展。

首先，卢九、卢廉若历史传奇故事的插画设计转换和视觉表达。利用卢九、卢廉若的历史传奇故事，将其通过文化创意产品的方式表现出来，将会成为澳门华商故居文化创意产品的独特之处。例如：可以选择卢九的“猪肉大王”称号、卢廉若的“澳门皇帝”形象、卢氏家族的慈善事业等经典故事，将其设计成为系列的插画作品，其目标是让更多的人了解卢氏家族成员对澳门发展的贡献，以及他们奋斗、爱国、爱民的精神。

其次，卢九、卢廉若的传奇故事还可以用图形设计、字体设计的形式表现出来，并应用于文创产品之中，也就是把卢九和卢廉若的传奇故事、感人的事情同系列创意产品结合设计的文化创意产品，包括系列文具、图书、工艺品、日用品、服装等，赋予产品背后有趣的历史故事将促进消费者的消费意愿和购买欲望。以卢氏传奇故事为题材的文创产品定会满足广大消费者文化精神的需求。

二、澳门华商故居中葡装饰艺术的融合

梳理澳门晚清华商的历史贡献，尤其是在卢九和卢廉若传奇故事的基础上，对现存华商故居且对外开放的卢九的卢家大屋室内装饰设计和卢廉若卢园装饰设计中所富有的文化内涵进行分析，寻找澳门华商故居创意产品设计中历史文化、中葡文化融合的理论支撑。

1．卢家大屋室内装饰视觉表达的文化特色

卢家大屋位于大堂巷七号，为卢九故居。晚清居住于澳门的华人、富裕的家族都会集中居住于大堂巷，在此建造“大屋”。可以说，大堂巷就是当时澳门的富人区。“大屋”是指青砖唐楼式建筑，在广州西关一带非常流行，广州人将其统称为“西关大屋”，清末时澳门的华人富豪将其引入澳门。大堂巷一带的大屋原本不只有卢家大屋，还有曹家大屋、许家大屋、宋家大屋、何家大屋、老汪大屋、王家大屋、李家大屋、林家大屋、周家大屋、杨家大屋、陈家大屋等。但是，现存并对外开放的只有卢家大屋，由此可见，卢家大屋是十分珍贵的古建筑。

研究卢九及其后人倾力打造的两座建筑的起因、过程、建筑特征，可以了解卢九家族不同时期的文化价值倾向和财力。卢家大屋于清朝光绪十五年（1889）落成，是澳门华人巨贾卢九家族的旧居。卢家大屋是用厚青砖建造

的典型的晚清时期粤中民居，呈现出温婉纤细的中式建筑风格。其室内设计融合了中葡的装饰手法和材料，既有岭南建筑中常见的砖雕、泥塑、横披、挂落、蚝壳窗等，又有葡式的假天花、满洲窗、铸铁栏杆等。目前，屋内可见到的室内家具为中式家具。从整体上来看，卢家大屋彰显中式建筑风格，但窗户式样的设计、装饰手法和材料使用，明显受到了西方建筑装饰艺术风格的影响。

光绪三十三年丁未十一月十一日（1907年12月15日），卢九在卢家大屋离世。在卢九离世后，其家业由卢廉若继承。“1909年10月、1910年6月，澳葡政府律政司理商局刊布当年‘纳公钞至多人’，卢廉若连续当选，其登记的住所即为‘大堂巷七号’。”[①]1927年，卢廉若离世后，卢家大屋由他的弟弟卢煊仲及家人居住。1949年之后，大批“难民”偷渡进入澳门，有些人自称卢氏家族“亲戚”，想要入住大屋，此时卢家已经没有了昔日的辉煌，卢氏后人无以应对，20多家不速之客鸠占鹊巢，并且人数不断增多，卢氏后人只能离开。从此，曾经辉煌的卢家大屋变成了穷人的难民营。由于大屋“无主”，又无人缴纳房地产税，至20世纪60年代，大屋被政府收为公有。2005年，卢家大屋列入世界文化遗产，此时，卢家大屋已经落成116年。

大堂巷林立着许多葡式建筑，卢家大屋（图3-14）的中式建筑风格在其中别具一格。大堂巷附近在19世纪以前是澳门的繁华地段，东侧（水坑尾一带）居住着在澳门经商的外国人，西侧为营地市场和官前街，是澳门当时的商业中心。在现代交通出现之前，大堂巷是连接外商居住地与澳门商业区的交通枢纽，十分繁华。因此，当时澳门的富商多选择在此地购置房产，英国、荷兰、法国等商人也在此地设立丝行和茶行。鸦片战争之后，这些商铺多数迁到香港或者就地结业。遗留的建筑被澳门的大户人家购买并改造，如当年的鲍家和萧家等。大堂巷七号也是其中一栋，被卢九购买。

① 林广志：《卢九家族研究》，社会科学文献出版社2013年版，第115页。

图3-14　卢家大屋建筑外立面
（图片来源：李洋艺拍摄）

2．卢园景观设计的视觉文化取向

卢廉若花园，简称卢园，又名娱园、卢家花园、卢九花园。“卢九离世后，世人更习惯称之为卢廉若花园，是澳门三大名园之一，也是近代澳门重要的社交场所。”①卢廉若花园所在的土地，大约在20世纪初被卢九购买，原为龙田村的菜地。卢园建于1904年，是卢廉若为父母建造的，但卢园还未建好，卢九夫妇就相继离世了，而后民国建立，在许多因素的干扰下，卢园于1925年才建成，历时20年。卢园由香山人刘吉六设计。刘吉六擅长书画，尤其是山水花卉，“平日里又喜叠石为假山，曾游大江南北，在广西做官时，饱览桂林画山秀水，其布置的池亭竹石清幽雅奇，深合画理”②。

1907年卢九离世后，卢园由长子卢廉若和次子卢煊仲继承。根据公共工程署第106号工程许可证附带的平面图（图3-15），1920年5月22日，卢廉若

① [葡]安娜·玛利亚·阿马罗：《卢廉若花园的建造与沿革》，颜巧容译，《澳门研究》2012年第2期。

② 林广志：《卢九家族研究》，社会科学文献出版社2013年版，第117页。

扩建主宅的附属建筑，这可能是主宅的首次改建。1927年，卢廉若去世后，卢园由其子女继承。由此开始，卢园逐渐被“分割”，令人惋惜。从1938年开始，卢园东北厢被培正中学租用，又对租用的部分进行大规模的改建，岭南中学也在这里办学，两所学校用铁丝网隔开。虽然如此，到1967年，卢园的总面积仍然有11870平方米。现在，东南、东北、西南以及西边部分，都成了民宅，北部的大宅成了培正中学的校址，只剩下南部成为开放区域，面积仅有当年的四分之一。1973年，卢园险些被夷为平地，幸好著名的华商领袖何贤先生以半卖半赠的方式交由政府，将其作为公共花园和澳门首批重点文物建筑加以保护。卢园从昔日的风光到后来的落魄，令人惋惜。

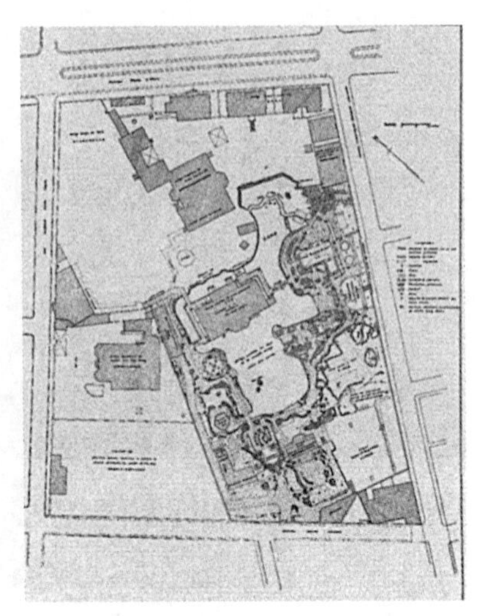

图3-15　卢九花园平面图（图片来源：［葡］Ana Maria Amaro“O Jardim de Lou Lim Ieoc”）

卢园又称“娱园”，卢廉若曾在这里修建了一个舞台，雇用了广州粤剧名班来此演出，供家人和客人欣赏。后来为了方便四周街坊前来听戏，他还另外开了一个院门，将舞台取名为“龙田舞台”，不仅演出粤剧，还播放电影。不过好景不长，没过几年龙田舞台就停业了。在风格上，卢园具有江南园林的气韵，但是在功能上却偏向西方社交娱乐场所。1912年和1913年，孙中山先生两次莅临澳门都来到卢园，并在春草堂接见澳门各界名流。

卢园依照苏州园林建造，园中多峥嵘百态的假山奇石。卢园曾经规模很大，“东起荷兰园马路，南临罗利老马路，西邻贾伯乐提督街，北接高士德大马路”[①]。现在，卢园总面积1公顷，基地大体呈长方形。卢园是中式的江

① 刘品良：《澳门博彩业纵横》，三联书店（香港）有限公司2002年版，第272页。

南园林，但又凸显着西方娱乐城的风格，将中西方园林的特点大胆地结合在一起。神秘仁慈的观音像（图3-16）屹立在入口处，守护着这座美丽的花园。如今面向罗利老街的花园正门，已经无法向世人展现昔日的风采，但人们仍可以从中看出江南园林的神韵。

图3-16 卢园观音像
（图片来源：李洋艺拍摄）

从整体上看，卢园是中国江南园林设计风格的典型代表，但又充满了欧洲风情，中式花园与西式建筑结合，中西方设计风格浑然一体。春草堂（图3-17）是卢园的“客厅”，通过小桥与其他附属建筑连接。在卢氏家族的鼎盛时期，这里是宴客场所。1925年6月，卢廉若获得葡萄牙政府授予的勋章，曾在这里举行庆功宴。春草堂从艺术风格上看是典型的西式建筑，高约6米，钢筋混凝土平屋顶，由中间的主厅和两边的侧厅组成，室内装饰用的是中式隔扇，走廊宽阔，四周环绕古罗马科林斯柱和混合柱，有方柱和圆柱，共同支撑着屋顶的露天平台。不过，春草堂周围环境的设计体现的是中式古典园林风格的精华。春草堂内蓝色的廊柱雄厚有力，四周漆红的木铁栏杆突出池面，李树花和缠绕的双菱图案形成点缀。春草堂的建筑外墙为黄色，白色装饰线脚，屋顶为白色宝瓶围栏的女儿墙阳台样式，阳台外还有一圈中式的披檐，附有绿色琉璃瓦的檐角，整体既有浓郁的葡式建筑风情，又有传统的中式建筑风格。1973年，政府对其进行大规模的整修，园林中的建筑既有西式厅堂，又有中式亭廊，反映了中西方文化交融的特点。

图3-17 卢园春草堂
（图片来源：李洋艺拍摄）

虽然卢园的湖石假山和水池均是仿照苏州园林，但是植物都是就地取材，与江南园林风格迥异，形成澳门独有的特色园林。竹类是现在卢园内数量最多的植物，有观音竹、佛肚竹、粉麻竹、唐竹、崖州竹、青皮竹、黄金间碧玉等，其中唐竹数量最多。卢园东北处的小池和九曲桥边种有荷花（图3-18），荷花有圣洁、祥和、安定的寓意。澳门人素来有喜爱荷花的传统，澳门的区旗和区徽都采用了荷花图案，卢园也因荷花而闻名于澳门园林。

图3-18　卢园小池
（图片来源：李洋艺拍摄）

春草堂四周景物迷人，形成池中小岛的样式。碧绿的池塘，还有曲桥、假山、竹林、瀑布、回廊，呈现出江南园林的气派。然而，园内池畔栏杆和窗户雕刻图案均为中式，尤其是栏杆设计。栏杆是园林设计中常有的功能实用且富有装饰效果的建筑构件，桥栏、楼栏、廊栏等花样繁多。卢园内的栏杆设计变化多姿，圆形、梅花形、六边形，还有仿木棂的拼花，而且图案设计有些呈几何化，栏板多做镂空处理。上述针对卢园建筑和园林特点及其装饰细节的分析、研究，均可为相关文化创意产品设计提供可提炼的视觉元素，完成澳门华商故居文化创意产品的系列设计。中国园林的特点就是将诗情画意融入园林，卢园既富有中式的诗情画意，又富有葡式的浪漫情怀。

卢九父子建造的“卢九大屋”和“卢廉若花园”，已经不仅仅是居住和旅游意义上的建筑，它们是澳门代表性的建筑之一，更是澳门文化的象征之一、澳门“城市名片”之一，也是卢氏家族对澳门作出贡献的最好见证和珍贵遗存。

第三节　澳门华商故居文化创意产品设计的视觉表达方法

本节主要探索澳门华商故居文化创意产品设计的视觉表达方法，以澳门华商卢氏故居为研究对象，对建筑室内装饰的传统视觉元素进行提炼，以及对这些传统视觉元素在图形、彩色与人文等视觉艺术语言的转换与当代设计表达方法进行研究。

一、澳门华商故居传统视觉元素

澳门华商故居文化创意产品设计的视觉表达，首先要从华商故居建筑与室内装饰艺术中提炼传统视觉元素，为澳门华商卢氏故居文化创意产品的设计提供应用素材。

1．建筑形式视觉元素的提炼

针对卢家大屋和卢园等澳门华商故居，从视觉表达的角度就其进行文化创意产品设计，是从建筑及室内设计形式中提炼典型性的视觉元素，并赋予其艺术、文化与时代的特征，将之用于澳门华商故居文化创意产品的设计上。

建筑，作为人类生活的空间，人类的一切活动都与它息息相关，人们将自己对世界的理解、生活的感悟、从古至今积累的知识以及对美的理解不断融入建筑设计中。建筑和建筑装饰不单单是人们普通的物质追求，也成了人们的精神寄托，拥有了深刻的寓意。所以，古建筑的保护和传承是当下备受瞩目的一个话题。把从建筑中提炼的图形语言应用于文化创意产品中，可以使建筑的形象更加深入人心，从而达到对古建筑保护和传承的目的。卢家大屋和卢园春草堂等建筑是目前对外开放的澳门华商故居，从某种意义上讲，它们的建筑形象代表着澳门华商故居的形象和内在精神。在澳门城市发展的过程中，澳门建筑在中葡文化艺术交融中呈现出特殊而重要的地位。建筑设计逐渐形成了其特有的带有折中意味的建筑特点：既以中国传统建筑艺术风格为基调，蕴含着西方建筑装饰艺术的意味；又以西方建筑艺术风格为基础，蕴含着中国传统建筑装饰艺术的情调。卢家大屋在整体不失中式建筑设计风格的基础上，其装饰细节有西方建筑装饰元素的点缀与西方装饰材料的使用，形成了建筑设计的中葡文化融合。

卢家大屋外观浑厚朴实。深灰色青砖墙，体现了粤式古建筑的古朴与淡雅。大屋的结构既考虑到了建筑力学，又具有审美功能。大屋高8.6米，与宽度之比为1∶1.618，接近视觉上的黄金比例。临街的墙面向内缩入78厘米，屋檐自墙面伸出110厘米，这样的比例在视觉上可以让房屋显得更加宏伟，并且在增强了墙面立体感的同时，又展现出岭南古建筑瑰丽气派的风格。按照这样的比例进行设计，不仅仅是为了视觉上的美观，更可以遮挡照进二楼室内的部分阳光，也可以防护木门被雨水侵蚀。大屋有三进两层，既因符合西方建筑结构理念而十分坚实，又有传统中式建筑主次平衡的格局，硬山瓦屋顶与中式建筑的融合，可以完美地适应澳门多雨多台风又潮湿闷热的气候。卢家大屋室内外设计融合了中西方的装饰手法和材料，既有粤中地区常见的砖雕、泥塑、横披、挂落、蚝壳窗，又有西式的假天花、彩色玻璃窗、铸铁栏杆。仅窗户式样就有多种，大屋正立面窗户全为葡式百叶窗，其中以上方左右两扇最为精美。窗扇均以金属包角，百叶窗上方有半圆形彩色玻璃窗，玻璃窗之上又有泥塑彩绘做装饰。大屋内部多处彩绘泥塑的装饰元素则选用了西方人喜欢使用的玫瑰花饰样。卢家大屋建筑立面和彩色玻璃窗、葡式百叶窗、蚝壳窗、玫瑰花彩绘泥塑等均可作为再设计的带有卢家大屋主题内容的装饰元素。

卢家大屋的建筑视觉元素可以结合其建筑装饰一起被提炼应用于文化创意产品中。现在市面上以建筑外立面为视觉形象的文化创意产品非常普遍，能否巧妙地提炼建筑形象并将其应用于文化创意产品中是成功与否的关键。建筑形象的提炼已有较好的案例——苏州博物馆、岭南骑楼和紫禁城。苏州博物馆推出的书签（图3-19），采用了现代的几何化的建筑简形，配合与建筑气质符合的色彩。喜粤文创推出的岭南风·骑楼创意便签贴（图3-20），将骑楼建筑外立面去繁从简，配合时尚的马卡龙色系。这两款产品都以建筑的外立面为图形，配合时尚的色彩，符合当代的审美需要，但是缺乏一定的新意。故宫文创推出的宫系列·紫禁瑞雪纸雕便签（图3-21），每撕开一页都能

图3-19　苏州博物馆书签

图3-20　岭南风·骑楼创意便签贴

（图片来源：https://item.taobao.com/）

看到不一样的紫禁城，撕完将会出现一整座瑞雪中的紫禁城，同样是使用建筑的外立面为视觉形象，这款纸雕便签就运用得特别巧妙。另外，2017年，日本“TRIAD”设计公司推出了“OMOSHIROI BLOCK”建筑样式便签本（图3-22），这款便签本使用前的样子与正常便签本并无差异，但是建筑的样貌会在不断使用中逐渐显露，创新性十足。这款便签本一推出就成为“网红”单品，深得消费者喜爱。

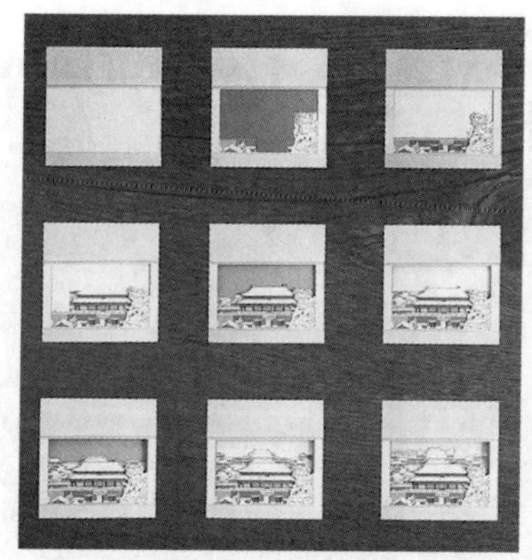
图3-21　宫系列·紫禁瑞雪纸雕便签
（图片来源：https://item.taobao.com/）

图3-22　OMOSHIROI BLOCK
（图片来源：https://www.triad-japan.com/en）

澳门晚清华商故居承载着华商们的生活点滴，是他们光辉历史的见证，是澳门宝贵的文化资源。因此，设计者应借鉴成功案例，提炼其建筑形象，并应用当代设计的表现手法，让澳门华商故居以更贴近生活、更有吸引力的方式走入民众的物质与精神生活。

2．室内装饰视觉元素的提炼

针对卢家大屋和卢园等澳门晚清华商故居，从视觉设计表达的角度就其进行文化创意产品设计，是从室内装饰中提炼典型性的视觉元素，赋予其相应的艺术、文化与时代的特征，将其应用于澳门晚清华商故居文化创意产品的设计上。

“三雕一塑”是卢家大屋的建筑装饰最为显著的特点。“三雕”是指木雕、石雕、砖雕，“一塑”是指灰塑，下文将逐一解析。

木雕是传统岭南建筑的重要装饰手段之一，传统木结构建筑为木雕工艺提供了施展空间。卢家大屋的木雕材料主要为樟木、花梨、柚木，应用于窗、屏风、横披、封楣板等。卢家大屋的木雕又分为平雕、浮雕、通雕等。平雕主要采用平底阴文雕刻，以动物、植物、自然山水为题材，简洁大方。其中百叶窗的上下窗棂和满洲窗的上窗棂雕刻芳草题材图案，满洲窗下窗棂雕刻白象刨土题材图案。大屋第一进天井二楼设置四面槛窗，其中木墙裙板刻有平雕四副。东西向平雕舟、塔、松柏和群山峻岭；南北向则刻有盛开的莲花、柳树和梅树。第一进客房木墙裙板雕刻的是秀丽的梅兰竹菊。神楼的木墙裙板刻的“锦添富贵图”（图3-23）是卢家大屋内最为精致和庞大的平雕。该图分为五段，两侧和中间为木雕，剩余两段为题书，分别是“碧蕊连芳并萼擎，春

图3-23　锦添富贵图
（图片来源：李洋艺拍摄）

风江浦对含情。不妨燕嬉重占梦，应愧湘累独解情。霜节百年期共老，国香一点为谁争”[①]（出自元朝谢宗可的《并蒂兰》）和“春意应嫌芍药迟，一枝分秀伴双蕤。并肩翠袖初酣酒，对镜红妆欲斗奇。上苑风烟工献巧，中天雨露本无私”[②]（出自金代堂怀英的《粉红双头牡丹》）。

斗心工艺主要用于横披，大屋内存在四种样式：第一种是棂花装饰横披，镶嵌蚝壳，这是岭南沿海一带的具有明显地域性特点的一种传统建筑装饰；第二种依然是棂花装饰横披，镶嵌透明玻璃，纹样由铜钱和花纹等组合而成；第三种较为狭长，雕有镂空铜钱和花瓣图案，用透明玻璃细镶嵌；第四种是室内满洲窗画心，图案为菱形组合，镶嵌彩色玻璃，是卢家大屋中西方装饰风格融合的表现之一。前三种横披都能在起到一定围护作用的同时保持透光性，并且具有很强的装饰性。

封檐板采用了浮雕和通雕相结合的雕刻方式，以喜鹊、花卉和瓜果等为图案。卢家大屋第二进的轿厅、两侧的卧室都用了花罩，增加了空间的层次感，显得宽敞明亮。花罩雕有博古纹通花，并配以印有花瓶、瓜果和如意等图案的钉凸。卢家大屋的正厅、门厅、轿厅都设有屏门，屏门上部雕有芳草图案，同百叶窗上的图案一致，下部雕有竹子图案，格心部分刻有蝙蝠图案的拉花。轿厅的屏门最为精美，部分平雕的图案涂有金色的漆料，格心部分镶嵌彩色玻璃并用斗心衬底。

石雕和砖雕相比木雕运用得较少，石雕只运用于大门入口处。卢家大屋的砖雕穿插使用浅浮雕、高浮雕和透雕，造型生动且十分精细。门厅的神龛砖雕（图3-24）最为精美别致，雕刻着钱币、花鸟等装饰性图案。

卢家大屋的灰塑运用于窗楣、墙楣、门楣和脊饰，以花鸟、人物、山

---

① 吴克练、梁蔚：《澳门卢家大屋的“三雕一塑”及其文化内涵》，《城市建设理论研究》2015年第17期。

② 同上。

水、瓜果等为题材，在具有传统的岭南建筑特色的同时，又具有西方的建筑装饰特点。天井的花格漏窗窗楣位置有一幅“停云”灰塑，由花瓶、鹦鹉、玫瑰、狮子等图案组成。天井上的灰塑还有“春魁报喜图”，由玫瑰、梅花、喜鹊等图案组成，旁边有题诗；灰塑“鹦熊夺锦图”由玫瑰、梅花、松柏、豹子、喜鹊等图案组成，旁边附有题诗；灰塑“生寿绵绵图”由玫瑰、梅花、松柏、仙鹤、喜鹊等图案组成，旁边也有题诗。墙楣位置有第一进西侧天井的左右墙楣的一对“夫妇双全图”灰塑，图案是一对鸳鸯。门楣的灰塑（图3-25）是最集中和精彩的，一楼房间的门楣大部分都置有灰塑，图案为红色蝙蝠和狮子，并以红玫瑰和绿色玻璃为点缀，西方的拱券门也常使用这些形象。每个半圆形门楣的灰塑图案都各有千秋，由喜鹊、燕子、铜钱、寿桃、花瓶、玫瑰等图案组成。其他位置的灰塑则多年失修，无法辨认。

图3-24　卢家大屋神龛
（图片来源：李洋艺拍摄）

卢家大屋室内装饰细节丰富，可见卢氏家族当时的财力雄厚；涉猎题材广泛，将中西方文化融合，反映了祈求家庭幸福、平安吉祥、家族兴旺和追

图3-25　卢家大屋灰塑门楣
（图片来源：李洋艺拍摄）

求隐逸怡情的观念。喜鹊，民间称它为报喜鸟，有报喜之意；蝙蝠，“蝠”字与“福”字同音，有“进福”之意，是幸福的象征；玫瑰，在卢家大屋可以等同于“牡丹”，是富贵和荣耀的象征，代表着富贵荣华，玫瑰是卢家大屋内使用最多的装饰性图案，这三种纹样表达了卢氏家族祈求幸福美满、平安吉祥的愿望。莲，自古就有“本固枝荣”之意，象征着事业兴旺，这体现了卢氏家族重视教育，希望后代可以金榜题名的良苦用心。“梅兰竹菊”被称为“四君子”，自古就是清贵、高雅品质的象征。由此可见，卢氏家族并不是只爱钱财的凡俗商人，也有追求隐逸怡情的情操。

这些传统图案都代表着卢家大屋室内装饰的特点，隐含着卢氏家族的情感。每一个图案都可以通过当代设计的手法提炼且运用。在众多图案中，玫瑰图案和彩色玻璃窗最能代表卢家大屋中葡建筑装饰艺术融合的特点，也最值得进行提炼与再设计，并应用于文化创意产品的设计之中。

二、澳门华商故居传统视觉元素的当代表达方式

以澳门晚清华商故居中卢家大屋建筑、室内和卢园景观设计为视觉元素提取的本体，探索如何选择、提炼传统视觉元素，可作为澳门文创产品设计的当代设计表达之用途。其方法有两种：一是可以在提炼传统图形之后进行再设计，可以从图案形态的再设计、传统色彩的新表达、情感故事的注入等方面进行；二是二维图形的三维应用，其目的是增加文化创意产品的故事性、趣味性，并形成文化创意产品与消费者的互动关系、文化体验。

1．传统图形的提炼与再设计

通过当代设计手法，提炼澳门华商故居传统视觉元素，准确表达、诠释传统图形的文化内涵，并将之应用于文化创意产品设计之中，需要掌握合适的尺度，既不能毫无新意地照搬图形，也不能因一味地追求创新而失去传统图形的韵味和失去文化的识别性，更不能因单一地追求某种形式，不考虑设计手法是否与澳门华商故居传统文化相匹配，从而失去传统文化内涵的特殊性。传统图形的提炼和再设计主要从图形的形态、色彩和情感

内涵三个方面入手。

第一，图案形态的再设计。

笔者认为，再设计是指事物在本质特征、文化内涵与精神价值没有变化的情景之下进行的再次设计。随着时代的变迁，既确保传统文化的传承，又适合当代审美的精神需求，对传统艺术形式做必要的提炼、再设计是当代设计师常用的设计手段。日本著名设计师原研哉这样阐述“再设计”：“解决社会上多数人共同面临的问题，是设计的本质。在问题解决过程——也是设计过程中产生的那种人类能够共同感受到的价值观和精神”[①]。原研哉所说的“再设计”是要“以人为本”，应用于传统图案上也是如此，应通过设计使消费者更容易接受传统文化，吸引消费者关注传统文化。

卢家大屋和卢园建筑的室内装饰众多且精细，可以有丰富的变化。目前很多文化创意产品都只是将纹样和图案直接应用在产品上，缺乏创意和设计，不能很好地结合当下的审美方向，难以博得消费者的青睐。一部分卢家大屋和卢园的装饰图案同很多传统图案一样，会呈集中式，将不同类型的文字、图案、色彩综合在一起。传统图案元素通常是均等分布的，或者特别密集，或者特别分散，这会使图形本身显得过于具有“历史感”，太过于图案化，无法满足当代设计的审美需求。将图案纹样再设计就是将纹样进行当代视觉化的提炼、抽象、分割、重组，通常是将复杂的图案精简，使其能够更容易应用于各种产品中，并且符合当今的审美方向。

郑家大屋推出了多款文化创意产品，其中就有用窗棂上的图案做的杯垫（图3-26），但也只是照搬了窗棂上的一个图案做成了毛毡布的杯垫。虽然人们一眼就能看出这个图案出自郑家大屋的窗棂，但是显得有一些简陋，不能令人眼前一亮。再创敦煌系列也是通过这个思路去设计的，不同的是，再创敦煌系列巧妙地运用了一些设计手法。再创敦煌系列在创作上结合运用了

① [日]原研哉：《设计中的设计 | 全本》，纪江红译，广西师范大学出版社2010年版，第40页。

图3-26　郑家大屋文化创意产品系列杯垫（图片来源：https://www.macaucci.gov.mo/）

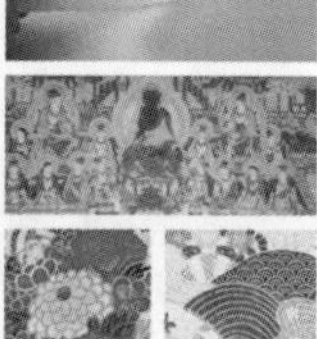

图3-27　再创敦煌系列文化创意产品明信片（图片来源：https://item.taobao.com/）

传统的壁画纹样、传统丝绸纹样和现代粘贴画，将传统纹样分割重组（图3-27）。并在此基础上，运用了现代工艺烫颗粒金的处理，让作品在展现古典美的同时，又富有现代气息。同时采用了350克超厚触感纸，来增加产品体积感和重量感。再创敦煌系列在简化传统文化的基础上，使用拼贴的方法进行设计，将不同的图案和元素拼接在一起，这种散点式的结构展现出更为有趣的组合图形的魅力。

卢家大屋、卢园的文化创意产品同样可以从建筑和室内装饰上通过当代设计语言进行提炼，彩色玻璃窗、蚝壳窗、灰塑上的玫瑰图案都是非常有价值的素材。设计的关键就在于用什么设计手法去重新阐释。

第二，传统色彩的新表达。

从生物性的角度来看，自古以来人类对色彩就有感知能力；远古时期的氏族部落就用色彩和形状构建自己的图腾、标识区分彼此。“一般来说色彩直接影响着精神，色彩好比琴键，眼睛好比音槌，心灵仿佛绷满弦的钢琴，艺术家就是钢琴的手。它有目的地弹奏琴键来使人的精神产生各种波澜和反响”。[①]因此，色彩代表了精神层面的认知，是群体、氏族的精神寄托。

① [俄]瓦·康定斯基：《论艺术的精神》，查立译，中国社会科学出版社1987年版，第35页。

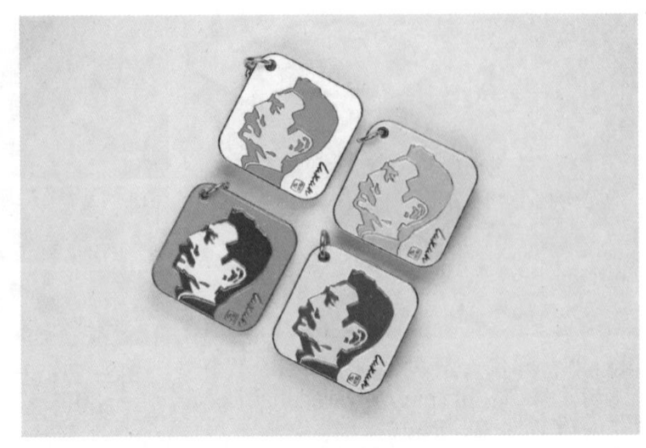

图3-28 迅文创×故乡的礼物文创衍生品系列的钥匙扣
（图片来源：https://item.taobao.com/）

色彩一直是文化创意产品研发设计重要的一部分，新颖合理的色彩搭配，不仅能够增加产品的视觉吸引力，一定程度上还能弥补图案或者产品外形的不足之处，为文化创意产品增添亮点。不过，不同的地域和民族对色彩有不同的偏好或者禁忌，这取决于当地的生活习俗、文化环境和情感传承，需要特别注意投其所好。设计师可以适当地选取传统色彩和配色方式，附加少部分当下流行的色彩和配色方式，在保持文化创意产品传统韵味的同时，使其带有流行性，从而提升人们对传统色彩和配色的重新认知和理解。迅文创×故乡的礼物文创衍生品系列的钥匙扣在颜色的使用上大胆且富有新意（图3-28）。这套系列钥匙扣是为了致敬鲁迅先生而进行的创意产品设计，志在通过鲁迅先生的形象来展现鲁迅文化，表达对先生的敬意。鲁迅头像设计采用波普风格，配色大胆夸张，没有对鲁迅头像本身进行改变，只是改变配色，通过简洁有力的线条，表达鲁迅先生“横眉冷对千夫指，俯首甘为孺子牛”的人生哲学，用个性的艺术风格还原了“不一样”的先生风貌。

文化创意产品可以展现人类优秀文化，要在不触犯当地文化禁忌以及年龄、性别、宗教、风俗习惯的基础上，选择既能与对象形象相符合又能吸引消费者的色彩，不要盲目地求新求异。

第三，情感故事的注入。

当代设计师不应该仅仅关注文化创意产品的外观和功能，更应该关注产品文化内涵的注入。设计师可以将传统文化和历史故事融入产品，利用它们具有吸引力、感染力的特质，将它们的魅力传达给消费者。因为深入人心的故事更易被消费者接受，这样就能发挥文化创意产品传播传统文化的作用。“情景故事法能够有效地设计出具有内在层次的文化产品，有助于产品文化创新。”[①]

2019年，中共一大会址纪念馆和东方网共同研发了“文物新说·话解放”红色文创产品套组（图3-29）。其中的限量笔记本是整套产品中的亮点，它是一本可以用来书写的笔记本，更是一本具有教育和纪念意义的“故事书”。笔记本的内页中有丰富的内容，设计师采用图画和文字集合的形式记录了从上海战役打响前的部署工作到中华人民共和国成立后的城市接管工作。文创胶带更是还原了70年前人们为了庆祝解放战争胜利而悬挂于街头的横幅的样子，可以引起经历过那段时光的老年人对那段峥嵘岁月的回忆，也能让年轻人感受到那段时光的辉煌风采。最富有趣味性的是，文创套盒中有一封从70年前“穿越”而来的“密函”，它隐藏着重要的情报，旨在让消费者能够亲自体验谍报工作人员破译情报密码的工作。这套产品就是在诉说从战争到解放的那段故事，设计师将文物背后的故事提炼，用有趣的设计手法将这段故事讲述给消费者。将故事融入文化创意产品的创作中去，能够使文化创意产品更具有历史文化的魅力，并形成一系列有趣的、深入人心的产品故事，这样更能令消费者形成对当地地域文化的认同。卢九和卢廉若都有着富

图3-29　“文物新说·话解放”红色文创产品套组
（图片来源：https://www.sohu.com/a/314508048_391461）

① 张敏、刘林、熊志勇：《情景故事法在产品文化意象设计中的应用》，《包装工程》2016年第22期。

有传奇色彩的一生，他们的故事要是能融入文化创意产品图案的创作中，一定会令消费者喜爱，并且能让更多人了解卢氏家族的光辉历史。

2．二维图形的三维应用

澳门华商故居传统视觉元素的当代表达方法还有二维图形的三维应用。创作出优秀的图形之后，能不能巧妙地应用于产品是设计成功与否的关键。

为避免“贴图”式的简单应用模式，在应用图形的同时，增加产品的趣味性和互动性是非常必要的。平面类的文创产品比较难从产品造型上进行突破，但是可以运用一些创意去弥补。比如，Bronze Lucia与故宫宫廷文化联合发售的流沙手机壳。Bronze Lucia作为新锐的全品类时尚品牌，品牌风格为浓郁的洛丽塔少女风格，带有宫廷、复古和文艺的气息，具有童话故事感。与故宫联名推出的三款手机壳在保持了原有少女文艺的品牌风格的同时，完美地将故宫文化的三个主题故事表达出来，用流沙的形式与图形结合，表现出三种不一样的意境。

第一，Bronze Lucia宫廷寻宝款手机壳（图3-30）。该系列宫廷寻宝款手机壳设计巧妙，内层嵌有金沙，金沙下落仿佛祈福时落下的丝丝金雨，还有几只夺宝旗飘忽而落，随着金色流沙的飘落，一幅藏宝图徐徐展开，伴有祥云缭绕。

第二，Bronze Lucia紫禁城雪景款手机壳（图3-31）。这款手机壳背后的图案取自实景拍摄下的顺贞门，仿佛是正从镜头中窥见的宫廷美景。场景设计巧妙：当雪花在宫门前落成了一个软绵的雪堆，小太监的半个身子就会被白雪淹没，几个小宫女手捧茶盏，在“雪景”中若隐若现，几个小太监望着紧闭的金钉红门，宫门仿佛随时会开启，宫里的主子将会走出来。

第三，Bronze Lucia宫妃寻美款手机壳（图3-32），是系列的宫妃寻美手机壳。这款手机壳背后的图案以老上海火柴盒的美人形象为基础，封面上还有以老上海时代的广告字体写着的“天干物燥，小心火烛”，带着几分复古又摩登的气质。火柴盒和宫妃形成了一种“蒙太奇”式的组合，没有什么逻辑关系。这

图3-30 Bronze Lucia宫廷寻宝款手机壳

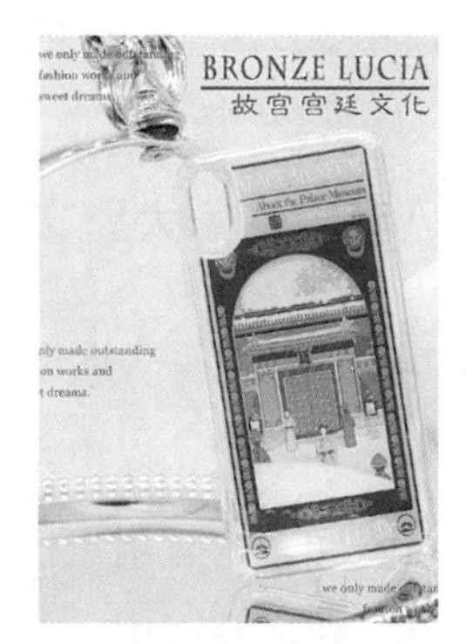

图3-31 Bronze Lucia紫禁城雪景款手机壳

（图片来源：https://item.taobao.com/）

一设计完全从感性出发，试图用错位的时空去颠覆人们的传统思维，这种无厘头的设计方式给消费者带来了耳目一新的感觉。作为辅助设计的宫中石狮子威风凛凛地与美人对视，银色流沙缓缓落下时就会掩盖石狮子，似乎是在暗暗表达着深宫中宫妃的思绪。考究的小宫灯如同从画轴中裁下来的那般精细，透露着专属于东方的精致。

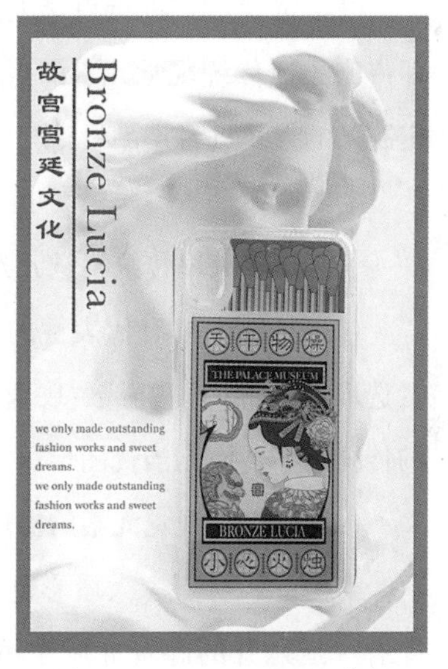

图3-32 Bronze Lucia宫妃寻美款手机壳

就设计层面看，这三款手机壳都没有对造型进行改变，流沙形式也很普遍。但是，其设计之创意，是设计师将流沙与手机外壳的图案进行了巧妙的设计，使其充满了趣味性和故事性，进而形成了该产品与消费者的互动。可见，有趣且巧妙地运用恰当的图案，可以增加消费者对产品的好感程度，让他们记住由此带来的快乐文化体验和精神享受，从而选择购买此类能够带来体验的文化创意产品，并以此为媒介搭建起消费者与文化内涵紧密联系的桥梁。澳门晚清华商卢氏故居文化创意产品设计可以借鉴与尝试这种视觉设计表达方法，并在此基础上创造出更为新颖的文化创意产品。

第四节　卢家大屋文化创意产品的设计实践

本节是针对卢家大屋进行的文化创意产品设计实践。其内容是在前几节理论研究的基础上，以卢家大屋为具体设计对象与载体，从建筑室内装饰寻找传统视觉元素，且用当代设计表现手法进行提炼与再设计，实现传统与现代的结合、转换与应用，最终完成的二维平面卢家大屋文化创意产品系列设计。其目标是以视觉传达设计作品践行设计理论，并努力将设计理论与设计实践相结合，实现在设计理论研究基础上的系列设计作品的成果转化。

以半定制形式进行卢家大屋的文化创意产品设计，大致可以分为三步，即卢家大屋传统视觉元素的当代设计转换、图形字体转换与再设计、用“半定制”的方式进行产品设计与图形应用。

一、卢家大屋传统视觉元素的当代设计转换

首先是选取具有代表性的建筑室内装饰视觉元素，并进行图形提炼。笔者选取了“屏门”“窗”“玫瑰灰塑”三类视觉元素进行提炼，使立体或平面的传统图案转换到当代图形。

1.“屏门”视觉元素的提炼

第一，针对卢家大屋彩色玻璃屏门的图形提炼（图3-33）。卢家大屋茶厅有一道六开的起着屏风作用的档中，又称“屏门”。屏门的格心为棂条花纹夹彩色玻璃，裙板上刻有花草，横批为通风棂格。彩色玻璃是卢家大屋最具代表性的装饰元素之一，有着浓厚的中葡文化融合的韵味。鉴于此，笔者将彩色玻璃屏门图形化且提炼出来，在保持原有配色的基础上，将饱和度适当地提高，并用时尚的荧光色来表现，使之在不失传统意义的基础上更加现代，富有时代特点。卢家大屋彩色玻璃屏门的图形提炼可以在相关文化创意产品设计中得以应用。

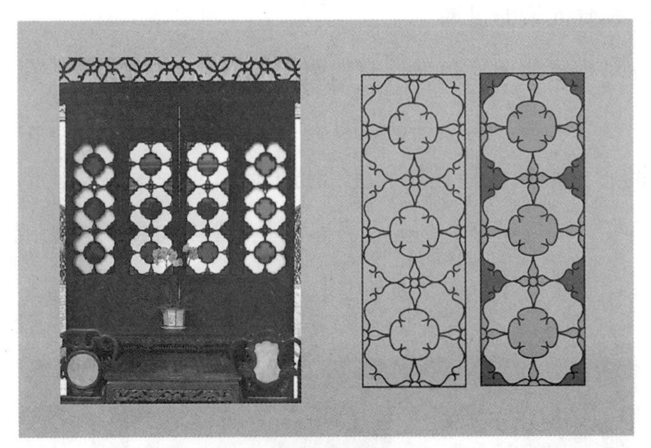

图3-33　卢家大屋彩色玻璃屏门图形提炼
（图片来源：李洋艺拍摄与设计）

第二，针对卢家大屋屏门字体的图形提炼（图3-34）。在卢家大屋正厅后墙有一道六开的屏门，该屏门上除了常规的花草图案之外，最引人注目的是格心的“富贵荣华”四个字，内装玻璃透红色。笔者将“富贵荣华”四个字提炼出来，在保留其本身字架的同时，将笔画的字头由圆头改为方头，并且减少笔画弯曲程度，使四个字除字头外都呈直线。这样做，可以减少字体繁复和古典的感觉，在增加现代感的同时，又保留传统的精神价值。“富贵荣华”字体设计可以应用在卢家大屋文化创意产品有关字体设计上，用来重点突出卢家大屋的美好生活寓意和意愿。

图3-34　卢家大屋屏门字体图形提炼
（图片来源：李洋艺拍摄与设计）

2.“窗”视觉元素的提炼

首先，针对卢家大屋彩色玻璃窗的图形提炼（图3-35）。卢家大屋的窗式分为五类，最具有中葡文化融合特点的是二楼的彩色玻璃窗。笔者认为，由菱形组合而成的彩色玻璃窗最具代表性，利于后续卢家大屋文化创意产品的设计。所以，笔者只提取了格心部分，省略了其他装饰。将彩色玻璃窗图案提炼出来后，笔者在保持其原有配色的基础上，将饱和度适当地提高了。

图3-35　卢家大屋彩色玻璃窗图形提炼
（图片来源：李洋艺拍摄与设计）

其次，针对卢家大屋蚝壳窗的图形提炼（图3-36）。在玻璃出现之前，蚝壳窗式是包括澳门在内沿海地区岭南建筑的典型窗式，也称云母窗、珍珠贝壳窗等。它是工匠用手工制作的方法，将蚝之类的贝壳加工磨制成大小相同、薄而透明的蚝壳片，镶嵌在窗棂上作为玻璃使用。《澳门记略》就有“外结琐窗，障以云母”[①]的记载。目前这种蚝壳窗只在澳门卢家大屋、郑家大屋和福隆新街等地还能看到。而且，卢家大屋的蚝壳窗由六角棂格心内嵌蚝壳制成，优美且极具独特性。因此，现存的卢家大屋蚝壳窗显得弥足珍贵。笔者认为，蚝壳窗图案可以转化为连续性图案进行再设计，使其成为优美而又具备传统装饰意味的艺术形式。而且它也是卢家大屋室内装饰设计较为典型的代表性装饰艺术，可以作为底纹应用于多种文化创意产品中。

① （清）印光任、张汝霖：《澳门记略》，赵春晨点校，广东高等教育出版社1988年版，第60页。

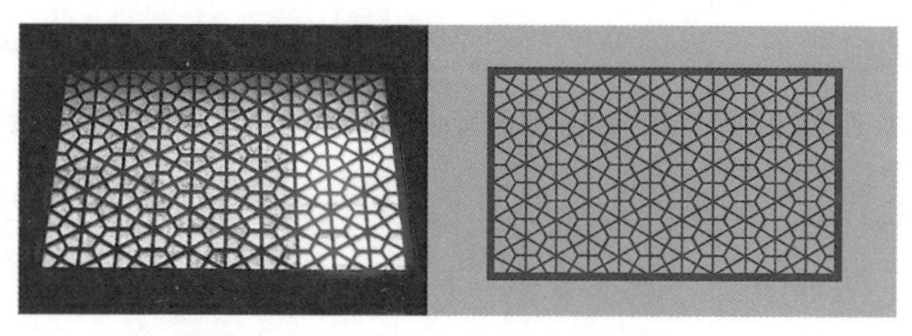

图3-36　卢家大屋蚝壳窗图形提炼
（图片来源：李洋艺拍摄与设计）

3．“玫瑰灰塑”视觉元素的提炼

在卢家大屋室内所有的灰塑中，玫瑰图案出现得最多（图3-37）。玫瑰图案也是卢家大屋内具有典型葡式风情的图案。所以笔者认为，玫瑰图案是最能代表卢家大屋的图案之一。提炼过的玫瑰图案有两种形式：第一种是以面的形式组成玫瑰图案，基本还原玫瑰灰塑的形象，是单一的从立体到平面的过程；第二种是以线的形式组成玫瑰图案，使其接近一个闭合的三角形。以此来设计卢家大屋的文化创意产品，突出卢家大屋的特点，借玫瑰灰塑转化而来的图案表达美好生活的寓意，应该是不错的选择。

图3-37　卢家大屋灰塑图形提炼
（图片来源：李洋艺拍摄与设计）

二、图形、字体转换与再设计

这一步的难点主要在于使用哪种方式进行再设计。如何在保证传统韵味的同时，用当代设计语言增加时尚度和流行性。以下将从图形和字体的组合与再设计进行论述：

1.多种图形转换、组合与再设计

经过各类图案提炼之后，笔者觉得单纯将图案拼凑起来应用会显得效果平平，所以决定增加一些辅助图形。卢家大屋中的窗楣都是圆拱形，外窗是葡式百叶窗与花棂嵌彩色玻璃的圆拱窗组合而成，具有非常浓郁的葡国风情。因此，笔者选取圆拱形为辅助图形，将已经提取好的纹样进行拼贴和组合，并进行了两种组合方式的尝试（图3-38）。同时提取了卢家大屋彩色玻璃窗的配色，为了使其更符合当代审美，笔者以卢家大屋外墙的青灰色为底，将颜色的饱和度提高，并将色彩进行了细微的调整。在具有视觉冲击力的同时，展现出卢家大屋的配色特点。

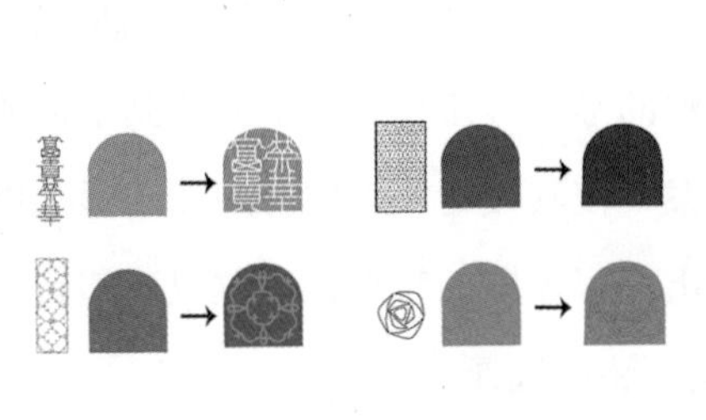

图3-38　卢家大屋视觉元素图形设计
（图片来源：李洋艺设计）

2.多种字体转换与再设计

卢家大屋是典型的清代末期建筑，笔者以卢家大屋神龛中的刻本字体为基础，借鉴清代初期《中庸》的活字刻本，使字形宽扁，保留木刻味道，使字体显得朴实硬朗；再加上横竖笔画粗细对比强烈，撇笔出锋突出，折笔处简练果断，呈现出浓厚的刀刻字风格，给人很强的视觉冲击力，同时将彩色玻璃窗和蚝壳窗中都有的六角菱形融入字头中。除了“卢家大屋”“卢九”“卢廉若”这些字的常规字体，笔者还将“一代赌王”“猪肉大王”和“澳门皇帝”等字用于字体设计上面，通过同样的方式转换再设计出来（图3-39），以展现卢氏父子的历史故事。

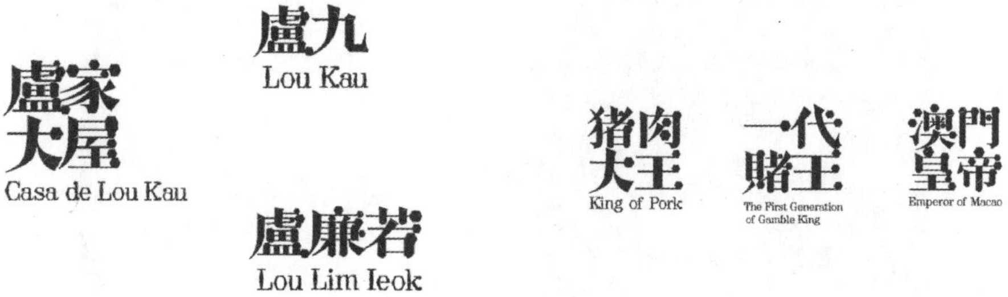

图3-39　卢家大屋字体设计
（图片来源：李洋艺设计）

三、“半定制”方式的设计应用

“半定制”就是在一定范围内给购买者设计自己产品的空间，产品要具有可变化性和趣味性。笔者设计了冰箱贴、手机壳、胸针三种产品，下面将逐一论述。

1．“父子择一”冰箱贴

“父子择一”冰箱贴由身穿清朝官服的卢九、卢廉若人物形象的卡片和字体、图案冰箱贴组合而成。首先，笔者以卢九和卢廉若的形象为基础，创作出了一个穿清朝官服的人物形象卡片（图3-40）。卢九穿清朝官服的照片最为有名，选择它没有异议；就卢廉若而言，虽然留存照片中没有他穿着清朝官服的照片，但是据历史记载，卢廉若也曾为清政府官员。其次，设计字体、图案冰箱贴。字体冰箱贴是“卢家大屋”“卢九”“卢廉若”“一代赌王”“猪肉大王”“澳门皇帝”的汉字与英文的结合，为保持“父子择一”这组冰箱贴设计整体风格的干净、简约，其配色选用黑、白两色；图案冰箱贴是拱形，带有再设计图案，其配色取自卢家大屋彩色玻璃窗的配色，并在此基础上增加颜色的饱和度，使色彩更符合当代审美趋势。如何使用“父子择一”冰箱贴呢？由消费者选择是使用卢九还是卢廉若人物形象卡片为底，然后再选择不同人物名字及对应称号的冰箱贴，并随意搭配图案冰箱贴，组合后可以吸在冰箱或其他铁制品上。其设计目的是突出卢家大屋卢氏主人翁的形象，以及体现出中葡文化融合的艺术特质，并形成传统文化艺术与当代设计手法结合而形成的设计风格。

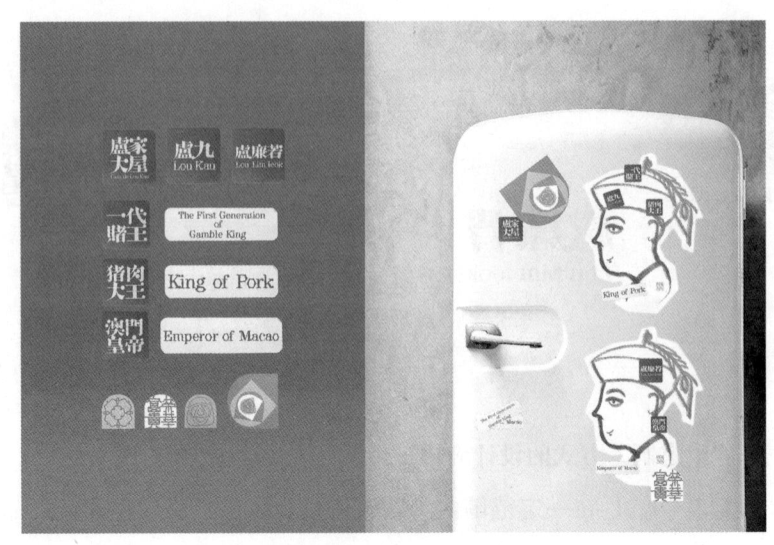

图3-40 “父子择一”冰箱贴
（图片来源：李洋艺设计）

2.“卢氏循环”手机壳

手机壳设计，即手机外壳设计，是设计师根据手机的形态赋予手机外壳表面以字体、图形和符号等视觉语言的设计，属于日用产品类设计。很多人为了保护手机不受损坏，常常为它套上一个手机外壳，因此，手机壳设计为设计师提供了一个设计平台。手机壳的造型设计由手机自身形状而定，因此，设计样式不是很多；而手机壳上的色彩、图形、图案、符号则可以丰富多彩、形式多样。以卢氏父子为主题，笔者设计了一款魔术贴手机壳（图3-41）。

此方案，一方面选取了已经过提炼且再设计的“一代赌王”“澳门皇帝”“猪肉大王”等卢氏父子别称的字体设计视觉元素，从而表达对卢氏父子爱国爱民精神的敬仰；另一方面选取了已提取且再设计的室内装饰图案和拱形图案设计视觉元素，用来表达卢家大屋的建筑室内设计风格特征。手机外壳的材质为塑胶，并采取了魔术贴的方式，供消费者任意选择自己喜欢的魔术贴纸，并搭配出专属的手机壳。更关键的是，该手机壳的贴纸还可以反复使用，在兼顾时尚的同时又很环保，可以说是集安全实用、时尚美观和生态

图3-41　“卢氏循环”手机壳
（图片来源：李洋艺设计）

环保为一体，符合当代社会的设计理念与原则。

3.“玫影”徽章

“玫影”徽章（图3-42）是以“卢家大屋”文字与卢家大屋玫瑰灰塑图案上下叠加形成的新图形。它既可作为一枚纪念章收藏，又可作为一款胸针使用。“玫影”徽章富有卢家大屋文化内涵和多元文化的艺术特色，既有收藏价值和观赏价值，又有实用价值和传播意义。

“玫影”徽章在设计上最大的特点是形态、字体与图形浑然一体，其形态为圆形，具有圆满、和谐的寓意，字体与图形融入或镶嵌于圆形之中；其配色以卢家大屋彩色玻璃窗的红色和蓝色为主，字体颜色为青灰色，选取自卢家大屋的外墙眼色，突出表明“玫影”徽章的主题内容。另外，消费者在购买这款胸针的同时，会获得附赠的两个可替换的底色卡片，只需要打开徽章底座，将底色替换，利用图与底之间颜色关系的变化，就会产生三种不同的图形，可谓“买一得三”，该设计追求趣味性、多样性与生态意识的紧密结合。

图3-42 “玫影”徽章
（图片来源：李洋艺设计）

“玫影”徽章，一是可以赋予日常小饰品澳门卢氏家族的风范；二是比较符合当下饰品的流行趋势，同时能够增加文化创意产品的趣味性，满足消费者文化与审美的需求。如此设计，在满足消费者文化艺术需求的基础上，更加追求实现产品的生态意义和环保意识的设计原则。当然，在整体设计风格上，与其他文化创意产品保持了风格上的一致，体现了既传统又现代、中葡文化交融的艺术风格。

4.包装设计

卢家大屋文化创意产品包装主要分为外包装、礼盒、冰箱贴包装、魔术贴贴纸包装等。“卢家大屋”字体作为品牌logo应用于各类包装之中。

其一，礼盒包装（图3-43）。礼盒包装外表印有简洁的卢家大屋logo，礼盒中的包装纸印有多种组合形式的卢家大屋室内装饰再设计图案，礼盒可装“玫影”胸针和“卢氏循环”手机壳等。其二，冰箱贴包装（图3-44）。冰箱贴包装正面是与冰箱贴对应的图案和文字，为了使消费者更好地了解卢家大屋的历史文化和卢氏父子的传奇故事，图案背面印有相应的文字，解释卢九被称为“一代赌王”“猪肉大王”和卢廉若被称为“澳门皇帝”的缘由，为购买者、消费者补充相关历史知识，传播卢氏父子爱国、敬业与慈善的精神。

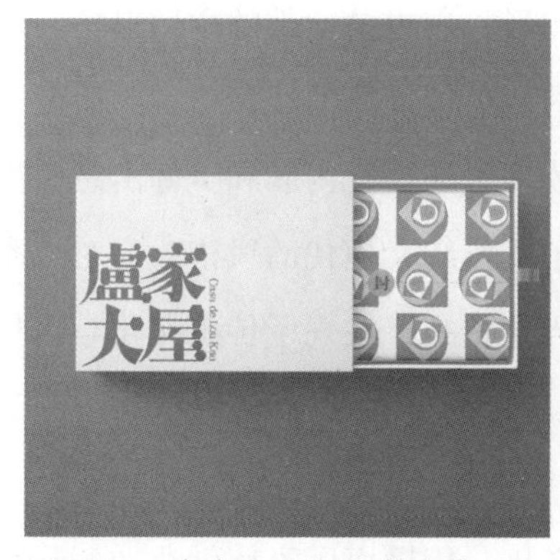

图3-43　卢家大屋文化创意产品礼盒包装
（图片来源：李洋艺设计）

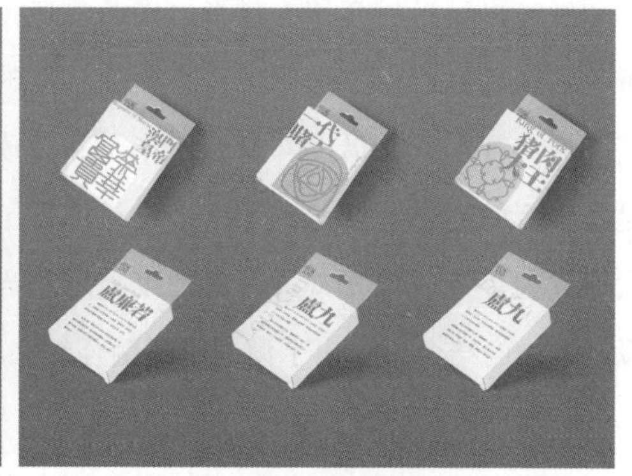

图3-44　冰箱贴包装
（图片来源：李洋艺设计）

其三，魔术贴纸包装（图3-45）。魔术贴纸包装是一款简单的纸袋包装，包装上有透明塑料材质的拱形区域，主要是为了方便消费者自由选取自己喜欢的贴纸，直接“制作”出独有的贴纸礼包，同时也方便商家搭配好后以礼包形式售出。

图3-45　魔术贴纸包装
（图片来源：李洋艺设计）

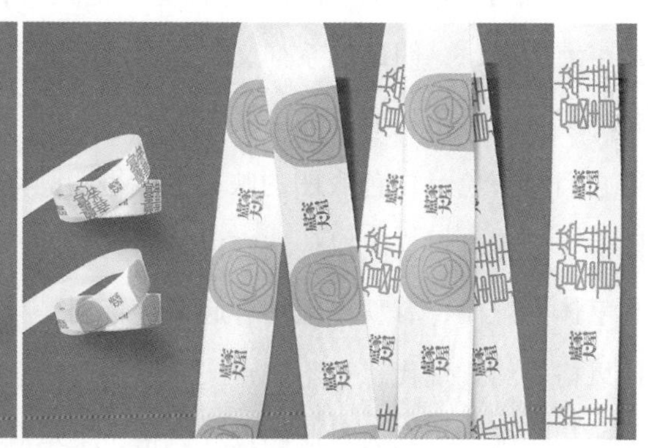

图3-46　包装丝带
（图片来源：李洋艺设计）

此外，为方便消费者将卢家大屋文化创意产品作为伴手礼送给亲朋好友，笔者还设计了两款包装所用的丝带（图3-46），供购买者选择。该包装丝带，其logo仍然使用“卢家大屋”。丝带纹饰选用了“富贵荣华”字体设计图形和经过再设计后套印在拱形之中的玫瑰图形，它也是丝带的主题形象。丝带色彩则选择了卢家大屋中富有典型特征的彩色玻璃窗的红、蓝，并适度提高了饱和度，意在借助“富贵荣华”和“玫瑰”的文化内涵和美好寓意，满足购买者的心理与文化需求。该设计体现了既传统又现代的风格，是对卢家大屋室内传统装饰元素进行的适度提炼与当代转换，实现了传统文化与当代设计手法的结合，突出了澳门中葡融合的文化特色。

5.推广用品设计

为了更好地宣传澳门华商故居的历史文化，传播卢氏家族创业、慈善精神，提升卢家大屋系列文化创意产品的关注度，并使卢家大屋系列文化创意产品更加完善、更有吸引力，笔者还设计了部分推广用品。一般而言，推广用品是指为了推销产品而做的宣传用品，其设计风格与内容应该与产品一致。鉴于此，笔者设计了卢家大屋系列文化创意产品的推广用品，包括海报、宣传单、门票、挂牌等（图3-47、图3-48）。由于设计推广用品是为了宣传卢家大屋文化创意产品，因此，推广用品的logo、图形、字体、色彩、构图应该与卢家大屋系列文化创意产品设计诸要素对应。其logo仍然使用“卢家大屋”，明确该系列文化创意产品的卢家大屋主题；其配色，采用的是卢家大屋彩色玻璃窗的主要色彩——红色和蓝色，并适当提升饱和度，使得它们在灰色、白色底图的映衬下显得明亮夺目，以增加logo的现代感；其图形，是将对卢家大屋传统室内装饰元素进行再设计的拱形图案、玫瑰图形和字体有规律、有秩序地结合起来，特别是灵活运用拱形，使该设计方案整体风格简约、现代，且不失卢家大屋的传统意味。这组推广用品与创意产品形成相互统一、互为对应的设计风格，秉承既传统又现代的设计原则，在对卢家大屋室内传统装饰元素进行的适度提炼与当代转换中实现传统文化艺术与当代设计手法的结合，且突出卢家大屋的文化主题及其澳门中葡融合的文化艺术特质。

上述卢家大屋文化创意产品视觉表达设计方案的目的是对澳门晚清华商卢氏故居文化创意产品设计的理论与实践。具体的卢家大屋文化创意产品的设计

图3-47　卢家大屋宣传单
（图片来源：李洋艺设计）

图3-48　卢家大屋宣传产品
（图片来源：李洋艺设计）

实践是对以卢家大屋为研究对象与载体的传统视觉元素的再设计，在此基础上完成的卢家大屋文化创意产品的系列设计方案，包括以卢家大屋图形设计转换和卢家大屋文字字体设计转换为基本视觉元素的“父子择一”冰箱贴、“卢氏循环”手机壳和“玫影”徽章等卢家大屋系列文化创意产品，以及包装和推广设计。卢家大屋文化创意产品系列设计方案，在设计风格和设计手法上保持了相应的统一性和关联性，在设计内容上又有细节上的不同，既有区别又有联系。其视觉语言表达的主题较为明确，符合集安全实用、时尚美观和生态环保为一体的设计理念与原则，希望能够满足广大消费者对文化艺术、实用功能、安全环保等方面的诸多需求，实现传统文化艺术与当代设计手法的结合，且突出卢家大屋的主题及澳门多元文化的艺术特质。

第四章
致用利人：互联网产品设计的人文关怀研究

互联网产品的定义与传统产品的定义有所不同，互联网产品主要指以互联网为基础的满足用户需求且具备营利性质的功能和服务的综合体，主要表现形式有网站、电脑软件、手机应用程序等。互联网产品设计则是指在用户研究和数据分析的基础上开展的针对互联网产品的一系列设计与开发，其中主要包括需求分析、产品策划、原型设计、交互设计、视觉设计、开发测试等。随着各类智能设备的普及化，互联网产品逐渐进入人们生活的各个角落，从线上购物到网课学习再到云医疗等公共网络服务平台，不同类型的互联网产品层出不穷。而互联网产品设计中的人文关怀实际上就是设计对人的关怀。把人当作设计关怀的对象时，人便不再是一个抽象的概念，而是作为设计产品的使用者、设计服务的体验者而存在。对于产品设计人员而言，就必须将人的感知能力、心理状态、生活习惯、社会环境、文化背景等加入设计考量的范围，通过设计满足人们的需求，优化人们的使用体验，引导、规范人们的行为，平衡人与产品、人与人、人与社会之间的关系，丰富人们的生活方式。本章主要从设计学、人文关怀等角度探究互联网产品设计中人文关怀的表现形式，即互联网产品设计的情感化表现、个性化表达和生活化呈现，深入分析不同形式的设计关怀如何影响用户体验、促进用户成长。

第一节　互联网产品设计的情感化表现

互联网产品设计的情感化表现就是将情感关怀融入互联网产品之中，根据用户的使用行为来建立适当的功能架构，通过体贴入微的行为关照，建立起互联网产品与用户的情感联系，优化产品与用户之间的互动，强化交互效果，减轻用户在日常工作生活中的精神压力，让用户体验到被关怀的感觉。我国互联网行业发展势头正旺，各类互联网产品如雨后春笋。不可否认，互联网产品的主要目标就是获取商业利益，然而一味地急功近利终将损坏用户与互联网产品之间的和谐关系；另一方面，互联网产品良莠不齐，由于信息技术的可复制性与技术性导致不少互联网产品存在功能雷同、交互体验欠缺等问题。部分设计人员更是认为互联网产品的价值只在于使用功能的开发方面，不需要在人文关怀方面倾注过多的注意力。但弗兰克・史皮勒（Frank Spillers）认为“情感，与态度、期望和动机有着千丝万缕的联系，它在对产品交互的认知过程中发挥了重要的作用……认为情感和认知是相互独立的信息处理系统的观点是有问题的”。在他看来，“情感是一种认知手段，也是令人感觉愉快的产品的设计含义”。[①]

确实，重视情感的互联网产品犹如一出编排精良的戏剧，通过引人入胜的交互界面抓住用户心理，利用恰当的流程架构引导用户的操作使用，使用户在使用体验结束之际依旧恋恋不舍，给用户带来意犹未尽之感。如果互联网产品的设计人员将用户的情感心理和使用行为结合起来，把设计的重点放在如何有效地吸引用户参与互动、引导使用行为和帮助建立合理的使用习惯等方面，就能够为用户带来良好的情感体验，优化产品与用户之间的互动，进而提升用户的使用体验。

---

① [美]斯蒂芬・P. 安德森：《怦然心动——情感化交互设计指南》，侯景艳、胡冠琦、徐磊译，人民邮电出版社2012年版，第32页。

一、互联网产品不当的情感表现

如果我们将用户使用传统产品的过程与使用互联网产品的过程进行对比，可以发现诸多不同。比如传统产品与用户之间的信息交流大都是单向、不连续的，即用户只能从产品外观、使用方法中获取信息，产品无法对用户获取信息的行为操作进行反馈，用户和产品之间没有连续的信息互动；互联网产品则与用户形成了双向、无间断的信息互动，即在用户进行鼠标点击、划动屏幕等操作后，互联网产品能够将操作结果即时地反馈给用户，促使用户从反馈结果中获取需要的信息进而决定下一步操作，这样用户与互联网产品之间就形成了连续的信息互动。除信息交流的变化外，互联网产品的交互情境与传统产品相比也发生了极大的改变。在传统产品交互情境中，产品的相关信息可以通过产品外观与使用方法明确地呈现给用户，用户只需观察产品外观、对产品进行简单的操作即可获取需要的信息，传统产品构建的交互情境对用户的影响较小；互联网产品的交互情境则与之大不相同，大量的信息隐匿在互联网产品构建的交互情境之中，用户必须主动与产品进行互动，从交互情境中获取信息才能明确下一步的操作，互联网产品的交互情境对用户行为产生了深刻的影响。过去人们可以通过产品的外形对产品功能、使用方法等形成初步认知，进而通过物理按键以及预先设定好的使用流程来进行相关操作，满足自身的使用目的。然而对于互联网产品来说，过去产品上的物理按键变成了现在网站或应用程序的虚拟按钮，过去一目了然的产品外形转变成了应用程序的数字界面，产品的操作逻辑均隐匿在数字界面之后，用户只能从数字界面展示的信息中大致了解该产品所具备的功能，对于如何使用产品某一功能、如何利用这些功能实现自己的使用目的等犹未可知。与过去简单明确的产品交互情境不同，当用户进入互联网产品构筑的使用情境中，用户需要频繁地与应用进行互动，这样才能获取足够的信息来达成自己的使用目标。如果互联网产品的操作流程设计不能恰当地匹配用户的操作行为，就会影响用户获取信息的效率，给用户带来糟糕的使用体验，引发用户的挫败感，给用户留下产品功能分布不合理、操作使用不顺畅等印象。此外，一味地放任用户沉浸在应用营造的虚拟空间之中，不对用户的使用行为加以引导，也会对用户造成恶劣影响。

随着信息技术的发展，互联网产品为用户带来了更加便捷、精确的信息交互。产品可以根据用户的兴趣爱好实现精准的消息推送，然而看似精准的消息推送并没有给用户带来优质的阅读体验，反倒给用户带来了诸多困扰，譬如过度频繁的消息提醒、令人眼花缭乱的信息页面等。多数互联网产品均存在推送消息过度频繁的情况，应用常常借助一遍遍的消息推送来获取人们的关注，吸引人们点击浏览。然而这对于用户而言是一个十分痛苦的过程，用户的工作或娱乐被频繁的消息提醒打断，使得用户不得不从正在进行的行为流程中抽身而出，从冗杂的推送消息中筛选出自己需要的信息；令人眼花缭乱的消息弹窗虽然可以瞬间吸引用户的注意力，但用户也会因为消息太多而无法在第一时间找出关键信息，最终导致无法抓住消息的重点。过于冗杂的信息与人有限的信息处理能力之间的摩擦必然会激发用户的焦虑与烦躁感，继而影响处理信息的效率。

2012年一位名为黄庆红的务工人员因买不到回家的车票向铁道部写信诉苦称“网络购票太复杂”；辛向阳曾在《从用户体验到体验设计》一文中，分享他因连续几十次验证码输入错误而不得不放弃注册某软件的经历。这些事例反映出了用户因互联网产品信息交互不畅而产生了负面情绪。互联网产品大都存在为吸引用户访问使用，在保留主要功能的前提下添加诸多辅助功能的情况，但是一味地堆积功能不仅没有吸引用户的注意力，反倒给用户带来了糟糕的情感体验。人们不得不在众多功能中找出自己最需要的那一项功能，若是一不小心点击进入了一个陌生的页面，又需要返回最初的操作界面，在连续的点击操作过程中，一些人在页面变换之间逐渐感到混乱。额外的信息互动与复杂的功能堆砌非但没有给用户带来便利，反而增加了用户的疲惫感。

此外，互联网产品常利用沉浸式的用户体验吸引用户进行操作。沉浸式的用户体验确实可以丰富用户的观感，还能够吸引用户的注意力，增强用户黏性，例如微信读书干净整洁的阅读页面、抖音的下滑屏幕自动播放视频功能、游戏全景式的娱乐体验等。但是过度的沉浸体验在吸引用户的同时，也给用户带来了诸多不良影响。相较于现实世界，沉浸式交互体验给用户的视觉、听觉带来了更高强度的刺激，当用户适应了这样强度的刺激后，对待日常生活，他的注意力会逐渐分散，对现实世界的感知也变得越来越迟钝，就像“谷歌效应”一样，越来越多的人利用互联网产品储备信息，过度依赖于搜索引擎、百科、电子词典等，将本该由大脑记忆的知识转移到了互联网产品中，用户经常出现提笔忘字、语言匮乏等情况，更有甚者会过度依赖屏幕，频繁地打开手机刷新页面、强迫性地使用应用等。世界卫生组织在2018年年初就把“游戏成瘾”加入《国际疾病分类》之中，并将其定义为精神疾病。除此之外，一味地放任用户沉浸在应用营造的虚拟空间之中将导致用户与现实世界脱节。人们越来越沉浸在短暂的交往中，从一局组队游戏、一场实时直播、一次评论回复中获取情感回应，“低头一族”越来越多，甚至在面对面交往的现实情境中仍沉浸于互联网产品，无暇顾及现实世界，出现了“越联系越疏远”的情况。这些加重了用户孤独感，最后影响用户的正常生活。本该以人为中心的互联网产品逐步瓦解了人与真实世界的联系，以强硬的姿态介入人们的日常生活之中，长此以往必然会对人的发展造成更大伤害。

随着信息技术、网络技术的发展与普及，人们的关注点已经从“互联网产品可以为我做什么”转移至“我能够利用互联网产品做什么”。互联网产品设计的人文关怀最直观的表现就在于满足用户的需求，然而用户的需求已经从简单的功能性需求转移到情感交流以及满足自我追求等方面。“好的设计也许最终是一种精神状态，物品以这种方式被人们理解”[①]，对于互联网产品而言更是如此。在市场竞争愈发激烈的今天，越来越多的互联网产品出现功能雷同的现象，互联网产品设计的情感化表现将优化互动功能放在首位，利用

① 高颖、王双阳：《从现代设计人文关怀内涵的转变看设计伦理的发展》，《文艺研究》2010年第11期。

趣味性的交互吸引、感动用户，凭借熟悉的交互引导关怀用户，在用户与产品一来二去的互动中塑造用户行为，帮助用户形成良好的使用习惯，这便是互联网产品设计情感化表现的价值所在。

二、互联网产品趣味的交互吸引

趣味，从字面上理解就是使人感到愉快、有意思，能引起人的兴趣。孟德斯鸠曾在《论趣味》中提出，“趣味的最普遍的一个定义，就是通过感觉而使我们注意到某一事物的那种东西”[①]。趣味性与单纯的娱乐性不同，就互联网产品的交互而言，娱乐性交互的主要目的是让人们放松身心，体验交互过程带来的轻松与愉悦；而趣味性交互的目的则是为用户带来愉悦心情的同时激发用户兴趣，吸引用户与产品展开更加深入的交互。设计师张剑就曾用“镌在产品上的微笑”来形容趣味化设计，试图利用趣味化设计激发其作品的生命力。用户与互联网产品的交互过程必然要经历相互吸引、互动发起、互动反馈以及用户感受形成这几个步骤，设计人员通过有针对性地添加设计要素来增加互动吸引的趣味性，不仅可以在互联网产品与用户之间建立情感联系，给用户带来新鲜感，激发用户的好奇心，减少用户初试应用时的不知所措，还能够驱动用户在使用产品过程中不断探索产品功能，体会使用产品达成目标所带来的成就感。

互联网产品趣味的交互吸引主要体现在两个方面，其一是以变生趣。在用户与互联网产品初次相遇之际，用户对应用的认识仍处于相对模糊的状态，一个简单有趣的交互不仅能够减少用户与互联网产品之间的认知摩擦，还能够吸引用户的注意力，提升用户对应用的兴趣。《文心雕龙·章表》有云：“应物掣巧，随变生趣。”意思是根据事物自身的特点采取适当的方式，在变化之中便产生了意趣。熟悉的事物可以让人产生亲切感，陌生的事物则给人带来不确定

① [法]孟德斯鸠：《罗马盛衰原因论》，婉玲译，商务印书馆1995年版，第140页。

感，互联网产品可以将两者结合起来，通过适度的变化减少用户面对应用时的不知所措，同时吸引用户与之展开互动。

首先，从生理层面来讲，互联网产品非常重视用户的视觉体验，由此设计师可以利用互联网产品与借鉴元素之间的相似性，通过奇特的外形与别具一格的色彩搭配吸引用户的注意力，使用户在与应用展开的短暂互动中获得与以往经验不同的感受，用户在细细品味中恍然大悟，产生别样的趣味。譬如应用程序菜鸟物流的图标（图4-1）。菜鸟物流是一款以查询物流信息为主要功能的应用程序，此程序从“送子鹳”中提取元素，将图标设计成一只飞鸟叼着包裹的形象，生动明了地展示了该应用的主要功能，由此从物流类应用中脱颖而出。

图4-1　应用程序图标对比图
（图片来源：王静文制）

其次，从行为层面来讲，设计师可以利用互联网产品与借鉴元素之间的差异性，即从人们熟悉的事物中提取设计元素，将这些元素与互联网产品中的行为操作联系起来，这样似与不似之间便多了几分生动与活泼。以NEC媒体的环保项目“Ecotonoha”为例，用户可以在Ecotonoha网站上任意发布评论，而伴随着评论数量的增加，页面中显示的树木枝叶会越来越繁茂。设计者将最普遍的用户评论行为与人们熟悉的树木生长过程联系在一起，把用户评论当作树木的枝叶，每一根枝干都由不同的用户评论组成，用户可以看到自己的评论促使树木一步步变得枝繁叶茂，也因此从这样简单明了的互动中感受互联网产品的魅力。很多人常常会通过挤塑料泡泡这一行为来打发时间，“BubbleTimer”的设计师就是从这一日常游戏中得到了灵感。“BubbleTimer”将挤泡泡这一行为与时间管理结合在一起，将时间分段并以泡泡的形式显示出来，用户可以在不同的时间段安排自己的任务，完成任务后即可戳破时间泡泡。设计师通过时间泡泡这一元素不仅增加了时间管理的趣味，同样戳破泡泡这一互动也增加了用户的成就感。这样的趣味体验吸引着人们与应用发生交互反应，并从中获得愉悦感，促使人们深入探索应用构成，进而通过应用满足自己的行为目标。

互联网产品趣味的交互吸引其二则体现在以微提效方面。如图4-2、4-3所示，用户在使用必应（Bing）搜索引擎进行检索时，用鼠标点击搜索栏以后，背景会陷入阴影之中，整个页面仅保留了搜索栏的亮度。或许大部分用户都没有注意到这个亮度变化的细节，然而正是这一页面亮度转换将用户的所有注意力集中到搜索栏，以致不会被其他无关紧要的消息打扰，而是专注于检索信息。在信息技术发展迅速的今天，某一互联网产品推出一项新的功能以后，很快就能够在同类型的应用中发现类似的功能，例如同为搜索引擎的百度搜索与必应搜索。想要吸引用户必须提高产品的使用体验，从细节处丰富用户的使用感受。与必应相比，百度搜索之所以让人觉得单薄无趣，归根结底是因为其不重视用户在使用应用过程中与应用交互的细节。

图4-2　用户点击前的必应搜索引擎
（图片来源：https://cn.bing.com/）

图4-3　用户点击后的必应搜索引擎
（图片来源：https://cn.bing.com/）

当用户初次接触互联网产品或者不能熟练使用互联网产品时，重视交互细节，强化细微之处的用户体验，领会用户的意图，不仅能够方便用户使用，更能给用户带来丰富细腻的使用体验，具体应用方式主要包括刻意的细节展示与无意的细节引导。刻意的细节展示是指在互联网产品的使用过程中有意让用户感知到产品的存在，借此来增加用户的情感体验。例如应用程序的加载动画，用户在等待应用内容加载的过程中，内容加载过慢容易引发用户的烦躁感，哔哩哔哩应用程序为信息加载添加了动画特效，当用户下拉页面刷新时，哔哩哔哩标志性的小电视以左右摇摆的姿态出现在用户眼前，缓解了用户等待过程中的烦躁，提升了用户的情感体验。无意的细节引导则是指互联网产品通过不易察觉的方式让用户减少不必要的麻烦，使得用户的注意力集中到自身行为上，方便使用。比如必应搜索引擎通过背景与搜索栏的亮度区别促使用户集中到检索行为上，微信面对面红包（图4-4）自动翻转文字，方便不同视角的用户阅读。谷歌翻译亦是如此，用户使用翻译软件查询外语词语或句子时，会点击语音朗读按钮来学习发音，但常常因为语速过快而不得不多次点击朗读按钮以确保自己完全听清楚。为此谷歌翻译从细微之处入手，当用户首次点击谷歌翻译页面中的朗读按钮时，朗读语速正常；用户第二次点击朗读按钮时，朗读语速自动放慢。谷歌翻译通过设计不同的朗读语速为语言能力不同的用户提供了方便。

三、互联网产品体贴的交互行为

图4-4　微信红包页面截图
（图片来源：王静文截图）

12306购票网站曾因未考虑到购票用户的实际操作能力而致使外出务工人员写信诉苦，而实际上因注册验证不通过导致用户放弃应用的不在少数，因一次次错误点击而迷失在网络页面之中的情况屡屡发生，这些消极的用户体验正是由于互联网产品设计缺乏对用户行为方式的考量而造成的。对于用户而言，互联网产品首先是工具，也就是说互联网产品想要带给用户良好的使用体验，第一要务是保证产品好用。互联网产品设计体贴的互动引导就是依照用户的行为目标和行为方式，对界面排布、功能模块、信息结构等进行整合，一改用户初次使用的不知所措，减少产品带来的消极体验，增加产品的可用性。

如何理解“体贴”二字？体贴是细心了解他人的心理与境遇后，给予对方适当的关心与照顾。互联网产品设计与传统产品设计不同，传统的产品在设计过程中重视利用材料、结构和色彩装饰等元素来实现产品功能，而互联网产品设计因其特殊的产品特点、生产方式、传播方式等，更加重视产品与用户的行为互动。且对于互联网用户而言，他每天打开常用的网站或应用程序后，或浏览讯息，或消费娱乐，或与好友共享趣事，或参与社会热点讨论，互联网用户的行为操作极为多样。由此，互联网产品设计体贴的互动引导要求设计师转变观念，从用户行为入手。设计师需要知道产品的目标用户是谁，用户希望借助这一产品实现什么样的目的，用户大都是在什么样的场景下使用这一产品等问题。对比新浪新闻网站与谷歌搜索即可发现，新浪新闻网站（图4-5）采用了多种信息组织方式来决定首页新闻信息的分布，页面上方的菜单栏采用了分类组织信息的方法将不同的新闻划分到具体类别下，页面中不同信息模块以新闻主题为依据进行了层级划分，还包括专门设立的地方新

图4-5 新浪新闻网站首页截图
（图片来源：https://news.sina.com.cn/.）

闻模块等。它为用户提供了极为丰富的信息，只是这样的信息呈现方式使得用户不得不在大量的信息中找出自己需要的信息，大大增加了用户查找信息的难度与所需时间。而谷歌搜索（图4-6）则弱化其他产品信息的存在感，仅保留首页中心位置的搜索框，用户只需在搜索框中输入关键词，点击搜索便可以找到自己需要的信息。谷歌正是从用户的搜索行为入手，才简化页面展示元素，只保留了页面中心位置的搜索栏。在认识互联网产品设计的用户行为这一设计对象之后，还需要重视在设计过程中会采取的设计逻辑，即如何将用户的行为操作与互联网产品的信息架构结合起来。只有让互联网产品的信息架构最大限度地契合用户的行为方式，才能保证应用与用户互动的顺畅进行，减少用户的挫败感，优化用户的使用体验。

图4-6 Google网站首页截图
（图片来源：http://www.google.cn/）

以Flickr网站为例，Flickr首页设计极为简洁，只是在页面的中心处设置了“上传”“发现”“分享”三个模块入口，这样设计正是由于设计人员试图将用户行为与网站的信息结构结合紧密。Flickr作为图片分享网站，它的用户在使用时自然会想到自己可以对图片做什么，是上传、搜索还是分享，设计师并不像其他图片网站直接以分类的方式展示图片，而是把图片分类展示隐匿在用户后续的操作之中，将三种不同的用户行为路径直接呈现在主页上，最大限度地贴合网站用户的使用方式与心理。

研究用户行为，从中找出用户熟悉的操作关键点，在进行应用信息架构设计时将任务流程的关键节点与用户操作关键点进行匹配，可以引导用户完成使用目标，同时提高互联网产品的交互质量，实现对用户的情感关怀。

四、互联网产品理性的互动引导

互联网产品设计的情感化表现是通过趣味的互动吸引与体贴的交互行为给人们带来使用的乐趣，即带给人们更多的因可能性而产生的新鲜感，以及使人们在使用过程中因对世界有了新的认知与体验而产生的成就感与乐趣。而且互联网产品设计的情感化表现并不止步于此，如何借助设计来引导人们的行为，激发人们的自我探索并从中获得乐趣，这是互联网产品设计情感化表现的重中之重。面对互联网产品用户沉溺网络的情况，大部分应用都采取了必要的限制措施，如哔哩哔哩、爱奇艺、微博等应用专为青少年开发的青少年管理模式（图4-7）；Facebook（现更名为Metaverse）、Instagram等相继推出的时间管理工具。然而这类功能犹如鸡肋，无法给用户带来积极的影响，即便出现在屏幕中央，用户也大都是草草划过之后继续刚刚被打断的操作。提升互联网产品的用户活跃度是应用开发商的首要目标，而这使得应用的使用限制功能处境尴尬，如何在保证活跃度的前提下促进用户更加理性地使用互联网产品应是设计的关键所在。

斯坦福大学的福格（Fogg）教授曾提出劝导式设计的概念，在他看来，对于改变一个目标行为来说，动机、能力和改变行为的刺激因素三者缺一不可，而很多目标行为之所以没有发生，是因为缺乏合适的刺激因素。所以，只要有合理的刺激存在，用户的行为是可以发生改变的。因此本节将研究的重点放在互联网产品设计理性的互动引导之上。与强制性的限制措施不同，理性的互动引导更注重发掘设计的能动作用，建立与真实世界的联系，引导用户行为，激发用户的自我探索，具体表现在一方面将应用与现实活动联系在一起激励用户采取行动，另一方面通过应用内在机制来规范用户行为。首先，将应用与现实活动联系在一起是指将现实活动的部分元素或整个流程吸纳到应用的任务流程设计中，使得用户在和应用的交互过程中始终保持与现实的联系，并借此来激励用户，比如Walkr程序和蚂蚁森林。Walkr作为一款游戏应用，将现实行走这一行为与游戏中的星球建设结合起来，用户行走的步数转化为星球建设所需的能源。通过这种方式鼓励用户运动，用户运动的成果直接由星球建设的程度体现出来，提升了游戏带给用户的成就感，用户的运动意识也得到进一步的强化。与运动游戏程序Walkr不同，蚂蚁森林更强调环保意识与环保行为，产品将用户线下的环保行为转化为线上可视的能量球，用户通过收集能量来换取种树资格。蚂蚁森林的运作机制促使用户与线下环保行为保持紧密联系，不仅增加了用户种树的成就感，同时也提升了用户的道德感与环保意识。借助应用内在机制则是指在设计过程中预判用户在使用中可能出现的沉溺问题、道德问题等，提前将相对应的缓解机制嵌入互联网产品之中，借此来改变用户的态度，引导用户理性使用互联网产品，譬如时间提醒程序。

图4-7　青少年管理模式
（图片来源：王静文截图）

人们在使用互联网产品时常常因为沉浸其中而忽视了时间，时间提醒程序与其他时间规划类应用不同，该应用没有采用强制性措施来制止用户使用互联网产品，而是采用了倒计时的模式。程序将时间流逝的过程通过倒计时时钟的形式直观地展现给用户，强化了用户面对时间流逝产生的紧迫感，刺激用户自觉地采取行动。互联网产品设计理性的互动引导要求设计师在保证用户获得良好使用体验的前提下，重视设计中的伦理关怀，在面对商业利益诱惑时，保持设计的自主性。一个好的互联网产品不仅在于能让用户更简单便捷地使用，更重要的是能起到对用户行为的导向作用，在用户行为出现偏差时及时修正他们的行为，通过理性的互动引导帮助用户养成良好的使用习惯。

互联网产品设计的情感化表现将关注的重点放在了用户的使用体验上。互联网产品设计的人文关怀最基础的目标是满足人们对于使用工具的需求，而互联网产品设计的情感化表现就是将互联网产品看作与用户发生对话、互动的对象，这就要求互联网产品关注用户使用过程中的情绪变化，灵活地回应用户，为用户提供即时有效的反馈。在互联网产品与用户的互动中加入情感关怀，不仅能够借助趣味的互动吸引与体贴的交互行为提升用户的使用体验，更能够发挥设计的导向作用，通过理性的互动引导帮助用户形成良好的使用习惯。对于互联网产品的设计人员来说，互联网产品设计的情感化表现要求他们充分发挥互联网产品作为使用工具的能动性，关心用户的使用行为，丰富用户的情感体验，真正实现对用户的情感关怀。

第二节　互联网产品设计的个性化表达

个性指的是一个人通过情感表现、行为模式等所体现出的，不同于他人的性格特征。互联网产品设计的个性化表达重点关注用户利用互联网产品获取信息、创作内容等行为，将个性关怀融入互联网产品之中，借助可视化的方式将用户的行为展现出来，帮助用户更加明确地认识自我，同时搭建适宜的创作环境引导用户的个性化表达。进入信息时代，互联网产品的设计对象较从前发生了许多变化，互联网产品设计从传统物质产品的结构功能设计转变为以用户行为为主要参考因素的交互设计。且互联网产品设计除了自身的功能性设计外，还包括信息传播过程的设计，即对于互联网产品所承载的信息内容和呈现形式的设计。面对目前普遍存在的“个性”推荐限制、过分注重“人设”等盲目个性现象，互联网产品设计必须重视用户的自我表现，将个性关怀融入设计中，依靠负兴趣点的设定扩展用户视野，借助游戏化的情境激发用户的个性创作，利用游戏化的挑战机制规范用户的表达方式，从而提高用户的创作质量。

一、互联网产品盲目的个性表达

传统的工业产品通过改变产品外形、色彩、装饰等来满足用户的个性化需求，这种改变产品部分属性来实现用户个性化需求的做法在互联网产品设计中亦有所体现，比如人们可以改变应用的内容展示样式、挑选喜爱的主题色彩、选择不同风格的界面装饰等。然而随着互联网产品的功能扩展，互联网产品承载了人们多样的行为活动，并逐渐形成一种独特的使用方式。以用户使用哔哩哔哩网站的经历为例，当用户打开哔哩哔哩网站时，他可以滑动鼠标在网站首页中选择观看感兴趣的视频内容，也可以点击“投稿”按钮进入视频创作页面，对自己创作并上传的内容进行处理，还可以点击进入“动态”页面，与其他用户分享自己的日常生活等，所有这些不同的用户行为共同构成了用户一次完整的产品使用经历。深入分析上述用户行为可以发现，互联网产品的使用方式较传统产品发生了变化，当用户在网站首页滑动鼠标选择视频时，用户就进入了由首页界面构筑的交互场景，此场景包含视频链接、菜单栏、搜索栏、侧边栏、模块分区等不同的信息与功能，在此场景中，用户可以自由地选择想要浏览的内容。而用户一旦点击菜单栏中的“投稿”按钮，就会立刻从首页场景转换到个人创作场景，此时用户的行为目标也发生了改变，从原来的观看视频内容转换为创作视频内容。当用户结束创作行为回到首页点击“动态”按钮时，用户又进入了一个新的场景，这时用户的行为目标转换为展示自我，在此场景中用户可以分享日常生活、参与话题讨论等。

互联网产品将多样的用户行为汇集到同一产品中，用户在不同的场景中具有不同的使用目标，伴随着用户从一个场景切换至另一个场景的操作，用户的使用目标发生了变化，其行为也随之不断变化。互联网产品这一独特的使用方式使得用户的产品使用路径逐渐显现出来，人们也不再局限于改变互联网产品的外在形式，而是希望获得更多控制权，“用户生产内容”模式由此产生。互联网产品本身也继续发力，通过各类个性化的内容推荐来满足用户需求。正如人们常说的“技术是把双刃剑”，当用户借助互联网产品获得更多的控制权之后，预想中用户自由表达与自主创作的场景并未出现，反倒出现了许多盲目追求个性的现象。比如在信息传播过程中，应用完全按照用户的喜好为其推荐信息，而导致用户画地为牢，兴趣面越来越窄；又或者放任用户追逐网络热点，致使用户自我表达扭曲，使得应用中充斥了大量低俗、无聊的信息。

互联网产品盲目的个性表达一方面表现为产品设计引发的推荐桎梏。目前，个性化推荐服务几乎成为互联网产品的必备功能之一，从今日头条的新闻推送到淘宝的“猜你喜欢”，再到抖音的视频推荐等，各种不同类型的互联网产品都在为用户提供量身定制的推荐服务。互联网产品通过搜集用户的日常数据，为每一个用户建立符合其自身喜好的个人数据模型，用户不同，接收到的信息也不一样。然而，随着人们越来越依赖互联网产品，不加限制的个性化推荐服务的弊端逐步显现出来。在信息时代到来之前，现实中的人除了选择符合自身兴趣的信息外，还会自觉或不自觉地通过聊天对话、日常工作、课堂学习等多种渠道去接触超出自身兴趣范围以外的信息。而现如今互联网产品迅速普及，占据了人们生活的各个方面，作为应用必备功能之一的个性化推荐将所有目光集中到了用户感兴趣的事物上，让本该丰富用户信息接收面的互联网产品成了限制用户视野的桎梏。互联网产品为用户建构了一个以自我兴趣为主导的信息空间，在这样的信息空间中，用户对世界的认知只是他希望看到的样子。长期沉浸在这样的信息空间中会导致用户缺乏对真实世界的了解，丧失个人的判断力。本该具备扩大用户视野、促进其自我表达功能的个性化服务反倒成了限制用户自由活动的枷锁。

互联网产品盲目的个性表达另一方面表现为对“人设”的追求。随着互联网产品设计的深入发展，用户数据量急剧增加，为了方便对用户数据进行处理，最普遍的做法就是给数据打上“标签”并进行归类整理。也就是将信息数据按照不同的类别进行整理，并为不同的数据类别以“标签”命名。“人设”则是标签在互联网产品应用过程中的衍生物。“人设”是人物设定的简称，最初意指动漫角色的外部形象设定，而随着应用范围的逐渐扩大，“人设”现指代互联网用户在信息传播、消费过程中展现出的角色定位或个性特点。互联网产品可以根据用户最近“点赞”或“评论”的某种事物，提炼出这个事物对应的标签，找到多个用户最近“点赞”或“评论”事物的共同标签，在海量数据中进行检索，找到具有相同或相似标签的事物推荐给用户。简洁方便的操作为用户带来了许多显而易见的好处，然而祸福相依，标签化同样带来了不容忽视的“人设”问题。当标签的使用范围被无限放大时，人们就会习惯性地利用“人设”标签来表现自身的独特性，同时在信息传播、交流的过程中，人们也会用“人设”标签来辨别他人的身份特征，“人设”标签使得越来越多的人成了“单向度”人。标签化的信息使得错综复杂的人格特点被简化为网络中一个个简单的“人设”标签，人们渐渐迷失在追逐“人设”的过程中。“人设”成为个性，导致独立完整的人转化成了互联网中一个个单薄的符号，人们在互联网产品构筑的信息空间中努力经营着自己的“人设”，甚至出现为保持“人设”而违背个人意愿或是通过欺诈行为来维持虚拟“人设”的现象。由此可见，标签化确实有助于收集用户信息，但与此同时也给用户打上了标签，将有思想的独立个体转化为大数据时代的“人设”标签携带者，使得本该促进不同个性发展的互联网产品设计成了用户个性发展的桎梏。

信息技术与网络技术的普及降低了人们获取信息的门槛，以传播信息为主要特征的互联网产品简化了人们收集信息的路径。人们利用不同的互联网产品获取信息的过程实际上就是在寻找自我的过程；而人们在网络社交平台发布一条评论、一张图片、一个视频、一篇文章等就是人们表现自我、构筑自己网络形象的过程。在崇尚个性表达的今天，针对互联网产品设计中出现的推荐桎梏与“人设”标签的盲目个性表达，本章提出互联网产品设计的个性化表达，即通过重塑互联网产品的使用路径强化个性关怀，不仅要通过引入负兴趣的概念来丰富用户视野、扩大用户的信息接触面，还要关注用户在使用过程中的自我表现诉求，利用游戏化的场景设置为用户提供适宜的创作环境，并借助游戏化的挑战来提高用户的创作质量，规范用户的自我表达。

二、互联网产品负兴趣的个性塑造

互联网产品设计因推荐服务与“人设”标签的滥用限制了用户的个性表达，针对由互联网产品个性化推荐服务而引发认知偏见这一负面表现，笔者提出利用负兴趣来丰富推荐内容、拓展用户视野。大部分互联网产品的个性化服务都聚焦于用户喜爱的事物或内容，通过用户的点击、播放、收藏等一系列操作行为来判断用户是否对浏览的内容感兴趣，然后根据判断结果搜集用户可能感兴趣的内容，并推荐给他。然而人的情感是复杂的，人对事物的看法不仅仅是喜爱与厌恶两种状态，其兴趣爱好是多层次的。在互联网产品设计中引入的负兴趣是相对用户感兴趣的内容而言的，即在设计过程中根据信息内容的主题进行分类，整合同一主题内容下不同的表达意向，并将不同的内容表达意向与用户兴趣进行匹配，其中用户选择直接跳过或者逗留时间较短的就是用户的负兴趣所包含的内容。用户喜欢与厌恶的事物就像是磁铁的两极，但是两极以外的其他事物带给用户的感受是相对模糊的。在互联网产品的设计过程中设立正负兴趣，可以利用正兴趣了解用户喜爱的内容范围，通过负兴趣确定用户不感兴趣或者未知的内容范围。这样的话不仅能够更加明确用户的兴趣所在并通过推荐继续深化用户兴趣，也能够扩展完善用户的兴趣模型，挖掘培养用户新的兴趣，使用户的网络个性更加立体化。

对于互联网产品设计来说，除了信息传播过程中用户兴趣范围内的设计外，就兴趣内容的展现形式方面，互联网产品可以采用显式提醒与隐式推送两种方式来呈现内容，丰富用户的视野。其中，显式提醒是指设计显眼的展示模块或者功能来提示用户关注自身的兴趣偏好，并推动用户根据显示结果修正自身行为，比如英国《卫报》官方网站推出的“Burst Your Bubble”专栏和“Read Across the Aisle”应用程序提供的观点立场展示功能。英国《卫报》官网开设“Burst Your Bubble”专栏用以展示不同立场的内容，“Read Across the Aisle”应用程序则利用“兴趣波谱”展示功能来提醒用户。“Read Across the Aisle”程序（图4-8）在用户浏览页面的底部设置了类似渐变色光谱的指示区域，通过指针的左右摇摆来指示用户浏览内容的意识形态倾向和阅读频率，当用户越来越频繁地浏览某一意识形态倾向的内容时，光谱指针会因浏览内容的单一化滑向光谱的一端。“Read Across the Aisle”程序利用显式提醒的方式将用户浏览行为的记录以及这一行为可能造成的影响展示给用户，提醒用户关注自身的兴趣范围，不仅能够帮助用户明确地认识到自身行为所能产生的后果，同时也可以促进用户主动扩展自己的兴趣范围。隐式推送则是指互联网产品以相对内敛的方式主动为用户提供多元的信息内容。与显式提醒不同，隐式推送对互联网产品提出了更高的要求，一方面需要互联网产品根据用户的日常使用行为明确用户的兴趣范围，另一方面要求互联网产品整理符合用户负兴趣的内容并从中挑选出积极健康的、易于接受的内容推送给用户。一款名为“Escape Your Bubble”的谷歌浏览器插件致力于打破人们封闭的信息圈子，这款

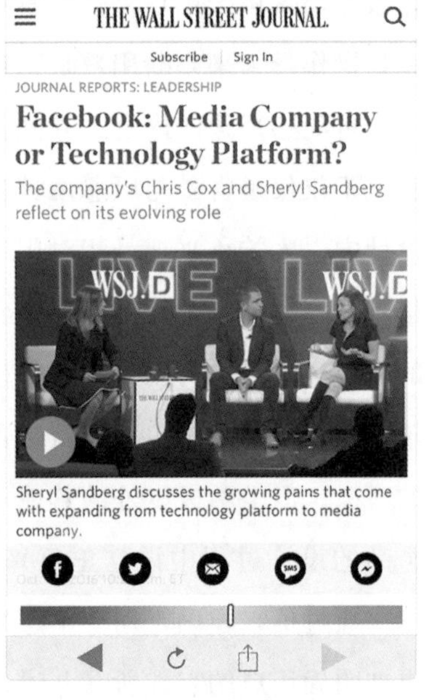

图4-8　RAA程序截图
（图片来源：王静文截图）

插件可以搜集用户的浏览数据，把握用户的浏览习惯，当用户访问Facebook时，插件会在用户Facebook页面信息流中插入不同视角的、积极向上的文章与图片，以用来扩展用户的接受面。

人们在互联网产品提供的形形色色的信息中找寻着自己感兴趣的内容，这一寻找信息的过程也折射出人们自身的兴趣爱好与性格特点。互联网产品设计的个性关怀从应用设计入手，通过负兴趣的设立使得人们的性格摆脱单一标签的限制，变得更加立体化，与此同时鼓励着人们向真实的自己更进一步；或隐或现的信息呈现方式则向人们展示着不一样的世界，推动着人们拓展自己的信息接收范围，保持自我判断力，学会用批判的眼光来看待这个世界。

三、互联网产品游戏化的个性创作

不同于其他传统产品，互联网产品给了用户极大的自主权，用户能够在互联网产品构建的平台上进行自我创作、展现个性。然而，互联网产品雷同的功能设计、人的惰性等各方面原因导致网络“跟风现象”频出，本该激发人们创造性、促进人们个性表达的互联网产品反倒限制了人们自我个性的展现。强调互联网产品设计中游戏化的个性创作就是在互联网产品设计中引入游戏设计的部分元素，通过游戏化的情境设置为用户营造适宜的创作环境，激发用户的创作行为，并借助适当的挑战来引导用户的自我表达，提高用户的创作质量。

自2011年游戏开发者大会（GDC）提出“游戏化”一词以来，游戏化设计的热度迅速飙升，各类游戏化设计的概念与方法频出不穷。例如凯文·韦尔巴赫（Kevin Werbach）提出的“PBL”游戏化概念，即借助点数（point）、勋章（badge）与排行榜（leaderboard）的设立来激发用户的积极性；周郁凯的八角行为分析法则从内外动机、用户态度等方面将不同的用户行为进行分类整合，以明确驱使用户行动的关键因素。设计人员从上述游戏化设计方法中获得灵感，将奖励、排行榜、徽章、正向刺激等要素运用到互联网产品的设计之中。将激励要素添加到互联网产品中的这一做法短期内或许能够激发用户的兴趣，然而当用户的注意力被奖励吸引时，用户会逐渐失去对产品其他要素的兴趣，最终出现用户流失的情况。可见，不能简单地直接把游戏化设计方法套用到互联网产品之中，而是应该对上述游戏化设计方法进行适当的转化使其更好地适应互联网产品。将具备类似奖励机制的游戏与互联网产品进行对比，可以发现游戏对用户的吸引力远远高于具备同样奖励机制的互联网产品。游戏之所以具有如此强烈的吸引力，重点在于游戏能够使人摆脱现实状况的束缚，游戏奇妙绚丽的场景设计吸引着人们对其进行探索，在游戏营造的虚拟空间中，人们只需要遵循对游戏事物与游戏场景的直接感知采取行动即可，而且随着游戏操作的深入，人们通过挑战升级逐渐在游戏世界中构造出了虚拟的游戏形象，这一虚拟的游戏形象就是用户自我性格的体现。由此可以发现，互联网产品想要激发用户的创作热情，最重要的是游戏化情境的构建。构建游戏化情境不是要求设计人员将整个游戏场景原封不动地照搬到互联网产品之中，而是要结合互联网产品中用户创作与信息传播的实际情况，将构造游戏场景的关键节点与互联网产品结合起来，具体来说主要包括简单宽松的创作场景、思维碰撞的交流场景等。

简单宽松的创作场景主要是指互联网产品为用户提供的创作环境。简单宽松的创作场景一方面降低了用户的创作门槛，简单易上手的操作流程能够提高用户的参与度，另一方面，宽松的创作场景能够接受不同用户的个性表达，且每一个用户都是平等的，没有多余的限制条件来约束用户的创作，用户可以自行选择创作的主题或内容。简单宽松的创作场景要求互联网产品的设计人员尊重每一位用户的个性表达，为用户营造自由、开放的创作氛围，激励用户进行个人创作。譬如短视频应用快手，与同类型短视频应用抖音着重营造沉浸式观看体验与以内容为中心的运营模式不同，快手为用户营造了更加简单、宽松的创作场景。抖音通过设定主题内容标签为用户提供可选择的创作主题，但与此同时限定了用户的选择范围，用户自我创作只能围绕平台给定的主题展开；而快手仅提供15秒短视频、57秒短视频、直播等简单的视频上传规则，用户可以自行选择上传的内容，正如快手坚持的“在快手，看见每一种生活”的原则，从搞笑作品到技能表演，从生活点滴到非遗传承，每一位用户都在快手上进行着自由的个性表达，努力经营着自己的虚拟形象。当然，简单宽松的创作场景不等于对创作内容完全没有限制，抵制低俗、无聊的创作内容，为用户营造健康、积极的创作场景才是实现游戏化情境的关键所在。

思维碰撞的交流场景是指互联网产品为用户提供的可以进行平等交流的场景。正如虚拟游戏中设置的玩家对抗情节，思维碰撞的交流场景要求互联网产品设计从游戏设计中提取“对抗”元素，将多名用户置于同一场景内，设置“对抗”条件，为用户提供能够进行双方、多方交流的途径。思维碰撞的交流场景不仅能够为用户提供自我表达的途径，还能够借助多方思维的交流与碰撞，开拓用户的视野，激发用户新的创意。以问答类社区应用知乎举办的“知乎圆桌”为例，它是知乎举办的主题类活动，其参考了现实活动的嘉宾对话环节，以圆桌讨论的形式邀请一位话题主持人与四位以上的嘉宾就某一话题展开讨论，其他参与者可以就这一话题进行提问或者针对嘉宾的回答在评论区提出自己的见解。“知乎圆桌”为知乎用户提供了一个可以进行思维碰撞的交流场景，用户不但能够从多方讨论中深化对某一问题的看法，同时还能够在这种即时性的交流场景中与他人展开讨论，充分地表达自我。

游戏化情境要求设计师充分挖掘游戏中的设计要素并将其应用到互联网产品设计之中，绝不是生搬硬套地使用游戏机制，而是充分考虑互联网产品的具体情况，将虚拟游戏中存在的低门槛的游戏场景与玩家对抗场景进行适当转化后运用到互联网产品的设计之中，通过设计简单宽松的创作场景与思维碰撞的交流场景来激发用户的创作行为，拓展用户的创作思维。

除了在互联网产品设计中引入游戏化情境以外，互联网产品设计的游戏化还包括游戏化挑战的设置。互联网产品将不同形态的信息整合到一起，为用户提供多种自我表达的方式。用户的自我表达不单单包括一篇结构分明的文章或一段完整的视频，所有基于用户自身观点所发表的意见和内容，一条评论、一次点赞收藏、一篇微博、一张上传的图片等，都是用户性格的体现，属于用户的自我表达。就用户的即兴自我表达而言，用户因其非专业性容易导致创作内容良莠不齐，以视频类创作和用户评论为例，有些视频类似PPT的图片展示，只是几张简单的图片与背景音乐组合在一起，有些视频则是将他人的视频剪辑后拼贴在一起再配上解说；与视频类创作类似，有的用户直接复制他人现成的评论内容，有的用户则无视他人感受，为了发泄情绪而评论。面对良莠不齐的用户创作内容，研究提出设计游戏化挑战来引导用户的自我表达，同时提高用户的创作质量迫在眉睫。游戏化情境使得互联网产品设计的关注点转移到用户自我表达这个起点，通过设计简单宽松的创作场景与思维碰撞的交流场景来激发用户自我表达的积极性；游戏化挑战则使得设计的目光集中到了用户自我表达的内容上，希望借助内在的道德机制与人为限制来引导用户的个性表达，提高用户自我创作的内容质量。

内在的道德机制是指设计师将现实中的道德规范转换为设计原则加入互联网产品之中，通过"物化"的道德规范对用户的个性表达进行引导，就像公路上的减速带一样，将安全行驶的道德规范物化后融入减速带的设计中，提醒司机考虑乘客安全与感受进而放缓行驶速度。以Instagram为例，当用户就某一内容发表个人观点时，Instagram会自动识别评论中那些具有攻击性的词句，并询问用户是否确定发送这一评论。Instagram借助这一功能来提醒用户考虑自己的评论是否会对他人造成伤害，强化用户在虚拟网络中的责任意识，以降低恶意评论出现的频率。互联网产品设计的虚拟属性降低了用户对个人恶意评价造成的不良后果的感知，导致部分用户在进行自我表达时不计后果地伤害他人。强化互联网产品设计的个性关怀，在互联网产品设计中融入道德规范，有助于发挥设计积极的导向作用，引导用户进行合理的自我表达。

人为限制其实就是设计人员刻意地在用户创作路径中设计障碍，使得用户在创作时不得不考虑这些限制障碍，借此来提升用户的创作质量。这如同游戏中设计好的各种挑战关卡一样，人们在游戏过程中与各种关卡任务斗智斗勇，最终完成游戏任务，这些游戏挑战降低了人们完成任务的速度，也正是这些游戏挑战使整个游戏过程变得更加有趣，提升了人们获得游戏胜利时的成就感。Gorkor这一应用程序就是刻意在其产品中设计使用限制以提高用户的创作质量，作为一款借信会友的应用软件，Gorkor通过系统邮件的方式提醒用户应用中的个人信件容量有限、信件发送与删除操作一旦执行不能撤回等，Gorkor通过限制用户信件容量敦促用户对信件内容进行筛选，剔除无意义的信息；凭借一次性的操作方式提醒用户重视信件内容与好友联系。虽然刻意地设计障碍会相对地增加用户使用与创作难度，但是合理地增加难度有助于激发用户的挑战热情，带给用户更多成就感。

互联网产品设计的个性化表达将关注的重点放在了信息传递与用户创作上，即用户与产品之间的信息传递以及用户如何利用产品提供的信息进行自主创作等，实现了对用户的个性关怀。与传统产品设计提供改变产品外观、增加个性装饰等功能来帮助用户体现个性的做法不同，互联网产品设计赋予了用户更多自主权，为用户提供了自我表达与创作的路径。强调互联网产品设计的个性化表达，就是要求互联网产品不仅要关注把个性化信息推荐给用户带来的影响，而且要通过增加负兴趣内容来扩大用户的信息接触面、丰富用户的视野，帮助用户了解自己的行为可能造成的影响，使用户对自身的兴趣爱好形成更加明确的认知；还要关注用户在使用过程中体现的自我表现诉求，利用游戏化的场景设置为用户提供适宜的创作环境，激发用户的创作行为，让用户充分地表达自我；最后借助游戏化的挑战来辅助用户由粗及精地提升个人创作质量，促进用户的个人成长。

第三节 互联网产品设计的生活化呈现

生活指的是人们为了自我生存和发展而进行的各种行为活动的集合。互联网产品设计的生活化呈现就是要求产品设计人员坚持从生活出发，关注人们的现实生活方式，并从中提炼出设计要素运用到互联网产品设计之中，使互联网产品具备浓厚的生活情趣，绚丽多彩、有滋有味。互联网产品借助其风趣、体贴的产品互动功能与自由个性的创作平台，逐渐在用户群体中建立起一种独特的互联网生活方式，其中包括用户在互联网产品构建的信息与服务平台上积极主动地与产品交流互动、传播不同的媒介信息、进行个性的内容创作、开展深入的网络社交等一系列行为活动。然而随着网络行为活动慢慢与现实生活产生联系，互联网生活方式的影响范围逐渐扩大，部分互联网产品设计带来的消极生活影响越来越明显。譬如设计人员过分沉迷于花样翻新、技术创新带来的感官体验，导致互联网产品用户过分沉迷于信息消费；开发者为获取商业利益，盲目追逐热点“IP”而导致互联网产品同一化现象严重；互联网产品设计忽略特殊人群的需求，最终致使人与人之间形成不可跨越的信息鸿沟等。面对上述互联网产品造成的消极影响，设计人员应该重视互联网产品设计的生活化呈现，将生活关怀融入互联网产品之中，借助文化元素与现实生活元素丰富设计的多样性，增加互联网产品设计的内涵与深度，在设计中凸显生活的意义，发扬积极向上的价值观念，引导用户探索理性的生活方式，强化互联网产品设计的人文关怀。

一、互联网产品消极的生活影响

互联网产品设计凭借强大的媒体资源与超前的技术手段延展了互联网产品的使用空间，扩大了互联网产品对现实生活的影响。然而随着互联网产品逐步深入人们的日常生活，设计人员过度依赖现有的技术和手段，沉迷于“花样”的翻新和改造，设计的核心——“为人而设计”的理念逐渐被忽略，互联网产品对生活造成的消极影响愈发明显。

一方面，互联网产品主要从感官刺激与热点“IP”等方面入手吸引人们沉迷于信息消费。就感官刺激方面来说，互联网产品着重于利用感官刺激来激发用户的信息消费行为。过去人们在使用传统产品时要调动不同的感官，用眼睛观看和了解产品的外形，用手来触摸感知产品，用听觉、嗅觉等来获取产品的外部信息，在使用产品的过程中经过理性思维的加工，慢慢接近设计者的思想，逐渐形成关于产品的完整的审美感受。但是对于强调快速、刺激的互联网产品来说，感官体验成了设计服务的重点，如网络游戏以沉浸式的表现手法带给人们惊心动魄的视觉冲击，或者VR技术通过360度的视觉表现手法为人们营造了更加贴近真实的虚拟环境。互联网产品以满足人们的感官享受为主旨，通过技术手段为用户提供简单粗暴的视觉体验。这样一来，人们只需要沉浸在互联网产品营造出的光怪陆离的虚拟空间之中，寻找能够满足自己喜好的影音片段即可，且互联网产品开放性的结构与简单便捷的技术操作也让人们能够通过鼠标和手机屏幕轻易地找到能够满足其感官需求的信息。慢慢地，人们的想象能力被侵蚀，互联网产品弱化了理性的文字描述而大肆宣扬感性的影像表达，用户的注意力被影像完全吸引，只需要沿着提前设定好的路径享受服务即可。互联网产品设计通过重构视觉经验的方式使人们获得了新的审美体验，形象代替了文字，感性审美取代了理性审美。视觉化的信息呈现使得用户只需调动感官系统，无须调动想象系统和理性系统。就这样，视觉刺激代替了思想冲击，人们不再追求新的意义，转而追求视觉愉悦和快感体验，沉浸在互联网产品构造的虚拟空间中“不愿自拔”。

就热点“IP”方面来说，互联网产品着重于借助热点“IP”来吸引用户进行信息消费。“IP”（intellectual property），翻译过来就是知识产权，热点“IP”原指在文化产业领域中，一些家喻户晓的、具备开发潜力的文化元素，它可以是一部文学作品，也可以是一个动画形象，或者是一个对话聊天中的表情图片等等，最终这些不同的文化元素经过开发，运用在电影、电视剧、游戏、主题公园等不同形态的产品之中，引发大量用户的热烈追捧。将热点“IP”的概念引入互联网产品设计之中主要是指在互联网产品设计中盲目追逐热点元素的现象，譬如电影《哪吒之魔童降世》热映时，各大应用相继推出了与哪吒元素相关的应用功能或内容，其中有自拍软件的哪吒滤镜、短视频创作平台的哪吒视频模板、基于哪吒形象的二次创作等。当下互联网产品侵入人们生活的各个角落，搜索引擎承担了图书馆的功能，微博替代了现实中的广场，互联网产品不仅仅使人们的生活更加便捷，同时也改变了人们的生活方式。互联网产品凭借前沿、丰富的信息吸引着人们沉迷其中，逐渐占据了人们的精神生活。而由于开发者一味追求商业利益、设计人员盲目追逐流行元素等现象，导致只有那些拥有热点的文化元素出现在用户面前，越来越多纯感官享受、内容雷同的设计侵占人们的电脑与手机终端，互联网产品为用户建构了一个内容单调的信息空间，过去的理性表达逐渐被边缘化。

另一方面，互联网产品设计营造的数字鸿沟限制了部分用户的正常信息消费。数字鸿沟原意是指“在全球数字化进程中，不同国家、地区、行业、企业、社区之间，由于对信息、网络技术的拥有程度、应用程度以及创新能力的差别而造成的信息落差及贫富进一步两极分化的趋势”[①]。互联网产品设计中的数字鸿沟则是指在互联网产品使用过程中因用户能力、文化层次等差别导致的群体分化现象。

互联网产品设计十分重视用户体验，以用户的情感满足与能力增强为己任，但是重视用户需求的互联网产品设计有意无意忽略了一个特殊用户群体——残障人士。互联网产品大都默认用户具备良好的视觉听觉能力、一定的认知常识以及基本的学习能力，将残障人士排除在外。这样潜在的条件限制使得健康用户与残障人士之间的群体分化现象越来越严重，强调人人平等的互联网产品反倒建立起用户门槛，将残障人士拒之门外。此外，还存在因用户文化层次不同而造成的群体分化现象。譬如被其他互联网用户诟病不止的快手平台“土味儿”视频，从其他互联网产品用户对快手用户的嘲讽中可以看到因设计不当导致的群体分化问题。诺丁斯认为“关怀意味着对某事或某人负责，保护其利益、促进其发展”[②]。沈晓阳在《关怀伦理研究》中指出，关怀就是“关注对方，牵挂对方，希望对方如其所愿地保持正常或得到发展”[③]。面对由于互联网产品设计追求感官刺激、热点IP而导致用户沉迷于

① https://baike.baidu.com/item/数字鸿沟/1717125?fr=aladdin。

② 侯晶晶：《关怀德育论》，人民教育出版社2005年版，第65页。

③ 沈晓阳：《关怀伦理研究》，人民出版社2010年版，第62页。

信息消费以及忽视不同群体能力而引发的数字鸿沟等问题，本节提出互联网产品设计的生活化呈现，希望借助生活元素给互联网用户展现更加多彩的世界，引导用户回归理性、反思自己，并依靠生活意义的凸显缓解由设计不当而导致的群体分化现象。

二、互联网产品生活元素的应用

尼葛洛庞帝（Negroponte）在《数字化生存》一书中提出："我们已经进入了一个艺术表现方式得以更生动和更具参与性的新时代，我们将有机会以截然不同的方式，来传播和体验丰富的感官信号。"[①]互联网产品的设计人员将各种不同形态的信息以视觉化的方式呈现在用户面前，就比如短视频软件抖音全屏式的视频播放、上下滑动的简便操作方式等都直接作用于人们的视听感官，带给人们沉浸式的观看体验。这种感官刺激所带来的简单直接的审美体验成为大部分互联网产品设计追求的目标。此外，互联网产品的非线性结构非常擅长将完整的故事剪碎、拼接、重组，以形成碎片化的情节并辅之以视觉化的表现形式，吸引着人们从短暂的互动中获得情感满足，就像抖音平台上15秒的视频一样，用户可以从短短的15秒中经历从平淡到转折再到高潮的情感节奏变化，这样短暂的交互体验跳过了理性思考的环节而直接作用于用户的视听感官，吸引用户沉浸在光怪陆离的视觉体验之中。除了互联网产品营造的视觉体验之外，互联网产品高速的商业开发模式使得开发商们更乐于采用已经具备一定用户群体与变现能力的文化元素，由此推动了文化热点的出现。种类不同的互联网产品在追逐热点上表现出不约而同的一致性，比如2019年《哪吒之魔童降世》热映之时，微博上出现了与哪吒相关的话题，自拍软件为用户提供具备哪吒元素的拍照滤镜，视频网站上掀起了哪吒动画电影的剪辑热，一时间各类互联网产品中全是哪吒的身影。互联网产

① [美]尼葛洛庞帝：《数字化生存》，胡泳、范海燕译，海南出版社1997年版，第262页。

品重视感官刺激与追逐热点的特点逐渐改变了传统的审美结构，使传统审美结构中理性思维的存在渐渐边缘化，感官信息与感性思维的作用进一步被放大。换个角度来讲，互联网产品改变了个体的信息消费行为，用户不需要进行过多的理性思考，只需要凭直觉在喜欢与不喜欢之间选择一个即可。

笔者期望依托互联网产品设计的生活化呈现使互联网产品设计回归理性，发掘设计的生活本质，扩展人们的视野，激发人们的理性思考，引导人们探索互联网产品中更深层的审美价值。刘佳曾在其《新媒体艺术：非遗传播的新手段》一文中提出“为了避免新媒体艺术由于技术而带来的内容上的趋同、同质化的问题，最为有效的办法是增加文化的渗透”[①]。互联网产品生活元素的应用与一味地强调互联网产品的感官刺激与热点追逐不同，它要求设计人员了解中国的传统文化、观察人们的日常生活，并从中提取合理的符号、元素运用到互联网产品设计中，借此来强化互联网产品设计的人文关怀，主要方式有在表现形式上应用经典的文化符号和将现实生活经验运用到功能架构中。

将经典的文化符号运用到互联网产品设计的表现形式上是指设计人员在设计产品时，有意识地运用中国传统文化，“可以从中提炼经典元素、符号，根据具体项目需要，或原型，或选型，或符号化，将之用于新媒体艺术的主题形象、图像设计之中”[②]，这样一方面提高了互联网产品设计的文化蕴涵，扩展了互联网产品的表现范围，另一方面则保证了审美的多样性，丰富了用户的视野。譬如Tag Design公司开发的民艺系列移动应用程序，折扇程序（图4-9）从传统文化元素中获取灵感，把折扇作为手机应用程序设计的主题，将折扇以3D模型的形态展现给用户，用户可以通过应用程序了解折扇的相关信息，包括折扇的构成、选材、制作工艺等，程序还支持用户自主制作折扇。

---

① 刘佳：《新媒体艺术:非遗传播的新手段》，《中国文化报》2017年4月16日第7版。

② 同上。

当用户自行制作折扇时，用户可以通过左右滑动屏幕来切换制作过程中的不同场景，用户在每个场景中自由选择折扇的材料、样式、结构组合等，最后应用会生成完整的折扇作品。又如手机音乐游戏岁乐纪（图4-10），与民艺系列程序以传统文化元素为主题进行设计的做法不同，岁乐纪则是利用中国传统文化中的元素丰富应用程序的设计形式，岁乐纪直接使用二十四节气名称作为游戏的关卡名称，并在每一个游戏关卡中设置了与节气相匹配的花朵与音乐，用户每一次点击都会出现花瓣的动画反馈，使得游戏画面美轮美奂，带给人们指尖生花的浪漫体验。这两款应用程序采用不同的方式将传统文化元素引入互联网产品设计中，借助传统文化元素提升互联网产品设计的内涵，在带给人们丰富视觉体验的同时保证了审美多样性，丰富了用户的视野。

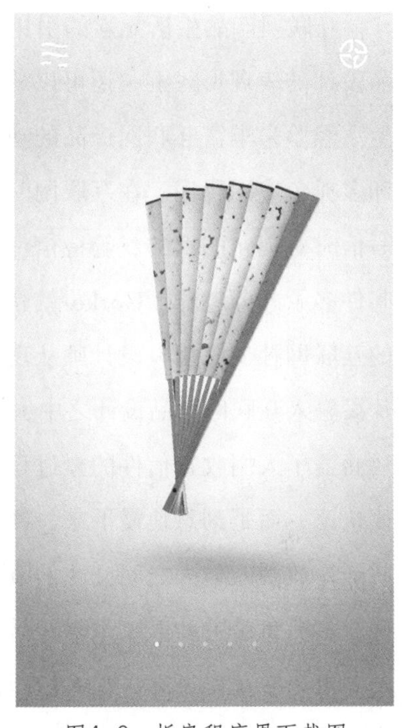

图4-9　折扇程序界面截图
（图片来源：王静文截图）

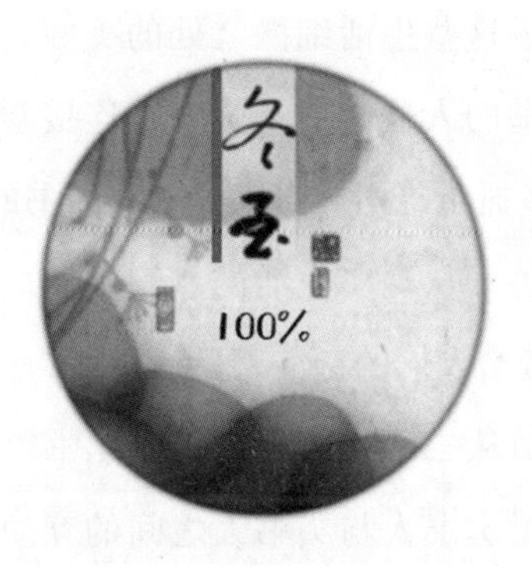

图4-10　岁乐纪程序界面截图
（图片来源：王静文截图）

互联网产品生活元素的引用除了可以将经典的文化符号运用到互联网产品设计的表现形式上，还可以从现实生活中找寻灵感、提炼元素，借助现实生活经验来丰富互联网产品的功能架构，激发用户的理性思考，比如Gorkor和多抓鱼应用程序。在互联网时代到来之前，人们常借助书信来保持联系，写信时对词句的斟酌、等待信件时的忐忑心情等情绪的变化使得书信比电子邮件多了几分趣味。Gorkor就是一款将写信、寄信和收信进行整合设计而成的互联网社交应用，设计师从现实生活中获取灵感，将人们生活中的一个小片段融入互联网产品设计之中，“写信”“邮筒”“信箱” “邮票”四个功能模块涵盖了人们收寄信件的全过程。Gorkor没有像其他应用一样强调使用的便捷快速，而是刻意地慢下来，利用应用的邮票模块决定匿名信件送达的时间间隔，放缓人与人之间交往的节奏，让人们感受信件往来所带来的惊喜与美好。多抓鱼是一款以二手书交易为主要功能目的的互联网应用程序，应用从旧书市场中获得灵感，为人们提供了一个买卖旧书的平台，用户既可以通过卖书模块将旧书籍卖给多抓鱼，也可以通过多抓鱼购书模块选购二手图书。与其他二手交易平台不同，多抓鱼增加了书籍追踪功能，卖书的用户可以看到自己卖出的书籍被谁买入，购书的用户可以通过图书页面看到该书籍的买卖记录。过去人们买入旧书时，书页上常常保留着上一位读者阅读的痕迹，一条时间记录、几行阅读心得等都给读者带来超越图书本身的感动。多抓鱼的设计师正是体察到了这些生活细微之处的美妙，将其转化为应用中的追踪功能，卖书的人与买书的人通过一本图书被连接起来，从对知识的渴望到分享感悟的惺惺相惜，多抓鱼给用户带来了超越图书的使用体验。Gorkor与多抓鱼的相似之处都在于善于从现实生活的点滴中撷取设计灵感，设计人员从以笔会友中发现了信件带给人们的奇特感受，进而为Gorkor设计了信件投递的用户交流方式；设计人员从二手书买卖中挖掘出书籍标注中隐藏的读者间的联系，才使得多抓鱼多了卖书人与买书人之间的互动模块。正是这些从生活的点滴中衍生出的互联网产品设计才能激发用户的审美理性，促使用户在与互联网产品互动的过程中细细品味生活的乐趣。

感官刺激与热点“IP”固然能吸引人们的目光，激发人们的信息消费欲望，但是当人们适应互联网产品设计带来的感官刺激强度后，必然会对感官体验提出更高的要求。同理，当用户面对大量相同或者类似的互联网产品时，必然会产生审美疲劳，互联网产品设计用来超越传统媒体与传统产品设计的优势最终构成了自己发展的困境。研究提出互联网产品生活元素的应用是希望借助传统文化元素与日常生活经验来增加互联网产品的设计内涵，通过有深度的互联网产品来吸引用户，一方面丰富互联网产品的表现形式，保证审美的多样性，拓展用户的视野范围；另一方面也能减少盲目信息消费行为带来的不良影响，激发用户的审美理性，让用户在与互联网产品互动的过程中体悟生活点滴所带来的感动。

三、互联网产品生活意义的突显

从来没有一种设计像互联网产品设计这样占据人们生活的各个角落，人们通过微信联络他人，利用百度查找信息，使用支付宝结账，借助视频网站消遣娱乐，运用办公软件进行视频会议等，从衣食住行到工作娱乐，互联网产品已无处不在。互联网产品设计使人们的生活更加便捷，人们也越来越依赖互联网产品，但诸多不和谐的现象也由此出现：一方面互联网产品只关注生理健康的用户，而忽略了生理健康存在不足的用户的需求，导致生理感官受损的用户、存在认知障碍的用户逐渐被舍弃，以能力范围为评判标准的设计渐渐分化了用户群体；另一方面互联网产品为用户提供了丰富的内容以满足不同文化层次的用户需求，既有抖音视频中的刺激美好，也有快手视频中的平淡真实，但人们在互联网产品中停留的时间越久，人们的审美差异分化现象就越严重。笔者提出突显互联网产品的生活意义，期望充分发挥设计的能动性，让互联网产品的每一个用户都能从中受益，缓解因群体分化带来的不良影响，促使用户发现生活中新的意义。

在面对因用户能力范围不同而出现的群体分化现象时，互联网产品设计应充分考虑用户的生理水平、心理状态、生活习惯、社会环境、文化背景等要素，保证不同能力水平的用户都能够顺畅地使用互联网产品，譬如高德地图专为色盲、色弱人群开发的“色盲模式”（图4-11）。一般的地图软件利用红色表示路段拥堵、绿色表示行驶畅通，色觉正常的人在看到不同颜色的路线时能够准确地判断出实时路况，但是色盲、色弱的人就无法根据地图显示来判断具体的路况。而高德地图在设计中考虑到了上述情况，在程序中加入了“视觉障碍模式”，在色盲模式下应用分别采用蓝色、黄色、橄榄色、黑色、灰色表示道路畅通、缓行、拥堵、重度拥堵、无数据，这样的模式设计充分考虑了不同的用户群体，体现出设计者对用户的关怀。

图4-11　高德地图“视觉障碍模式”界面截图
（图片来源：王静文截图）

在面临因用户文化层次不同而导致的群体分歧问题时，互联网产品设计应充分发挥设计的导向作用，重视文化层次不同带来的问题，将积极向上的生活与文化价值注入设计中，引导用户发现生活的意义。正如杭间提出的“设计实质上是对日常文化进行挑选和评价以后得到的一种日常生活的操作方法，它所提供的生活观念和视觉形象应是一个和谐的整体，如果设计师的创造力在设计中发挥作用，其结果则能充分体现设计师对人生存问题的考虑，确实能成为帮助人们更好生活的手段”[①]。就像快手与抖音推出的“非遗”视频标签，两大视频平台通过创建与“非遗”相关的热点视频，不仅激发了人们对于“非遗”的兴趣，平台用户

① 杭间：《设计道：中国当代设计艺术的基本问题》，重庆大学出版社2009年版，第212页。

的审美差异也在传统文化带来的视觉体验中趋向于和谐。

互联网产品设计的人文关怀不仅需要关注用户的使用体验，让产品更好用，还需要重视用户的个性表达，为用户提供开放的环境，更重要的是回归生活，发掘生活中的美。互联网产品设计的生活化呈现将关注的重点放在了互联网产品给用户生活带来的影响，希望从人们的现实生活中提炼出设计要素运用到互联网产品设计之中，使互联网产品具备浓厚的生活情趣，像生活一般绚丽多彩、有滋有味。杭间在其文集《设计道：中国当代设计艺术的基本问题》中曾提及设计师需要“对人的内在心理与外在行为以及相互联系极具敏感与悟性。同时又要有能力以一个旁观者的眼光去体察和感悟人类的生活与文化，才能得到一种全新的生活体验并以具体化的设计来证明人类文化快速发展的优异”[①]。互联网产品设计的生活化呈现要求设计人员重视滥用技术追求感官刺激导致的人的理性思维边缘化，为获取商业利益盲目追逐热门文化元素导致的互联网产品同一化现象以及由于人文精神缺失而出现的数字鸿沟等问题。讨论互联网产品设计的生活化呈现是要提升对人们生活的关注度，从设计的角度发现互联网产品存在的问题并提出利用生活元素增加设计内涵，引导用户探索更深层次的生活的意义。综上所述，互联网产品设计的生活化呈现针对互联网产品造成的消极生活影响，通过生活元素的引用与生活意义的突显来关心用户的感性思维与理性思维、人与人之间的和谐关系，实现了当下互联网产品设计的人文关怀。

① 杭间：《设计道：中国当代设计艺术的基本问题》，重庆大学出版社2009年版，第223页。

中编　手工艺与工业产品设计

第五章
智慧向善：智能产品设计伦理的科技问题研究

科学技术是社会文明不断进步的内生动力，亦是全球化和现代性的根源。科学认知、技术应用不仅提高了社会生产力，也促进了人类物质生活的巨大改善和精神思想的变化。当前，人工智能技术、智能科技发展迅猛，智能产品产业发展如火如荼，欣欣向荣。当智能产品以更加便捷、更加智慧、更加高效的特点受到广大用户青睐而深入百姓日常生活之时，由智能产品所引起的伦理问题也开始渐渐显露，并且随着技术的不断发展和使用人群的不断扩大，这些伦理问题又在朝着矛盾尖锐化、问题突出化和恐慌严重化的方向发展。智能产品带来的使用安全隐患、人类异化、人体机能退化、社会非群体化等诸多问题日益凸显。智能产品究竟是“摩西的手杖”还是“潘多拉的魔盒”，很大程度上取决于智能产品设计。这是因为智能产品设计是一种智能技术选择应用、各种资源整合利用的重要手段。所以，面对智能产品所产生的诸多伦理性问题，智能产品设计难辞其咎。因此，本章立足于智能产品设计，借助伦理学的视野和理论知识来梳理智能产品的设计伦理关系，发掘科技异化下的智能产品的设计伦理问题，对具有代表性的智能产品设计进行深刻的伦理性剖析，通过大量的案例研究和数据调查，细致划分智能产品的设计伦理问题并试图借助设计艺术学的手段和方法提出具有指导性、可行性的智能产品设计意见。

第一节　科学技术与智能产品设计的关系

科学是人类在长期认识世界与改造世界的历史过程中逐渐积累起来的认识世界事物的知识体系。技术是人类根据生产实践经验和应用科学原理而发展成的各种工艺操作方法、技能以及物化的各种生产手段和物质装备。在当代社会中，科学是技术的理论指导，技术是科学的理论基础和实际应用，科学与技术之间相互渗透、相辅相成，已经达到高度统一，其一体化趋势已十分显著，故而将二者连用并简称为科技。

科技不仅是人类通过研究自然、社会、思维本质和规律积累形成的一种客观且反映真实的知识体系，更是社会总劳动的特殊部分——人类的一种具有创造性的智力活动过程，并在客观事实的基础上对其进行的合乎逻辑的推理。此外，随着科技的发展，科技对人类社会的影响越来越大。时至今日，科学技术还成为一种世界观、一种文化精神。作为一种世界观，“科技思想源于对社会、宗教、哲学、政治和经济生产等方面的观念和经验”①，从经验主义和实证主义出发去认识世界和看待世界，认为世界的客观存在可探知。作为一种文化精神，科学技术可以通过对生产方式的变革，从器物层面传导到制度层面再影响到文化价值层面，进而促使新科技文化不断涌现并影响社会文化价值的构建。而社会文化价值体现出的科学精神表现为实证精神、分析精神、开放精神、民主精神、批判精神等。但是，科技更是一把“双刃剑”：一方面科技的广泛应用极大地提高了人类的生活质量，推动了人类社会的精神文明与物质文明的发展与进步；另一方面，科技的无度应用和不当应用也会逐步使人与科技或科技产品之间的主客关系颠倒，进而形成科技异化，以至于可能带来一系列生态危机、环境危机、文化危机、社会危机，它们将人类推向不可持续和危机

① 陈彬：《科技伦理问题研究——一种论域划界的多维审视》，中国社会科学出版社2014年版，第160页。

重重的边缘。对于智能科技而言亦是如此。而智能产品设计作为应用智能科技的一种手段，二者之间也一直在相互作用、相互影响。

首先，智能科技进步影响智能产品的设计发展。“设计总是受着生产技术发展的影响。……设计是设计人员依靠对其有用的、现实的材料和工具，在意识与想象的深刻作用下，受惠于当时的技术文明而进行的创造。”[①]同样，智能产品设计也在接受着智能科技发展的影响，智能科技的发展使得产品趋向于更轻、更薄、更小，也使得产品设计的“主战场”从硬件设计向“软件+硬件”设计转变，从单独产品设计向系统设计转变，从产品本身设计向服务设计、体验设计转变。智能手机便是典型的案例，以2007年苹果公司发布的“触屏+应用”智能手机iPhone为“分界线”，此前大部分手机的设计主要集中在外观上，这也成就了诺基亚时代的辉煌。此后，手机开始进入由iPhone所引领的“智能大屏”时代，大面积的屏幕成为手机的主体，由此产品设计在外观上的“功夫施展”范围大大降低，而转向对智能手机界面、交互、体验、内容和服务的设计。因此可以说，智能科技的发展改变着设计的模式、设计的对象和设计的内容，并促使着智能产品设计从外观设计走向综合设计。

其次，智能产品设计与智能科技是一种开发与适用的关系。“科技是一种资源，但是，人类要享受这一巨大的资源，还需要某种载体，这种载体就是设计。”[②]设计是科技物化的载体和科技实现的手段，只有物化、产品化的科技才能为民所用、为社会所接受，科技进而才能转化为巨大的社会财富。故科技资源需要经过设计的选择、整合、应用才能变成优质的产品，被市场吸收，被人民使用，只有这样才能完成科技的社会财富化转化。所以，智能产品设计也正是智能科技的物化载体和实现手段，智能产品设计通过细致深入的考量和研究，选择恰当的智能科技应用于产品之中，既赋予了产品的智

① 尹定邦、邵宏主编：《设计学概论》（全新版），湖南科学技术出版社2013年版，第48页。

② 同上，第57页。

能化功能，又将智能科技转化为社会财富，为民所用。

再次，智能产品设计是智能科技向善的伦理之门。科技本身并无利害之分，同样的科学技术既可能会成为促进社会生产发展的利器，也可能会成为阻碍世界和平发展的武器。因此，科技的善恶走向很大程度上归咎于科技的应用和科技的应用者。而设计就是应用科技的一种重要手段，故科技产品的利害和科技应用的善恶关键之一在于设计这一环节。而好的设计、对的设计往往与设计伦理有着密切的关系，周密的设计伦理考量往往会避免很多科技异化，创造出好的科技产品，进而让科技更好、更善意地服务于人类和人类社会。

第二节　智能产品设计的伦理困境

早在19世纪，黑格尔就提出了“异化”这一概念，异化是“主体与客体的分离和对立，即主体由于其自身内部矛盾运动而否定自身，转化、派生出与自身相对立并压迫、制约着自身的他物的过程”[①]。由此，“异化”这一概念进入了哲学领域。当前国内学者认为，“异化是指人的物质、精神活动及其产物变成异己的力量转过来反对甚至支配、统治人本身，因而出现了人原来具有的正常的人性和人的本质被压抑、扭曲，甚至被否定的情况”[②]。20世纪以来，关于异化问题的研究探讨得到不断地拓展，从经济领域到政治领域再到科技领域。但这些问题最终交汇于一点，便是人类的异化，即异化所带来的负面效应和消极后果将是人类与活动、产品、社会的关系遭到破坏。

马尔库塞曾说：“一种舒舒服服、平平稳稳、合理而又民主的不自由在发

① 李士坤主编：《马克思主义哲学辞典》，中国广播电视出版社1990年版，第20页。

② 陈志尚主编：《人学原理》，北京出版社2005年版，第110页。

达的工业文明中流行，这是技术进步的标志。说实在的，下述情况是再合理不过的了：个性在社会必需的但却令人厌烦的机械化劳动过程中受到压制……这种技术秩序还包含着政治上和知识上的协调，这是一种可悲而又有前途的发展。”伴随着科学技术的进步，科技成为政治、经济、社会发展的强劲推动力，科技产品也成为人们生活之中不可或缺的重要组成部分。但科技产品在发展的过程中也在逐渐背离初始目的而走向异化，其引发的问题日趋严重。科技产品异化成为现当代人类社会所面临的重要异化形式，科技产品异化问题也成为异化研究视域当中具有时代意义的重要问题。科技产品异化是指科技产品出现了偏离人的初衷、违背人的目的和期望的现象。科技产品异化不仅在一定程度上破坏自然资源和生态环境，影响社会稳定发展，压抑人的自由与个性，也相应地产生了人与自然、人与社会以及人与自身等诸多的伦理问题。而产品设计作为科技与科技产品之间的重要转化手段，通过技术的应用、资源的整合、创意的融入发挥着重要作用。好的设计不仅可以为科技“插上翅膀”，让其找到最适宜的位置，发挥最强大、最合理的功效，同时还可以驯服科技的“野兽性”，通过预设方案来避免科技带来的“不确定性”。但是，伦理考量缺失的设计也势必会放大科学技术的负面效应，并给人与社会带来不良影响。因此，关于科技产品所引发产生的种种伦理问题，设计本身负有重要责任。也可以说，设计异化是科技产品异化的重要组成部分。

智能科技、智能产品设计、智能产品亦是如此。智能产品设计像一座“桥梁”，承担着帮助智能科技转化为智能产品的重要作用。2014年被称为“中国智能硬件发展元年”，自2015年以来，智能产品产业不断迎来政策、资本、技术等方面的利好，智能产品产业结构逐渐趋于完整，也越来越受到各方的关注，行业热情高涨，整个产品产业开始了“智能+”的进程。但是，智能科技正在逐渐走向异化，并且不成熟的智能产品设计将具有诸多伦理问题和安全隐患的智能产品交付给广大消费者，智能科技的异化、智能产品设计的异化进而促使了人类的异化。而这种异化主要体现在智能化依赖、智能化围困和智能化隐患三个方面。

一、智能化依赖

从某种程度上讲，智能科技带给人类的便捷是巨大的、体验是良好的，智能科技使得人类的器官得到了“延伸”，人类的社会得到了发展。智能穿戴、移动支付、虚拟社交、无人汽车等曾经看似难以实现的产品，如今正在快速地普及和市场化。在“互联网+”的政策导向下，在物联网的发展进程中，智能科技与人类的融合已经成为一种不可逆转的趋势，一个发达的智能社会似乎就在眼前。但是，智能科技亦是一把“双刃剑”，既为人类社会带来了极大提升的物质生产力，也给人类带来了当前的矛盾以及未来的忧虑。汤因比曾有言，“当一种新的能力开始补充旧的能力时，旧的能力就有退化的倾向……无论在物质方面还是在精神方面，所谓进步，都是建筑在我们无法忍受的损失之上的”[①]。

当前，虽然智能科技发展趋于成熟，但其优化发展的路程才刚刚开始。与智能科技相伴的是太多的“不确定性”，它们就像一个“黑洞”，不但具有强大的吸引力，也带来了不可避免的单向度。智能产品产业在智能发展的热切之心和商业利益的功利之心下，开始了大规模的“智能+”进程，目前智能化进程已涉及穿戴、家居、交通、通信、娱乐、医疗、服务等各个领域，智能产品也以一种迅雷不及掩耳之势进入人类生活的方方面面。当然，在人们享受智能产品带来的便捷且乐在其中之时，也相应地逐渐陷入智能化依赖的“泥潭”之中。而过度的智能化依赖所带来的是人体机能退化、人类情感冷漠等严重的人类异化问题。

首先，智能化依赖影响人类健康。

早在战国时期，荀子就有言，“假舆马者，非利足也，而致千里；假舟楫者，非能水也，而绝江河”。这是人类依靠外力延伸手足的经典案例，凸显了

① [英]汤因比、[日]池田大作：《展望21世纪》，荀春生等译，国际文化出版公司1985年版，第23页。

“善假于物也”的人类智慧。随着科学技术的发展，产品功能更加强大，产品设计更加优化。特别是在智能科技、智能产品设计、智能产品发展如此繁荣的今天，人类将“善假于物”的智慧发挥到了极致，而“物极必反”哲学定律亦适用于此。当智能产品凭借高度的智能性、互动性和体验性给人类带来更加便捷、高效、舒适的生活而解放人类的脑力与体力时，其实也在变相地造成人类机体的退化，并且这种退化会伴随智能化的持续依赖显著加强。

以智能手机为例，2014年移动通信技术进入“4G”时代。智能手机技术更趋完善，一个集通信、交际、娱乐、消费于一体的个人智能化终端产品扩展到全球，基本实现了全民普及。并且随着智能科技的发展以及“智能家居”“智能生活”等概念的提出，智能手机更是逐渐成为掌控其他智能产品的中枢性智能终端产品。尽管智能手机已经深入全民的日常工作生活之中，并且功能强大、作用越来越突出，但其引发的智能化依赖也越来越严重。2011年赫尔辛基资讯科技研究院和英国特尔实验室研究发现，重度的智能手机使用者基本上每隔10分钟就会强迫性地打开手机，其中每天自发性确认手机是否有来讯高达34次。同样来自2014年2月的新华社报道，调查显示全球范围内智能手机用户平均每日打开手机的次数高达150次。如果除去人们正常的睡眠时间，人们平均每6.5分钟就要打开手机一次。此外，据中国互联网络信息中心发布的数据显示，智能手机游戏用户超过半数游戏时长超过1小时，20%左右的用户游戏时长超过2小时，10%左右的用户游戏时长超过3小时。

曾经在网络上流传着这样一张图片：一百多年前，旧社会的一个男子躺着吸食鸦片；一百多年后，新时代的一个男人躺着玩手机，其姿势、神情皆惊人地相似（图5-1）。的确，智能手机瘾给全人类健康带来的严重影响和惨痛代价已经受到了全社会的高度关注。据不完全统计，从2012年到2014年有关智能手机引发健康危害的新闻案例达60余件，然而，这并没有影响到人们对智能手机过度依赖的加剧现象。

从生理层面看，过度依赖智能手机将使人在生理上产生一系列的损伤和病变（图5-2）。低头看手机使颈部承受的压力随着头部弯曲角度的加大而增

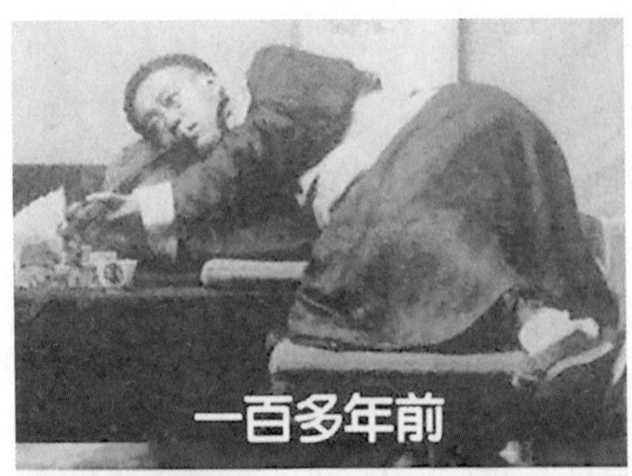

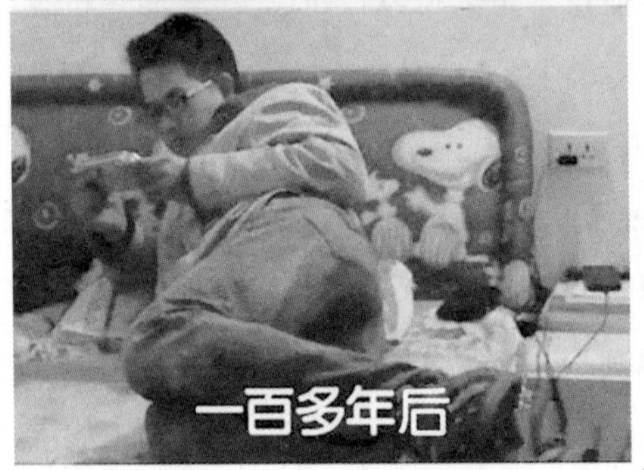

图5-1　智能手机瘾
（图片来源：http://www.360doc.com）

长，当头部弯曲角度为60度时，颈部所承受的压力竟高达27公斤。长期使用智能手机将引发肩周炎、颈椎反弓、颈椎退化、腰椎间盘突出、腰肌劳损和劳损型颈椎等疾病。尤其劳损型颈椎不仅会伴随着胸闷、心慌、半身麻木等病痛产生，严重者将影响到颈椎供血，造成呼吸中断，危害生命。更值得注意的是，过度依赖智能手机已经使得颈椎病向低龄化快速发展。2013年11月5日《燕赵晚报》报道，江苏一名年仅19岁的男子因过度玩手机致使颈椎生理曲变，略呈反弓。2013年11月25日人民网报道，颈椎严重变形的“手机控”女子也只有20岁……相似案例屡见不鲜。

同样危害人类生理健康的是智能手机辐射。第一种辐射是信号电磁辐射，“当人们使用手机时，手机会向发射基站传送无线电波，而无线电波或多或少地会被人体吸收，这些电波就是手机辐射（图5-3）。一般来说，手机待机时辐射较小，通话时辐射大一些，而在手机号码已经拨出而尚未接通时，辐射最大，辐射量是待机时的3倍左右”①。长期使用智能手机通信、上网会对人体产生五大影响：直接伤害人体生殖系统、神经系统和免疫系统；诱发心血管疾病、糖尿病、癌突变；影响大脑组织发育、骨髓发育、肝病、造血功能；增加流产、不育、畸胎等病变的诱发因素；致使男性性功能下降，女性内分泌紊

① 参见网易手机网：http://mobile.163.com/13/0813/10/965B04AP00111179O_all.html。

乱、月经失调等等。第二种辐射是屏幕HEV蓝光辐射（图5-4）。屏幕是智能手机的重要组成部分，用户除了在操作过程中需要不断地进行自我视力调节，以准确跟进屏幕上的图像变化而造成视觉疲劳外，在此期间，智能手机屏幕还会发出HEV光线，即HEV蓝光对人眼造成影响。HEV蓝光是可见光谱中的一部分，它的波长最短，同时能量也最高，对我们眼部的组织能够带来潜在性的伤害。随着智能手机屏幕越来越大，用户使用时间的不断延长，HEV蓝光对人眼的辐射影响将越来越大。长此以往，将造成视物模糊、眼睛干涩、酸疼，也将引发近视、白内障、结膜组织慢性炎症、泪膜层损害、视网膜脱落等问题。2014年2月，杭州一位刘女士因长期摸黑玩手机而诱发了视网膜脱离。[①]此外，用户长期依赖智能手机进行工作、交际、娱乐、购物，无形中被困在了室内，缺少户外运动和生产劳动也势必会在很大程度上弱化人的某些方面的身体机能，从而出现退化。

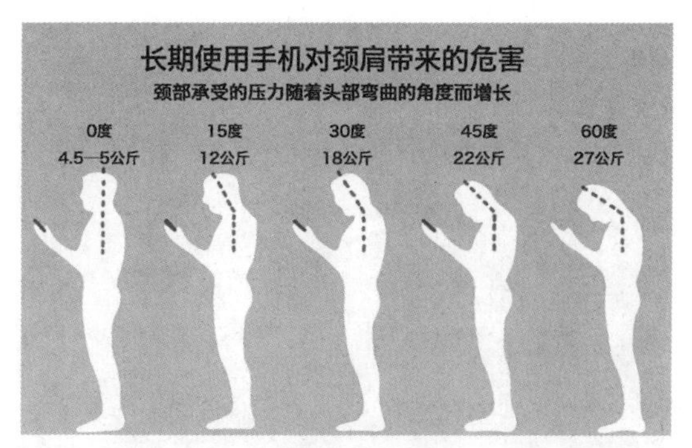

图5-2　使用手机对颈肩的危害
（图片来源：http://image.baidu.com）

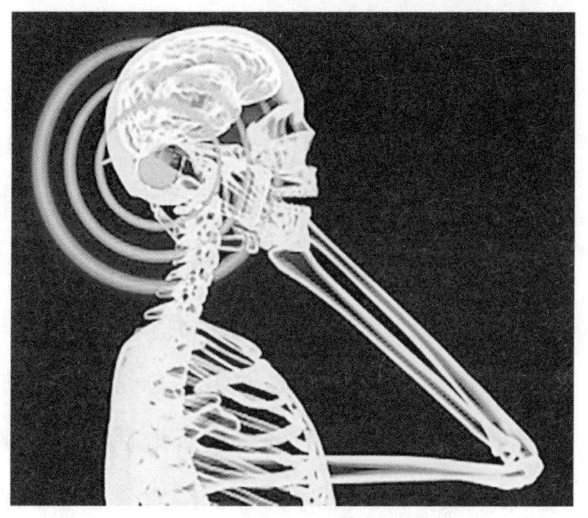

图5-3　手机信号辐射的危害
（图片来源：http://image.baidu.com）

如果从心理层面看，智能手机的电量不够、信号不佳、缓冲不畅已经成

① 参见中国经济网：http://district.ce.cn/newarea/roll/201402/22/t20140222_2353703.shtml。

图5-4　手机屏幕HEV辐射
（图片来源：http://image.baidu.com）

为使用者焦躁不安、心情不畅的三大元凶（图5-5）。而智能手机过度依赖者所产生的抑郁之心、焦虑之态、孤独之感便是现代重要的心理疾病之一——“手机依赖征”，又称“手机依赖综合征”“手机综合征”“手机焦虑征”“手机瘾”。顾名思义，“手机依赖征”就是个体因为使用手机行为失控而产生的对手机持续的需求感和强烈的依赖感，进而导致其在生理、心理以及社会功能上表现出明显受损的痴迷状态，[①]包括手机关系依赖、手机娱乐依赖和手机信息搜集依赖三种类型。长期沉醉于智能手机，将会具体表现为：手机总是不离身，若没有带，就会不由自主地心烦意乱，坐立不安，产生焦虑感，无法专心做事；总是有“我的手机铃声响了”的错觉；出现幻觉，不停地查看手机；接听电话时，常觉得耳旁有手机辐射波环绕；下意识地找手机，随时查看；经常害怕手机自动关机；晚上睡觉从不关机；当手机没电源或收不到信号时，会产生焦虑和无力感，脾气也会变得烦躁；与人沟通时，本可以面谈，却要发信息或者打电话；即使吃饭，手机也会放在餐桌上，担心遗漏信息或者电话；不管是有意或者无意，对别人看自己的手机都很反感，非常恼火，甚至出现手脚发麻、心悸、头晕、出汗、肠道不适等症状。[②]

① 参见师建国：《手机依赖综合征》，《临床精神医学》2009年第2期。

② 邹云飞、邹云青、姚应水：《某高校大学生手机使用与手机依赖症的横断面调查》，《皖南医学院学报》2011年第1期。

图5-5　智能手机引发的焦虑
（图片来源：周帅设计）

其次，智能化依赖导致人情冷漠。

智能产品设计研发的初衷是应用智能科技给人类带来便捷与快乐，通过智能产品延伸人类的能力，解放人类的身体，提高人类的生活质量，增进人类的情感交流。但是就目前智能化发展现状来看，智能产品并没有完全按照人类预想的轨迹发展。当智能产品成为我们工作、生活、娱乐当中重要的组成部分而使我们过度依赖时，我们会发现智能产品的负面效应不仅影响着我们的身心健康，也加剧着我们情感的疏离和人情的冷淡。在我们的生活中往往会出现这样的场景：逢年过节收到友人的相同群发贺信；相约的恋人围在桌前各自玩智能手机；年轻母亲用iPad游戏安慰哭闹中的孩子……智能产品把我们的真情祝福转变为形式寒暄，把我们的相伴而行演变为足不出户，把我们的见面约会嬗变为熟视无睹，把我们亲情关爱改变为远程看护……尽管智能产品带来了物质的充盈，但却造成了情感的空白；尽管智能产品拉近了人与人之间的关系，但却疏远了心与心之间的距离，使得友情疏远、爱情冷淡、亲情疏离。

众所周知，亲情不仅仅是维系家庭情感的纽带，更是家庭幸福和谐的源泉。而在亲情中最为珍贵与无私的情感关系便是亲子关系。人类作为一种高等动物，在婴儿期会与父母形成一种十分亲密的依恋情感关系。随着时间的推移，幼儿在与父母的频繁互动中情感日趋加深，进而形成一种其他人际关系很难替代的亲子关系。良好的亲子关系不仅促进着幼儿健康的成长、良好的发展，还塑造着幼儿健康的人格和良好的性格。早有心理学研究表明，父母的关爱、抚慰、支持、鼓励是儿童爱与归属的需要，而在其中起到重要作用的便是亲子互动。只有频繁的亲子互动才能形成亲情上的心理因素——共情心（情感上相互分享）、同理心（理解心理发展特点与行为发展规律）和责任心（双方的责任意识）。而实现频繁亲子互动的有效途径唯有陪伴。如果长期缺失亲子互动与陪伴则会造成相当程度上的亲子疏离，可能会使儿童建立不健全的人格和消极的情绪，导致儿童心理承受能力较差、内心孤独封闭、缺乏安全感以及自卑忧郁等心理问题。

当代中国，经济、科技、社会持续快速发展，人民的工作生活压力也相对较大。繁忙的工作以及生活的压力致使生活在大城市的年轻父母难以实现亲子间的长久陪伴与频繁互动。“我每天加班，回家都十点多了，孩子早睡下了”“周末经常出差，哪有时间陪孩子”“我也很想多陪陪孩子，但我工作这么辛苦都是为了给他提供一个好的成长环境”，这些是当代年轻父母的真实心声。以奋斗在一线的IT行业从业者为例，强大的工作负荷和不断的认知求真是他们的典型特点，据调查，IT从业者平均每周有2.2天需要加班，每次加班平均3.05小时，工作占据了他们大量的时间，而陪伴子女的时间甚少。

因此，智能看护仪、智能看护机器人（图5–6）、智能看护摄像头应运而生。当前市场上各式各样的智能看护产品达上千种，其主要功能大致分为三部分：智能远程看护；智能语音、人机交互；智能娱乐、教育。其中最重要的智能远程看护功能是链接亲子关系的重要方式，通过手机客户端和Wi-Fi配网共联于智能看护产品，进而实现远程看护与亲子互动。从表面上看，智能看护产品非常好地解决了亲子之间陪伴短暂、互动贫乏的困难，但从深层意义上来看，智能看护产品反而会逐渐加剧亲子之间的情感淡漠和关系疏离（图5–7）。一方面，虽然智能看护产品的存在使得家长有了更多远程看护陪伴、亲子交流互动的机会，但这种陪伴和交流也会更加趋于碎片化和远程化，真正意义上近距离、全身心的陪伴守护与沟通交流的时间越来越少。家长可能因此有了更充分的理由醉心于工作，可能产生更多自我安慰而加剧亲子疏离，曾经努力挤出时间陪伴孩子的心开始逐渐隐退，曾经无暇守护孩子的亏欠感也开始逐渐泯灭。另一方面，长久使用智能看护产品必然会使得孩子对父母的追随、依附、依恋和亲密行为逐渐消退，由对父母的依恋异化为对智能看护产品的依恋甚至逐渐产生依赖。如此，孩子对父母建立起的安全感和归属感将越来越低。此外，在某种程度上讲，智能看护产品的智能娱乐、教育功能确实能够为孩子提供游戏趣味和成长知识，但长期依赖于此而缺少与外界沟通交流，将促使儿童产生一定程度的孤独封闭、敏感自卑和沟通交际障碍。

图5-6　云端智能陪护机器人
（图片来源：www.taobao.com）

图5-7　智能看护产品的“非看护”功能
（图片来源：周帅设计）

综上所述，无论是智能手机还是智能看护仪，智能产品设计研发的初心都是为了人类解放自身、消除困扰和提升自我。然而，如果设计行为在解决一个问题的时候，又带来了一系列更加严重的问题，那么可以说这是一种缺乏综合伦理考量的智能产品设计行为，也是一种伦理考量缺失的智能化，更是一种舍本求末的智能化。

二、智能化围困

爱因斯坦曾有言：“科学技术对于人类事务的影响有两种方式。第一种方式是大家熟悉的：科学技术直接或间接地生产出改变了人类生活生产方式的工具；第二种方式是教育性质的，它作用于心灵，尽管草率看来，这种方式好像不太明显，但至少同第一种方式一样锐利。”[①]随着智能科技的广泛应用，以智能产品为主的一切智能事物正在以一种文化的形式融入人们的日常生活之中，这就使得智能科技逐渐演变成一种相对独立的社会亚文化系统。智能科技文化在现代社会的持续拓展和不断渗透，加剧了传统秩序的消解、认知方式的单一和个人行为的透明，进而对人类产生了多方面的围困，让人类的单向发展逐渐加重。

第一，平衡秩序的消解。

秩者，常也。秩序者，则常度也。社会秩序则为社会之常度也，包含经济秩序、政治秩序、劳动秩序、社会日常生活秩序、伦理道德秩序等五大方面，经济秩序与政治秩序对社会稳定起着决定作用，劳动秩序、社会日常生活秩序、伦理道德秩序则是社会秩序平衡的基础。智能科技的广泛不合理应用与智能产品的广泛不合理使用，将引发失业与就业困难、生活维度单一化、文化礼仪形式化等问题，从劳动秩序、社会日常秩序、伦理道德秩序等方面逐步打破社会秩序的原有平衡。

首先，失业与就业危机。法兰克福学派代表性人物马克斯·韦伯曾提出“工具理性”这一概念。工具理性之核心在于对效率的追求，然而过度膨胀的工具逻辑使得工具理性僭越于价值理性之上，不仅造成了人性的扭曲和异化，也使得人类丧失主体性而沦为机器的附庸。诚如弗洛姆所言：“19世纪的问题是上帝死了，20世纪的问题是人类死了。在19世纪，不人道意味着残酷；在20世纪，不人道系指分裂对立的自我异化。过去的危险是人成了奴隶，将来的危险是人会成为机器人。”[②]尽管“人类沦为工具”的探讨还在继续，但在智能科技与工具理性的相互作用下以及功利主义的冲刷下，人类新

---

① [美]爱因斯坦：《爱因斯坦文集》（第三卷），许良英等编译，商务印书馆1979年版，第135页。

② [美] E. 弗洛姆：《健全的社会》，孙恺祥译，贵州人民出版社1994年版，第291页。

一轮的危机不是沦为工具，而是因逐渐被智能产品替代而产生的失业问题与就业危机。

早在20世纪50年代，人类学家维纳就曾预测，“某些机器，即伴有机器人附属物的数字计算机，将在工厂中参与劳动，替代了数以千计的蓝领和白领工人”[①]。事实也的确如此，无所不在、无所不能的智能产品渗透到我们的各行各业：工厂、服务、卫生、医疗等等，原来只有依靠人类才能做到的繁琐工作逐渐被智能产品取代，智能扫地机器人代替了家庭清洁人员的工作，智能炒菜机器人代替了厨师的工作，智能搬运机器人代替了搬运工的工作，智能手机点餐APP代替了餐厅服务员的工作……例如日本长崎豪斯登堡的奇怪酒店，其办理入住、存送行李、向导咨询、清扫绿化、餐厅服务等都由智能机器人来完成（图5-8、图5-9）。据不完全统计，50%以上的职业都会受到智能科技与智能产品的影响。越来越多的智能产品及应用软件给社会带来了巨大的冲击，造成“越来越多的人失去自己乃至父辈赖以生存的工作……更因为机器（智能产品）对技能的取代，(使得他们）永远失去再次就业的机会”[②]。如此一来，将带来一系列的社会不公平问题。

其次，生活维度单一化。在某种程度上，智能科技的发展解放了人类的双手，提升了工作效率，开拓了休闲时间。从这一角度来看，智能化进程大有裨益，于是几乎所有的产品都被焦急地赋予了智能化的“魔力”。因此，各式各样的智能产品进驻到人类社会的各个角落和人类生活的方方面面，人类生活方式也逐渐被智能化。然而，智能产品所搭建的智能世界并非十全十美，多姿多彩。原来多元的生活方式和多样的生活能力逐渐在智能产品的普及下归于单一，丰富的游乐方式为智能电玩所替代，多样的沟通交际为智能

---

① 转引自[荷]尤瑞恩·范登·霍文等主编：《信息技术与道德哲学》，赵迎欢等译，科学出版社2014年版，第12页。

② [美]杰瑞·卡普兰：《人工智能时代》，李盼译，浙江人民出版2016年版，第7页。

手机所替代，多元的童蒙教育为智能早教机所替代……“智能即全部”成了智能产品的“虚假面具”和人类走向单向发展的心理安慰。

图5-8　奇怪酒店的前台机器人
（图片来源：https://ishare.ifeng.com/c/s/7jyR8UKu4Y0）

以“食”为例，智能全自动炒菜机是当前专门针对都市青年的“做饭难”问题而设计研发的（图5-10、图5-11），它能通过提前预设的程序自动炒制300道菜肴，使用者只需将清洗、切好的食材、作料放入锅中，选择点击相应的制作按键就可进行智能炒制。尽管如此，智能全自动炒菜机的问世和进一步的扩展应用势必威胁到饮食文化的多样性发展，也必将影响饮食生活的多样性选择。尤其对于中国饮食文化来说，川、鲁、粤、苏、湘、闽、徽、浙八大菜系博大精深，烧、炸、烤、烩、熘、炖、爆、煸、熏、卤、煎、氽、贴、蒸等烹调技艺丰富多彩，再加上掌勺厨师的不同，形成了各式各样、千差万别、风味各异的菜肴，可谓“百人有百口，千人有千味”。而“智能+饮食”不仅让烹饪的乐趣归于平淡，还将饮食文化的发展引入一条“闭塞之路”，更让饮食的千差万别趋于“百口如一”。

图5-9　奇怪酒店的服务机器人
（图片来源：https://ishare.ifeng.com/c/s/7jyR8UKu4Y0）

最后，文化礼仪形式化。文化礼仪是人类世代相传的用以处理人与人、人与社会、人与自然之间关系的方式，是以礼仪为核心的人类精神与物质体系的总称。文化礼仪具有时代性和发展性，其内容结构、功能定位、表现形式、载体形式等会随着时代的发展、社会的进步而不断发展变化。科技进步对文化礼仪的变革起到重要的影响。从第一次科技革命到现在，每一次科学技术发展的影响都会从器物层面逐渐扩大到文化层面，有的是对传统文化的颠覆，有的是对全新文化的构建。对于智能科技来说，它通过智能产品所形成的文化是一种智能文化、时尚文化和高效文化。同样，它的存在与发展也必然会对原有的、传统的文化礼仪构建有所冲击和影响。

图5-10　捷赛牌智能滚筒商用炒菜机
（图片来源：https://item.jd.com/58579331507.html）

图5-11　捷赛牌智能全自动炒菜机
（图片来源：https://item.jd.com/10064094358834.html）

从1993年IBM公司推出的第一款智能手机到现在，智能手机已经从简单的通信工具进化为一个集通信、交际、娱乐、消费等于一体的个人智能化终端产品。据英国广播公司报道，到2014年底，世界上移动通信设备用户总数超过世界总人口数，基本实现智能手机的全民普及。在智能手机的广泛使用下，社会中形成的智能手机文化也顺理成章地成为当前的主流文化之一。“今天你自拍了吗？”“今天你晒朋友圈了吗？”“今天你抢红包了吗？”成为智能手机文化下的热点话题。但是，在这些热点话题的背后却是传统文化礼仪逐渐走向形式化的真相。

春节是中华民族最隆重的传统佳节，春节拜年、压岁红包是重要的传统习俗，也是最能感受浓浓年味的文化礼仪。如今通过智能手机就可以群发拜年短信，但是模板式的客套祝福语却让人与人的距离更加疏远（图5-12）。在2014年春晚上，一首名为《群发的我不回》的歌曲就以嬉笑调皮的方式批判了群发拜年短信的普遍现象。此外，通过智能手机还可以相互发送电子红包（图5-13），2015年2月24日，微信官方和支付宝官方提供的数据显示：除夕夜微信红包收发量达10.1亿次。虽然通过智能手机可以以高效的方式和简单的形式完成新年祝福、压岁红包等一系列的节日文化仪式，但其中蕴含的文化精神却大打折扣。文化礼仪的形式化让人们的内心并没有直接感受到节日的喜悦和文化的意义，反而在内心平添了多余的负担，这也是现在越来越没有“年味儿”的重要原因之一。

图5-12　群发拜年短信的尴尬　　　　图5-13　电子红包

（图片来源：http://image.baidu.com）

第二，认知方式的单一。

认知方式是指“个体典型的、习惯化了的组织或加工信息的方式”。具体地说，就是在感知、记忆、思维、问题解决等认知过程中个体所偏好的、习惯化的倾向。卡瑞曾基于认知方式的测量层面，提出了“洋葱模型”的认知方式理论模型，该模型根据多种认知方式构想将所测度的内容由表及里分为三层。第一层为“教学偏好层”，是最不稳定且最易受影响的认知方式，集中体现在学习环境、学生愿望、教师期望等其他外在因素的影响上；第二层为“信息加工层”，相较于第一层其更为稳定，处于基本人格水平的个体差异和学习环境的交叉处，可以受到学习策略的影响而加以修改；第三层是“认知的人格方式”，其为个体改造和同化信息的倾向，不直接参与环境的相互作用，相对趋于稳定。由此可见，认知方式或认知风格的形成，最易受到外界学习环境的影响。而外界学习环境的影响是从“教学偏好层”开始逐渐向“信息加工层”发展，进而影响人类“认知的人格方式”的形成。

对于儿童来说，其认知能力的培养正处于一个循序渐进的过程，儿童对外界的认知能力较低，他们对探索未知外界表现出强烈的兴趣和勇气。因此，外界的学习环境对儿童的认知方式的形成影响最大。在当前的智能产品当中，有大量产品是为3-12岁儿童设计研发的，其中包括智能儿童看护仪、智能儿童早教机（如图5-14）、绘本伴读机器人等等。这一类智能产品相应地都具有亲子教育和交互娱乐的功能，这些功能主要是基于云端数据来实现的。实创兴牌儿童早教智能陪护仪就是这样一款智能产品，其在亲子教育方面可以实现英汉互译、快速算术、唐诗宋词、成语故事、百科解答、信息查询、音乐点播等功能。通过儿童与智能产品问答交互的方式可以实现解答疑惑和认知学习的积累，让孩子在快乐中进步，但是长期如此势必会改变儿童的认知环境，零零碎碎的机器式思维将会逐步代替人的逻辑思维能力，使得儿童的创造力、想象力和注意力很难得到锻炼，对智能产品产生认知依赖，进而对其他事物的探索度、关注度大幅下降，严重影响着儿童认知发展的深度与广度以及认知方式的多元化发展。

此外，以智能手机、平板电脑、智能电子阅读器等为代表的智能移动终端也在一定程度上影响着人类认知能力的发展。伴随着智能移动通信终端的普及，所有人都可以在任何地点和任何环境下实现问题的及时搜索和书籍的在线阅读。不可否认，智能移动终端在人

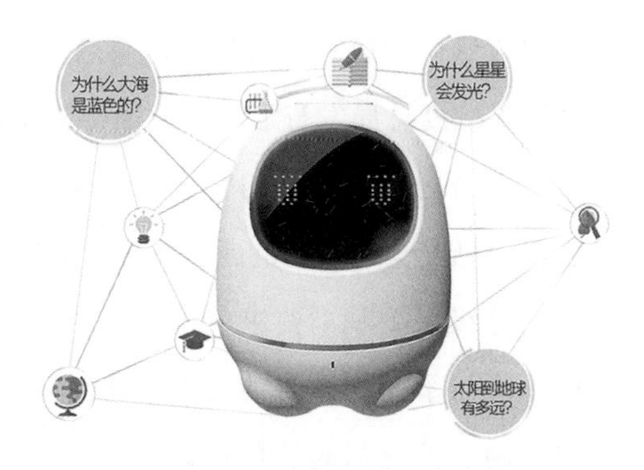

图5-14　智能儿童早教机
（图片来源：www.taobao.com）

类求知的及时性上做出了很大的贡献。但是从长远来看，也间接催生了一系列社会问题，诸如“有问题问度娘（百度）”已经成为当代社会人们求知的主要方式，此种简单粗暴的求知方式带来的是知识碎片化、肤浅化、片面化，曾经多元的认知方式由此而走向单一化的道路。

第三，个人行为的透明。

美国学者威利斯・哈曼博士曾说过：“我们在解决‘如何’一类的问题方面相当成功，但与此同时，我们对‘为什么’这种具有价值含义的问题，越来越变得糊涂起来，越来越多的人意识到谁也不明白什么是值得做的。我们的发展速度越来越快，但我们却迷失了方向。”当智能科技通过智能家居产品为人类构建更佳生活环境之时，智能家居开始对人类实现了全面的围困，表面的舒适便捷掩盖了深埋其中的技术隐患，智能家居对人类日常生活的数据收集、整合、处理所带来的严重后果是人类生活的裸露于外与个人行为的透明于众。智能家居消费者的隐私问题已经成为当前智能家居发展的严重问题。

作为智能家居系统的重要组成部分，智能摄像头的隐私安全问题最为严重。智能摄像头（图5-15）是指“不需要电脑连接，直接使用Wi-Fi联网，配有移动应用，可以远程随时随地查看家里的一切，与家人语音通话，还支持视频分享、远程操作监控视角、报警等功能的一类产品的总称。”国家互联网应急中心发布的《2016年中国互联网网络安全报告》显示，2016年国家信息安全漏洞共享平台公开收录的1117个物联网设备漏洞中，其中智能摄像头的数量位列第一，占到漏洞总数的10.1%。2017年6月18日，国家质量监督检验检疫总局发布了《智能摄像头质量安全风险警示》。在质检总局产品质量监督司组织开展的智能摄像头质量安全风险监测中，针对智能摄像头潜在信息安全危害的问题，依据GB/T22239-2008《信息安全技术信息系统安全等级保护基本要求》等标准要求，对市场上采集的40批次智能摄像头样品进行了操作系统的更新、恶意代码防护、身份鉴别、弱口令校验、访问控制、信息泄露、数据传输使用安全有效加密、本地存储数据保护等多方面的检测。结果表明，“32批次样品存在质量安全隐患。其中，28批次

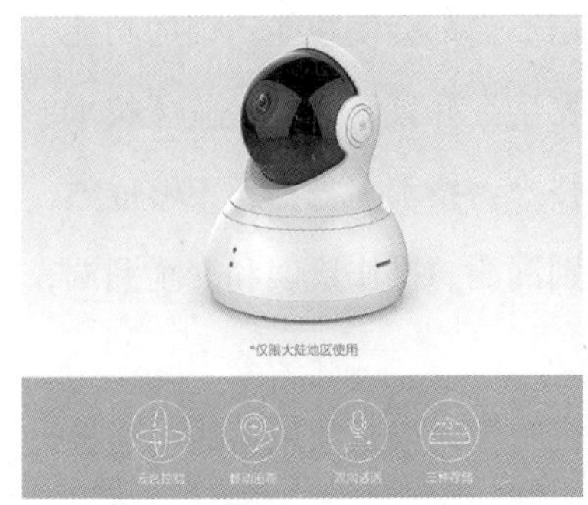

图5-15　小米牌智能摄像头
（图片来源：https://www.mi.com）

样品数据传输未加密；20批次样品初始密码为弱口令，或者用户注册和修改密码时未限制用户密码复杂度；18批次样品在身份鉴别方面，未提供登录失败处理功能；16批次样品对用户密码、敏感信息等数据，在本地存储时未采取加密保护措施；10批次样品操作系统的更新有问题，未提供固件更新修复功能或者固件更新方式不安全；10批次样品后端信息系统存在越权漏洞，同一平台内可以查看任意用户摄像头的视频；8批次样品未对恶意代码和特殊字符进行有效过滤；5批次样品后端信息系统存储的监控视频可被任意下载，或者用户注册信息可被任意查看”。具体体现为终端安全漏洞、后端信息系统安全漏洞、数据传输安全漏洞、移动应用安全漏洞等。

如此多的技术漏洞势必会招致黑客的侵入，实现摄像头的恶意控制并导致监控视频泄露的发生。除了智能摄像头外，其他整合了智能摄像功能的智能产品也不胜枚举，诸如智能远程儿童看护仪、智能家庭服务机器人等。它们同样具有智能摄像头对应的隐私安全问题，这会使消费者在使用中遭遇隐私信息泄露、财产损失等诸多危害。

智能门锁是当前智能家居产品中的“新宠儿”。智能门锁是在传统锁的基础上通过增加计算机软件及大数据等相关互联网新技术的全新安全防护产品。智能门锁具体分为三类：第一类是基于Wi-Fi、GSM网络和蓝牙的智能门锁；第二类是基于指纹识别的智能门锁；第三类是基于人脸识别、虹膜识别的智能门锁。尽管上述三类产品的技术应用不尽相同，但它们无不需要与智能手机关联以实现智能控制，智能手机的系统崩溃、使用不当都会使智能门锁的功能产生一系列不稳定性问题，进而导致安全问题的发生。并且，无论是蓝牙技术、指纹识别技术，还是人脸识别技术、虹膜识别技术，技术本身都还不够成熟，相关的识别技术能力不够精准，极容易产生识别漏洞、操作错误和安全漏洞，可能会被罪犯或他人盗用。

更具隐私侵犯性隐患的智能产品当属无人机，无人机是利用无线电遥控设备和自备的程序控制装置操纵的不载人飞机，在智能科技发展逐渐趋于成熟和市场需求不断扩大的今天，民用无人机成为人们娱乐休闲、创意生活的重要智能产品之一。但是普通的小型民用无人机由于体小轻便、快速敏捷而更加容易被当作监视工具来使用，在隐私安全方面存在着一定的威胁。2017年7月，西安一男子利用无人机在某直播平台直播，中途拍到一女子在家的隐私画面，他不回避反而继续拍摄，事后还在直播群里炫耀。后来该男子的无人机被他人以无人机反制枪击落，该男子也被警方控制。

与此相同或相似的由智能产品隐私安全问题引发的案例还有很多，也正是如此多存在隐私安全漏洞和潜在隐患的智能家居产品，使得人们的日常行为和隐私逐渐趋于透明化，人们仿佛生活在“玻璃罩”之中。智能产品存在如此多的隐私安全漏洞，主要原因有三：一是智能产品在设计研发之初就缺乏安全性的考量。在相当数量的智能产品出厂之时，就存在着弱口令安全的漏洞。二是智能产品缺乏日常安全评估及维护，不少相关厂商不能及时查出智能产品的安全漏洞，并配备打补丁等防护手段。三是智能技术本身的不成熟性和不确定性为破坏者提供了可乘之机。究其根本原因就是，智能产品设计研发的伦理性考量缺失使得智能产品只进行了“技术性行话的构建”，“道德性行话的构建”处于一种缺位状态，而道德考量的缺位一定会引发道德问题的产生。

三、智能化隐患

如今的智能产品在智能科技和设计创新的双重驱动下，逐步被人们广泛接受。在“智能家居”“智能生活”的新概念引导下，智能产品掀起了一轮智能化全面进驻生活的新浪潮，涉及衣、食、住、行、用等方方面面。然而，技术本身就是在不断发展变革的，因此也必然会带来一定程度的“不确定性”，技术的“不确定性”是技术“利好”下隐藏的种种隐患。智能产品也不例外。智能科技的“不确定性”也引发了一系列的智能化隐患，具体可分为两类，一类是智能产品的技术应用忧患，另一类是智能产品的设计安全隐患。但二者都与智能产品设计有着直接或间接的关系，而智能产品设计的伦理性缺失是智能产品出现隐患问题的重要原因。

第一，智能产品的技术应用忧患。

智能产品的技术应用是智能技术通过合理的方式进行的产品化转换。智能技术应用本身就带有两面性，一方面技术的发明与应用给人类不断带来进步、财富，并有力地推进了社会的发展；另一方面，技术应用又会给人类带来危害甚至是灾难。具体而言，智能技术应用的两面性源于应用的两面性以及技术本身的“不确定性”和“不可控性”。其中，应用的两面性来自应用的人、应用的目的以及应用的方向等，而实现应用的主要方式便是智能产品设计。也就是说，智能产品之所以会产生技术应用忧患问题，很大程度上取决于智能产品设计的优势。智能产品设计决定着智能技术的选择、实际应用和产品转化，好的设计将会有效控制智能技术的“不确定性”，使智能技术优势得以极大释放；而坏的设计、伦理考量缺失的设计则会使智能技术的“不确定性”无限放大，将智能技术的负面效应和制造出来的产品“恶果”传递至广大消费者。因此，智能产品设计不仅与智能产品的技术应用两面性有着间接的联系，更在智能产品的技术应用忧患中承担着重要的责任。

在当前的智能产品市场上，最火爆的莫过于VR眼镜了。VR眼镜是虚拟现实技术（简称VR技术）的主要搭载设备，也是虚拟现实头戴式的智能显示设备，它是运用计算机图形学、人机接口技术、仿真技术、多媒体技术、最新传感器等多种技术创造出的一种集合性的产品和一种全新的人机交互方式（图5-16）。通过VR眼镜模拟用户切身的感官感受，可以使用户拥有身临其境般的感受，用户不仅可以自由浏览虚拟现实空间内的虚拟物体且沉浸其中，还可以通过相关设备与虚拟物体实现互动而乐在其中。VR眼镜大致分为三类：外接式、一体式、移动端式。外接式VR眼镜具有独立屏幕，需与电脑或其他专用设备连接，在相对固定的空间内交互使用；一体式VR眼镜是独立的虚拟现实头戴式设备，无须借助任何输入输出设备就可尽享虚拟现实的视觉冲击；移动端式VR眼镜植入智能手机后方可观看，整体结构较为简单，产品使用也较为方便。当前，VR技术被认为是影响人们生活的重要技术之一，并在娱乐、医疗、军事、教育、建筑等各个领域发挥着巨大的应用价值。而VR眼镜作为VR技术重要的承载设备，自然受到广大消费者的青睐，一场VR眼镜的“嘉年华”正在进行中。京东网公布的2016年“618”电商节的相关数据显示，京东商城3C整体销量突破36006909件，其中增量最大的是VR眼镜，销售增长为23498.21%，增幅达到了234倍。2016年全国两会期间，VR眼镜与网易新闻联手打造的《2016两会特别全景报道》引入了时下最火热的VR技术，制作并发布了与民生相关的五个方面内容。尽管如此，虚拟现实技术在VR眼镜上的应用并不完美，也就是说，VR眼镜的设计还很不成熟，其带来的技术应用忧患具体有三，即佩戴不适、影响视力、产生眩晕。

其一，佩戴不适。通过实地调研统计，当前市场上的移动端式VR眼镜的重量平均在400g，如果再加上置于其中的重130g的智能手机，整体重量将达到530g左右。而外接式、一体式VR眼镜的平均重量也高达500g。以千幻魔镜牌移动端式VR眼镜为例，第一代产品重量为545g，第二代产品重量为393g，第三代产品重量为380g，第四代产品重量为561g，“八爪鱼”版产品重量为355g，而“shineon”耳机版产品重量则为985g（图5-17）。较为沉重的VR眼镜，整个重心集中于机体的前部，整个机体主要依靠鼻梁来托举，并由鼻梁将压力传递到整个头部和颈椎。长时间佩戴使用VR眼镜，强大的机体压力不仅影响使用者的交互体验，还将严重压迫鼻梁、颈椎并诱发一系列相关病症。虽然VR眼镜在设计上添加了一些贴合头部轮廓的防护垫和皮革外包，但这些设计远远不足以消除VR眼镜佩戴不适的问题，因此VR眼镜设计者需要深入学习、研究、应用人体工程学以便设计出良好的佩戴方式。

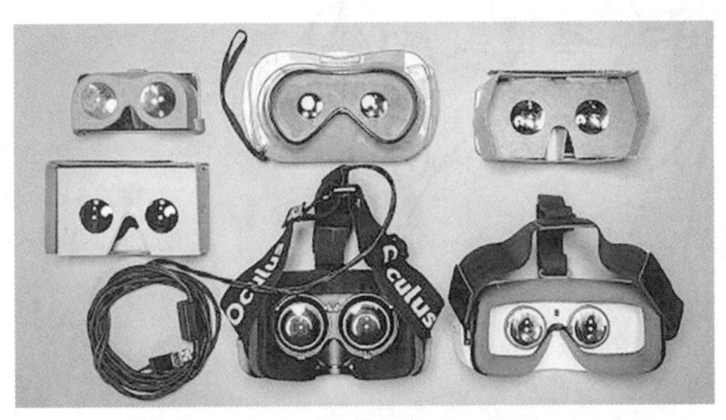

图5-16　形形色色的VR眼镜

图5-17　千幻魔镜“shineon”耳机版VR眼镜

（图片来源：http://image.baidu.com）

其二，成像影响视力。一般的VR眼镜成像是应用两个凸透镜和一个屏幕，使得使用者左、右眼所看的图像独立形成图像，通过双目视差原理来实现立体视觉（图5-18）。然而“透镜在眼前2cm—3cm处，屏幕距透镜3cm—6cm，虚像成像在眼前25cm—50cm左右”[①]，长时间聚焦于25cm—50cm处而无法移动，将使眼部肌肉严重疲劳。在一项“VR眼镜会对眼睛造成视觉伤害吗”的实验中，两位从未体验过VR眼镜的志愿者在观看10分钟和30分钟VR视频后，双眼灵活度和调节反应皆有所下降，并且观看时间越长，双眼的灵活度和调节反应能力越差（图5-19）。这是因为在使用VR眼镜时，眼部与屏幕的距离较近，双眼会付出一定的调节力，而眼部的调节功能依赖睫状肌的功能，睫状肌长时间紧张将导致眼部疲劳进而引起近视发生。

① 参见《VR眼镜对眼睛有伤害吗》，《中国眼镜科技杂志》2016年第22期。

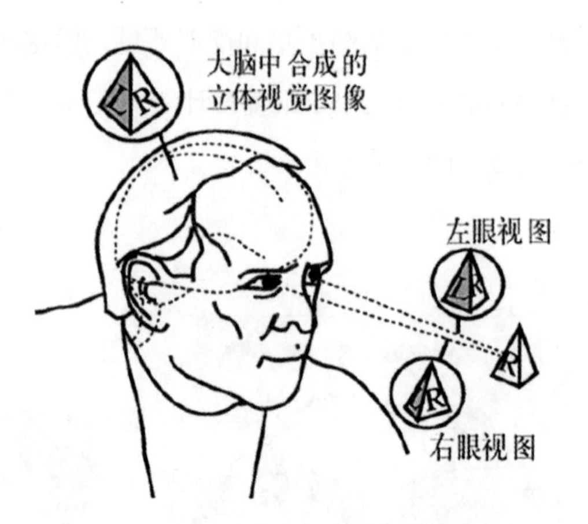

图5-18　双目视差原理实现立体视觉
（图片来源：网络）

实验1：佩戴VR眼镜观看10分钟

	双眼灵活度	调节反应
一号志愿者	实验前 9 实验后 9	实验前 0.67d 实验后 0.54d
二号志愿者	实验前 9 实验后 8	实验前 0.59d 实验后 0.51d

实验2：佩戴VR眼镜观看30分钟

	双眼灵活度	调节反应
一号志愿者	实验前 8 实验后 5	实验前 0.57d 实验后 0.19d
二号志愿者	实验前 9 实验后 3	实验前 0.53d 实验后 0.21d

正常标准：双眼灵活度：8—11周/分钟
调节反应：0.25d—0.75d

图5-19　实验："VR眼镜会对眼睛造成视觉伤害吗"
（图片来源：湖北卫视《生活帮》20160604期）

其三，产生眩晕。虚拟现实晕动症是在VR眼镜下的虚拟现实中，前庭系统认知与视觉系统感知不匹配而使人体产生眩晕、恶心等症状。具体而言，前庭系统是人体平衡系统的重要组成部分，人类各种高难度的运动靠前庭和视觉的统一保持平衡。在VR眼镜下，视觉系统所感知到的虚拟现实场景中各种不规律且频繁的加速度变化并没有在前庭系统中产生相应的变化时，会对前庭系统产生不良刺激，经前庭神经把刺激信息传入到相应的脑干内的前庭神经核以及小脑，经与其他感觉信息的整合、加工等处理后，再经多条神经通路把这些信息传送到脑内更高层次的中枢，进行高层次的加工处理，甚至形成主观意识，从而做出特异性和非特异性的功能反应而引发晕动症。此外，虚拟现实晕动症还会带来一系列能力的丧失，诸如平衡能力减弱、方向感减弱以及真实感减弱。而对于其他类似Virtuix Omni跑步机（图5-20）等虚拟现实设备来说，虚拟现实不仅带来视觉运动感知，还提供着适当的运动输出能力，使得视觉感知与前庭认知相匹配，从而减少眩晕产生。如此对比，虚拟现实技术应用在眼镜上的问题显而易见。

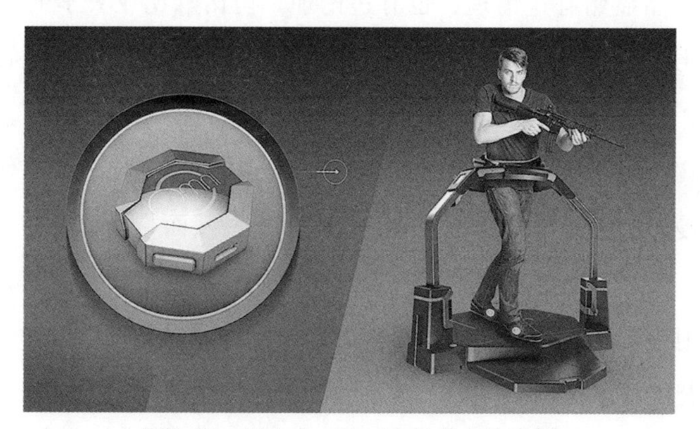

图5-20　Virtuix Omni虚拟现实跑步机
（图片来源：http://image.baidu.com）

上述种种VR眼镜的技术应用忧患，由表及里体现出来的是人与智能产品的矛盾和人与智能技术的矛盾，也就是人机矛盾与人技矛盾。与此相类似的案例还有很多，比如日本高端少女内衣品牌出品了一款真爱智能文胸（图5-21），其内部有一个心率传感器来测试心跳，当女性遇到心仪男性心率上升到一定比例时，LED灯会随着心跳频率的提高逐个被点亮，使得电机通电带动连接的螺杆旋转，文胸会自然打开。试想如果一位女性穿着这样的一款内衣外出，她将会是多么忐忑、焦虑。因为人体心跳加快的原因并不单一，烟酒饮食、剧烈运动、情绪紧张、药物作用等都会使心率提升，内衣一旦因这些被“打开”该是多么尴尬与不便。如此观之，传感器技术应用于

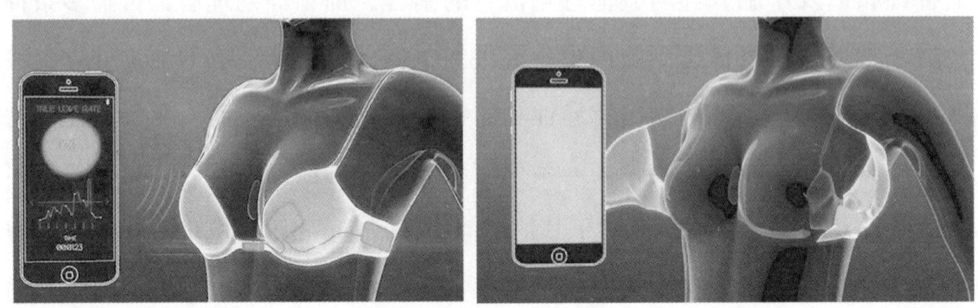

图5-21　真爱智能文胸
（图片来源：http://www.sohu.com/a/119528533_465258）

这款智能产品显然有违情理，也有违伦理。但诺森比亚大学的学生维多利亚·索尔比（Victoria Sowerby）设计的一款能够调节跑步节奏的智能文胸则要好得多，它既恰当地应用了传感器技术，又使得产品设计得更合情理。这款智能文胸产品在使用者运动时可实时追踪人体心率变化，如果侦测到心率太快或太慢，就会自动改变所播放音乐的节奏，从而与运动者的步伐、节奏保持一致。虽然智能技术本身存在着负面效应和不确定性，但其并不直接也并不全面地影响到人类的日常生活，而是通过智能产品设计以智能产品的形式最终将智能技术“硕果”与“苦果”注入人类生活当中。至于到底是“硕果”还是“苦果”，关键在于智能产品设计如何去整合应用智能技术。智能产品设计的伦理性考量缺失、不当的技术整合应用以及不合理的设计构想势必会放大技术本身的负面效应和不确定性，同时也会造成人技之间的尖锐矛盾。而合理、恰当的智能技术应用与智能产品设计必然会使得智能产品从人技和谐走向人机和谐。

第二，智能产品的设计安全隐患。

智能产品的安全设计是以安全为前提的产品功能与形式有机结合的设

计，且通过合理的、稳定的产品设计以达到最大安全系数，在使用过程中和产品运行期间不会威胁到使用者的人身安全。更为重要的是，“安全设计指的是无论正常使用还是错误使用，均不会产生安全隐患问题”[①]。但是，现实中智能产品的安全设计并不尽如人意。自2014年以来，智能产品行业开始驶向“发展快车道”，伴随着智能产品进驻百姓日常生活的步伐，智能产品的设计安全问题开始逐渐浮出水面。2016年3月的小米平衡车伤人案、2016年11月的机器人伤人事件等，一系列智能产品安全事故让广大用户对智能产品又爱又恨。智能产品究竟是“摩西的手杖”还是“潘多拉的魔盒”似乎成为人们心中最难以回答的疑问。智能产品本是服务于人的全新科技化成果，但智能产品的设计安全标准缺位、设计安全意识淡漠、设计安全考量不周等因素，使得智能产品成为威胁人类人身安全的“罪魁祸首”之一。

首先，智能产品设计安全标准缺失。美国心理学家亚伯拉罕·马斯洛提出，人类的需求像阶梯一样从低到高按层次分为五种，分别是：生理需求、安全需求、社会需求、尊重需求和自我实现需求，人类对于低层次的需求是实现更高层次需求的基础。对于智能产品来说，安全问题是最基本、最重要的问题。而智能产品安全的重要保障和首要基础性要求则来源于设计安全。智能产品设计的安全将有效确保智能产品的功能、形式、材料和人机尺度的安全。但由于当前智能产品产业刚刚起步，相关配套的行业监管缺失、产品标准不规范以及智能产品行业本身的快速盲目发展致使智能产品的设计安全并不尽如人意，并由此引发了智能产品安全事故。其中，小米电动平衡车伤人事件便是智能产品设计安全标准缺失的典型案例。

小米牌电动平衡车自上市以来凭借其重量轻、外形酷、便捷出行、智能交互等特点受到广大年轻用户的青睐，成了短途代步的新型智能化交通工具。尽管电动平衡车为用户提供了全新时尚的出行体验和便捷有趣的出行方

① 刘佳：《设计安全：宜家产品召回事件的警示》，《中国美术报》2016年7月18日第21版。

式，但是，因使用平衡车而受伤的人始终存在。2016年1月，广州的一位名叫王翔的男士在骑行小米电动平衡车时身体因加速前倾，电动平衡车突然失去动力，男士在惯性作用下，整个人当即朝前飞了出去，致使右腿髌骨骨折。2016年3月，广州市天河区法院受理王翔诉小米公司及制造厂家纳恩博科技有限公司一案。最使法官苦恼的是如何界定该事件的责任，问题到底是出自产品设计缺陷还是源于产品质量问题？因为在此之前，平衡车这种新型的智能代步工具还没有国家相关设计安全标准和质量安全标准。而设计安全标准的缺失也势必会使得整个行业的产品配置、产品规格、产品标准参差不齐，并埋下产品质量安全的隐患。电动平衡车产业联盟副秘书长刘海波先生表示："整个（智能电动平衡车）行业没有国家标准，也没有地方标准，大家想怎么生产就怎么生产，这可能让整个行业快速归零。"

值得庆幸的是，2016年9月，国务院办公厅印发了《消费品标准和质量提升规划（2016—2020年）》（以下简称《规划》）。《规划》指出，要健全智能消费品标准，开展智能家电、智能照明电器等标准体系建设，加快智能终端产品的安全性、可靠性、功能性等标准研制；开展家具、服装等传统消费品智能化升级的综合标准化工作；在可穿戴产品、智能家居、数字家庭等新兴消费品领域，引领标准制定。此项《规划》的提出，不仅从政策层面为智能产品树立起了发展标准，也为智能产品系列提出了安全性、可靠性、功能性的设计研发要求。相信在不久的将来，电动平衡车行业的标准化建立不仅会为广大的用户带来产品使用的安全保障，也会为行业的发展树立起科学的标杆。

其次，智能产品设计安全意识淡薄。智能产品会产生安全问题的根本原因在于设计安全意识的淡薄。从某种程度上讲，设计安全意识不仅是一种设计责任意识，更是一种设计伦理意识。企业在智能产品的设计研发中往往更加注重的是产品的功能性、美观性和经济性，对于安全性或对于全面的安全性的考量则处于一种缺位状态，其实也就是设计安全意识的淡薄、设计责任意识的缺位和设计伦理意识的缺失。如此的智能产品设计势必会产生一系列的产品质量问题和产品安全隐患，进而影响到智能产品的使用和功能的实现，并影响到广大消费者的使用安全与切身利益。

2016年1月，国家质检总局对52种普通坐便器、25种整体式智能坐便器、20种独立式坐便洁身器（智能马桶盖）进行抽查，其中18批次不合格产品全部来自智能坐便器、独立式坐便洁身器，单品类不合格率达四成，且均存在危及人身安全的不合格项目，具体包括智能坐便器产品的座圈耐燃性能和智能坐便器产品接地措施。两种不合格项目可能导致产品发生冒烟、起火、漏电等事故，直接危害使用者人身安全（图5-22）。而产生上述安全事故的原因在于产品中的非金属材料耐热、耐燃性能不符合要求以及忽视马桶圈部分的安全设计、生产的要求。但是，早在2008年，我国就有《家用和类似用途电器的安全坐便器的特殊要求》（GB40706.53-2008）的行业标准，其中对坐便器接地措施、耐热和耐燃性能等都有明确的规定。既然如此，为何还有如此多的产品产生安全隐患？究其根本原因，便是智能坐便产品设计安全意识的淡薄、设计责任意识的缺位和设计伦理意识的缺失。

图5-22　智能马桶起火事件
（图片来源：https://www.sohu.com/a/167861818_99932507）

最后，智能产品设计安全考量不周。在当前众多的智能产品中，相当数量的安全问题隐藏在我们原本认为的"安全设计"之中。智能产品设计的安全考量不周使得智能产品难以从"安全设计"走向"设计安全"，反而在实际的使用中提升了安全事故的发生频率。具体包括两类：一类是通过附加设计来增强智能产品安全性能。尽管附加设计解决了智能产品潜在的安全隐患，但实际上又

图5-23 “小胖”机器人
（图片来源：https://detail.tmall.com）

增加了产品的不安全因素，设计安全系数依然低下。另一类是缺乏特殊性、针对性的智能产品安全设计，使用者在进行操作时的差错率、产生的副作用会因此大大提升。

正是因为智能产品设计安全考量不周，才致使全国首例机器人伤人事件的发生。2016年11月16日至21日于深圳举办的第十八届中国国际高新技术成果交易会上，一台由北京进化者机器人科技有限公司和北京航空航天大学机器人研究所共同打造的机器人“小胖”（图5-23）在展会上突然发生意外事件（图5-24）。高交会组委会官网发布公告表示，该事件的发生是由于展商工作人员操作不当，误将“前进键”当成“后退键”，导致用于辅助展示投影技术的一台机器人“小胖”撞向展台玻璃，玻璃倒地摔碎并划伤一名现场观众，致其脚踝被划破流血。之所以会发生工作人员操作不当的问题，主要原因之一在于按键缺乏清晰的辨识度。如果能对机器人的各个按键进行针对性、特殊性的设计，此类事件的发生概率将大大降低。况且这款机器人还是针对3—12岁儿童教育研发设计的，由于儿童的年龄和认知能力较低，其操作不当的概率必然将远远超过成年人。况且如果“小胖”本体设计得安全可靠，即便是在操作错误的情况下，也应该不会导致意外伤人事件的发生。机器人在使用过程中有什么潜在风险和安全隐患是设计师必须周全考量的设计研究重点。

智能产品的安全设计关系到使用者的人身安全，是智能产品设计的重要属性，也是智能产品设计的核心原则。在智能产品设计过程中，有效避免设计安全标准缺位、设计安全意识的淡薄、设计安全防护的缺失和设计安全考量不周等问题是保障智能产品安全设计的前提。此外，从智能产品的设计安

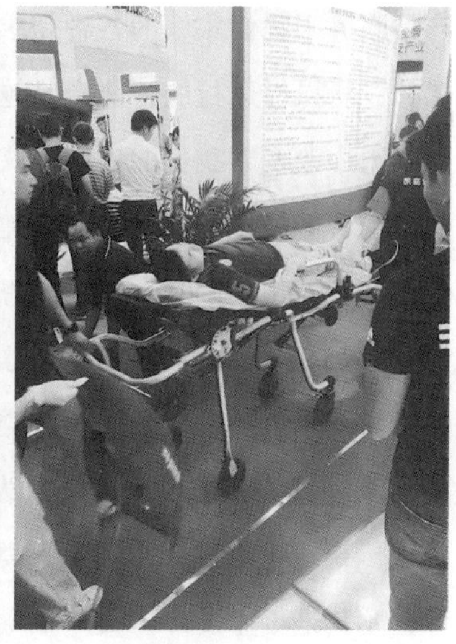

图5-24　“小胖”机器人伤人事件
（图片来源：https://www.thepaper.cn/newsDetail_forward_1563985）

全角度来看，最根本、最直接的安全隐患解决方式是通过对智能产品本体的科学合理设计来确保产品安全系数的最大化。而更为重要的是，智能产品设计师要承担起更多的社会责任，“从‘产品生命周期’的设计源头开始，严格遵循设计安全原则，杜绝安全隐患；从‘产品生命周期’的每一环节，提升产品质量和安全系数，避免安全隐患；针对产品存在的安全问题，通过提供优质的设计服务，排除安全隐患，将经济效益与社会效益密切结合起来，树立良好的产品设计安全意识和价值观念”[①]。只有这样才能切实通过“安全设计”形成“设计安全”。

第三节　科技领域中智能产品设计伦理性对策

智能科技在不断地发展成熟，其功能性、智能性也在日益提升，越来越多

① 刘佳：《设计安全：宜家产品召回事件的警示》，《中国美术报》2016年7月18日第21版。

的智能产品服务于我们家庭的各种需求，充满社会的各个角落。日积月累，我们所掌握的、所操控运行的智能产品越来越多。曾几何时我们发现，智能产品正在不知不觉中改变着我们的生活方式。越来越多的智能产品将我们包围，使我们困囿于由智能技术和智能产品构建的有限空间之中，进而产生一系列诸如智能化依赖、智能化围困和智能化隐患的智能科技伦理问题。早在2000年，江泽民就曾一针见血地指出："在21世纪，科技伦理的问题将越来越突出。核心问题是，科学技术进步应服务于全人类，服务于世界和平、发展与进步的崇高事业。"由此可见，发展与服务应该成为智能科技、智能产品乃至智能产品设计的核心标准，智能化不仅要有利于人类的生产生活，更要有利于人类的健康发展。设计，尤其是工业设计，"是一种将策略性解决问题的过程应用于产品、系统、服务及体验的设计活动……是通过其输出物对社会、经济、环境及伦理方面问题的回应，旨在创造一个更好的世界"[①]。因此，面对智能科技、智能产品所产生的诸多伦理性问题，智能产品设计应该以服务与发展为核心，充分发挥其作用与价值。

一、智能产品的提示约束型设计

正如前文所述，智能化依赖成为当前重大的智能科技伦理问题之一和智能产品设计伦理问题之一。智能化依赖不仅使得人类机体趋于退化，影响人类生理健康发展，还使得人类情感趋于冷淡，影响人类心理健康发展。如何确保在智能产品能正常使用的前提下将产品有效服务与人类健康发展相结合起来，兼顾和保障人类的生理和心理健康成为当下智能产品设计研发探索的重要方向和在科技领域中智能产品设计伦理的重要担当。智能产品的提示约束型设计不失为一种符合当前科技发展水平的，较好兼顾服务与发展双重目标的，软件与硬件相互结合的，且具有伦理性考量的智

① 参见新浪博客：http://blog.sina.com.cn/s/blog_491183dd0102vv9y.html。

能产品设计方法。

智能产品的提示约束型设计就是智能产品通过温馨且善意的提示和必要强制的约束相结合的设计手段，提醒告诫甚至制止智能产品过度使用者和不当使用者，并通过正确的方法来引导智能产品的适度使用，从而避免使用者因长时间使用而引发机体退化和心理问题。具体而言，可以从两方面对智能产品的提示约束型设计做较为细致的阐释。

首先，智能产品的提示型设计。智能产品的提示型设计是从智能产品的软件出发，通过UI设计、界面设计、交互设计等手段，恰当适度地传达提示性内容，使智能产品的过度使用者能够及时了解自己的失度行为，以便及时停止使用，放松身心。当前的智能手机软件中不乏与之类似的提示型设计，如在智能手机安装的在线阅读软件“微信读书”，连续阅读超过五个小时后，屏幕上方便会出现一排小字：“您已经连续阅读5小时36分了，请及时休息”（图5-25）。再如，智能游戏机或智能手机游戏软件的启动页或首页基本上都会有一行小字“适度游戏益脑，沉迷游戏伤身。合理安排时间，享受健康生活”（图5-26）。与此类似的智能产品提示型设计还有很多，但是普遍存在的问题是，提示型的内容往往以多且小的文字的形式出现在智能产品屏幕界面的边缘地带和视觉忽略区，使得提示型设计“有名无实”，无法较好地实现提示作用，更别提能真正起到引导使用者适度使用智能产品、避免智能化依赖的作用了。真正的智能产品提示型设计应该以图像的方式居于产品中心位置或明显位置，通过带有透明度的动态或静态展示，在不妨碍用户正常使用的情况下，切实做到友情提示，发挥有效提示的作用（图5-27、5-28）。

其次，智能产品的约束型设计。所谓智能产品的约束型设计，便是以智能产品硬件为主体，配合智能产品系统或相关软件，针对用户长时间使用或不当使用智能产品而进行的一种具有限制性的约束型设计手段，具体包括物理性限制和系统性限制。物理性限制体现在智能产品硬件本身上，通过智能产品造型设计和附加配件设计来实现约束功能。例如，用户佩戴的VR眼镜营造出的虚拟环境使大脑发出行为动作指令，而行为却作用于现实环境，因此会出现眩晕

图5-25 “微信读书”APP中的提示型设计（图片来源：http://pic.sogou.com）

图5-26 手机游戏“密室逃亡”的提示型设计（图片来源：周帅截图）

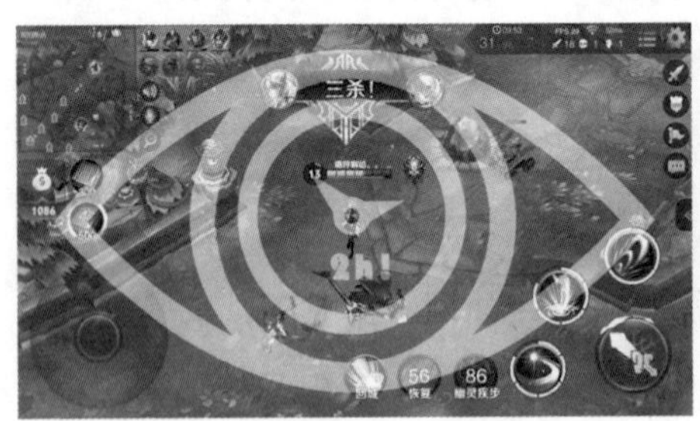

图5-27 游戏“王者荣耀”中的提示型设计（图片来源：周帅设计）

图5-28 游戏“王者荣耀”中的提示型设计（图片来源：周帅设计）

恶心、平衡失控的情况，甚至会危害到用户的生命安全。据报道：“俄罗斯莫斯科一名44岁玩家日前在家中玩VR（虚拟现实）游戏时不慎摔倒，撞落玻璃台板，被玻璃碎片割伤，最终失血过多死亡。”[①]无独有偶，在一家商场的虚拟现实游戏体验区，一名陆姓的女性体验者，脸部朝下摔倒，致使面部受伤，门牙断裂。与之相似的智能产品使用者受伤事件还有很多，但Virtuix Omni跑步机等虚拟现实设备，不仅配合着虚拟现实提供了类似跑步机的适当运动输出，使得视觉感知与前庭认知相匹配，减少眩晕产生，而且还在体验者腰部配

① “男子玩VR游戏时不慎摔倒被玻璃片割伤不慎身亡”，中新网.sohu.com

置了约束型支撑设计，防止体验者因平衡失控而摔倒，大大降低了意外发生率（图5-29）。此外，防近视的iPad支撑架作为一种约束型的附加配件设计，可有效拉大儿童与平板电脑之间的距离，减少儿童与平板电脑的近距离接触。而系统性限制则主要集中在软件和系统上，具有代表性的案例是华为智能手机系统所配备的“学生模式”（图5-30），该模式的启动可设置受限应用、设置受限时间、过滤不良网址、实现远程定位等，有效约束了学生玩耍智能手机的时间，避免手机依赖征的产生。

图5-29 Virtuix Omni跑步机
（图片来源：http://pic.sogou.com）

图5-30 智能手机的学生模式
（图片来源：cn.club.vmall.com）

二、智能产品的安全保障型设计

在智能产品设计伦理的科技问题中，智能化隐患的影响最为突出，后果也最为严重。因智能产品的技术应用忧患和智能产品的设计安全隐患引起的多起安全事故和伤人事件令人痛心。究其原因，设计在其中承担着不可推卸的责任。工业设计是将创新、技术、商业、研究及消费者紧密联系在一起，共同进行的创造性活动。故智能产品设计对于智能科技的整合应用以及智能产品的创新设计都发挥着重要的作用，而智能科技本身所带有的“不确定性”和负面效应往往会因为缺乏伦理考量和细致考虑的智能产品设计被放大。因此，智能产品的安全保障型设计是消除智能化隐患的有效手段。

第一，技术选择要安全。如前所言，智能产品设计的重要任务之一便是选择最适当的智能技术应用于合适的产品之上，以向善向好地发挥其智能效应。在如今市场上的诸多智能产品中，不乏技术选择应用不当的产品。不当地选择并盲目地应用智能技术势必会给智能产品埋下安全隐患，如VR技术应用在眼镜上，尤其是高达500g左右的移动端式VR眼镜不仅压迫鼻梁，给头部带来压力，还会严重影响视力；摄像技术结合在民用无人机上，成为偷拍者的有效工具之一，严重侵犯了人们的隐私安全……因此，智能产品的设计研发人员一定要进行充分调研，深入考察，全面剖析智能科技的优势劣势，权衡利弊，扬长避短，选择合适的技术进行整合并通过智能产品设计将技术的负面效应降低到最小，以最大限度地减少智能产品的技术应用忧患。

第二，安全意识要提升。在智能产品发生的诸多起安全事故中，设计安全意识的淡薄是根本原因。设计安全意识的淡薄主要体现在智能产品的设计过程中伦理性考量的缺失、安全性考量的缺位，诸如智能平衡车起火事件、智能马桶爆炸事件、智能机器人伤人事件的发生皆应归咎于此。所以，智能产品要想保障安全，设计安全意识的提升是其必要条件。而设计安全要落到实处，技术应用就要安全，智能技术应用于产品过程之中时要经多番研究、检验、排查，避免技术漏洞的存在；材料选择要安全，对于智能产品在使用过程中可能会产生的安全事故要未雨绸缪，细心考量，有针对性地选择稳定性强、保护性强、抗压性强、抗阻性强、耐热性强、阻燃性强、防冻性强的材料；操作设计要安全，要充分考虑智能产品的操作流程、功能安排、按键设置流畅度、辨识度、稳定性和可操作性，通过合理的设计将操作安全隐患降到最低，必要时需设置紧急强制关机按钮；使用范围要明确，智能产品设计师要严格明确并适当限制智能产品的使用范围和适用范围。唯有做到周密的伦理性考量才能最大限度地保障智能产品安全。

第三，安全标准要健全。智能产品作为时下刚刚兴起并快速走向繁荣的全新科技型产品，其相关设计研发的安全标准存在尚未出台或暂不健全的现象。以民用无人机为例，由于其简单轻巧、可操作性强、价格亲民，越来越多的人将民用无人机作为娱乐休闲和拍摄记录的“神器”，并且玩法不断翻新。但是无人机的设计研发标准和使用规范一度缺乏，因而引发了涵盖科技与生态两大领域的伦理性问题：其一为无人机航拍易侵犯他人隐私；其二为无人机干扰航班，致使航班备降、返航或延误；其三为无人机影响其他生物种群的正常生活与健康生存。自2017年以来，国家以强化监管和标准完善为主轴，相继发布了一系列关于无人机管理、规范、应用等方面的法律法规和通知公告，如中国民用航空局相继下发的《民用无人驾驶航空器实名制登记管理规定》《关于公布民用机场障碍物限制面保护范围的公告》《民用无人驾驶航空器从事经营性飞行活动管理办法（征求意见稿）》《无人机围栏》和《无人机云系统接口数据规范》，以及交通运输部发布的《民用航空空中交通管理规则》，旨在通过树立消费者的使用规范和无人机的航行标准来管控无人机。2017年6月，工信部联合国家标准化管理委员会、科技部、公安部、农业部、国家体育总局、国家能源局、民航局等部门出台了《无人驾驶航空器系统标准体系建设指南（2017—2018年版）》（以下简称《指南》），《指南》根据无人驾驶航空器系统分类分级复杂、体积重量及技术构型差异大、应用领域众多等特点，从管理和技术两个角度，提出了无人驾驶航空器系统标准体系框架，包括基础类标准、管理类标准、技术类标准、应用类标准。其中，“基础标准主要包括术语定义、分类分级、编码标准、身份识别和安全标准等五个部分”，而“安全标准用于规定民用无人驾驶航空器系统安全性要求、安全性设计分析准则、安全性评价方法等，包括系统安全、部件安全、信息安全及其他安全标准”。由此可见，完善的安全设计标准是实现研发智能产品的重要条件，相信在国家标准、行业标准的诸多规范下，民用无人机能逐渐消除安全隐患，解决伦理性问题。由此反观智能平衡车和智能马桶等产业，产品设计安全标准的建立与完善迫在眉睫。

“这是一个最好的时代，也是一个最坏的时代；这是一个智慧的年代，也是一个愚蠢的年代；这是一个光明的季节，也是一个黑暗的季节；这是希望之春，也是失望之冬；人们面前应有尽有，人们面前也一无所有；人们正踏上天堂之路，人们也正在走向地狱之门……”[①]智能产品和智能产品设计给我们带来诸多利好，它是时代发展的产物，也是不可阻挡的进步方向。我们渴望美好生活，我们热爱新鲜事物，但我们更需要以辩证、冷静、全面的方式去审视和批判新事物。目前智能产品和智能产品设计是存在诸多问题的，如果不及时有效地解决，势必会在未来的智能产品发展道路上埋下隐患的“种子”，并酿成严重的“苦果”。笔者对于科技异化下的智能产品设计伦理问题的研究只是对智能产品和智能产品设计诸多伦理问题的一次初探，未来的研究道路还很漫长。但是，笔者希望此项研究能够呼吁广大智能产品设计师和设计艺术学研究人员关注智能产品，共同助力智能产品设计之路的健康发展，使我们的智能产品“好的一面”多于“坏的一面”。

① [英]查尔斯·狄更斯：《双城记》，宋兆霖译，中译出版社2016年版，第1页。

第六章
同享相和：共享单车设计原则研究

本章从可持续设计、安全设计、公平设计三个角度论述了共享单车这一新生事物，介绍了共享单车诞生的背景，对共享单车的设计创新和理念创新做了详细的分析和论述，阐述了共享单车设计的社会价值与设计意义，认为共享单车作为共享经济的产物，补充了现有共享设计的不足之处，丰富了共享设计种类的研究。

第一节　共享设计理念下的共享单车

本节共包括两方面内容，首先介绍共享单车诞生的背景，包括与其联系紧密的共享经济的概念，发展的动因、特征以及共享经济与共享单车之间的关系。其次对共享单车运营模式发展的历史脉络进行了简单的梳理，对共享单车发展所面临的矛盾进行了归纳和总结，对较为突出的商业矛盾、节能矛盾进行了简要的分析，并提出了对策，进而阐释基于设计学角度的解决策略。

一、共享单车与共享经济

美国学者杰里米·里夫金在《零边际社会成本》中认为：“与共享经济模式相伴的是的资源革命，它们改变了人类的生活方式也带来了经济生活的全新合作方式，将会改变传统经济的交易模式。”[①]哈佛大学的南希·科恩（Nancy F.Koehn）认为，“共享经济是个体之间进行的直接交换商品与服务的系统。共享经济系统中包含了很多其他的内容，包括生活中闲置的各种资源，如汽车、房屋等物品或技能的共享。这得益于个人PC端技术、互联网科技的迅猛发展，个体和个体间实现了跨时空的联络，确保了共享产品、服务的便捷性与可行性。通过科学技术，交换双方进行准确透明的信息交换，实现更加便利、低廉、高效率的产品与服务的消费”[②]。共享经济概念在学界诞生了大概有四十年，真正迈入实践是在2000年左右，造成这种现象的原因是：信息技术的发展增强了人与人之间交流的便捷性，也增加了物与物共享的可能。

共享经济最早是在美国产生并发展的，这得益于美国先进的互联网技术，世界信息业巨头都位于美国硅谷，如谷歌、微软、苹果等。这些技术催生了共享经济的发展，共享经济涌现的巨头公司UBER[③]、Airbnb（图6-1）等，都是诞生在美国进而推广到全世界。它们的共同点是，不拥有产品而提供选择产品的服务平台，如Airbnb公司，中文译作爱彼迎，2008年8月在美国加州旧金山创办，到2011年的时候，公司的业务惊人地增长了800%。Airbnb的营业额超过世界上任何一家酒店，但是却没有一家实体的酒店，短短五年进入了世界前500强企业，成长速度非常惊人。它作为共享经济之下的产物，改变了人们对于“分享”的认知，很多人借助该平台分享家庭空间给陌生人，共享平台服务的完善减弱了人们对于“隐私保护”“安全保护”的担忧。

---

① [美]杰里米·里夫金：《零边际社会成本》，赛迪研究院专家组译，中信出版社2017年版。

② 刘根荣：《共享经济：传统经济模式的颠覆者》，《经济学家》2017年第5期。

③ UBER (Uber Technologies, Inc.) 中文译作“优步”，是美国硅谷的一家科技公司。Uber在2009年由加利福尼亚大学洛杉矶分校辍学生特拉维斯·卡兰尼克和好友加雷特·坎普创立，因旗下同名打车APP而名声大噪。Uber目前已经进入中国的60余座城市，并在全球范围内覆盖了70多个国家的400余座城市。

该公司的营业模式也成功给其他行业提供了新的共享经济新模式。由此可见，分享空闲资源给其他需要的客户，可以提高闲置资源利用率从而获得最大收益。

图6-1　Airbnb 官网宣传
（图片来源：Airbnb官网）

关于共享经济发展迅速的动因，哈佛大学经济学者南希·科恩认为有以下几个原因："第一，共享经济中消费者的主权更多，发生的交易更加透明。第二，共享经济可以解决交易双方的信任危机。第三，共享经济可以促进双方福利水平的提高。"[①]共享经济下的服务平台给了客户更多可以挑选的余地，丰富了市场选择，如UBER的出现改变了出租车行业的服务，人们可以规划自己的路线，根据出行人数选择车型，选择一般服务或者优享服务，选择七人座位或者四人座位，甚至可以看到司机的服务里程、服务质量、驾驶年龄和性别等，这些服务信息的公开透明有助于消费者掌握消费主权，增加消费安全。消费者的消费信息对于服务者来说也相对透明，如滴滴司机可以看

① Nancy F. Koehn, *The Story of American Business: From the Pages of the New York Times*, New York: New York Times Company, 2009, P.68.

到消费者享受的服务次数，看到消费者的目的地，由此判断是否提供服务。

在共享经济没有出现之前，我们难以想象会将自己的房屋、物品、汽车分享给陌生人，因为我们无法相信对方，认为和对方交易存在风险，但是共享经济出现之后，在共享服务平台的帮助下，我们的矛盾和争端转移到了服务平台上，它作为一个可靠的“中间人”来承担相应的风险和挑战。比如安全问题。2011年，共享房屋的一家房东遭到了入住者的洗劫，此事引起轩然大波，客户纷纷指责该家公司政策不完善、没有安全防御机制，主观性地维护入住方的权益。该平台遭遇了信任危机，交易额度跌到最低点，股价暴跌。但经历过这次危机之后，平台加强了对客户的审核，完善了制度，规避了风险。共享经济的参与者很多并不是专职人员，而是投入业余时间的普通人。他们利用闲暇时间将技能转化为金钱，这种低门槛的赚钱方式受到很多人的欢迎。笔者在做调研的时候采访了很多UBER司机，发现他们的共同点是“就业市场较为弱势的群体”，有退休在家的老人、家庭主妇和外来的务工人员等。他们的这些技能帮助自己获得了额外的收入，提高了生活质量。

对于共享经济的特征，学界一致达成共识认为有以下几个方面：活跃的用户是共享经济发展的动力；完善的网络共享平台是共享经济发展的基础；个人闲置物品或资源的使用权的分享是共享经济的核心；信任机制是共享经济发展的纽带。[①]共享经济中最令人瞩目的是产品和服务的供应者不再是大型的服务商，而是拥有闲置资源的个人，共享模式为用户提供了平台，用户在该平台上满足需求或者赚取报酬。“共享经济平台上发生的商业活动，主要是依靠网络科技的进步，使不同时间空间的人们能够进行需求间的对接。”[②]共享经济改变了人们的物权所有方式，对待物品不再强调占有，而是强调使用功能，人们乐于分享自己拥有的物品，从房子、汽车再到图书和电子产品

① 刘根荣：《共享经济：传统经济模式的颠覆者》，《经济学家》2017年第5期。

② 同上。

等。有些产品购买后使用的频率极为有限，通过共享服务将个人闲置的物品分享给他人，既能发挥产品的边际成本效益，又能让资源流动，减少资源的浪费。共享经济让陌生人间的交易成为可能，不同于熟人社会的简单借物模式，共享经济的基础是大规模的陌生人交易。共享平台为租借双方搭建了互评模式，为商业活动的实现提供了信任基础。共享经济让这种不可能完成的事情成为可能。

共享单车在2014年前后进入市场，由于其便捷性受到市场的欢迎，投资界也认为其有较为广阔的前景。共享单车解决的是上班族回家最后一公里的问题。在超级大城市，如北京、上海、深圳等地，乘坐地铁、公交之后还无法直接到家，很多人需要解决最后500～3000米的距离难题。这段距离乘坐出租车难、停车不方便，但走路又慢。因此人们急需一台自由的单车来解决这个出行难题。

共享单车由于其特殊的服务模式，被认为“不属于共享经济范畴，它只是现代移动互联网技术、物联网技术支持下的一种智能租赁模式，与传统租赁没有本质性的差异”[①]。但是这种观点不符合共享经济发展的实际状况，共享经济目前有几种模式，最常见的是“平台方同时也是供给方，从原料采购到物品生产再到销售全链条式服务”[②]。共享单车服务平台提供的业务属于第三种服务经济类型，有的产品因其特别的属性是难以进行共享的，如手机、玩具等。这些产品并非耐用品，难以实现大规模的商业化共享。共享产品必须有统一的供给方对其进行统一管理，进行全链条式服务才能进入市场。所以，共享单车是共享经济中具有代表性的一种模式，如果单纯归为新型租赁将问题简单化，会忽视其背后的复杂因素。共享单车作为一个特殊的共享品

---

① 刘根荣：《共享经济：传统经济模式的颠覆者》，《经济学家》2017年第5期。

② 朱富强：《共享经济的现代发展及其潜在问题：以共享单车为例的分析》，《南方经济》2017年第7期。

类，既填补了市场的空白，也正在丰富共享产品的内涵。

二、共享单车发展历程

共享单车的萌芽阶段，是ofo公司和摩拜公司的诞生时期。摩拜单车的发展是以技术革新为创新动力，不断研发新技术来实现市场占有，摩拜单车的软件利用GPS为用户定位单车。他们可以通过地图预定单车，再步行去取车。用户扫描二维码即可解锁，骑到目的地后手动锁车，软件将会识别用车结束，这辆单车会在地图上再次显示为可用。一辆摩拜单车所配置的无线技术，以及其他有特色的设计（如车筐、有橘黄色边缘的车轮，以及不会被扎穿的无气体轮胎），使其造价达到1000元至6000元。出租的价格则是每小时或每1.5小时1元（约0.15美元），实际价格则视用户选择"简化版"或是"常规版"单车而定，此外，用户还需交纳押金299元（约43美元）。

与之不同的是，ofo不仅生产投放自己的单车，还致力于将已有的单车连接到自己的网络——此经营思路可以追溯到公司的最初架构。2015年初，当时正攻读应用经济学研究生的戴威召集北京大学的同学们将自己的单车漆成黄色后接入一个校园共享单车平台。这2000辆由学生们自愿提供的单车就成了ofo的雏形。后来戴威成为ofo的CEO，ofo公司的大部分单车也是特别制作的，同时安装了他们的车锁系统。与摩拜单车不同的是，ofo单车本身是不联网的；用户可以通过手机追踪它们的定位。用户找到一辆正闲置的单车，在软件上键入车牌号码，然后接收车锁的组合密码。用户到达目的地后，可在软件上结束行程，手动锁车。行程收费为每小时1元人民币，押金为99元（约14美元）。在竞争中，ofo采取价格战，不断生产低价格共享单车来占领市场。这时候ofo公司的创始人戴威已经实现了A轮融资，以900万彻底奠定了市场地位。这个阶段两家公司都在自己的道路上摸索着前行，作为互联网诞生的新事物，暂时还没有前人经验可以借鉴。

共享单车的成长阶段，是ofo公司和摩拜公司的快速发展阶段，这一阶段也出现了共享单车的第二梯队，如：小蓝单车、永安行、小鸣单车等。ofo公司和摩拜公司不断扩张，抢占市场份额，相继进行大规模的融资。这时候，不同的共享单车也开始进行技术革新，特别是摩拜单车对单车本身进行了再设计，这无疑是对单车行业的革新。

共享单车泛滥阶段，是资本的大量涌入导致共享单车的普遍泛滥。“在各个单车分别完成了多轮融资之后，单车投放量也都在不断加大，开始出现单车扎堆、影响交通、管理混乱的现象。”[①]关于共享单车挤占城市空间的新闻层出不穷。据央视新闻报道显示，“共享单车这一新鲜事物，在带给市民便利的同时，其爆发式增长也给有限的城市空间带来压力。短时间内，逾25万辆共享单车蜂涌入市场，肆意损坏、乱停乱放等不文明行为层出不穷”[②]。据报道，共享单车投放泛滥的城市，如北京、上海等，一个月就有900多起投诉案件。这一时期，全社会掀起了“共享单车挤占城市空间”的声讨，同时共享单车造成的资源浪费也引发了全社会的关注，很多人将共享单车恶意破坏或者抛进河道中，有关“公德与私德”的探讨也在不断升温。

共享单车的理性回归阶段，是共享单车经历爆发期后泛滥成灾，影响交通，各地部门开始对单车的投放进行限制，管理开始更加严格，维护成本也在急剧上升。很多小型的共享单车平台纷纷破产，投资者也不再进行投资，正在运营的企业难以实现盈利。日前据媒体报道，仅仅运营了几个月的重庆悟空单车宣告破产。

因公司拒绝回收利用废弃的单车，ofo公司和摩拜公司也在破产的边缘，面临被收购的局面。在这一阶段的市场重组中，共享单车平台对于单车的投放更加理性，更加专注于技术革新，这对于单车行业是一件非常好的事情。共享单车开始迈入理性发展的阶段，资本不再成为裹挟其产业发展的决定因素，其中共享单车的设计成为其存活的关键。之前饱受诟病的“投放量大、

① 比蓝：《共享单车的曲折历程》，搜狐新闻2018年9月。

② 林毅彬：《共享单车挤占城市空间》，《海峡导报》2018年9月7日。

质量差”的共享单车基本已经从市场上消失，只有设计精良、耐用的单车仍在被人们使用，如“摩拜单车”“小蓝车”等。虽然共享单车运营平台已经接近倒闭，但是由于单车经久耐用，仍能继续使用。

共享单车投放过量的主要原因是共享单车平台为了占领市场，大规模投入共享单车，好让该平台共享单车成为第一选择。产品投放数量多意味着被选择的机会大，这种大规模投放使“找车难”的情况得以缓解。以共享单车鼻祖平台ofo和摩拜为例，两家运营平台的单车投放量是最多的。摩拜单车和ofo单车之间的竞争被称为“单车大战”，单车大战最主要的战略就是“数量战”，共享单车平台进行一轮又一轮的融资，以投入更多的单车。然而各种颜色的单车簇拥堆放在地铁口、公交站牌旁，严重地阻碍了行走空间。共享单车的积极意义是节约资源，让大家短距离出行时少开车，低碳出行。但是为了占领市场大规模地投入单车，在很大程度上造成了资源闲置的情况。在非出行时段，或是周末，有大批量的单车闲置在街边无人问津，很多单车被随意摆放在角落里很久都没有人使用。一个城市的共享单车需求量是可以计算的，但共享单车服务平台忽视这些显而易见的数据，为了占领市场依然盲目地在城市空间中投放共享单车。这不仅造成了资源浪费，也挤占了城市空间，造成更多的城市垃圾。

共享单车平台背后的资本推手导致了过量投放，而高比例的废弃单车则凸显了企业社会责任意识的缺乏。如果单车性能完好，即使闲置，还可以继续投入使用。但是单车共享平台为了加快资本回收，将单车的制作成本逐步降低，一辆ofo单车将制作成本压缩至几百元；摩拜单车在逐渐减少一直引以为傲的高科技设计，6000元以上的制作成本已被逐渐压缩。摩拜单车的优良设计一直被大家认可，包括它使用的实心轮胎、自行车结构的改良，以及二维码电子锁。但是为了降低成本、提高产量、提高竞争力，这些高技术含量配件在逐渐减少。共享单车市场目前也出现了类似“劣币驱逐良币”的现象。ofo单车拥有将近百分之三十的惊人损坏率，这相当于每天损耗一个单车厂家一个月的生产量。单车损坏的地方，需要逐一检测。在大工业生产的条件下，生产一辆单车比修理一辆单车的时间要短不少，单车修理花费的人工成本、时间成本不合算，因此大批受损单车被废弃，堆在填埋场无人修理（图6-2）。渐渐地，摩拜单车和ofo单车对于产品的设计不再从设计精良、使用便捷的角度，而是更多从资本运作的角度出发。而且，共享单车平台间的商业竞争导致了很多公共问题，完全商业化的产业在发展中也很容易受到资本的驱使，商家只从利益出发进行生产设计。共享单车面临的商业矛盾属于抗解难题，造成的恶劣后果也需要借助设计手段进行缓解，如提供共享单车专用的停车场所、增强产品本身的耐用性等。

图6-2　共享单车坟场
（图片来源：视觉中国）

共享单车的初衷是节能环保，提倡绿色健康出行，减少人类对环境的污染，但是随着共享单车平台的倒闭，大量废弃的单车被抛弃，就连ofo创始人戴维也无法坚持助力共享单车等同于绿色环保的初衷。共享单车使用的钢材、喷漆和单车车身上的塑料配件以及太阳能电池板等，这些配件有的可以回收利用，有的则无法进入再次循环使用，这些废弃的材料只能被掩埋，或者暴露在户外，经过风吹日晒，其重金属颗粒会进入周围的大气和水源之中。天津市武清区的王庆坨镇，被称为“中国自行车第一镇”，共享单车产业的起伏极大地影响了该镇的发展，在共享单车平台倒闭后，该镇的农田上出现了排列整齐的废弃单车，因农田被租用成为摆放废弃单车的地方，极大地污染了当地的农作物生长环境和水源，难以想象单车上的油漆剥落后进入农田的严重后果。

共享单车损耗率极高。据《中国经营报》2016年1月报道："ofo共享单车的损耗率大概是20%，而摩拜单车的损耗率大概在10%。"[①]虽然单看损耗率不是很高，但是投放基数有几千万之巨，再加上其他品牌的共享单车，综合来看，单车的损耗依旧非常惊人。究其原因，笔者认为有三个层面：使用层面、治理层面和设计层面。在使用层面上，据调查，人为破坏单车约占单车损耗的50%，破坏单车的原因也五花八门：开黑车的人觉得单车抢生意，也有人因为公共空间被挤占进行泄愤，甚至有人为了取乐将单车投入江中。据《工人日报》报道，"沈阳刘先生连把三辆摩拜单车扔进湖中，当事人的理由是觉得车里有芯片，不安全"；广州也有扔单车进珠江的例子，当事人的理由是醉酒后寻开心；还有人想把单车占为己有，所以私自上锁、修改二维码骗取金钱；甚至有人在座位上放针。共享单车的产权和责任权分离的状态，给了不法分子可乘之机。在治理层面上，共享单车频频被恶意破坏，但是共享单车平台几乎不采用任何法律手段进行监管，几乎是听之任之。在设计层面上，共享单车平台没有关注产品设计的再利用问题。从制造、运营到回收，共享单车应该是一个闭合的圆环。但是由于资本的逐利性，共享单车在出现的伊始就忽略了这个问题，因此带来了一系列次生后果。

第二节　共享单车的可持续设计原则

本节就共享单车与可持续设计原则之间的关系进行简要的论述与分析，共

① 《共享单车遇烦恼：损耗率高企 盈利模式仍待探讨》，新浪财经，http://finance.sina.com.cn/roll/2016-12-24/doc-ifxyxury8334921.shtml，2016年12月24日。

分为两部分。首先分析当今的消费伦理以及受消费伦理影响的消费社会，阐述在消费者主权原则和应享消费原则影响之下所造成的负面环境影响，从而推导出可持续设计对于改善现状的作用。其次介绍共享单车与可持续设计之间的关系。共享单车是典型的服务型经济，改变了物权所有的方式，让人们享受服务而非占有商品。综上，本节分析了共享单车设计所采用的可持续设计思想，进而阐述共享单车设计思想是否可以应用在其他产品设计上。

一、共享改善行业设计生态

在现代性消费的逻辑中，社会成员的角色首先必须是消费者，然后才是生产者。社会的运转靠商品的不断卖出，消费者的不断购买。一旦消费者拒绝或者丧失购买能力，就会直接影响到经济。为了让消费者不断购买，生产者编织了一系列“欲望链”，“消费在本质上已成为人为刺激起来的幻想的满足，消费成了目的本身”[①]。幸福被编织成可以靠满足物欲来实现。“幸福就是消费和更新更好的商品，饮下美酒、美食，性欲的满足、电影、娱乐。”[②]在这种消费伦理的支配下，消费成为对物品的无度索求和占有，所占有的物品又表明了占有者的身份和地位。如同电子产品更新换代时，人们疯狂地在店铺门口整夜排队等待购买一样。这时人们已经被编织进巨大的欲望链，希望通过产品的占有来说明自身的存在价值。人生的价值、生活的意义、幸福感的高低物化为消费符号，并开始有所计量。周围有声音在不断告诉消费者：成功人士需要的产品有哪些；什么是成功人士的标配；拥有了这个物品，你就离成功人士更近了一步。生产者通过各种途径暗示消费者占有物品彰显社会地位，引导消费者购买不需要的产品。“与其说现代消费者是市场的

① 矫海霞：《现代性消费伦理的演变与生态消费伦理的提出》，《上海行政学院学报》2003年第4期。

② [英]齐格蒙特·鲍曼：《工作、消费、新穷人》，仇子明、李兰译，吉林出版集团2010年版，第87页。

主人，不如说更像市场的奴隶；或者与其说他们是消费主权的拥有者，倒不如说更像市场商品浪潮上随波漂荡的浮生物。”[①]

消费主权原则和应享性原则已经逐渐成为主流的消费原则。很多年轻人拥有信用卡、蚂蚁花呗、借呗等可以透支的金融产品。“用明天的钱实现今天的愿望”已经成为现代社会的消费主流价值观。很多人在收到薪水之后，支付了借贷后所剩无几，然后又开始新一轮的借贷，因此衍生了“新穷人”这一名词，它指受过高等教育、有稳定的收入，但是却没有任何存款，每月靠借贷为生的年轻一代。这种现象与消费社会的主流价值观的影响是分不开的。

马克思曾在《资本论》第一卷“政治经济学”中论述过：“一个社会不能停止消费，同样，它也不能停止生产，正是由于这两大领域的存在，才有了市场与经济。”[②]如果社会成员消费低迷，减少消费或者不消费会直接影响到经济运行。所以在经济不景气的时期，政府鼓励消费者增加消费，以消费升级来拉动经济。但是，面对目前我们所处的现代消费环境，我们不禁要反思：如果人类一直以这种方式消费，地球还可以承载多少年？我们的子孙后代如何得到永续发展？

“现代生活需要彻底扬弃和超越传统工业文明的无限制发展，……建构一种与人类未来文明走向——生态文明相符的消费价值观，即生态消费伦理。”[③]生态消费伦理核心是尊重自然界、尊重生命。现代性消费伦理的核心是人类中心主义，人类中心主义的理论支持是“主体——客体”的思考方式，即人类是主体，地球上的其他物种是客体，他们为人类服务。我们是“万物之灵”“地球的主宰者”，弗洛姆在《为自己的人》一书中对人类中心主义做了

---

① [英]齐格蒙特·鲍曼：《工作、消费、新穷人》，仇子明、李兰译，吉林出版集团有限责任公司2010年版，第87页。

② [德]卡尔·马克思：《资本论》，人民出版社1998年版，第20页。

③ 矫海霞：《现代性消费伦理的演变与生态消费伦理的提出》，《上海行政学院学报》2003年第4期。

概括："人道主义伦理学是以人类为中心的。"[①]当然，这并不是说人是宇宙的中心，而是说人的价值判断就像人的其他所有判断，甚至包括知觉，根植于人之存在的独特性，而且它只有同人的存在相关才有意义。人就是"万物的尺度"。"人道主义的立场是，没有任何事物比人的存在更高，没有任何事物比人的存在更具尊严。"[②]这种人类中心主义的想法也造成了极为严重的后果。由于人类的活动，地球平均每小时就有三个物种灭绝，虽然欧洲气候较为稳定，受全球气候影响较小，但是据2019年1月英国《卫报》报道，欧洲地区的物种从1970年至今已经灭绝了100多种。关于正在发生的第六次物种大灭绝，科学界已经达成共识，认为人类是罪魁祸首。自从人类出现以来，特别是工业革命以后，人类的活动范围越来越大，占有的资源越来越多，工业污染（图6-3）严重地影响到了地球物种的数量。因为人类的干扰，地球上物种的灭绝速度提高了100到1000倍。

图6-3　工业废气排放导致的大气污染
（图片来源：中新网http://news.1789.com/）

生态消费伦理的核心是生态价值观，认为人是自然的产物，人应该尊重自然、顺应自然，而不是试图改造自然。浩瀚宇宙中有无数颗星系，而银河

① [美]埃·弗洛姆：《为自己的人》，孙依依译，生活·读书·新知三联书店1988年版，第30页。
② 同上。

星系不过是其中一个，地球也是星系中无数颗行星中的一个，人类则是无数生物中的一种，人类社会只不过是较为复杂的系统之一。人类始于自然，自然是人类生存发展不可或缺的因素。“一个存在物如果在自身之外没有自己的自然界，就不是自然存在物，就不能参加自然界的生活。”[①]人类应尊重自然，与自然和平共处，这成为大家的共识。很多企业开始推广环保设计产品，如日本无印良品公司推出的利用再生纸制作的纸杯、可再生棉线编织袜子、废旧塑料回收制作的家具等；瑞典最大的服装公司H&M为了降低环境负担，采用可降解绿色染料等。这些设计行动虽然微小，但是也唤起了公众对于过度消费引发环境问题的思考。人类如果想永续发展，走向生态消费是必然的选择。

共享经济的核心是“使用权和所有权关系发生改变”，使用权和所有权的分离，最直接的影响是降低了产品生产的数量，提高了产品的质量，让消费者更加注重产品的功能性，减少了个人物品的闲置。因为很多高档耐用的产品或者热门的高科技产品使用效率并不高，物品的闲置造成了极大的资源浪费，进行物品共享则是较好的途径。如在北京发展较好的高科技物品共享店“用呗”，就采用了共享高科技物品的形式，使用者可以在线上预定需要的产品并付出租金，使用过后可以归还；使用者也可以在线上共享自己闲置的高科技产品，这样就盘活了自己的闲置资源，也能够有收入。再如“滴滴”汽车公司的出现，最早就是得益于共享车主的闲置汽车资源，这样的资源共享缓解了人们对车的迫切需要，使人们出行可以选择网约车。有人针对这种现象进行过消费者调研，发现很多年龄偏大的人群放弃了开车，转而使用网约车，这在降低养车成本的同时也保证了安全。这种使用权和所有权分离的现象某种程度上扭转了人的消费观念，让人们更加理性地进行消费。

---

① [德]卡尔·马克思、弗里德里希·恩格斯：《马克思恩格斯全集》（第20卷），人民出版社1979年版，第519页。

二、共享单车践行可持续设计思想

设计在现代社会的影响越来越大，对人类社会的影响日益深刻。设计不仅局限于改变物品的某些外形，更多的是要对自然环境、人类社会产生影响，与设计相关的伦理性探讨越来越引发设计师的思考。早在20世纪60年代，美国设计理论家维克多·帕帕奈克在其著作《为真实的世界设计》以及《绿色律令》中强调“设计应认真考虑有限的地球资源的合理使用和保护环境的问题”[①]。但是，美国的60年代正是大工业化方兴未艾的时期，设计界对于设计伦理并未有一个清晰的认识，该理论并未引起足够的重视。“1969年美国设计师麦克哈格出版了《设计结合自然》一书，以生态学的观点探索城市设计的道路，作者详细阐述了人与自然不可分割的依赖关系”[②]，该书在学界也未引起较大的反响。但是伴随着工业化进程的推进，它带来的环境问题逐渐引起从业人员的关注，很多设计师开始有意识地关注设计带来的影响，上文提到的两位设计师关于设计与环境的论述也得到了重视。在20世纪90年代，很多知名设计师都设计了以环境保护为出发点的产品，如菲利普·斯塔克设计的可回收材料制作的沙巴电视、原研哉设计的再生纸质沙发。目前，无论是设计理论界还是设计师都已经达成共识，认为设计应该本着对环境、对子孙后代负责的态度，但是设计似乎又陷入了自身的道德困境之中。

当我们在谈论优良设计的时候，大多数设计师的答案是关怀照顾大多数人的需求。“人”是设计关照的中心，就设计本体而言，这是正确的。但是现金的人类中心主义一味满足人类的需求，认为人是主体，事物是客体，客观世界的存在只是为了满足主体的欲望。如果这样孤立地看，人们很容易将自然看作是人类的对立面，这极容易产生对设计师的错误引导。

① [美]维克多·帕帕奈克：《为真实的世界设计》，周博译，中信出版社2013年版，第55页。

② 李砚祖：《艺术设计概论》，湖北美术出版社2009年版，第155页。

再者，设计的土壤是消费，目前消费步入了现代性消费，现代性消费的核心原则就是：消费者主权主义和应享主义。消费的土壤是这样的，但我们鼓吹这种土壤中生长出的植物去对抗土壤，则是根本矛盾。从消费的角度来看，“以人为本”是为了迎合更多人的需求，去做符合现实利益的选择；但从生态伦理角度来看，这是一种人类中心主义狭隘性的体现，以牺牲地球上他者的代价来满足人类的需求。但是，如果我们摒弃设计，设计的终极出路就是“无设计”“不设计”，这显然是逆流而上，不符合事物发展的方向和时代规律。满足人们日益增长的物质需求与生态消费伦理的相悖显然让设计陷入了一个困境。

我们抱怨过度的设计影响了生存环境，我们寄希望于新的设计来改变现状。“设计作为技术的实现手段正在处于不断的恶性循环之中，……当科学技术威胁到人类生存的时候，人类除了寻找新的技术制约之外，在物质角度来说，目前没有其他可行的方式来解决。”[①]设计循环的现象在生活中极为常见，如：为了弥补空调暖风导致室内干燥的后果设计了室内加湿器，为了改善冰箱细菌滋生的问题设计了冰箱除菌器，为了减少用于自来水净化离子的残留设计了净水器等。面对这种“设计循环”现象，设计学科并没有提出有效的解决方法，而寄希望于人类对自身的严格要求，这显然是不成熟的表现。

绿色设计的核心是3R思想，即Reduce、Recycle、Reuse，不仅要求减少物质和能源的消耗、减少有害物质的排放，而且要使产品的零部件能分类回收和再生利用，但是我们面临的现实是：首先，绿色设计作为商业的一个手段，成了号召更多的人购买产品的噱头；其次，绿色设计的实现会付出更多的环境代价，如塑料盒的替代品纸盒会造成更严重的水文环境污染；最后，

---

① 顾群业、王拓：《对设计“以人为本”和“绿色设计”两个观点的反思》，《设计艺术》2008年第4期。

绿色设计的次生污染，如太阳能热水器在2000年进入中国的普通家庭，背后却是太阳能电池板被淘汰后，对环境的严重污染，而对于太阳能电池板如何回收、回收后该如何操作，目前并没有设计师过多关注，大家对这个问题也避而不谈。

随着国民经济水平的提升，消费的重要性不断凸显，消费成为社会经济发展的主要动力，消费升级也成了目前的消费现状。根据国家统计局数据，2017年全国社会消费品零售总额达到366262亿元，比2016年净增33946亿元，同比增长10.2%，连续第14年实现两位数增长。其中网上商品零售额54806亿元，增长28%，占社会消费品零售总额的比重为15%。最终消费对经济增长的贡献率为58.8%，连续第四年成为拉动经济增长的第一驱动力。[①]第十九次全国人民代表大会也说明我国的主要矛盾从“人民日益增长的物质文化需求同落后的社会生产之间的矛盾”转变为“人民日益增长的美好生活需要和不平衡不充分的发展之间的矛盾”。这说明随着社会生产力的解放和发展，基本的物质文化需求都可以满足，人民对生活有了更高层次、更多角度的需要。消费升级，消费需求增多必然会造成一些次生问题，如资源的浪费，消费不理性等，但是要求消费倒退、减少消费或者不消费显然不符合经济发展规律，也不符合社会发展进程。

共享单车作为共享服务的代表、共享经济的产物，它的流行给了我们一个解决问题的思路，如何平衡满足消费者的“物质需求”和“减弱环境负担”之间的矛盾：既要满足社会成员更高的物质文化需求，又要节约保护地球上的有限资源。首先，共享经济解决了闲置的产能。其次，共享经济满足了人们的消费升级，但又不会造成过多的浪费和污染。最后，共享经济让每个人都能享受优良的产品和设计。共享经济最早发端于西方国家。罗宾·蔡斯曾在《共享经济：重构未来商业新模式》一书中指出，“利

---

① 《中华人民共和国2017年国民经济和社会发展统计公报》，2018年2月28日。

用过剩产能实现实际的经济效益——被忽略的过剩产能，往往蕴含着巨大的机会和价值”[①]。

在共享单车的设计中，设计师也较为关注“3R原则”在产品设计上的应用，经过笔者调研发现，绿色设计在产品中的应用体现在三个方面，减少产品设计和产品使用中的能耗、产品开发和使用中对清洁能源的有效利用、降低产品使用中和废弃后对环境的负荷。经过样本调研，绿色设计思想在共享产品中的应用主要体现在减少产品设计和产品使用过程中的能耗、清洁能源的有效利用、降低环境负荷等几个方面。

减少产品设计和产品使用中的能耗。以共享产品设计中运用较为广泛，受众较广的共享单车摩拜为例，摩拜单车在设计的时候充分考虑了能耗。共享单车是使用导向性明显的产品，与传统单车的根本区别在于为用户提供使用服务而非提供有形产品占有，其中技术核心的关键是可以GPS定位的智能锁，“锁内集成了嵌入式芯片、GPS模块和SIM卡，便于监测自行车在道路上的位置以及方便用户在手机上查找自行车”[②]。智能锁具依靠电力维持供应，单车设计之初，并没有设计电池而是改良了单车的前筐，在前筐内部设计了太阳能电池板，通过太阳能来为单车GPS锁提供动力。在单车轮胎设计上也充分考虑了减少产品使用的损耗，改变了传统的充气式的轮胎，将轮胎设计成实心发泡轮胎。为了避免单车使用途中因操作不当导致掉链条的问题，摩拜单车改良了传统的链条设计，采用无链条轴传动及单摆臂技术。为了减少单车辐条的损坏，采用了五辐轮毂技术。共享单车的这些设计改良都是基于设计师对于单车使用的思考，针对单车容易损坏的地方进行了重新设计，力求使单车能够为人们服务更久，帮助到更多的人。

① [美]罗宾·蔡斯：《共享经济：重构未来商业新模式》，王芮译，浙江人民出版社2015版，第30页。

② 刘丽娜：《使用导向型产品服务系统的产品设计探究》，《艺术与设计（理论篇）》2017年第8期。

清洁能源的有效利用。共享产品具有使用范围广、投放规模大、使用面广以及使用频率高等特点。共享产品依赖于移动互联网、大数据以及云计算和GPS定位等新兴技术，绝大部分共享产品需要靠电力维持日常的运作。正是由于以上特点，设计师难以对每个独立的产品进行能源的补充，所以共享产品开始采用清洁能源技术。由于使用环境的限制以及产品类型的限制，目前采用太阳能资源的产品较为多见，如太阳能电池在共享汽车、共享单车、共享篮球上的使用。通过太阳能电池板采集太阳能以提供产品的日常所需，减少了电力的消耗，在设计上也增加了资源的有效利用，对于环境保护和节约资源有一定的作用。笔者认为随着共享产品的品类增加与不断发展，越来越多的清洁能源会被运用在共享产品上。

降低环境的负荷。从动力层面看，普通产品绿色设计的最后环节回收或者回用是建立在外在的法律、道德、生态伦理的要求之下的，是一种被动的行为。因为如果从经济利益考虑，生产新产品的时间和成本要比回收产品后再投放到市场的成本高很多。“而基于产品服务系统的可持续设计建立在服务经济的基础上，出于内在强烈的商业动机，其实是常常体现为一种内在需求。”[①]共享产品以服务导向为主，以提供满足客户的服务来获得利润。产品的经久耐用成为能否投放到市场的主要标准，这就是对“追求样式改进，加快产品淘汰速度”“一代销售，一代储存，一代研发”等现行的商业模式的颠覆。

共享单车的设计体现了设计师对环境的关注，在提高用户使用感的基础上尽力使产品更加环保可持续，如对绿色能源的使用、降低环境负荷的考虑都走在了行业的前列。共享单车这一类产品的设计给单车行业提供了很多经验，很多传统单车制造企业都参考了共享单车的设计模式，采用了新型的环

① 鲁丽丽：《基于产品回收的绿色设计与基于产品服务系统的可持续设计之比较研究》，《生态经济》2012年第7期。

保技术。共享单车的绿色设计虽然是一个小小的尝试，但是在如何实践绿色思想上给了我们很多有益的借鉴。

第三节　共享单车的安全设计原则

本节就共享单车的安全原则展开探讨。共享单车的特点是使用权和所有权分离，在一个开放的使用场域，必然会伴随一系列的安全问题。本节详细分析了这些安全问题，探讨了背后的原因，分析了共享单车设计的自身特点以及使用人群的复杂情况，对共享单车的安全必要性和强制安全措施进行了分析并提出了相关设计策略。

一、共享单车使用的安全设计监管

共享单车使用环境复杂，使用权和物权分离，有极大的安全隐患，安全设计监管就成了必要的管理手段，其中安全监管共涉及安全设计和用户安全管理两个方面。

单车从20世纪80年代进入中国家庭后，很快成为主要的交通方式，可以说每个城镇家庭至少有一位成员能够熟练骑行单车。骑单车比较简单易学，80后和90后基本都有骑单车上学的回忆，直到现在依然有学生是骑单车上下学。因为操作不当骑单车出危险的事情并不多见，但自共享单车面世以来，频繁爆出有人因骑单车发生事故而状告共享单车平台的新闻。2017年，北京出现全国首起状告ofo的官司，之后类似的案件接连不断：四川成都某一大学生因单车刹车失灵撞上路边绿化带，导致肋骨骨折；杭州的陈先生在骑行共享单车摔伤后突发脑梗；北京的李先生在骑行共享单车时因为刹车失灵摔下天桥。这些事故发生的主要原因都是共享单车出现故障，导致用户摔伤。共享单车平台是否负有责任是值得商榷的，但是笔者认为共享单车应该遵守租赁服务的基本要求："确保对外出租的自行车符合国家质量标准要求，部件完整且性能正常。同时，出租方还有义务向单车的租用者针对租车的注意事项、安全骑行等事项进行告知与提醒。”[①]根据《产品质量法》规定：“因产品存在缺陷造成人身、他人财产损害的，受害人可以向产品的生产者要求赔偿，也可以向产品的销售者要求赔偿。属于产品生产者的责任，产品的销售者赔偿的，其有权向产品生产者追偿。若属于产品销售者的责任，产品生产者赔偿的，亦有权向销售者追偿。”[②]

但是由于共享单车使用的开放性，共享单车平台无法做到对每一个使用者进行使用监测，也无法对每一辆单车进行使用前监测。单车损坏的原因也较为多样，如人为损毁、自然损耗等。笔者认为这种时候应该在共享单车设计中加入强制安全设计，减少使用者在不知情的状态下使用有质量问题的单车，从而引发安全事故的情况。以现在的技术水平，加入强制安全设计或者自动报警装置是完全可以实现的，这样能够极大减少单车的损耗率，并降低人为破坏的概率。

因为单车操作简单，使用门槛低，很多不满12岁的儿童也扫码骑车。1988年我国发布的《道路安全管理条例》中就明确规定，“未满12岁的儿童，不准在道路上骑自行车、三轮车”，2004年发布的《道路交通安全法实施条例》也提到“驾驶自行车、三轮车必须年满12周岁”[③]。共享单车平台也对这种现象进行了提醒，在注册协议上明确写出了“用户应为年满12周岁人士”。但是很多人对此存在侥幸心理，认为孩子具备骑行单车的能力，不用遵守规章条例，共享单车平台也没有采取有效的审核措施，所以依旧出现了儿童骑车现象。

此外，很多父母还主动给不具备能力的孩子注册共享单车平台账户，方便孩子使用，这种不负责任的行为固然应该指责，但最重要的是，共享单车

① 林路：《共享单车出现安全事故谁负责》，《中国都市报》2017年8月7日第5版。

② 第十三届全国人民代表大会常务委员会，《中华人民共和国产品质量法》第七次修订，2018年12月29日。

③ 周明洁：《道路交通安全法实施条例，小学生骑车违法》，《北京晚报》2017年9月22日第5版。

平台没有对用户进行严格管理，没有针对不具备骑车能力的人进行安全设计，对于用户审核也不够严格，准用门槛很低。共享单车的车筐设计是可承重10公斤，车筐底部有太阳能电池板，所以车筐设计较浅，大多是长40厘米、宽和深约20厘米，小孩子可以轻松坐进去（图6-4）。但是车筐是放物的，不是载人的，一旦超过自身承重很容易导致螺丝脱落断裂，车筐向前倾翻，从而发生事故。笔者认为，设计师在设计的时候应该多多考虑防御性设计，如将车筐有意识地设计得“脆弱”一点，使用者就不会尝试进行危险操作。但是这种强制性设计在共享单车上几乎没有。

图6-4　共享单车车筐承载儿童
（图片来源：http://news.hsw.cn/system/2017/0531/773782.shtml）

二、共享单车设计的安全技术引导

道德物化的概念可以运用到共享设计中的非物质设计上，非物质设计的一个重要核心就是依赖于信息技术搭建的数字化平台和服务平台，如果不正确的道德观念通过技术设计编写入技术人工物的结构和功能，技术人工物的使用就会对人的决策和行为产生道德意义上的错误引导。值得注意的一点是，目前共享经济的推动是自下而上的，初衷是盈利。如目前发展势头良好的共享汽车平台滴滴出行，该公司在官网上对其业务的定义就是

“滴滴快车以灵活快速的响应、经济实惠的价格和共享经济的业务模式，为大众提供更有效率、更经济、更舒适的出行服务，给人们的生活带来了美好的变化”。滴滴快车的业务核心就是为闲置汽车资源提供平台，但是随着公司业务的扩大，经营产品的深入人心，客户群体的增多，其原有利用闲置资源的模式已经不能满足现在的市场了。

所以，一些“专职共享汽车平台司机”开始出现。这些共享汽车平台司机一天的接单量巨大，平台也有根据司机参考接单量的打分机制，如果司机的得分高，派单时就会向他优先倾斜，并给予适当的奖励。这种情况就导致了司机不断接单，司机的工作时长都在10个小时之上，一般是在12到14个小时。这样的驾驶时间长度超过传统的运输行业，一般出租车司机的驾驶时间是10个小时左右，很少达到12个小时甚至14个小时。共享汽车平台司机的疲劳驾驶和过劳问题随之而来，滴滴司机疲劳猝死的新闻也时常出现在大众视野内。造成这种情况的原因一方面归咎于司机个人没有准确把控工作量，盲目接单；另一方面，也是核心原因，是企业未制定正向引导司机的决策与奖惩机制，反而在编写程序时暗中引导司机超时驾驶，甚至对此行为进行奖励。这种置顾客和司机生命权益于不顾，利益为先的技术引导是不道德的行为。

除了这种有意识的技术引导，故意忽略技术引导中的道德规范也是应被谴责的行为，如多起未成年儿童骑共享单车出车祸的事件，令人十分痛心。共享单车方便快捷、随处可见，成为很多人回家“最后一公里”的选择。共享单车使用门槛低，操作简便，只需一部手机就可以完成全部的操作。目前我国移动通信技术发达，很多儿童都是手机的使用者，在没有监护人看守的情况下，经常骑着共享单车穿梭在马路上。但由于儿童力气小，骑车技术不熟练，遇到突发情况容易慌张，也就容易发生危险。面对这种儿童违规骑车的现象，共享单车公司并未在共享平台上对使用者的注册严加审核，仅仅在单车上写了一行不起眼的小字：“低于12岁的儿童不可用车。”这种行为其实是无视自己“道德物化”的责任，其技术导向也忽略了道德导向，所以才会接二连三地造成悲剧。如“2018年上海男童骑自行车致死案。其父母将ofo公司告上法庭，要求索赔”[①]“2019年北京男童骑共享单车与汽车相撞案”[②]等多起未成年人受害案。

三、共享单车设计导向的现实意义

共享单车相较于传统的代步工具服务的人群更广，使用的环境更复杂。在无人监管的情况下，这种基础的代步工具有可能带来极大的安全隐患，这从多次见报的骑行共享单车遇险的新闻中可以看到。《韦氏词典》将安全定义为“安全的状态，免于受到危险，免受伤害或损失；不存在风险的状态；避免意外或疾病的知识或技能”[③]。《不列颠百科全书》对安全的解释则更为详尽：“为了减少或消除可能伤害人体的危险条件而采取的各种行动。安全预防措施主要分为两类：职业安全和公共安全。职业安全涉及人们工作场所可能遇到的各种危险，公共安全则针对家庭、旅途、娱乐场所及其他不属于职业安全范围的各种场所可能遇到的各种危险。”[④]由此可见，对于安全一词，我们是有一个“提前规避风险，尽可能避免伤害”的共识的。对于设计师来说，产品的安全性是产品设计的第一要务。

安全是设计师不断改良和提升产品的动力。安全剃须刀诞生的初衷就是为了让人们在剃须时减少割伤、划伤的概率，排除安全隐患。产品设计首要考虑的安全问题有两方面，“一是要注意到产品在正常使用时存在的安全隐患；二是要杜绝产品有时可能被错误地使用”[⑤]。如汽车的自动报警装置以及房门的自关门锁就是防止产品被错误使用的日常案例。

单车已经有近百年的历史，中国被称为“单车（自行车）王国”，单车是

---

① 张卫：《当代技术伦理中的“道德物化”思想研究》，大连理工大学博士学位论文，2013年。

② 周明洁：《道路交通安全法实施条例，小学生骑车违法》，《北京晚报》2017年9月22日第5版。

③ 江牧、林鸿：《工业产品设计的安全向度》，《包装工程》2010年第22期。

④ 同上。

⑤ 同上。

成熟的产品，在正常使用的情况下是不存在安全隐患的。但是，为什么自共享单车面世以来，骑行单车出事故的新闻频发？2017年《广州日报》报道："深圳交警交通处停车场管理科副科长高皓介绍，今年1月1日至7月31日，全市共发生一般程序道路交通事故1180起，事故共造成191人死亡，744人受伤。与去年同期相比，事故起数增加458起，上升63.43%，死亡人数减少50人，下降20.75%，受伤人数增加173人，上升30.3%。高皓说，今年涉及自行车（包含共享单车）事故117起，死亡32人，受伤97人，与去年同期相比，事故起数增加49起，上升79.63%。其中发生涉及共享单车一般程序交通事故26起，死亡11人，受伤16人，分别占全市涉及自行车事故数的22.22%、34.38%和16.49%。"[①]

交通部门认为，骑行单车事故增长的主要原因是骑行者不文明骑车，要鼓励文明骑车："遵守交规，尤其不得出现骑车进入高、快速路，以及逆行、横穿马路、闯红灯等极易诱发恶性道路交通事故的违法行为。"[②]即使是一个成熟的产品，也会产生诸多安全隐患，共享产品的安全监督设计，一直处于模糊不清的状态，如何对共享产品进行安全监督设计也一直处于共享领域的空白，亟须多方领域协作，减少潜在意外的发生。共享单车的安全设计也处于一个极大的空白，在开放场所针对不同人群使用的单车，没有过多的安全设计。共享单车平台既没有对单车使用者进行年龄核验也没有单车使用的强制警示。

共享经济是建立在云计算、互联网技术、大数据、移动互联网技术基础上的新经济模式，共享产品是基于这些技术之上的产品，如共享单车中的GPS定位技术、云计算技术以及共享汽车中的自动防盗设计等。这些科学技术赋予了设计品更多的人为属性，共享设计对于科学技术的依赖也加强了设计产

---

① 全慧：《共享单车惹的祸？深圳单车事故同比增八成》，《广州日报》2017年8月8日。

② 同上。

品中科学技术引导的影响。

科学技术引导之所以能在共享设计产品中发挥如此重要的作用，原因就是现代设计使设计成为一个相对独立的环节，其独立性使得“人的价值观念和社会意识可以通过设计活动融入技术人工物的机构和功能之中，进而影响技术产品的应用和社会影响”[①]。技术的根源是人，人必然有自己的价值判断和选择，技术的植入必然会有价值的导向，这就是德国哲学家海德格尔所说的现代技术的“座驾”作用，即指技术影响和摆布人们生活的方方面面。

但是令人忧心的是，在共享经济背后植入的技术伦理或者技术动力受经济利益的驱动，即技术的执行和修正的背后动力都是经济利益的最大化。这就导致许多技术的使用存在伦理上的争议，“运营商在设计环节就已经渗透了不符合技术伦理规范的意图，而其后果是在技术人工物的使用过程中才体现出来”[②]。共享单车平台降低设计安全措施的主要动机是更加方便用户使用，缩短用户的注册时间，从而能够提高单车使用频率。但是安全设计被有意忽略的后果就是增加用户使用的风险，“提前规避风险，尽可能避免伤害”的设计共识并没有在共享单车的安全设计上体现出来。

第四节　共享单车的公平设计原则

本节就共享单车设计中的公平原则进行了探讨，共分为两部分。首先分析了共享单车设计的社会价值，共享单车作为共享经济的产物，对社会有一定程度的影响，也补充了现有设计的不足之处，丰富了设计种类。这一部分主要从三个角度进行论述，详细地阐述了共享单车的出现对设计的影响和改变。其次，本书评价了共享单车作为设计产品的价值，它缓解了设计矛盾、

① 张卫：《当代技术伦理中“道德物化”思想研究》，大连理工大学博士学位论文，2013年。

② 同上。

驱动了优良设计的共享。虽然发展过程中存在一些问题，但是仍然代表着优良设计的前进方向。

一、共享单车丰富服务性设计内涵

服务设计的起源最早可以追溯到20世纪80年代，“1984年，G. 索斯泰克博士在《哈佛商业评论》上发表的文章中，首次提出‘设计服务’和‘服务蓝图’概念，并提出将物质产品和非物质服务进行整合的设计理念”。[①]1991年，比尔·胡恩（Bill Hone）夫妇在*Totely Design*（《完全设计》）中提出“服务设计”一词。同年，德国科隆应用科学大学教授厄尔霍夫（Ehrhoff）和梅戈（Mego）开始在设计界引入“服务设计”概念并正式提出把服务设计作为一门学科。[②]服务设计在创立之后，迅速发展成为一门学科，许多学者纷纷投入心力进行研究的原因是：人类进入新世纪以来，生产力极大地提高，工业水平也飞速提升，随之而来的是对地球资源的过度攫取。经济全球化使这些问题成为全世界面临的共同问题，如：全球变暖、人口膨胀、资源枯竭、物种消失等。这些都是设计界的“抗解问题”，因为问题本身难以定义，成因极为复杂，任何解决方案的实施都会产生新的问题。在这种情况下，“为了缓解人类和地球资源之间的矛盾，提供服务而非提供商品的设计受到大家的关注”[③]。

服务设计与传统的平面设计、工业设计不同，它的结果是无形的——一项服务。服务设计的产物可能是提供优良的客户体验，或者是为客户创造更高的服务价值。举个例子，想象一下你去国外旅行时居住的酒店的服务流程：你刚刚下飞机到陌生的、语言不通的城市，这时候提供接机服务的酒店

① 韩力、丁伟：《基于服务设计理念的共享产品系统设计研究》，《设计》2017年第20期。

② [荷]杰西·格里姆斯：《服务设计与共享经济的挑战》，李怡淙译，《装饰》2017年第2期。

③ 同上。

是不是比不提供服务的酒店体验更好？进入酒店后，你发现酒店的装修非常有当地的特色，这时候你是否觉得这要比标准国际连锁酒店更加亲切？你发现酒店提供的早餐是标准的西式早餐，这时候提供具有当地特色的早餐是不是比西式早餐体验更好？进入房间后，怎样的装修让你更加感觉到愉悦？这一系列复杂问题的选择，就是服务设计师需要思考的。服务设计的特征就是："服务设计工作处于审美和经验、程序和功能的交界；可以应用于任何种类的服务；被应用于复杂系统；在视野上具有整体性；设计师能平衡不同的优先级。"[①]总而言之，服务设计就是协调各个设计之间的关系，以期望给消费者带来更加美好的服务。

共享单车作为共享产品的一种，特点是无固定的装置、无固定的空间，具有复杂的使用对象和使用场景。在服务设计系统中属于T型服务定位，即能够使服务实现"1.准确定位目标领域。2.痛点精准锁定。3.提升服务质量，增加用户黏度"[②]。共享单车在为客户群体提供服务时发生的很多状况，放在服务设计系统中都能得到有效的回答。针对使用共享单车遇到的问题，服务设计中多维度场景构建模型和快速双效反应等设计方法都能解决相关问题。事实上这样的问题已经得到了UBER和Airbnb等跨国大型公司的关注，他们在尝试改进服务的时候，引入服务设计的概念，并开始聘用服务设计师。随着服务量的增长，其中暴露的问题以及解决方案也在不断地丰富着服务设计的内涵与概念。

共享单车作为以"共享服务"为侧重点的产品，不再强调产品属性，而是更加强调提供的服务性，"单车"所代表的符号性和社会性被消解。单车在这样的语境中只是提供解决出行问题的选择，无关社会符号和个人品位的体现，"共享单车"也不再强调品牌价值，更加强调租赁单车平台提供的服务，

① [荷]杰西·格里姆斯：《服务设计与共享经济的挑战》，李怡淙译，《装饰》2017年第2期。

② 韩力、丁伟：《基于服务设计理念的共享产品系统设计研究》，《设计》2017年第20期。

以服务而非通过产品的符号价值来吸引潜在客户。“共享单车”代表的不是某个阶级、某个年龄、某个职业，而是回归了产品本身，即一种出行的办法。产品更多的革新是产品的改良，由产品自身的内在动力推动，制造者主观希望产品更加坚固耐用，服务更多人，使用寿命更长；而并非希望产品外形更加花哨可爱以吸引更多消费者，因为如果只更新外形不对产品本身进行改良无法提高服务质量。产品消费者并不会因外形选择产品，符号性设计并不能吸引他们，因为他们只想享受服务。消费者希望享受高质量的服务，即共享单车结实耐用，方便骑行。共享单车平台投放单车时也希望本平台的产品能够长久地为消费者提供服务。

“共享单车”可以说从根本上影响了单车这种出行工具。中国普及单车是在20世纪80年代以后，我们生活中出现过的有二八大杠男士单车、女士单车、山地车以及后来较为受欢迎的折叠单车。这些产品在外观设计方面虽然有差异，但是结构基本相同，具有基本的车身结构、车链条、弹簧车座、充气轮胎等。“自行车在1791年产生，经过了200多年的改进。20世纪初期，其基本的结构已经稳定下来：主要由车体、传动、行动和安全装置4部分构成。”[①]但是共享单车出现后，大量的资本推动了实现产品的技术革新。以共享单车的鼻祖摩拜为例：第一代摩拜单车采用圆锥齿轮–传动杆传动技术，“这种传动装置的原理，简单来讲就是：单摆臂，轴传动。踩脚踏板时，会带动安装轴系转动，在轴系上的锥齿轮传动后，会带动轴转动，轴再通过锥齿轮带动连接后车轮的安装轴系转动，后车轮就往前行走了”[②]。这种技术可以保证产品四年内不用维修。共享单车在其他方面也进行了大规模的创新。摩拜一代的设计师王超接受媒体采访时说：“外观是为功能服务的，摩拜不是刻意要做成那样的，设计的指导思想是为了实现共享，同时得兼顾免维护，基于这个就

① 杨智杰：《你骑的共享单车让设计者“操碎了心”》，《中国新闻周刊》2017年5月20日。

② 同上。

自然而然成了这样。”①

共享经济的发展过程中，在共享单车之外还涌现了许多其他的共享产品，如共享雨伞、共享充电宝等，这一类型的共享平台提供具体的产品以及服务。还有一部分共享平台提供的是直接服务，如共享汽车、共享衣橱等。无论是哪种类型的共享平台，他们与传统商业模式的运营方式相比都发生了翻天覆地的变化。旧的策略已经无法满足新问题了，我们必须寻找新的方法去不断扩大设计的边界和作用。正如国际设计服务联盟的副总裁荷兰设计师杰西·西里姆斯（Jesse Sims）所说："共享经济在中国的快速增长伴随着服务设计意识与应用的提升，这为中国服务设计师提供了独特的潜力。在中国经济持续向服务型转换过程中，服务设计发挥着关键的作用。"②

二、共享单车拓宽单车全设计边界

全设计是从帮助残障人士的设计发展而来的，其设计策略和思路基本上是从协助残障人士的设计延伸出来。比如，银行前面高高的大理石台阶，既光滑又陡峭，对于盲人和不良于行的人士就非常不友好。随着全设计概念深入人心，现在我们的公共建筑基本都有专门为残障人士设计的通道，使他们可以自由地出入。2008年夏季奥运会之前，中国的设计师对于全设计的关注不是很多，公共场所很少有考虑到残障人士的设计。2008年举办夏季奥运会和残奥会之际，残障人士这一群体的需求也得到了广泛的关注，"符合国际全设计标准"成为当时惯用的宣传用语。全设计的倡导者和奠基人是美国人马克·哈里森（Mark Harrison），他是罗德岛设计学院的一名教授工业产品设计的教师。他11岁时脑部受到了损伤，失去了一部分功能，如行走、讲话等。这极大地影响到了他的日常生活，他发现执行日

① 杨智杰：《你骑的共享单车让设计者"操碎了心"》，《中国新闻周刊》2017年5月20日。

② [荷]杰西·格里姆斯：《服务设计与共享经济的挑战》，李怡淙译，《装饰》2017年第2期。

常动作对于他来说极为艰难，如因洗脸池过高无法洗脸、因房门过窄无法进出轮椅等。他经历了艰难的复健终于恢复后，决心通过工业设计来服务所有人，这就是全设计的起源。

“哈里森根据自己的理解，改进了对设计目的的提法，原来的提法是‘设计为所有的人’（design for all the people），他改成‘设计为所有能力水平的人’（design for people of all abilities），这个改动从字面上看似乎不大，但实际含义上差距就大了。‘所有能力水平的人’，也就包括能力衰弱的老年人、能力不足的儿童、能力缺失的残疾人，这个提法是一个概念的突破，基于这个概念，形成了‘全设计’观。”① “全设计”包含了相当广泛的方法论，意图帮助所有能力水平的人。《世界现代设计史》的作者王受之先生认为‘全设计’最为重要的是“突出强调产品设计外形和功能的密切关系，也就是让使用者能够一目了然地知道这个设计是做什么的”②。

笔者认为全设计在中国社会还有另外一重意义。经过多年努力，我国扫盲运动至今取得了历史性成就，成人文盲率由新中国成立初惊人的80%降到现在的4%左右，但是文盲人数依然高达6000万，几乎等于西部五省（自治区）人口（新疆、西藏、青海、甘肃、宁夏）的总和，相当于意大利的全国人口或者澳大利亚人口的2.5倍。这些人一直是被忽视的群体，就信息识别上来说，他们处于劣势，如难以读懂站牌、公共服务标语，难以辨识过于艺术的标识等。笔者认为设计师在设计的时候要充分考虑他们的诉求，不能因为他们处于边缘地位就漠视他们应有的权利。改革开放以来，我们和国际上的交流逐渐增多，引进了很多先进的设计理念，希望这些设计理念能够解决更多的中国问题而不是被僵化引用。

全设计的设计标准在国际上形成了一个共识，经过归纳形成七条原则：

---

① 王受之：《“全设计”指什么？》，新浪博客2008年12月1日。

② 同上。

1.平等使用（Equitable use），设计给所有的人用，如果某些人用这个设计不方便，就违反了平等使用的原则；2.弹性使用（Flexibility in use）；3.简单性和直觉性的设计（Simple and intuitive）；4.感觉清晰的信息（Perceptible information）；5.对错误的承受度（Tolerance for error）；6.少用力（Low physical effort）；7.尺寸和空间要适合使用（Size and space for approach and use）。[①]这些设计原则应用的范围极为广泛，生活中许多设计都体现了这些设计原则，如高铁上方便盲人上下车的缓行坡道、酒店自助餐厅低矮的取餐台、宽阔的开关按钮、遥控上有明显的语音控制等。

共享单车的设计原则和全设计的原旨是相通的：首先共享单车是给所有人使用的，适用于有自主能力骑车的所有群体，不从年龄和职业进行区别；共享单车没有固定的装置和空间，能够弹性使用；没有大幅度修改原来的单车，设计较为简单，使用者能够凭借直觉使用单车；使用信息无须再度传达，简明易懂；尺寸设计适宜所有有自主能力骑车的人；改变了传动方式，骑行较为轻便。共享单车的设计初衷，就是为了服务更多的群体，扩大潜在的消费群体。这个算不上高尚的商业目的与全设计的目的相符合，尽可能地帮助到了更多的人。

共享单车为全设计增加了新内涵。共享单车提供的服务让我们看到科学技术和设计紧密结合的未来发展，技术手段可以对设计的缺憾进行弥补和修正，从而能帮助到更多人。如，照明开关的设计在非智能时代时要关注按键的尺寸大小、高矮位置，但是现在手机就可以实现遥控，解决了这一设计难题。智能电视、智能音响、智能空调的开关都实现了手机远程遥控，解决了遥控器过多难以区别的问题。一些值得关注的设计难题进入智能时代后迎刃而解。共享经济与全设计结合比较紧密的一个例子是：2018年北京市人民政府残疾人就业保障部门推出了“共享租赁轮椅”，为那些无力购买轮椅的残疾

---

① 王受之：《“全设计”指什么？》，新浪博客2008年12月1日。

人提供服务。其租赁的轮椅装有智能设备，可以很好地帮助残疾人，虽然造价不菲，但由于是共享模式，减轻了使用者的经济压力。笔者相信在步入共享经济时代后，共享单车作为时代的先行者，其设计实践一定会给设计师更多的启发，从而服务到更多的人群。

三、共享单车驱动优良单车设计共享

日本经济产业省评选的优良设计奖（Good Design Selection System，通称“G标志制度”）已经实施了60多年，涵盖了设计的所有领域，致力于能够为全社会各个阶层提供优良服务。但是在我们国家，“优良设计”一直被认为是为精英阶层服务的，与普通大众关系较小。提到这个，人们总会联想到宫廷手工艺和民间手工艺的对比，宫廷手工艺品精雕细琢，不惜工本；民间手工艺品粗制滥造，批量产出。其实这种举例是不恰当的，宫廷工艺和民间工艺都基于小农经济，是生产力不发达时期的劳动产物，设计则是建立在大工业生产模式之上。“工业革命以后，从工厂手工业到大工业生产以后，手工艺和工业制造是两个不同的模式，他们之间有继往开来的关系，但是两者不能比较。”[①]优良设计指的是具有“较高设计品质、较强设计理念和创新程度前沿的设计品”，优良设计具有的特点注定使得设计公司在前期要大规模投入，所以日本优良设计奖的获得者都是大型的跨国公司或者久负盛名的设计事务所。优良设计产品在刚面世的时候价格必然偏高，但是随着市场的推广，价格逐渐下降，最后服务到大众，所以公众对于优良设计产生“精英化设计”这种认知标签也是有一定原因的。

共享单车作为一个工业设计产品，是可以载入单车设计史册的优良设计。它符合“较高设计品质、较强设计理念和创新程度前沿”的标准。首先，人们在共享单车平台投入了大量的资金进行研发，每家共享单车平台都有核

① 贺业鹏：《设计以人为本：精英、大众还是弱势群体？》，武汉理工大学硕士学位论文，2016年。

心技术，这些技术是单车制造商无力独自研发的。单车制造行业一直是劳动密集型行业，生产的产品附加值低，随着电动车在乡镇的发展，单车逐步失去了最后一块市场，生产总值和营业额逐年下降，自然无力投入大笔资金进行研发，只能对产品的外形进行更新变化，单车的技术自出现以来一直没有升级。

为了保证较高的产品品质，更长的服务时间，共享单车平台对单车设计的升级已经到了第四代，在传动设计、无源发电、智能车锁、免维护轮胎等诸多方面有所创新。如：在传动设计上采用“圆锥齿轮—传动杆传动方式的无链传动系统，圆锥齿轮以90度轴交角相啮合，将来自中轴3的旋转动力传动至后轴，驱动后轮旋转，杜绝掉链子的问题”[①]。仅摩拜单车公司一家申请的单车制造专利技术就达到29项，其中28件专利申请均为中国专利申请，只有1件是WO国际专利申请（WO2016197943A1）。在申请的29件专利中，以发明和实用新型为主，外观设计为辅。其中，发明和实用新型不分伯仲，各有12件专利申请，外观设计有5件专利申请。而中国单车制造商共有几万家，这些制造商一年间不过申请几项专利技术而且大多集中在单车的外观设计上。

共享产品的服务平台为了吸引消费者，千方百计提高产品的质量和设计水准，无形中提高了优良设计的普及程度，降低了优良设计的使用门槛。以共享单车的鼻祖摩拜单车为例，摩拜单车的设计师王晓玮表示：“摩拜单车的造价是押金299的20倍6000元。但是未来随着量产和技术优化会逐渐降低。”6000元造价成本的单车在进入市场销售后至少售价要上万元，但是消费者只需付299元就可以随时随地享受到服务，这种服务方式扩大了消费的阶层，改变了优良设计的服务演进方式，从富裕阶层到中产阶层再到无产阶层，至直接为所有阶层提供使用，这是设计范式的转变：从产品转向服务。为了提高服务质量，共享产品一定是同类型产品中的佼佼者，它将骑单车出

① IPRdaily：《膜拜单车之“专利学解剖”》，https://www.jiemian.com/article/1183287.html。

行这种生活方式推广给了更多的人。

“共享单车”这一类强调提供服务的产品无疑会给生活带来便利，但是笔者认为其更为深远的意义是给设计界、制造业带来了一股新风，让大家将设计转向产品本身，而非盈利。产品的升级是为了更好地为顾客服务，而非攫取更多的利益。减少利用所谓的新概念来包装产品、制造消费锁链、设计操纵符码意义、引导消费者消费欲望等一系列不道德设计为。共享单车既给人们带来了便利，又给社会带来了困扰，初衷是环保出行，却带来了资源浪费。但是不可否认，共享单车确实是一次伟大的尝试，是具有中国特色的设计产品。中国地域辽阔，人口众多，为了同时满足不同地域、不同年龄、不同教育背景用户的出行需求，共享单车一直在不断更新服务和产品设计。虽然消费者对共享单车这个新事物褒贬不一，各有看法，但是共享单车作为服务设计的典型，确实服务到了社会各个阶层，从设计思路来看，不失为一个优良设计。

第七章
顺时应势：鲁锦生态设计研究

随着城镇化进程加速，散布在民间的传统手工艺逐步丢失了市场和场域，民俗习惯也随之发生变迁，并出现生态失衡问题。本章认为生态设计是沟通传统与当代以及未来的桥梁，是解决当下“民生”问题和非遗保护形成规模的一个非常重要的方面。近几年，在国家政策和时代发展的推动下，传统的传统手工艺受到关注，本章试图在理论上分析设计赋能传统手工艺的可能。本章选取的研究对象鲁锦在农耕社会是广泛存在的，在工业化和信息化的社会环境下也最容易受到冲击，它是兼具使用功能和审美功能的。如何平衡鲁锦不断被弱化的使用价值，如何让鲁锦通过生态设计回归民众生活，平衡使用和审美、手工与机器、情怀与经济、传统与当代的关系是本章的思考方向。

第一节　鲁锦就地取材的自然生态设计

鲁锦自然生态设计体现在工艺材料与劳动力、天然的生产方式和生活方式的和谐关系上。中国自古就重视自然规律，主张因地制宜。《考工记》有记载，我国古代造物思想的精髓体现在天、地、材、工及其相互关系上，反映到鲁锦自然生态设计的方案就是让其与自然环境相和谐，设计过程中合理有效利用自然资源，形成生态循环。就地取材是鲁锦自然生态设计的特点，根据自然生态环境的要求，从大自然中选取物质材料、内容题材，顺应大自然的发展规律，谨慎地使用化学染料，尽量循环利用可再生物质，使得资源得以高效利用、人与自然高度和谐，实现内部的完整性和统一性，尊重培养鲁锦产地的传统知识、技术，维护协调自然的关系。

一、鲁锦顺天应地的自然材料的运用

鲁锦是农耕经济的产物，人们顺天应地利用可就地取材的原材料，以手工方式进行生产。虽然生产工具简单，人工劳作却复杂。设计的方案需要与自然环境相和谐，尽量循环利用可再生物质，从生产到回收有序进行，资源得以高效利用，人与自然高度和谐，在工艺材料、劳动力、天然的生产方式和生活方式上实现内部的和谐统一。

第一，原材料的就地取材。

鲁西南地区的人们在纺织原材料上一直突破，以原材料在生活中的广泛性为主，探索如何更适于穿着、家居生活使用。唐朝诗人杜甫曾描述过织布的繁盛场景；元明时期，鲁西南地区广泛种植棉花，人们越来越多地使用棉花做原料纺线织布，元代嘉祥县的曹元用墓中出土了棉织物，被称为“棉菱形花纹织锦”（图7-1）；明朝初期，大面积种植棉花，棉织技艺越来越成熟。鲁西南地区由于地处黄河冲积平原，沙质的土壤适合棉花的生长，棉花是本地常见的农作物，可运用于日常生活的很多场景。鲁西南地区又处在京杭运河的交通要塞，贸易往来频繁。发展至今，鲁西南地区逐渐发展为山东地区的产棉大区，制造鲁锦的原材料也获得充分的保障。

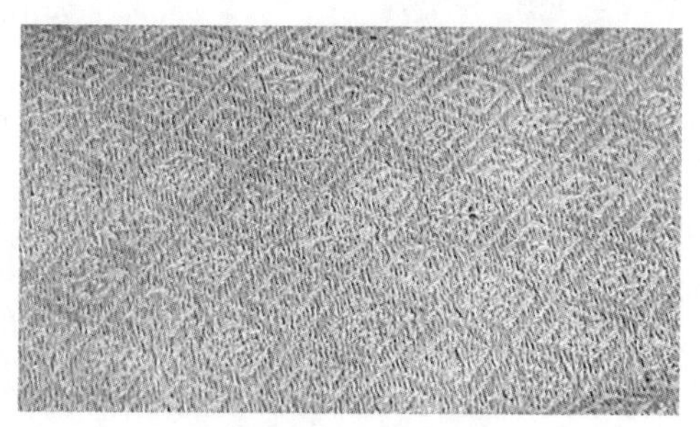

图7-1　曹元用墓出土的棉菱形织锦
（图片来源：嘉祥县文化馆）

复杂的织造工艺除了需要主要的原材料棉花外，还包括一些农民使用的基本工具，如木制品、竹制品、钢铁制品、棉花制品。人们通过纺车将搓成的布几纺成织布

图7-2　纺车

图7-3　锭子

图7-4　经线杆、铁环

图7-5　络子

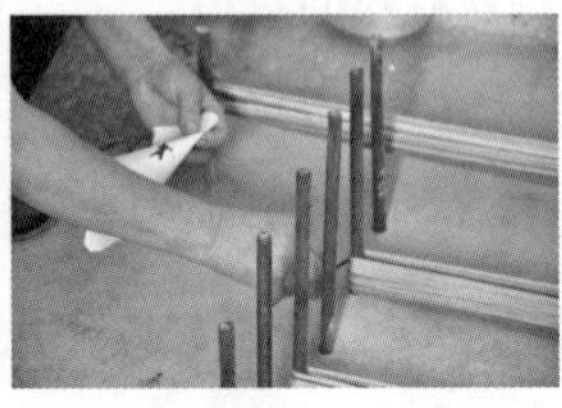
图7-6　经线撅

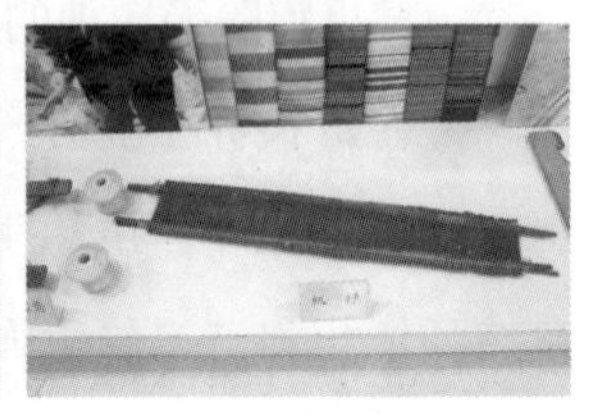
图7-7　机杼

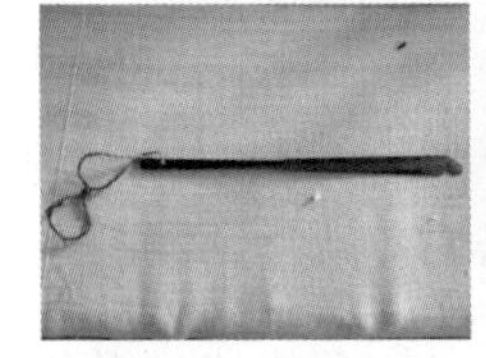
图7-8　篦片

图7-9　上为幅撑子、左下为棕刷、右下为梭

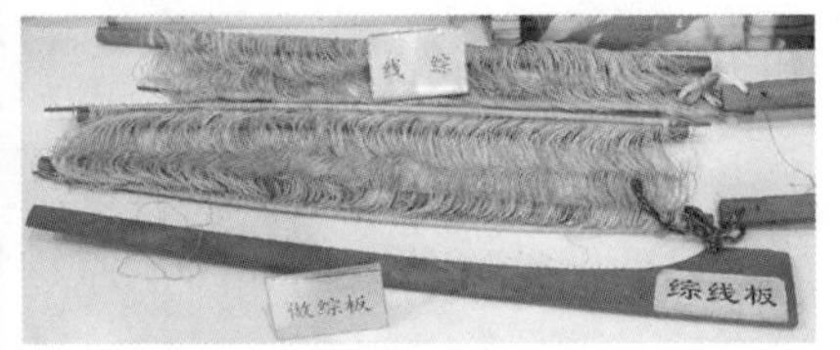

图7-10　线缯

图7-11　小机子

（图片来源：图7-2、7-3、7-5高文倩拍摄于嘉祥县的鲁锦博物馆；图7-4、7-6来源于嘉祥县文化馆）

（图片来源：图7-7、7-8高文倩拍摄于鄄城县鲁锦博物馆原址；图7-9、7-10高文倩拍摄于嘉祥县春秋源鲁锦博物馆；图7-11来源于嘉祥县文化馆）

用的线，将纺的线缠在锭子上面；经线杆是经线时的重要工具，根据图案的要求，在固定好的铁环下，将不同色线的络子排好，将每个络子的线穿过铁环；生活中随处可见的小木棍可作为经线撅，还有穿经线用的杼；闯杼前从线团中心把交叉线头掏出，再把线团缠于支棍上，闯杼时用篦片，刷经线用

棕刷，再将刷好的线一层层卷到柽花上；缯是操作时分开上下经线便于投纬线的工具；织机有一米长，两尺宽，组成的部件包括用于织布时挂缯和提缯的小机子，小机子下连踏脚子等；纺织时用绳子将撑框挂上，用卷布轴将随时织的布固定，一侧有便于铁棍穿过控制而制作的两个孔，在织机后面的支放座机板，一头固定，另一头活动使人随时进出；还有盛纬线、在经线中来回穿的梭，每织出一小段就将布幅两边钩住的幅撑子。[①]如图7-2至图7-16所示，原材料和织布工具，都是农村家庭就地取材制成的。人们用最简单的工具，加之最适宜的工艺，将一团团的棉花变成五颜六色的布匹。

图7-12　柽花

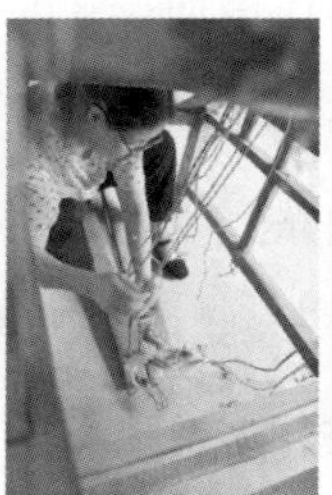

图7-13　踏脚子

图7-14　卷布轴

图7-15　下为座机板，中间是撑框

图7-16　织机

（图片来源：图7-12、7-13、7-14、7-16来源于嘉祥县文化馆；图7-15高文倩拍摄于常楼村刘秀梅家中）

① 根据资料整理，来源于嘉祥县文化馆。

第二，当地织女因材施艺。

原材料虽然是就地取材，但工艺技术是复杂的，织女每次的劳动都不是重复的，每一次的纺线、经线、掏缯、织布都需要做到心中有数，还要计算每个图案单元的棉线根数，在具体的流程步骤、织造过程中更要心中有口诀，一步步准确地进行织造，计算要掏几根，而且要集中精神。这些步骤都是线性的，一步错了就会影响后续的织造，比如进行掏缯工序时，要把所有的经线都放置到织布机上面，如果出现了错误，就会影响整体的织造效果；在织造时也需要熟练地操作，操作熟练的人还可以在进行的过程中边织造边与人聊天，在交流的过程中学习琢磨对方的织布技巧，遇到织造上的困难大家可以协同解决，枯燥的时候，大家也编造织布的口诀增加劳动的动力。工艺流程的通力合作是促进邻里交流的方式，可增进人与人之间的交流。特殊的一点是，鲁锦不同于男性化手工艺，是由女性织造，山东人受齐鲁文化的影响较深，安土重迁的思想观念使多数女性不会远嫁他乡，因此促进了本土地区鲁锦工艺技术的不断提高，促使鲁锦的纹样、花色越来越多，形成了地域风格，促进了以原产地鄄城县和嘉祥县为核心的鲁锦文化的繁荣。

织造鲁锦的织女从前是亦农亦艺的社会身份，本质上还是以土地为生的农民。织女的制作方式有一定的季节性，与她们居住地的农业生产相联系，并受到农业生产的牵制，鲁锦以“农户+中间人+市场”的状态存在，中间人连接农户（生产者）和市场，生产规模是市场导向型的，织女根据客户需求织造。

图7-17　搓布几

图7-18　棉花纺成线

图7-19　染线

图7-20　拖线

图7-21　经线

图7-22　经好后卷团

图7-23　闯杼

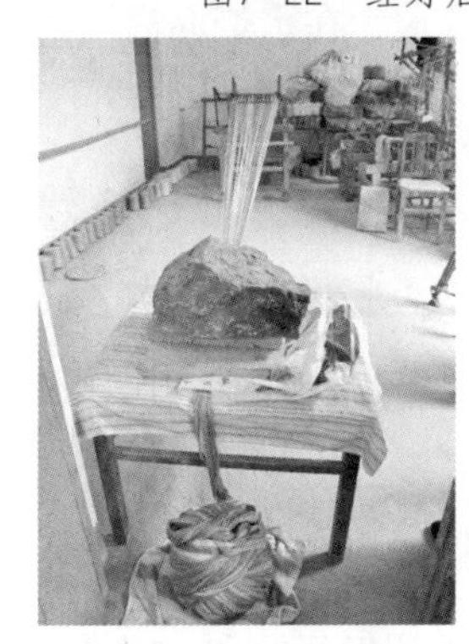

图7-24　闯杼场景

图7-25　卷经线到柽花

（图片来源：嘉祥县文化馆）

传统鲁锦织造要经过很多道工序，主要包括将棉花纺织成线、棉线染色、将色线根据图案排列、将排序的色线缠绕于织机、进行织造六大部分，并且每一步都有复杂的过程，需要手脑协调。具体步骤：1.脱籽，将棉花脱籽。2.搓布儿，即搓棉花卷（图7-17）。3.纺线，用纺织机将棉花卷纺织成线（图7-18）。4.染线，提前估计好所织图案的颜色用量，需要向走街串巷的

图7-26　刷线

图7-29　安装卷布轴

图7-30　组装部件

图7-31　装撑框

图7-32　装脚踏子

（图片来源：嘉祥县文化馆）

货郎购买染料，染线时，在锅中加入可以漫过线的清水，在水烧温后（大概20℃，不超过30℃）放入染料、酒和盐，再放入线（水温不超过50℃），用棍子不停地搅动，开锅后继续煮半小时（图7-19）。染线有很多讲究，线要洗透才能下锅，煮时用慢火，煮好后用清水冲洗。5.浆线，将染色的线放入适量浓度的面糊（面糊需加凉水搅匀）中揉搓，线把面吸进去，大概的比例是一斤线配二三两面。6.扽线，拉线和拧线，使线彻底干透，浆线和扽线之后使得线黏性降低，根根独立分离（图7-20）。民间流传“上船扽几遍，给丝也不换”的说法。7.经线，经线是复杂且重要的步骤，需要邻里帮忙和相对开阔的场地（图7-21、7-22）。8.闯杼，闯杼是用篾片将线放入杼中，是重要的工序（图7-23至7-25，图7-33、7-34）。9.刷线，用棕刷将线梳理整齐（图7-26、7-27）。10.掏缯，将经线穿入，使织造时有上有下形成织口，是特别需要集中精力的步骤，掏错一根就白掏了，大概需要几天的时间（图7-28）。11.吊机子，装好脚踏板和牵引线（图7-29至图7-32）。12.织造。织女一有空闲就可以坐在织机上织布，将一团团五颜六色的棉线织成漂亮的花布。

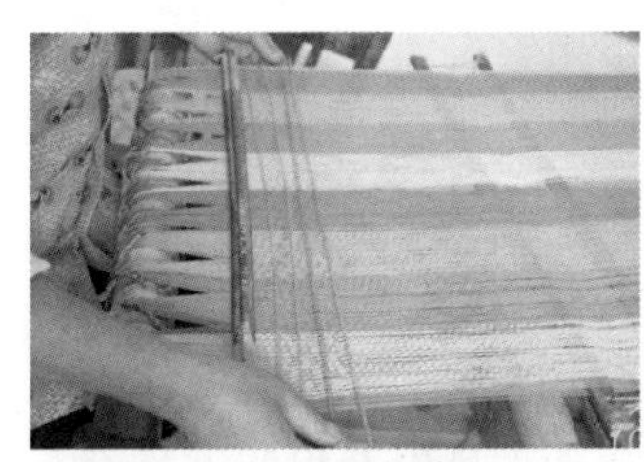

图7-27　刷线

图7-28　掏缯

图7-33　闯杼前捋线

图7-34　闯头遍杼

（图片来源：嘉祥县文化馆）

鲁锦的织造是以鄄城县和嘉祥县为核心原产地地区的天然生活方式，在鲁西南的平原地区，农民还是以农业为生，自古就是男耕女织，男性是家庭中重要的经济来源，女性在照顾家中老幼之余承担部分经济负担。男性从事劳动报酬高的行业，普遍是比较重的体力劳动，最初的农民只能以土地为生，通过经营好自己的土地获得回报。后来随着经济建设的步伐加快，大城市中需要很多劳动力，男性往往背井离乡，去大城市赚钱来增加收入，通常只有农忙的时候才告假回家帮忙。女性的工作也因男性劳动方式的变化而产生变化，由原来照顾家庭起居和织造，变为后来的照顾家庭起居、农作及工作。女性不仅承担了日常的农作，还要在照顾家中老幼之余，寻求自由职业来补贴家用。鲁锦织造就是非常合适的劳动方式，当地女性可根据需求量自行安排工作时间，能够规划好完成即可，这给了女性结合自身的各种情况来安排工作的自由。鲁锦织造的劳动力和天然的物质劳动方式都依然存在，棉花又能自给自足，所以织造成本对于大家来说是可以接受的，它们之间存在一种共生的和谐关系。鲁锦生态设计研究就是围绕鲁锦与自然生态环境的和谐关系展开的，整合了原产地的材料资源、劳动力资源、天然形成的生产方式，通过生态设计让可就地取材的物质材料充分发挥效用。鲁锦在当时物资不丰富的年代，给当地人创造了收入，也丰富了使用者对于美的追求，带动了经济的发展，促进了社会的进步。

二、鲁锦四时为序的生产方式

"万物皆有时，四时皆有序"，大自然、人的生活作息以及世间万物都有自身的规律。鲁锦的织造过程合四时之序，遵循了一年里春、夏、秋、冬的四季农时和一天里朝、昼、夕、夜的变化。农耕的秩序、生活的秩序是鲁锦形成的基础，生产方式离不开生活方式。

第一，鲁锦产地的耕作方式。

鲁西南地区人们的生活和工作是交织在一起的，工作在离家不远的田间地头。鲁锦的织造以家庭为基本单位，织造品作为家庭成员的起居穿戴用品，作为家庭经济收入的补充。鲁锦织造填充了人们的生活间隙，早起时、晚饭后，得空就可以在织布机上织造，形式自由且灵活，织女还能随时抽身投入到更重要的事情中去，是当地很受欢迎的一种劳动方式。当地的耕作方式、生活方式离不开家庭的环境，鲁锦的织造者是农村妇女，她们在十三四岁时就跟随母亲学习织造技艺，由最初的简单工作，如传递使用工具，到后来跟随母亲学习各个步骤，最后独立进行一系列的织造过程，嫁到外村后继续为自己的小家织造，这也是母亲言传身教的一种方式。在20世纪70年代以前，鲁锦具有很强的普及性，"家家闻机杼，户户纺织忙"，农村家家户户的女主人都是懂织造的，织造已经融入了当地人的日常生活，最忙的时候呈现出从早织到晚的盛况。改革开放之前，农村的男性劳动力尚未出现集体进城打工的现象，大部分农村妇女几乎都遵从男耕女织的传统，鲁锦织造有充足的劳动力。

山东的鲁西南地区盛行异姓通婚的制度，一般女性会从出生的村子嫁到另外的村子，跟随夫家一起生活，这样鲁锦织造技艺就自然地带到了夫家的村子，每个村子会织造的图案纹样是有差别的。鲁锦的传播范围是广泛的，异姓通婚的制度促进了工艺间的交流，因此也有了鲁锦能够织成1990种图案的说法，而男性的手工艺不会轻易地传播到别的村子，也就形成了各个村子的特色，比如聂家庄泥塑从古至今的基础样貌变化都不大。鲁西南地区仍然流行男主外女主内的传统生活方式，男人提供家中大部分的经济来源，承担与外界交流的责任，女人负责照顾一家人的生活起居。后来男人去城市打工以承担家中大部分的花销，只在农忙、家中有事、重要的节假日回家，而女人就要照顾大家庭中长辈和晚辈的生活起居，田间地头的农活，维护家庭之间的亲友关系，且在不耽误这些事情的同时赚取少量金钱来补贴家用。在鲁西南地区，织造鲁锦卖钱就是大多数女主人选择的一种工作方式。2011年7月23日，笔者在鄄城县常楼村采访时，织女刘秀梅在下午三点左右告知笔者不能继续采访了，她需要下地完成部分农活，这就是鲁西南地区大多数家庭女主人的生活日常。当地人常讲“有经不愁纬，被窝里摸棉穗”，她们白天干活，晚上不停歇地继续织布，也就有了“窗户棂子挂纱灯”的图案纹样，意思是早起晚睡，在窗户的棂子上挂好纱灯，马不停蹄地进行织布。鲁西南地区顺应自然的生活方式是跟土地有密切联系的，与家在固定的物理距离内。

第二，顺应节气时令的要求。

鲁锦的整个织造流程是有节律的，每个季节有固定要做的工作，要顺应节气时令的要求，这是织女们总结出的宝贵经验。古代造物思想中的“弓人为弓”记述了制弓的周期，明确指出了每个周期应该进行的工作及原因。为了使弓力不受寒暑气候的影响，制弓人从大量的实践经验中总结出严格的工艺要求，在冬天剖析弓干会比较容易，树木的纹理自然清晰；春天浸泡角更加合适，春秋季节合拢干、角、筋；寒冬时固定弓体不易变形走样，寒冷的结冰期上弓漆可以检查审视漆痕是否呈环形；再到春天装上弓弦，等上一年的时间，就可以使用制造的弓了。

鄄城县、嘉祥县地处黄河冲积平原，地势平坦，土质分为沙质、壤质、黏质。沙质土壤适宜种大豆、花生，壤质土壤适宜种棉花、小麦，黏质土壤适宜种小麦和大豆。两地都重视种植棉花这种经济作物。在鄄城县和嘉祥县，有的家庭种粮食作物，有的家庭种经济作物。粮食作物的耕作方式一般都是一年两作，麦收后播种夏大豆、夏玉米、夏地瓜，秋收后播种小麦，农忙期为麦收时节，大概在每年的阳历6月10日左右，再播种夏玉米等粮食作物，等到农历八月十五左右就可以收割夏玉米，接着播种冬小麦。夏秋时节是田间地头最忙碌的时候，农民的节气时令观非常强，每时每刻都要看天行事。因为作物的种植尤其讲究时间，一旦错过了节气就要等明年，即使强行播种，生长的效果也不好。

棉花是一种经济作物，耕种周期是一年一作，每年过了谷雨就开始种棉，时不时要给棉花打药。棉花随着自然节气时令的推进生长，农历六月底棉苗陆续开花，农历的八九月份进入棉花收获的季节，在下霜之前要将棉花全部采摘完。随着天气的变冷，农村就进入了冬闲，织女们对采摘的棉桃进行脱籽的简单处理，弹棉花使其蓬松，只有这样的棉花才能用来织布。寒冬时节地里农活较少，织女们会到自家或者邻里家的地窨子里织布，边聊家长里短边织造，地窨子不但可以存储过冬的蔬菜，还可以为织造活动御寒。另外，鲁锦在经线时需要多人通力合作，织女们会根据当年的棉花收成情况预估能织多少布，织成的布是做成被面、床单还是衣衫，按照计划把棉线的纺、染、络工作做完，约定好日子，乡里邻居之间互相帮助经线。比如，三月、四月、九月、十月是浆线最好的时节，晚上浆好线，第二天早上扽线。作物耕作需要根据节气时令，鲁锦是农业活动的补充，织造的整个流程也依据农业活动的节气时令，在农忙之外的时间进行。

第二节　鲁锦地域民俗的人文生态设计

虽然鲁锦的使用价值正在逐渐消退，审美价值却是独一无二的。鲁锦的人文生态设计是鲁锦生态设计最重要的方面，连接自然生态设计和产业生态设计，是鲁锦生态设计中必不可少的层面。鲁西南地区是鲁锦的原产地，是鲁锦生态设计的文化中心，鄄城县和嘉祥县作为鲁锦的故乡，也作为鲁锦销售的集散地以及鲁锦进行文化交流、宣传的地方始终未变，在特定的地域环境下形成了特定的文化与人文内涵。民俗习惯影响了鲁锦图案和纹样的创作，但为什么鲁锦跟江南土布有同样的纹样却叫不一样的名字？为什么鲁锦的图案又多又满，构图上极少有留白之处？为什么用高调艳丽的颜色而非低调素净之色？为什么同样的通经断纬的织造技术，相似的织布机织出的鲁锦效果跟其他地区的不一样？这是因为鲁西南地区积累的民俗习惯形成了特有的人文生态。鲁锦人文生态设计对策认为要重视人文，树立主体意识，建立文化认同感，鲁锦是集体智慧的结晶，具有不可替代性，人创造了鲁锦，同时鲁锦也塑造了人。

一、鲁锦人文生态设计的民俗习惯

鲁西南地区的民俗习惯形成了鲁锦人文生态设计特色，鲁锦人文生态设计又能体现当地的民俗习惯，鲁锦人文生态具体体现在语言习惯、用途习惯和特殊活动上。本节分析鲁锦人文生态的逻辑结构，人文生态设计连接自然生态设计和产业生态设计，是鲁锦生态设计最核心的表现。受齐鲁文化的影响，鲁西南地区长期积累的民俗习惯反映在鲁锦织造过程中，女性通过学习织造鲁锦接受母辈的教化，使得每块鲁锦都含有托物言福的美好祝愿。

第一，鲁锦人文生态设计中体现的民俗习惯。

鲁锦织造的各个环节都有很多顺口溜，便于人们内化于心，记住织造步骤，也给枯燥的织布过程增添趣味。日常生活使用的很多物品都离不开鲁锦，如在结婚时要考虑用几铺几盖的鲁锦做嫁妆。鲁锦使用的普遍性体现了鲁西南地区的民俗习惯，具体体现在以下两个方面：

首先，体现在语言习惯上。鲁锦在织作过程中形成了很多顺口溜，这些顺口溜只有用鲁西南地区的方言才能念出其中表达的情感，惯用二声调、三声调和四声调。鲁西南地区的织造艺人们织造的每一块布料都会起一个用当地方言读着顺口的名字；织造过程中会编一些民谣，缓解织造过程带来的疲劳。这些是活态的文化传承，每个地方的织造艺人也会发挥自己的想象力，顺口溜的内容约定俗成，从菏泽鄄城到济宁嘉祥，都流传着很多顺口溜。民间艺人总结的顺口溜、口诀是对艺术技术的总结，约定俗成的名字也对这些最常见的纹样的来历做出解释，是以中国齐鲁文化为基础形成的独有特色。同样是老粗布织成的纹样，只有齐鲁文化地区才有特定的名字，鲁锦织造技艺的整个流程变成了一段段《棉花谣》，语言朴实又形象。

鲁西南地区农村的生活环境是开放的，邻里乡亲经常会串门互通有无，一个地方村民的生活习惯是类似的，生活上有缺少的物件可以随时找邻居帮忙。鲁锦织造的有些环节是需要相互合作完成的，在劳作中沟通了人与人之间的情感。下面的民谣用诙谐幽默的方式讲述一家人在织布的场景，织布能力代表了女性的很多能力素质，从侧面说明了织布和嫁人有一定关系，模仿当地方言读起来是很有趣味的。

三妹妹，浆线子
浆了一身浆面子
三姐姐，扽线子
线子断了一半子
三姑姑，熬浆子
糨糊沾了俩辫子
三奶奶，拍手笑
丫头片子不害臊
寻个婆家没人要[1]

民谣中织布和生活的场景是密不可分的，母亲在看孩子的过程中用诙谐幽默的话语给平凡的生活增添了很多趣味。

① 《棉花谣》，来源于嘉祥县春秋源鲁锦博物馆。

嗡嗡嗡，纺棉花
一纺纺了个大甜瓜
爹一口，娘一口
咬了小小的手指头
小咪小咪你别哭
那边来的是你姑
你姑拿的是花鼓
白天拿着玩
夜里吓马虎[①]

用鲁西南地区的方言编写的顺口溜，或是用顺畅的语言描述织造的流程，或是以诙谐的方式记录纺线织布过程中发生的事情，表明织布和生活是连在一起的。

其次，体现在用途习惯上。

图7-35　长袖上衣

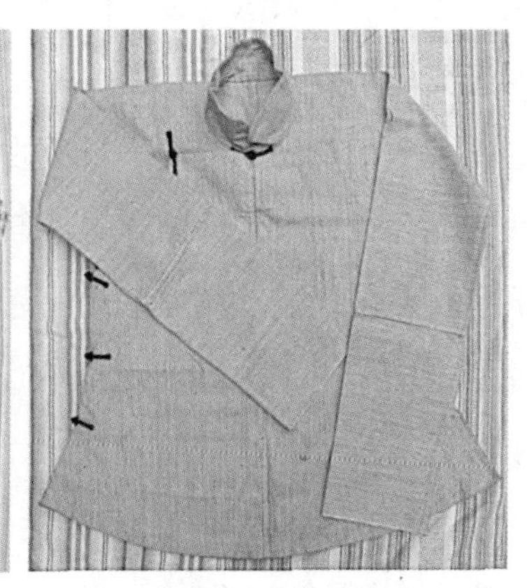
图7-36　长袖上衣

① 《棉花谣》，来源于春秋源鲁锦博物馆。

（作者：赵芳云
图片来源：
嘉祥县文化馆）

图7-37　长袖上衣　　　　图7-38　短袖上衣

鲁锦人文生态设计的民俗习惯主要体现在日常习惯和特殊的婚嫁习俗上。日常生活中使用的物品包括被子、褥子、枕套等床上用品，一家人的衣服，其他日常生活中缝缝补补的物品。如图7-35至图7-38中，鲁锦用来做衣服的面料使用的颜色单一，织造方式也是统一的，不注重花色，追求朴素、简单，衣服上是单一的色调、简单的纹样。

特殊设计主要体现在婚嫁习俗上，婚嫁时，鲁西南地区农村的女孩会用自己织的鲁锦或者母亲织的鲁锦作为嫁妆。鲁锦是一项女红技艺，是当地结婚仪式时重要的陪嫁品，女儿出嫁时往往要配备几铺几盖，铺盖选用的都是鲁锦，遵循儒家的礼制，形成了当地的评判标准和价值尺度。鲁西南地区的人们思想观念深受儒家观念的影响，鲁锦的织造过程以及呈现出来的图案纹样都有齐鲁文化的印迹。儒家思想规范了社会伦理、道德规范和生活准则。鲁锦织造技艺是在家庭中女子之间传承的技艺，女性在出嫁前掌握织造方法，能够为以后的幸福生活奠定基础。另外，被褥面和衣服面料是不同的，被褥面的纹样复杂，体现婚嫁的重要性。

每一个家庭的母亲会把自己掌握的全部织造方法、织造“讲究”（即规则）传授给女儿。比如，在染线时，锅中的水要漫过线，在水烧温后放入染料、酒和盐，水温是大概20℃—30℃，放入线时的水温不超过50℃，用棍子上下搅动，开锅后再煮半个小时。染线不仅在水的温度上有讲究，线要洗透才能下锅，煮时用慢火，煮好后用清水冲洗；在浆线时，将染色的线放入适量浓度的面糊中揉搓，面糊需加凉水搅匀，让线把面糊都吸进去，大概的比例是一斤线配二三两面。这些讲究是母亲的经验总结，按照这样的方式不会出太大的错误。鲁锦织造背后能够体现的，一是女子能证明自己有能力创造幸福美好生活，受到了母亲良好的家教，遵守规则；二是鲁锦织造技艺是一项谋生的手段，可以作为一项家庭副业，俗语云“技不压身”，母亲希望女儿能靠自己的双手吃饭；三是关系到对下一代的教育。鲁西南地区的新娘在出嫁当天，将鲁锦作为嫁妆，婆家和当地村民会通过鲁锦织造的精美程度来判断新娘未来的持家能力。所以，从小就掌握织布技能的女孩子，也是在为自己准备嫁妆，将未来美好生活的希望织进了鲁锦中，尤其是象征多子多福的“紫花被”，因为谐音的美好意义非常受欢迎。织女刘秀梅在接受采访时还将自己结婚时的嫁妆拿出来展示，这压箱底的鲁锦也是她珍贵的回忆。

女红是传统女性生活方式的主要内容，也曾是衡量女性智识与美德的标准。随着当今生活方式、思维方式、行为方式等的变化，女红文化正在消解，甚至走向消亡。从人类文明演进的历程来看，一种事物的消解和消亡是一个必然，但对其中有价值部分的活态化传承也是十分必要的。女红手工艺无法阻挡科技前进的步伐，但是现代社会仍然需要手工艺，手工艺会以另外一种方式存在，作为人们休闲生活的补充。手工艺可以连接手、脑、心，使人不被物质欲望控制头脑，不被机器取代。现阶段人们喜欢用旅游的方式度过休闲时光，通过网络对物质世界进行建构，人们在网络上也能实现遍游各地，科技以线性的速度、以新事物战胜旧事物的方式不断向前发展，而文化不是。工业取代了传统的制造方式，这是不可逆的，但鲁锦在生存、发展过程中的传承传统——作为女儿的陪嫁品没有消失，会以新的方式卷土重来，我们应该保护文化多样性。

莫里斯·哈布瓦赫（Maurice Halbwachs）曾经表示：“集体记忆可用以重建关于过去的想象。”[①]民俗习惯一旦养成，会对人产生一定的约束力。鲁锦是

① [法]莫里斯·哈布瓦赫：《论集体记忆》，毕然、郭金华译，上海人民出版社2002年版，第70页。

山东省西南地区棉织布的通称，包括菏泽、济宁等地，是鲁西南地区集体无意识的创造，形成了自己的独特性。

第二，体现将当地事物抽象化的逻辑结构。

鲁锦取材于当地的事物，应物象形是鲁锦人文生态设计的逻辑结构。鲁锦是以家庭、村落为基本单位，以母传女的传承方式延续，以民间社会的劳动者群体为主体，以补充家庭收入为目的进行的生产活动。纹样反映了当地人们的生活状态，也体现了当地人含蓄的情感。鲁锦纹样通过简单的几何形格子可以构成多种寓意深刻的图案，鲁锦纹样的“形”与“色”表面上看是随意的、抽象的，看着粗拙，但在织女的心里却是写实的——“这个样子才好看”，图案的表现虽主观但又有依据。

鲁锦的图案纹样看上去不是具象的事物，而是经过概括后的抽象的艺术形象。不常接触鲁锦的人，只有听到鲁锦纹样的名字，才能明白眼前纹样的意义。鲁锦纹样不注重内部细节的把握，而是更加宏观地进行整体的把握，采用应物象形的创作方法，对生活中的事物进行抽象描绘。

鲁锦强调主客观的统一。鲁锦的图案就是在简练的自然基础形式上发挥想象力，进行变形、夸张、抽象和组合，追求形式美的表现。受制于织布机的技术条件以及民间的“意思到了就行”思想观念的影响，对形的要求也是相对宽泛。鲁西南地区的女性无意识地创造却展现出形式美的法则，“节奏与韵律、对比与调和、变化与统一、分割与比例等等，恰到好处地运用了平面构成中的重复、渐变、分割、平衡、对比等形式”[①]。如“鹅眼纹”（图7-39）这种六边形的造型，有线面对比，有曲直、方圆的形状对比，有二方连续的重复构成，有一个个的几何格子分割布面，使得整个布面和谐统一，有强烈的节奏韵律感，极具形式美感。

① 任雪玲：《鲁锦文化艺术及工艺研究》，东华大学出版社2012年版，第63页。

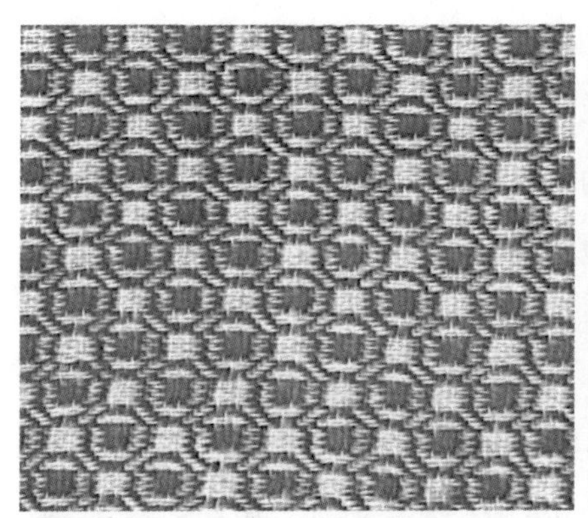
图7-39 鹅眼纹
（图片来源：嘉祥县文化馆）

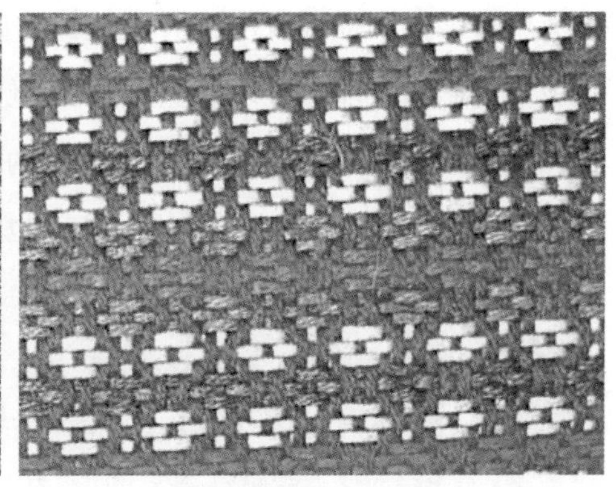
图7-40 枣核纹
（图片来源：嘉祥县文化馆）

鲁锦讲究形象与精神并重的特色，同样贯穿于纹样的装饰艺术中。中国人性格含蓄，常以一种含蓄的方式表达情感，如“枣核纹”（图7-40）就有早生贵子之意，主副纹进行组合，运用比喻、抽象、夸张、变形等手法来表达人们对于平安、和谐、幸福生活的向往。

生命和繁衍是人类永恒的话题。鲁锦的图案中有“鱼眼纹”，比如“水纹包鱼眼”将一点抽象为鱼眼，被由折线抽象而成的水纹包围，点线结合，元素排列疏密有致、自由活泼，以二方连续的组织方法在上下方向不断排列，有节奏、有韵律感，整个布面看起来非常具有整体性。鱼在传统观念中有着美好的寓意，鱼有超强的繁殖能力，鱼子多不胜数，在劳动人民的眼里象征着人们对多子多孙的美好期盼。还有“合斗纹”整体布局，穿插在“田”字的主体结构中，寓意了农耕社会的发展和繁荣。另有“枣核纹”，枣树是鲁西南地区常见的树种，枣核这一意象的象征是女性生殖器官，期盼家族人丁兴旺。此外还有“石榴籽纹”，石榴对土壤的酸碱性适应范围大，在物产并不是很丰富的鲁西南地区也能生长，而且“石榴籽”取“子”的意义，民间用来象征多子多福的企盼。“石榴籽纹”采用简单的平纹组织，不同明度的经线、纬线搭配，利用明度不同的红色能织出石榴籽晶莹剔透的立体效果，整体构图上，红黄与蓝绿的冷暖对比明显，突出“石榴籽纹”这一主纹。“鱼眼纹”“枣核纹”“石榴籽纹”，这里面的鱼眼、枣核、石榴籽意象随处可见。抽象成为织布机能够表现、织女们也能够创造出来的图案。这是人关于自身存在的本源的一种解释，图腾是人格化的崇拜对象，象征了生命韵律。另外，“水纹”取自水的外观特征，象征生活也像流水。

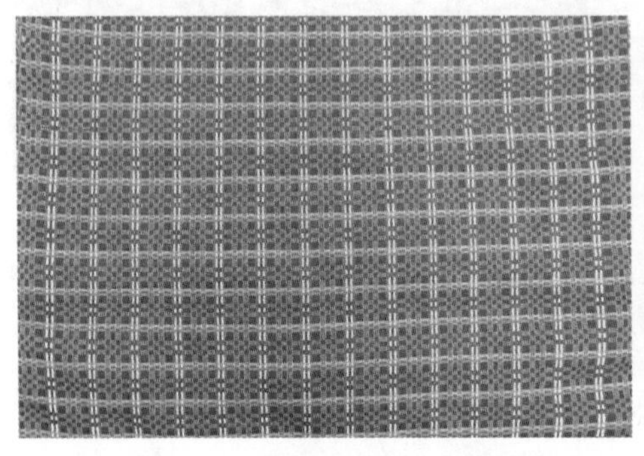

图7-41　小合斗纹，穿插猫蹄纹
（图片来源：嘉祥县文化馆）

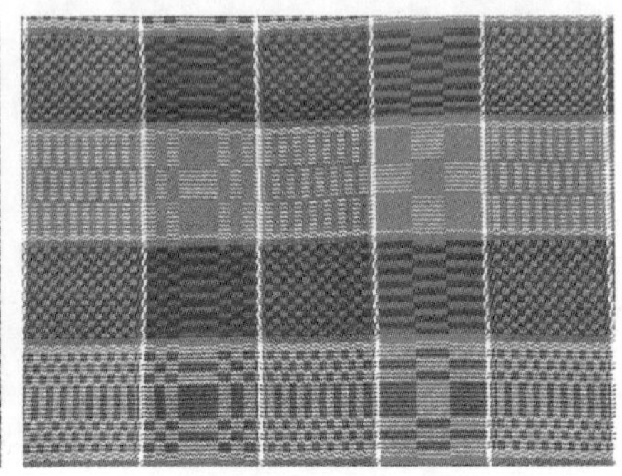

图7-42　大合斗纹
（图片来源：嘉祥县文化馆）

上文提到的“鱼眼纹”“枣核纹”“石榴籽纹”等都是人们希望为家族添子加孙，使得人丁兴旺，以提高生存的可能性，并且希望能够无病无灾、平安幸福地生活。鲁锦大面积地使用红色，红色在民间是象征喜庆也代表辟邪的颜色，比如“喜字锦”，民间为了突出红色，会选用对比明显的绿色，这种搭配设计增强了色彩的效果，让人过目不忘。牡丹是中国的国花，而鲁西南地区的物候条件适宜牡丹的生长，菏泽被人称为“牡丹之乡”，牡丹在历朝历代被看作大富大贵的象征。“狗牙纹”像狗牙齿咬后的痕迹，农村的家庭是院落式的，多在院子里养狗，狗既能看家又能消耗家中吃剩的食物，是很受农村家庭喜爱的，狗也代表财运，能给家庭带来好运。鲁锦中的任何纹样都能在生活中找到原型，应物象形是鲁锦人文生态设计的逻辑结构。以前生产水平低下，物资匮乏，人们一方面祈盼粮食丰收，另一方面希望添子添孙，人口的增加意味着生产能力的提高，劳动产物的增加，人口存活的概率会增大。人们借助精神手段，祈求神灵保佑人们平安、长寿、富足。在此过程中，人们也希望能够有驱邪禳灾的替代物，能够看得见摸得着，来帮助自己化解危险、困境，祈求自身安全、祈求粮食丰收。比如鲁锦中常见的与粮食生产有关的纹样——“合斗纹”（图7-41、7-42），民间认为“斗”就是福气，因为斗纹来自计量器“斗”，用作称粮食重量，与农民的生活息息相关。“竹节麦芽”纹样通过嫩黄色表现麦芽初长，红蓝色表现竹节；麦芽用线表现，竹节以面体现；线细面粗，线面结合，运用了图案构成中的面积对比、色彩冷暖对比等手法，勾勒出勃勃生机的场景，预示有一番好年景，人们祈求自己的生活像长长流水一样，越来越好。

鲁锦是劳动人民集体智慧的结晶，织女们在农耕经济的封闭环境下看天吃饭，对生活的艰辛体会深刻，她们把对身边事物进行的“艺术联想”织成鲁锦，这也是情感表达的一个途径，是对美好的寄托，从谐音、纹样和寓意美好的纹样中可窥探民间的丰富生活。

二、鲁锦人文生态设计的图案分析

鲁锦的人文价值最直接地表现在图案上，它不同于其他地方的民间用布，不同于江南土布的颜色构图，不像蓝印花布用印染表现，而是用色线织成布来装饰图案。鲁锦生态设计主要的设计方向就是人文价值的表达，图案的题材、形式的构成、颜色的运用、民俗的内涵，形成鲁西南特色人文生态。

第一，题材源于生活。

通过图案纹样表现鲁锦人文生态可见一斑，将生活中的事情有选择地应用到鲁锦织造的题材上面，鲁锦的纹样寓意与生活联系密切，是现实生活的描绘。鲁锦的织造需要人与人相互配合分工，经线、刷线等重要织造步骤无法由一人独立完成，需要你帮我我帮你，由此建立了深厚的感情，人与人之间得以和谐相处，形成了良好的人文生态。鲁锦织造艺人是女性，在鲁西南地区有同姓不婚的传统，所以女性一般会外嫁他村，每个村有不同村的女性嫁入，大家会切磋技艺，互相学习，遇到问题一同解决，合力实现了鲁锦丰富多彩的纹样变化。物质和精神生活在鲁锦纹样中都有体现。

“山芋花纹”和“茴香瓣纹”（图7-43）体现当地人民食物的特点。“山芋花”就是地瓜秧开的花，在花瓣处还能形成退晕的效果，中分成九个小对的正方形；“茴香瓣”是做饭时的常见配料，鲁锦就将它抽象化表达在纹样中，配上鲜艳的颜色。

图7-43 茴香瓣纹
（图片来源：嘉祥县文化馆）

“阴阳瓦纹”体现当地人民所住房子的特点。盖房子是鲁西南地区民众心中的大事，农村人心中没有做一番“大事业”的概念，翻新或盖新房是每个人心中的大事，是人生中需要完成的重要任务之一。中国人自古就很看重家的概念，有了房子才能安居乐业，房子是重要的物质载体，中国农村主要的民居建筑俗称“瓦房”，瓦是构成房子的重要组成部分。在这样的心理作用下，人们结合织布机的织造原理创作了表现屋顶的“阴阳瓦”的纹样，充满了民间的智慧。在下雨时，瓦能保护雨水不会下渗到屋内，能有效保护和延长房屋的使用寿命。

“斗纹”能体现当地人民的生活情趣。它像汉语一字或一词有多义一样：其一指代指纹的形状。民间将指纹分为斗纹和簸箕纹，全封闭的称为斗纹，有缺口的叫流纹，也就是簸箕纹，斗越多越有福气；其二指代一种以称体积代替称重量的粮食计量器具。

“手表·风扇·面棋花”纹（图7-44）是当地人民思想的代表，包括对生活的美好憧憬和渴望物质生活富足，是生活进步的表现。早年间，手表、风扇在农村还没有普及，人们也不能顿顿吃上面棋花这种当地的食物，所以

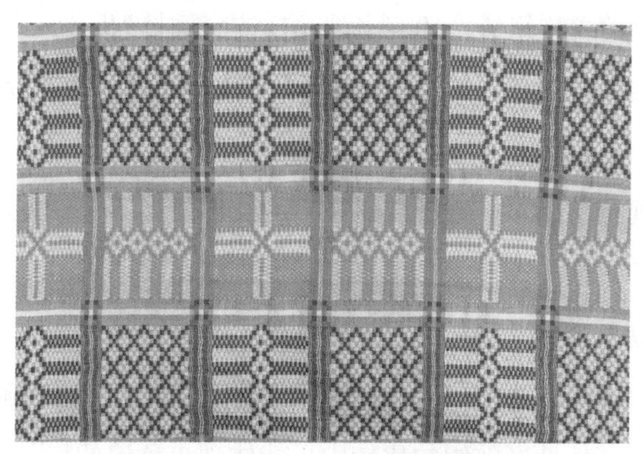

图7-44　手表·风扇·面棋花纹
（图片来源：高文倩拍摄）

最初的老纹样中没有这些。随着生活质量的提高，改革开放后，一些像手表、风扇之类的新物件进入鲁西南地区人们的视野，纹样中出现这些事物表达了人们希望生活越来越好。织女们还将生活中寓意美好的对联织进布里，将唐诗宋词织进里面，如“福如东海长流水，寿比南山不老松”，祝福老人好似松柏一样年轻长寿。

也有一些纹样是当地人民情感的表现。朴实的鲁西南人民对于有贡献的人怀着感恩的心，“井纹”表示过去打井是善举，是积善行德的大事；“字纹”是对做人做事的一种提醒，有教化人行为的作用。织女发挥自己的想象，找到能用织机表现的字并织出，既装饰了生活，也增添了生活的趣味，技艺高超的国家级代表性传承人赵芳云能把各种复杂的文字织进布里。衣食住用行，鲁锦取材于生活，用织布机的语言抽象变形，又回归于生活。

第二，构图饱满抽象。

鲁锦图案在构图上饱满且有表现力，表现尽可能多的颜色和纹样，画面几乎不留白，又多又满的散点式构图，整体给人均衡、圆满、大气的感觉。在表现内容上抽象化，肉眼很难直观地辨认出图案表现的事物。

鲁锦的图案是由线、面构成的几何图案，通经断纬交织而成，织布机的特点规定了图案纹样的表现力，可在有限范围内展示无限图案纹样。图案由二方连续、四方连续的纹样组成，还有多种纹样的穿插排列，通过平行、重复、对比、间隔、虚实的表现方法抽象表达意象，形成了民间独特的审美风格，呈现出丰富的艺术效果。比如有纹样表现结婚时热闹的场景，庆祝活动从白天到晚上，黑夜里出现星星仍未停止；再比如有的纹样描述不舍昼夜地织布的场景，表达生活的艰辛，这些纹样深受大众喜爱。现在织女们依旧在织造，画面看上去无法确认是盘子、碗、星星、窗户、纱灯、太阳这样的意象，是纹样的组合将这些意象抽象成织布机可以表达的语言，将意象排列组合在画面之中，构图饱满抽象。在与其他地区纺织的比较中更能体现出鲁锦的特色，比如鲁锦的代表性纹样井字布，井字平铺占满画面，需要仔细辨认才能辨识出井字。对比同样是汉族生产的江南土布（图7-45），十字作为主纹在每个格子的中心，纹样细小突出、一目了然。旁人猛一看到鲁锦的纹样很难叫出名字，但是当地的织女却可以，抽象的形状形成了约定俗成的构图方式，更加体现出鲁锦图案构成多且满的特点。

鲁锦从意象美的法则出发，侧重意象的拟形表达，形式上追求完满大气，其构图饱满、色彩强烈，用朴实的风格和浓郁的生活气息表达了丰富的民间

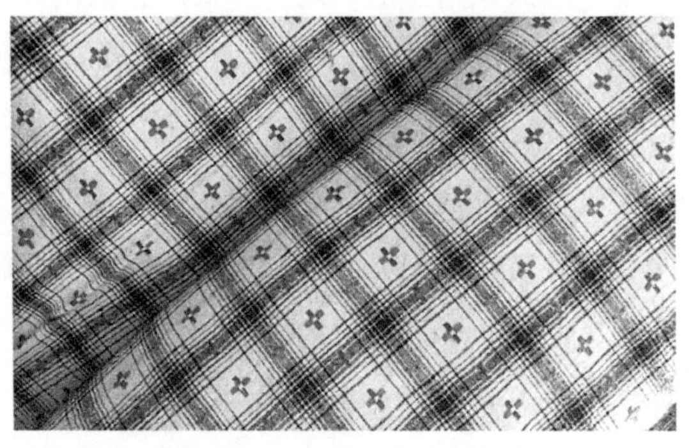

图7-45　江南土布的十字布
（图片来源：何永娣拍摄于永娣土布传承馆）

文化内涵。从均衡的形式美的法则出发，鲁锦图案纹样的形式结构与线面关系富有层次感，色彩搭配丰富，体现出创作主体对自然的热爱，他们经过对身边的事物仔细观察，用抽象、变形、组合的艺术方法，将自然生活中的事

物变成抽象的图案，这既需要劳动人民突出的形象概括能力，也需要丰富的想象力，没有对生活深刻的认识，就不会有如此精彩的纹样。

第三，色彩高调艳丽。

鲁锦使用的颜色是明亮的，偶尔出现较为深沉的颜色也是为了突出明亮的颜色，以明亮颜色为主，多用对比色，同一画面使用色彩种类多样。鲁锦的色彩以红色系为主，配以对比色绿色，用蓝、黄色作为间色，看上去高调艳丽，对比强烈。民间的谚语很恰当地概括了鲁锦配色的特点，“红间黄，秋叶堕；红间绿，花簇簇；青间紫，不如死；粉笼黄，胜增光”[①]。如图7-46所示，图案的颜色对比突出，在常见的图案中，红色的图案很多，配以多种颜色。日常生活中，人们对于鲁锦的图案没有那么讲究，织造花色多样的鲁锦时，一块完整的鲁锦上使用的颜色很多，没有特别明显的主导色，颜色重叠又改变了色彩的饱和度，产生十分丰富的变化，使用多把织布梭综合各种颜色织成。

图7-46　高调艳丽的鲁锦
（图片来源：嘉祥县文化馆）

日常生活中，人们对于鲁锦的图案没有那么讲究，花色多样的鲁锦主要用

① 王慈、蒋风编：《艺谚艺诀集》，广西人民出版社1985年版，第139页。

于婚嫁这样的特殊场合，鲁西南地区举行庆祝活动时最喜爱的是红色，布面代表性的颜色都会使用红色。嫁妆是女性织造的，在图案上会有很强烈的女性审美，不同于男性主流审美的稳重深沉，而是色彩高调艳丽。比如八板齐，主体纹样是合斗纹，以八组合斗纹代表耕地，间隔条状副纹以表示乡间小路，八组平行并列于图案之中。织女们把农耕的土地织到布面上，显示出劳动人民对土地的热爱。比如雪里飘花，也跟农作有关，在农村的冬天，下雪象征着丰收，画面中有红、蓝、黄、黑、紫、白多种颜色，色彩鲜艳。八板齐的织造方法是经线以黑白相间排列，红、蓝、紫、黄的纬线穿插，与白色重合的部分颜色明亮，与黑色重合的部分颜色暗淡，颜色对比突出，有很强的视觉表现力。

鲁锦对于颜色的利用体现了鲁西南地区人们对颜色的喜好，高调艳丽的颜色给不富裕的平凡生活增添了美好，人们喜欢视觉冲击感强烈的色彩，给平淡的生活增添美好。鲁锦颜色的搭配用现在的眼光来看是土气的、俗气的，人们很少会穿这样“花哨”的衣服出门，但从文化的角度看，它不是随意创造的，每一个纹样、意象、构图、色彩都是有依据的，显示出她们对生活的热爱，身处鲁锦的地域和文化语境，可以体会织女们的良苦用心。

鲁锦的图案题材像大部分民间的传统手工艺一样，来源于日常生活。如图7-47所示，在构图上，相比于江南地区，构图更加饱满抽象，主副纹层次不分明；在色彩运用上，用于日常生活的鲁锦是朴素单调的，但是用于婚嫁这样的特殊活动时，是高调艳丽的。多彩的图案花纹寓意吉祥，寄托了人们对美好生活的期盼，具有浓郁的鲁西南特色。

鲁锦			江南土布		
纹样	特点	代表性图案	纹样	特点	代表性图案
水纹	以波浪状的折线为基本造型语言，像大自然中的水波，象征生活就是长流水		水波纹	以短小的折线为基本造型语言，较为短小	
狗牙纹	比水纹的折线更长，像狗的牙齿		狗牙纹	相对细长、较尖，像狗的牙齿	
鱼眼纹	在小菱形内有一点或一个小圈，看起来像鱼眼		鱼鳞布	以波浪形折线或者是带有弧度的曲线构成	
枣花纹	在小菱形内有一点或一个小圈，看起来像枣花		胡椒眼纹样、枣纹	江南民间蒸一种像鲜花的花式蒸包的时候上边会留下这种形状的孔，也叫"胡椒眼"，在南通地区叫枣纹	
条纹布	全部是斜线		柳条布	间隔很小，是有规律的呈竖状排列的线条，线条是用宽窄不同的斜线表示，拟风吹动柳条的状态	
斗纹	由一圈圈菱形组成基本单元，最早追溯至史前时代的彩陶装饰纹样的"云雷纹"，现实生活中像手指的指纹，民间认为"斗"越多，越有福气		斗纹	菱形图案	
鹅眼纹	是四边形，在每个顶点处内凹，像鹅的眼睛		鹅眼纹	由小正四边形构成	
猫蹄纹	归纳提取猫蹄的特征元素，用四方连续将抽象的元素进行排列组合，分大猫蹄纹和小猫蹄纹		猫脚纹	在方格子中加入猫脚的抽象图案	
阴阳瓦	每层两种颜色进行对比，层与层之间用对比色线间隔，模仿屋顶上层层叠叠的瓦片		砖纹	又叫城墙布，是家的寓意	
井字布	为井字形的图案，井与人们的生活息息相关		井字类	像蒸饭菜时候用来隔离的蒸架子，母亲希望女儿出嫁之后能把家里面打理得井井有条，会出现在芦纹及大格式被单布	
席纹	有疏密的对比		芦纹	模仿用芦苇编制的席子，有空间感，根据白色纱线的数目称为几根头芦苇，最简单的是三根头芦纹布，是江南地区最有代表性的纹样	
喜字布	有喜字布，双喜字布		喜字布	最有名的是喜字布	
字布	以织汉字为主，每床铺盖上可织出四五十个不同的字，一般六片综织造，在经线上做加减法，示例为"七样字布"，有"土、丰、十、干、工、主、王"中的前四个汉字。		字布	多为吉祥祝福的文字，用来装饰或者记录事件的文字布，示例为"真理自由，母亲辛苦"	

图7-47　鲁锦与江南土布的图案对比
（图片来源：高文倩《鲁锦和江南土布图案的比较分析》，《民艺》2019年第6期）

第三节　鲁锦时移势迁的产业生态设计

鲁锦产业生态设计最能体现鲁锦的社会属性，它的产业形式随时代的进步发生变化，原产地是菏泽鄄城和济宁嘉祥两地，靠天吃饭的鲁西南人民勤劳地耕作自己的土地以求物资丰盈。清朝末年，洋布的输入和我国民族纺织工业的迅速发展，是对鲁锦这些手工棉织布最初的冲击。改革开放带来商品经济的发展，让鲁锦的使用价值也在不断地降低，需求也相对减少。城市的就业机会增多，掀起的打工潮使得鲁锦的经济价值进一步降低。即使有人断断续续与织女谈合作，也不能形成规模。再者，对于织女来说更艰难的是要生存，需要考虑生存的稳定性，出去打工能持续性拿到工资，赚钱也更多，而通过鲁锦赚钱的项目都有时效性，一个项目结束了如没有后续项目就意味着失业，况且鲁锦的知名度也没有达到项目邀约不断的规模，因此鲁锦逐渐形成了一种模式，即"定制加工"，民间艺人们将鲁锦作为兼职，在农闲或打工之余进行。手工织造的鲁锦是"麻烦"的，需要复杂的流程和较长的时间，劳动生产率影响了鲁锦的产量。原本是民间随处可见、习以为常的普通事物，但是在批量生产不断降低同等实用替代品价值的背景下，手工鲁锦面临窘境，人们不会持续、广泛地消费它，人们意识不到它的文化价值——地域与民俗是鲁锦独特的文化价值所在。

鲁锦的发展大体经过了三个阶段的变化：经过专家研发带来的鲁锦纹样种类和生产模式的改变，申遗成功后手工和机器生产的分离，"互联网+"环境下鲁锦产业生态设计的变化。鲁锦产业生态设计的方向是顺时应势的资源整合，新形势下鲁锦必须自己"造血"，不能永远依赖国家的政策扶持和人们的非遗情怀，必须意识到鲁锦不能走向纯粹的情怀主义，要平衡情怀和市场之间的关系，充分理解要通过人文内涵、顺应时代实现可持续的发展。

一、鲁锦产业生态设计在时代发展中的变化

鲁锦因时移势迁，在历史上经过了三次重大的变化，每次变化的背后都伴随着经济的快速增长，经济发展是促进鲁锦的文化传承创新的重要推动力。产业生态设计最能体现鲁锦的社会属性，产业形式跟随时代的进步而发生变化，鲁锦产业生态设计的方向是顺时应势的资源整合，新形势下鲁锦必须自己"造血"。

第一，专家研发带来的鲁锦纹样种类的变化。

专家研发丰富并改良了图案纹样种类，有效地宣传推广了鲁锦，使之市场需求不断增长，是改革开放以来手工织造鲁锦最鼎盛的时期："（鄄城县）文化馆所有的办公室除留了两间，其余的全是放的线、布、成品、包装盒，

当时每天来领活的人跟赶集一样，全县每个乡镇都有织这个的。”[①]这是手工织造鲁锦参与人数最多的一个阶段。

图7-48　鲁锦壁挂

图7-49　鲁锦的开发产品

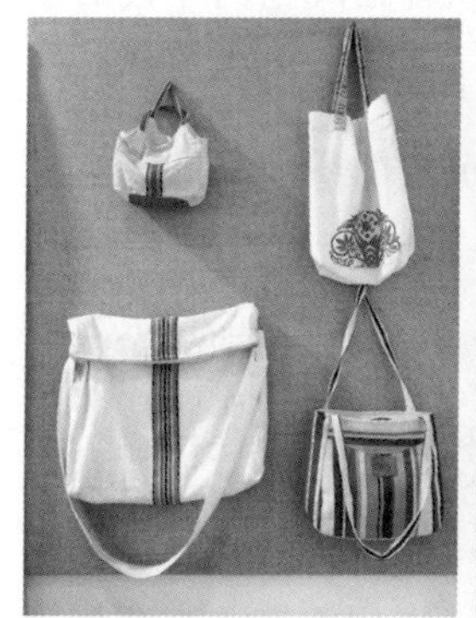

图7-50　鲁锦的开发产品

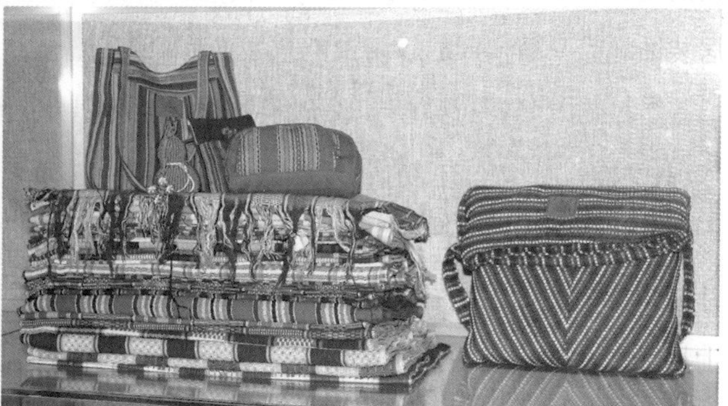

图7-51　鲁锦的开发产品

（图片来源：高文倩拍摄）

改革开放之后，机器大工业生产的方式逐渐渗透，机器生产大大提高了鲁锦的劳动生产率。因之前手工鲁锦的劳动时间成本过高，导致手工鲁锦的

① 根据访谈内容整理，访谈对象：路维民，访谈时间：2011年7月21日，访谈地点：鄄城县鲁锦博物馆。

价格过高而市场的购买力低下，但在改革开放的冲击下，民俗信仰、风俗习惯都发生了变化。20世纪80年代，全国兴起了“民间美术热”，从学界、政府到乡村，都十分重视民间传统文化、民风民俗。在理论层面，学者著书立说，王朝闻先生总编的《中国民间美术全集》出版，成为人们研究民间美术的理论基础；在实践层面，专家联合地方政府、手艺人进行开发。鲁锦正是在这样的时代背景下被重视、被开发的。“最早是由山东省工艺美院联合山东艺术学院的李百钧老师进行实地调查，为传承文化开发鲁锦，当地政府也考虑到地处产棉区的菏泽市卖棉难的问题，遂原山东省二轻厅、山东省妇女联合会、山东省外经贸委、山东艺术学院的专家等10个厅局组织开发鲁锦，1984年进行调研，第二年组织多名专家对设计纹样进行开发，设立杨屯村为试点，建立杨屯妇女联合培训班，开发了100多个花色的品种和近1000多个织成品，1985年上半年在山东省内展览，同年在北京也举办了展览。”[①]鲁锦直接的变化就是纹样种类的变化，人们开发了鲁锦壁挂这样适应当时年代的家居装饰品等一系列产品，开发的全是手工织成的鲁锦（图7-48至图7-51）。

李百钧老师经过调研，发现了鲁锦曾经辉煌而后沉寂的原因，即没有进入现代生活，没有进入市场流通，为此他从两个方面进行开发：

第一个方面，从符合现代人的审美习惯的角度出发，将收集到的布料设计制作成现代的服装和生活用品，第一批设计了上百种，包括穿戴用品、床上用品、旅游纪念品。“根据织锦多方格条子的特点，在设计服装时，使之交叉，拼接出现变化；经纬布局产生对比；折叠，平缝形成虚实，充分体现原织锦的特点，构成服装感觉上的活泼、含蓄、潇洒、富于节奏感……又如‘满天星裙’是将浓色全部打折，盖住淡雅的‘满天星’图案，当着裙行走时，‘满天星’伴着步履一步一闪出现‘乱挤眼’的艺术效果。通过服装设计

① 根据访谈内容整理，访谈对象：路维民，访谈时间：2011年7月21日，访谈地点：鄄城县鲁锦博物馆。

深化了原锦纹的构思。”[①]设计从纹样本身的寓意出发，在不破坏原本寓意的基础上进行，这说明人文生态与产业生态是相连接的。

第二个方面，从对工艺本身的研发出发。从这方面研发创新的是鲁锦的形式美，包括两个方面：一是改革工艺，解决鲁锦染布褪色的问题；二是研究工艺的互相融汇，包括织、砍、打、提、绘、印各种工艺（图7-52至图7-55）。李百钧老师选取杨屯村为试点村，联合山东省的很多相关单位和高校的专家进行开发，将绘织印（传统工艺与现代工艺相结合）设计成壁挂、壁饰等，例如6米×3米的“鄄南风情”是采用坎织与丝漏印版相结合的新的鲁锦壁画；将纹样简化后放大或缩小，设计成床罩、沙发巾应用于日常生活；纹样内容设计；利用老工艺做新品种，用“包袱带”的打花技艺织成照相机带等。

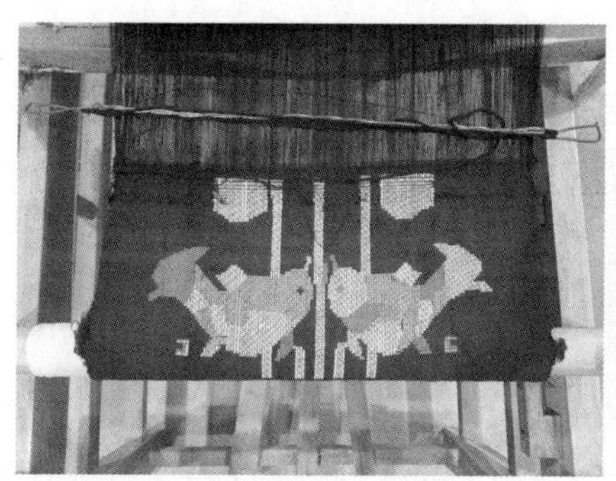

图7-52　缂花

图7-53　砍花

图7-54　包花

图7-55　平织

（图片来源：高文倩拍摄于鄄城县鲁锦博物馆）

① 李百钧：《鲁西南民间织锦开发纪实》，《齐鲁艺苑》1987年第1期。

开发的反响良好，有关单位先后在济南工业展览馆、北京民族文化宫举办展览会，1986年1月8日由山东艺术学院和山东省有关单位在济南举办了名为“鲁西南织锦与现代生活”的展览会，同年在北京举办了鲁锦的展览。开发产品一经亮相迅速销售一空，还获得了国内外的许多订单。自此之后，鲁锦在很长一段时间维持鲁锦设计的纹样以及工艺品的种类。“1987年，嘉祥县尚有纺棉车7.4万架，织布机1万余台，织锦能手9万余人，年产鲁锦600万米。是年，嘉祥鲁锦远销日本、西德、法国、美国、加拿大、澳大利亚等国，其中澳大利亚一客户就定购两万米，由黄垓乡织锦厂供货。用鲁锦做的西装，已进入国际市场。”①在国家推动、专家参与研发下，鲁锦开始受到高度的重视，自身的发展得到了一个历史的契机。

第二，申遗成功后手工和机器生产的离合。

20世纪90年代中国的经济获得高速发展，城镇居民出现了“下岗潮”，乡村青年进城“打工”，商品经济发展迅速，鲁锦这样的民间传统手工艺在市场上的使用价值越来越被弱化，不适应高速发展的经济，也极少受到关注。联合国通过评定遗产名录来应对全球化，保护文化的多样性。中国受国内国外形势的影响，也逐渐形成了保护梯队，鲁锦列入非物质文化遗产国家级名录。与此同时，有关手工和机器的讨论又出现了分歧，诸如“有了汽车你还愿意坐马车吗”“手工生产跟工业制作的是完全一样的，就不能叫作非遗了，违背了概念”。此时鲁锦的市场出现了变化，有仍然坚持手工艺生产的公司，比如鄄城县的精一坊，也有机械化生产的公司，嘉祥县的很多公司都是在这个阶段成立的，它们都是受市场认可的。但手工生产的鲁锦更加注重鲁锦的文化审美功能，在很多展览会上会连同织女的制作过程一起展览，会与很多有相同记忆的人产生情感共鸣；而机器生产更加注重鲁锦的功能性，着重发展鲁锦的使用价值，如图7-56至图7-58所示，方巾和鞋垫都是居家用品，艳丽

① 山东省嘉祥县地方史志编纂委员会编：《嘉祥县志》，山东人民出版社1997年版，第258页。

的色彩也符合人们购买家居生活装饰的心理。

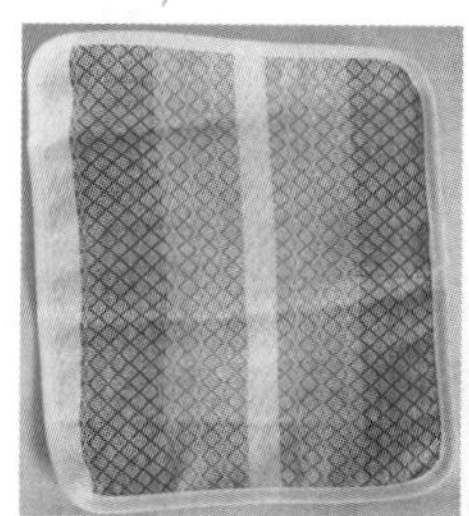

图7-56　方巾

图7-57　鞋垫

图7-58　方巾

（图片来源：高文倩拍摄于多彩鲁锦坊）

鲁锦文化产业发展，也带来了鲁锦生态失衡。在“非遗热”的带动下，很多当地人发现了鲁锦的市场价值，逐渐成立公司投入开发销售，“目前（指2008年及之前的时间——作者注），鄄城本地的经销公司有28家（40%的经销公司设有自己的生产点），其中拥有自己产品品牌的7家，具有产品自主开发、创新能力的两家。土布工艺产品的外地经销公司（代理）分布在我国南、北方的大、中型城市，仅山东省就有20—30家”[①]。鲁锦文化产业发展的同时，也产生了诸多新的生态失衡的问题。鲁锦交由追求经济效益最大化的企业经营，自然生态设计和文化生态设计很难得到兼顾。从文化的角度看，手工织造、多样化产品是文化传承非常重要的方面；从自然的角度看，化学染料的广泛应用破坏了生态环保。

企业追求机器批量化生产鲁锦，出现了手工含量缩减、鲁锦产品同质化等现象，织女不得不开始转型。笔者在鄄城县多彩鲁锦坊的店铺中了解到手工鲁锦做成的衬衫价格是机器织造的两倍，但普通消费者无法直接辨别和感受两者的区别。在没有特殊用途的情况下，机器织成的鲁锦的销路更好，机

① 潘鲁生、赵屹等：《手艺农村：山东农村文化产业调查报告》，山东人民出版社2008年版，第161页。

器能用来织造越来越多的纹样，深受市场的欢迎。虽然鲁锦市场化的道路主要有两条，其一是手工织造鲁锦以及工艺品，其二是机器生产的生活实用品类的鲁锦，但是申遗成功后的很长一段时间里都是机器生产占主导。

手工织造鲁锦的经营者主要分布在菏泽市鄄城县，公司负责组织鲁锦织造所需的原材料购买、产品销售以及宣传推广，织女只负责拿到原材料后根据公司的要求进行织造。刚开始是小型的布店，在中国尚未稳定的农业环境下，吃饱穿暖仍是人们的最高需求，织布只能作为家庭自给自足之外的经济来源补充。鲁锦博物馆馆长路维民曾在新闻报道《老字号“精一坊”鲁锦　传承鲁锦技艺保护鲁锦文化》中提到，1947年其父亲路明在自家经营的布店里销售棉织布。1995年，路维民为鄄城县鲁锦工艺品公司注册了“精一坊”商标，主营手织鲁锦类产品。鼎盛的时期有很多雇工在农闲时服务于公司。手工织造的鲁锦没有机器织得密和匀称，快要织完的时候才是织得最平整的时候，但机器制造的不管多长都是一样密，也就是说它们在使用价值上是一样的，不同就体现在文化价值上，手工织造体现了鲁锦传统的核心价值。

机器生产主要分布在济宁市嘉祥县，每个公司都有一条闭合的生态链，包括生产、加工、销售、推广、售后。20世纪末21世纪初，嘉祥县兴起了鲁锦的加工厂，主要销售品类为床上用品、家居服饰等生活日用品。2019年7月，笔者考察了当地大型的鲁锦工厂——鲁锦实业有限公司和中型的鲁锦工厂——春秋源鲁锦公司、鲁锦土布坊。鲁锦实业有限公司是市场上最早经营鲁锦的工厂，1985年开始进行鲁锦的研发、织造、销售等工作，完全由经理人、工人组成，机械化的织布机（如图7-59）不同于手织机，织造过程没有织女的参与。公司逐渐形成了一套完整的工艺流程，在生产环节或者销售流程上不依赖市场上的技术，设计的类型主要由创办人研发，业务量广泛。公司现在有三个挂牌，分别是：山东鲁锦实业有限公司、济宁瑞纺服饰有限公司、嘉祥京鲁益久织造有限公司。除了国内的业务，公司还跟日本的企业合作，为他们提供布料以及合作完成产品。国内和日本的两个市场的需求是不同的，主要取决于审美风格的不同。国内喜欢精密细致的布料质感，而日本喜欢粗犷天然的布料质感。此公司采用前店后厂的形式，不设分销处，理由是避免“挂羊头卖狗肉”的现象出现。市场上存在挂大公司招牌销售自己货物的现象，这个公司认为这样会影响他们的声誉，因此不设分店、不招代理，有很强的专利保护意识，也不对外公开太多关于内部生产、组织的信息。

图7-59　机械化的织布机
（图片来源：高文倩拍摄于嘉祥县的春秋源鲁锦博物馆）

另外，由于鲁锦名声大噪，当地为了配合旅游业等产业，会有一些商人从大型公司进货，自己作为经销商进行销售，赚取中间差价。如今，在鄄城县的主干道——人民街附近分布着很多的经销商，店铺内销售的鲁锦种类多是生活日用类商品。笔者前往多彩鲁锦坊进行过考察，该库铺由一对退休夫妇经营负责，进货、售货、二次批发，生意收效良好。当然，还有菏泽市郊区的一家大型公司乡韵鲁锦有限公司。该公司成立于2007年，在树立品牌形象上进行了努力，主打生态棉、纳米铜技术，不断研发鲁锦新的适合市场的颜色。小型公司发展还是靠传统的形式，笔者在参观小型公司“春秋源鲁锦”（图7-60）的加工处时，看见女工还是聚集在一起作业，大家手头功夫很快，但是嘴上也在不停地聊着家长里短。工作的女工大都是附近的村民，不耽误中午接送孩子放学、回家吃饭，有事情打招呼就能离开，这份工作还是很受女性欢迎。

图7-60　鲁锦成品制作场景
（图片来源：高文倩拍摄于嘉祥县的春秋源鲁锦博物馆）

国家也实施了一些举措帮助传承人走出家门，让民间传统的手工艺走进人们的视野。2010年，赵芳云老人参展了在上海举办的世博会，进行了六天的宣传活动，在现场织布并对自己织的60种鲁锦进行展示（图7-61）。不断开展的展览交流活动让她走出村庄，开阔了眼界，赵芳云老人织得绚丽的鲁锦也被更多的人看到，受到了更多人的关注。

图7-61　2010年世博会上赵芳云老人和她织的60种鲁锦
（图片来源：嘉祥县文化馆）

近些年，随着国家《振兴传统手工业计划》的颁布、“非物质文化遗产”博览会的开展及各种形式的宣传推广，鲁锦常作为参展品进入大众视野，因人们的生活水平逐步提高，也愿意购买有文化内涵的商品，手工鲁锦被提到的次数越来越多。2018年，鲁锦被用于青岛上合峰会的“请柬”包装设计，获得了参会人员的赞美（图7-62）。鲁锦传承人定期参加国家举办的国家性展览以及地方举办的各种博览会，向公众展示鲁锦织造技艺，促进了对手工织造的宣传，同时手工鲁锦的宣传也有助于一些文化交流活动的传播。另外，作为一个地理名片，山东政府组织的某些活动也会有鲁锦的参与，鲁锦自此进入大众视野，机器生产的产品获得了更多的受众，作为日用品进入更多民众的家庭生活。鲁锦活动项目也在逐渐寻求合作，还有大学生把鲁锦设计作为自己的毕业作品，品牌设计师采用鲁锦面料进行设计创作，自此鲁锦的发展呈现出一种非线性的发展态势。市场是开放的，手工生产的鲁锦和机器生产的鲁锦逐渐走向了不同的方向。

图7-62　青岛上合峰会的“请柬”包装（图片来源：https://www.sohu.com/a/235841733_99947052）

申遗成功后，鲁锦经历了机器开发，进而凸显手工文化价值的变化，每一个变化都是阶段性的，其目的都是保护和传承鲁锦。鲁锦产业生态设计在手工和机器的配合中不断得到发展。随着交流活动的增多，手工织造的鲁锦没有就此消失，而是在各种文化宣传活动中更加深入人心，唤起了有相关经历的中年人及老年人的回忆。

关于鲁锦是坚持手工还是使用机器的讨论最激烈的时候，讨论大体沿着两个方向进行，一是坚持手工织造才是鲁锦文化传承的核心，高昂的成本使得产品要求高质量，要走向高端。然而高端市场需要设计的强力推进，当时社会对鲁锦设计认识不深，资料信息尚不健全，设计师的参与程度不高，产品销售状况一般；另一方向是向市场妥协，让鲁锦走批量化生产的道路，正是在这样的时代背景下，山东省济宁市嘉祥县建立了很多工厂，增加了鲁锦在市场上的份额。当然，笔者不反对两条道路，认为它们都有存在的合理性，都对稳定向好的发展起到了铺垫作用。

第三，"互联网+"环境下鲁锦形态的变化。

21世纪以来，在"互联网+"的环境下，鲁锦出现了很多非物质形态。技术革新改变了用户的使用方式，产品面临更新换代，制造业受到挑战，社会正在变得更加信息化、科技化、智能化，鲁锦应该以什么样的形式发展？民间传统手工艺相比传统文化更具象，有图案纹样的视觉形态。文化的内涵依托各种形式传播，一是文化创意产品的文化消费，二是手工体验活动的休闲文化生活，三是互联网平台的形态，提取运用图案纹样。鲁锦运用的范围更加开放、广泛，也更加接近民众的生活。鲁锦不再束之高阁，不再因地域封闭、实用性低、手工费昂贵而远离生活。"互联网+生态设计"促进鲁锦的文化传播，带来经济效益，使鲁锦有了能够自己"造血"的机会和能力。

数字经济异军突起，利用好数字媒体的平台，可以形成更加健全的鲁锦产业生态。随着现代科学技术的发展，"互联网+"提供了一个无限承载各种信息的平台，使得鲁锦的传播范围和可借鉴的发展路径也在不断地被扩展，"互联网+"也让很多事物变成了可以被买卖的商品，这一点在鲁锦产业生态设计上体现明显，鲁锦产业生态由单一发展向多样化发展进行。随着视频播放速度的大幅提升，鲁锦的宣传方式和销售方式也得以扩充，鲁锦的生产厂家逐渐采用了"实地+网络"的销售方式，形成文化支撑、经济赋能的发展方式。互联网提供了一个广阔的连接平台，使得鲁锦产业可以整合线上线下资源，为鲁锦产业生态设计助力。互联网是包容的、开放的，既有机遇，也有挑战。"互联网+"大大延展了传统和当代生活的连接，整合了一定范围内的资源。而互联网的运作方式与民艺本身也是有矛盾的，工业化要求一切适应于机器，是批量化、大规模的生产，而非遗的核心是强调手工，强调精益求精。矛盾是相互依存、相互斗争、相互分离、相互转化的，需要找到“互联网+”的合作方，明白应该在哪一方面与互联网合作才能更好地传承发展这些民艺的价值。多方都致力于协助鲁锦发展，非遗传播的公众号包括政策法规、非遗数据、百科索引三个主要的内容；中国传媒大学“非遗展示传播研究平台”从一个个的具体项目入手，借助淘宝、京东这样类型的电商平台，减去中间商的差价，由生产厂商直接传递给消费者；鲁锦原产地鄄城、嘉祥等地的企业会采取各种方式销售鲁锦，整合线上线下的资源，也会结合朋友圈进行宣传。

自主创立的品牌也开始借助网络平台销售。在某大型零售平台上有家名为“王的手创”的店铺，主营手工艺品。截至2020年1月，店铺粉丝数达65.7万，采用的是纯粹电商的经营模式。店铺的创新点在于商品主打原创性，售卖的商品全部是专业的设计人员设计的。商家将规划好的用料订单交给黔东南地区的女工，整合了两地的资源，使得当地三四十岁的农村女性除看管小孩外也可以赚钱。黔东南地区的苗绣、蜡染、手织布都属于国家级的非物质文化遗产，相关手工艺品有很大的受众群体。这家店铺给鲁锦产业发展方向提供了崭新的思路，因为“互联网+”可以打破空间的局限性。另外还有融合非遗的综合性平台。比如，某互联网平台可以经营多种非遗相关的事物，整合国家级、省级非遗资源，实现“互联网+文化产业+精准营销”。随着网速的提高，实时互动这种传播方式变得大众化、日常化，短平快的内容创作平台很受市场欢迎。据快手app官方公布的数据，平均3秒就能产生一条有关非遗的视频。当下的人们对非遗是接受的，所以传播的速度非常快。

鲁锦产业生态设计是一个动态变化的过程，原产地是菏泽市鄄城县和济宁市嘉祥县。靠天吃饭的鲁西南人民勤劳地耕作自己的土地以求物资丰盈。收获的天然棉花售卖的价格一般，但经过基础加工后的棉线等物料价格就会稍高一些，如果再将棉线加工一下，将之织造成拥有漂亮图案花纹的棉布价格会更高一点，再把棉布加工成成衣或者工艺品价格就更高。勤劳的鲁西南人民就这样不断摸索，织造出了以地区原材料为中心的、拥有独特风格的鲁锦。

二、当代鲁锦产业生态设计的资源整合

传承鲁锦是对历史的责任，创新发展鲁锦则是时代的要求，鲁锦产业生态设计发展需顺时应势，融汇当代价值。本部分从鲁锦传承本体的更新、数字媒体平台的连接、图案纹样的符号表达三个方面思考顺时应势的鲁锦产业生态设计的资源整合。

第一，鲁锦传承本体的更新。

鲁锦传承至今一直在跟随时代发展，今天看到的鲁锦的样貌跟20世纪70年代是不同的。从唯物辩证法的观点出发，人、自然、社会都处在不断的运动和发展之中，事物是普遍存在的，这就要求我们用发展的观点看问题。鲁锦的传承本体包括传承人、相关从业者和相关产业的生产主体，他们遵循这项传统工艺的生产规律和运作方式，坚持以手工制作为核心，保留重要工艺的流程，在市场化的过程中仍然保留了传统的样貌，在工艺上坚持精益求精的品质。鲁锦的国家级代表性传承人赵芳云织布技艺高超，以前邻里遇上不会织的纹样或者解决不了的问题都找她，她教过很多本村以及邻村的人织布，深谙技艺，能够织很多复杂的纹样。织字布需要较高超的织造技艺，赵芳云可以熟练织造许多字。

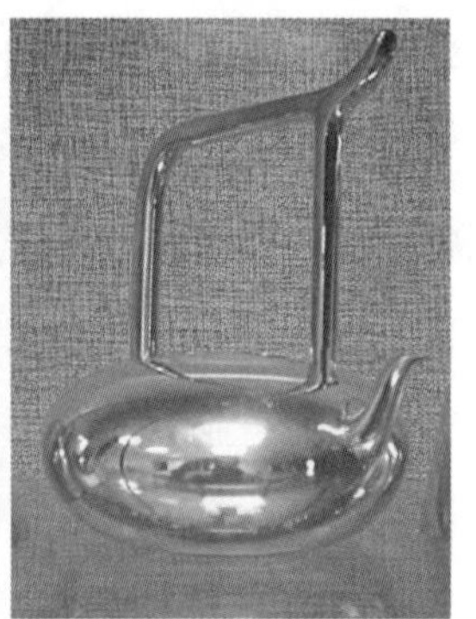

图7-63　进修前作品　　图7-64　进修后作品

（图片来源：高文倩拍摄于山东艺术学院文遗实验室）

传承本体通晓从古至今的文化历史、工艺技术、发展演变，是现在及未

来传承的核心主体。比如在2002年，山东莱芜锡雕的代表性传承人王千钧不满现在的锡雕样貌，自费到清华大学美术学院进修深造两年，作品前后变化明显，如图7-63、7-64两个作品对比，第一个作品制作精美，工艺水平极高，但整体上采用了传统酒壶的形式，类似于平时看到的酒壶，不同之处在于选用锡料这一材质进行表现；第二个作品艺术感更强烈，形式优美，很符合当代人的审美，使用起来很流畅，符合人体工程学，视觉表现上并不复杂，触摸起来很圆润，令人产生很愉快的感觉。两个作品都是经典的作品，但从当代人的角度来看，第二个作品更受大众欢迎，在形态上更具有艺术美，在技术上更加精进，王千钧运用数控技术、设计软件引入三维成像技术，技术也反作用于艺术，延展了锡的表现方法，实现了更多艺术性的表现可能。王千钧把握了时代发展的需求，更新了自己产品的走向，使得作品更加符合现代人的审美，跟随现代人的审美需求的变化，实现了作品内容和形式的统一，是匠人精神的最好发挥。

国家采取积极措施支持传承本体有效地提高传承能力。为了提高传承人群的传承能力，促进民间传统手工艺更好地融入当代生活，取得良好的成果，文化和旅游部根据国家的现实情况，制订了研修培训计划，至论文截稿，"研培计划"仍在如火如荼地进行。这项举措主要扶持的是非遗传承的本体，本体在传承传统的过程中，融入当代的观念，传承主体也会在接受当代观念的基础上产生思考，会根据传统工艺本身的特点，考虑工艺流程能否实现，有选择地融入当代思想理念，使创造走进当代生活的内容。2018年3月，鲁锦省级的非物质文化遗产代表性传承人刘春英参加山东工艺美院举办的培训班，并在接受课程教育之后，重新设计了鲁锦的纹样。主纹和副纹产生了层次关系，每个方格的宽度有了一定比例的变化，颜色搭配上也产生了变化，深受很多人的喜爱。

传工艺，原汁原味地记录传统的鲁锦技艺、纹样、花色；承精神，在时移势迁中也要顺时应势。鲁锦传承本体更新的序幕已经拉开，在之前传承人与设计师合作的基础上进一步展开，传承人主动接受当代生活需求、紧跟时代发展的步伐，不断提高自己的传承能力。另外，还有传承人与设计师或者艺术家的合作，在2017年举办的威尼斯双年展中，邱志杰先生策划了一场主题为“不息”的展览，它是非遗传承人与当代艺术家的一次合作，手艺人与艺术家合作完成作品，设计师呈现自己的设计方案，手艺人可以自由发挥核心工艺。这次展览试图消解艺术家和民间艺人、学院与民间之间的隔阂。艺术、工艺本就是相通的，不能用特殊的眼光评价好的或是不好。

第二，数字媒体平台的连接。

回顾“非物质文化遗产”保护的历程，由起初的被动、散乱到主动、体系化，全社会经历了一个由认识不足到主动参与的过程。2004年我国加入联合国教科文组织通过的公约，2007年开始每隔一年举办一次“成都非物质文化遗产节”，2010年开始每隔一年举办一次全国性的“博览会”，2011年6月实施相关的法律，以保护传承为主，在全社会逐渐普及推广。2015年，文化部启动了“中国非遗传承人群研修培训计划”。2017年3月，国务院批复同意了文化部、工业和信息化部、财政部的“中国传统工艺振兴计划”。自2017年起，每年6月的第二个周六成为与文化和遗产有关的日子。可以说，社会宣传力度越来越大，非遗文化覆盖的层次也更加深入。

在这样的环境下，非遗成功商业化的案例并不多，成功的有北京的同仁堂、全聚德。据官网显示，暂不包括台湾地区，截至2021年6月30日，国家级代表性项目有3610项，而现在只有一部分被挖掘出来。在自上而下的国家政策下，数字媒体起到了推动作用。为响应国家政策的号召，配合互联网技术的发展，数字媒体平台异军突起，极大地增加了非遗的宣传推广力度，数字文化产业的发展态势良好。

数字媒体平台的连接、传播范围广，速度快，让非遗有更大的平台，从而最大化地走进大众的日常生活，还原它的生活本质。数字媒体可以提供一个开放的平台，实现平台种类的多样化。数字媒体平台区别于线性的平台，可以无限延展，拓宽了产业生态的边界；可以服务于更多的民众，或者能让更多的民众进行消费。非遗的商品或者内容逐渐与我们的日常生活必需品并肩站在同一平台，打破了以前的隔阂局面，非遗变成了我们身边的事物，我们可以随时了解和消费它，与它互动。

互联网也让一切的产业都变成了注意力经济。起初淘宝、支付宝、微信、京东这样的电商平台勾勒了互联网产业的生态，商品可以由厂家直达消费者，省掉了服务费，价格上门槛更低。随着互联网技术的提高，数字媒体的搭建，更多的产业形态又被拓展，比如淘宝平台开始了直播，在粉丝经济的促使下，直播商品的销量良好，吸引了普通大众热情参与。人们的休闲娱乐时间越来越多，抖音平台吸引了很多人，抖音平台2019年推出的“非遗合伙人”计划，取得了很好的效果，网红的助推也扩大了非遗的影响力。

传统工艺与媒介融合的新内容、新形式越来越多，比如“非遗中华”“非遗展示传播研究平台”，当然也要让习惯于传统媒介的消费者可以获得到新的内容，像老年人习惯了阅读报纸杂志、观看电视、收听音频，传统工艺内容的融入，也要让这部分人群获取到与传统工艺相关的信息。求新但也不能忘本，传统数字媒体的传播形式同样在发挥积极的作用，比如优秀的电影《百鸟朝凤》讲述了新老两代人的传承，《非遗公开课》《传承者》《时尚大师》等电视节目从传播优秀的工艺文化、传承者、创新等不同的角度关注着边缘化的民间传统手工艺。

国家、企业、媒体、学校都在主动地寻求非遗发展的无限可能，促使越来越多的人关注非遗，逐渐回归本真生活。“见人见物见生活”，精神传承的流动性带动了非遗产业生态，人们会因为喜爱而消费，因为感动而消费。非遗的产业生态不是只有鲁锦一项，一个非遗产业生态的平台已经被构建，鲁锦需要根据自己的特点利用好现有的资源。

第三，图案纹样的符号表达。

鲁锦在当地的产业生态已经较为成熟，笔者通过考察鲁锦原产地鄄城县和嘉祥县经营的鲁锦公司、店铺，发现他们已各自形成自己的经营系统，在市场上已经较为成熟。公司的发展动向无法被强行干预，但是与数字媒体平台的连接给鲁锦产业生态设计的资源整合提供了新的方向——提取图案纹样的符号，将美学价值发掘出来，应用于非遗的表达。现在的市场上已经有了很多此类的探索，人们顺应“国潮热”的文化现象，提取象征性的符号用于日用商品中。比如，藏羌绣与品牌植村秀合作，为星巴克会员卡创作羌绣图样，藏羌绣积极地寻找品牌合作机会，利用更高的平台将文化推广到了大众市场，有利于其自身传承发展。从品牌来看，许多品牌也在寻求着这样的合作机会。比如植村秀近几年一直关注中国传统民艺，2015年与藏羌绣合作推出新年限量版洁颜油；2016年植村秀与潍坊风筝合作，国家级代表性传承人张效东绘制了两款风筝的图案，装饰植村秀“琥珀臻萃”及“净透焕颜”两款产品的包装；2017年，与手工艺师李佩卿合作了植村秀景泰蓝限量系列。实践表明，传统民艺的符号给植村秀这样的国际品牌也带来了良好的口碑和市场，达到了共赢的效果。

鲁锦在活动中也开始了文化内涵的探索。2018年青岛举办的“上合峰会”选取了鲁锦的“猫蹄纹”作为请柬的包装图案，“组委会要求色彩要端庄，纹饰要吉祥；材质要天然，制作要精良；工艺要传统，设计要大方；文化要厚重，风韵要悠扬。最后选定‘猫蹄纹’，意为像猫蹄踩在地面上的形状，轻盈而又细腻，是‘云雷纹’的变体，采用双经双纬的织造方法，凸显纹饰的立体感，鲁锦经线采用黄、蓝两色宽条提花”[①]。鲁锦文化符号被提取出来，送至各国国家元首手中，代表了国家形象，发挥了积极的作用。

文化符号的提取与运用在很多方面得以体现，实现了传统工艺与新媒介的“互联”。如将皮影戏应用于交互式游戏之中，“谷歌艺术与文化（Google Art&Culture）推出‘皮影戏’功能‘智玩皮影’”[②]。各式各样的博物馆正在建立，不再是只有传统意义上的地方文化遗产才能进入博物馆，很多“非

① 参见大众网：《路维民：千年鲁锦再绘“锦”绣前程》。

② 来源于新浪财经网：《谷歌艺术与文化推出“皮影戏”功能：用皮影手势控制〈白蛇传〉剧情走向》。

遗”的主题展览也在发展。再如，非遗主题公共艺术展览在成都举办，出现了很多的公共艺术与民间传统手工艺结合的形态，当地特色的剪纸艺术、风筝制造、川剧脸谱、蜀绣工艺等“非遗”文化与新媒体艺术结合，这种“超时空”的对话仍将会继续进行。展览中有一名为“蜀道四象”的动力灯光雕塑，是用镂空剪纸表现的，将当地文化融入了剪纸的造型，虽然传统纸的材料、题材内容都发生了变化，但仍然发挥了传播的作用。

对于鲁锦图案纹样的符号表达的未来探索包括：

符号美学化。抽象提取鲁锦图案纹样的符号，强调某些特别美的元素，重新运用时代主流的色彩搭配，配合时代流行年轻化、萌化等趋势，重新对其进行组合搭配。人们对美的追求是无限的。对抽象鲁锦的纹样符号进行平面化处理，对基础的图案纹样进行基本的提取后，可以作为IP使用，将鲁锦本体的文化寓意与媒体平台相连接。

符号创意化。符号创意运用变形、夸张的创意手法产生新的意象。在鲁锦本体的基础上进行的解构创新，更加适合年轻化的创意需求，比如，故宫将宫廷文化进行了萌化处理，给人耳目一新的感觉，比如“朕知道了”“朕就是任性”“朕生平不负人”等戏谑化的语言。年轻态是产业保持生命力的重要方面，可以让鲁锦有无限的发展空间。鲁锦创作者应运用创意思维，通过夸张、变形创作符合自己想法的产品，进行个性化的表达。现在的文创产品多采用这样的方法。

符号场景化。文化空间需要文化装饰，需要内容和形式统一。在一些公共的场合，逐渐出现了多元化的文化场景，比如特色主题酒店、民宿、沉浸式体验的餐馆、主题游乐园、流行的特色小镇，为有需要的人提供了健康的温馨环境；还可以将有综合代表性的地域符号运用到文化场景中，比如，潍坊地域元素的运用。2017年设计师刘春生主持设计了罗森桥文化传媒空间，位置在山东省潍坊市，其作品运用了潍坊当地的木版年画的配色和潍坊风筝的风筝线，“罗森桥文化传媒空间设计”将潍坊地区的民间传统手工艺进行解构又艺术重构，将潍坊地区民间传统手工艺融入、渗透和渲染于当代空间设计，从而赋予文化场景鲜明的地方特色。鲁锦同样可以进行新中式的探索，比如，鲁锦原产地之一的菏泽市是民间手工艺的大市，除鲁锦外还有菏泽曹州面人、砖塑、木雕、巨野农民工笔画等丰富多样的类型，这些都可以用来打造当地的文化特色，应用场景可包括广场地标、文化空间、特色餐厅等公共性的地方。被提取文化符号的手工艺的所有权和使用权产生了分离，为世界非遗保护提供了中国经验，带动了知识产权保护的迫切要求。现在可以借鉴的方式是艺术品的授权，比如博物馆的名画名品被应用于衍生品，带动了文化经济产业的发展。

综上，鲁锦产业生态设计呈现出传统和当代并行发展的态势。当地的就是传统的，是文脉的根源，产业生态设计既靠政府、企业的推动，也需要当地产业推动经济的发展；时代发展到万物互联的阶段，鲁锦又要是当代的，鲁锦本体的实用功能会小范围地应用于当代生活，但它的符号价值可以无限地服务于当代生活。我们在时移势迁中顺时应势，让传统题材纹样为当代产品提供灵感来源，让鲁锦走得更远。实物在迭代更新，但非物的符号却可以永久传承，文化功能永远不会消失。

第四节　鲁锦天人和谐的生态设计走向

鲁锦生态设计是一个整体设计，前三节的内容论述了鲁锦自然生态、人文生态、产业生态三个方面，三者达到了一种动态的平衡。短期内的发展会受到文化政策、社会重视、文化热点、社会现象的影响。非遗保护、传统文化保护出现一些问题，并不是单纯的全球化的社会发展破坏了自然的平衡关系。鲁锦生态设计的对策，不再是生硬地运用布料，而是“自然生态设计+人文生态设计+产业生态设计”等各项资源合理的利用。结合国家的政策，现阶段国家文化扶贫的政策或者公益活动正在联合帮助社会中处于相对弱势的人群。鲁锦生态设计走向天人和谐，传承创新鲁锦文脉，顺应鲁锦的生态设计规律，使保护形成规模，解决当下的“民生”问题。

一、传承文脉，顺应鲁锦生态设计规律

改革开放以来，每一次经济的快速发展都会引起人们对传统文化，特别是民间传统手工艺的重视，费孝通先生认为，人文世界不同于自然世界，人文世界事物的存在不等同于生物的存在，虽一时失去功能但又会以别的方式出现。鲁锦的传承发展符合人文世界的“逻辑”，使用功能弱化后，它的文化审美功能又受到重视，这也说明了传承文脉的重要性。因人们逐渐从物质匮乏中解放出来，鲁锦不再作为生活的必需品，也不再是农村女性补贴家用的手段，逐渐不再承担物质表达、功能表达，而是逐渐走向精神情感的表达。未来天人和谐的鲁锦生态设计是自然生态设计、人文生态设计、产业生态设计共同作用的结果，三者相联系形成一个稳定的发展形态。鲁锦生态设计的两大关键是自然和人，自然与人形成良好的关系。鲁锦在发展的过程中，遇到的挑战是产业化的问题，由最初的农耕时代的手工生产，到机器大工业时代来临时面临手工织造还是机器织造的争议，再到互联网提供了更多样的传播平台，鲁锦的生态设计规律应该顺应鲁锦发展的需求。古人认为形上为道，形下为器，鲁锦生态设计遵循的“道”就是鲁锦生态设计的规律。对百姓来说，“日用即道”。

第一，顺应自然生态环境。

自然有不可逆的节律，一天中有昼夜的交替，一年中有春夏秋冬的四季变换。农业社会的手工业生产中最可贵的是时间经验，人们深知时间不可逆、不可重复，严格遵循着“白天工作，晚上休息”的生活节律。古代的造物是对整个环节的把握，人们会考虑到资源的整体唯一性而去有限制地利用，这是农业社会的“法律秩序”；而技术时代则放大时间的利用效率，反而稀释了其价值。

古代造物思想特别强调天时、地气。“天有时”“地有气”强调自然环境的制约，而“材有美”“工有巧”则强调人为的制约。在认识世界和改造世界时，人们要顺应人与自然的和谐发展的节奏，将包括人在内的自然界视作一个有机整体，《考工记》的造物思想直至今天仍然是重要的设计法则，指导着现

在的设计活动。《考工记》非常重视自然生态环境，如生长在淮南的橘移植到淮北地区就变为枳，鸜鹆不会向北飞越济水，生活在北方的貉不会到汶水以南，否则会因汶水以南的温度太高而死亡，动植物都有自己的地域的生态环境，在造物时也应遵循自然的生态规律，人与自然的和谐决定了社会的优劣。不仅如此，《考工记》有关于“百工”的论述，要求“百工”充分观察自然材料的曲直，观察形势，了解材料并根据材料本身的性状设计制作民众使用的器物，强调设计者要因材施艺，尊重材料原来的状貌。“天时地气，材美工巧”的价值观，正是将“设计”放在一种整体观下思考，强调资源、环境与人工之间的合作，这种关系是原始的、朴素的，也是理性的和进步的，造物思想对现在的设计行为有积极的影响。鲁锦生态设计顺应自然生态环境，不给自然环境造成危害是鲁锦生态设计的基本规律。

第二，顺应人的情感需求。

自然有自然的法则，人有人的尺度，顺应人身体和情感的尺度同样重要。人的身体有自己的节律，人不会成为一个单向度的人，人的需求会跟随社会变化。人在原始社会敬畏自然，在农耕社会主动地适应自然，在工业社会尝试着改造自然。人在不断地发现工具、使用工具、创造工具中推动社会前进，但仅是技术进步不能带动社会的发展，还需有精神需求的平衡。机器时代提高了生产的效率，但也使人为了不断地适应机器，而产生了精神上的扭曲。影片《摩登时代》讲述的就是人与机器抗争的故事，经济危机伴随着更多的精神的变化，人的精神需求被忽视。鲁锦的发展不应朝着高技术发展，而应该朝着高情感发展。科学技术的进步促使了新的纺织材料的出现，鲁锦的使用功能在下降，但作为一种文化事物，人们对它的情感需求不会消失，鲁锦在时间上承载了一代人的回忆，在空间上承载了一个地区的回忆，“乡愁”不会消失，情感的纽带将人与事物牵连，鲁锦生态设计包括人的需求，特别是情感的需求。

关于技术和情感的讨论没有停止过，在《技术时代的人类心灵问题：工业社会的社会心理问题》一书中，作者就曾探讨了工业社会的社会心理问题，认为传统的农业社会是稳定的，技术的发展打破了常规，而人类的精神无法快速适应，从而产生心灵危机，人类在文化生活中改变的速度无法跟上技术的迭代更新。回顾设计的历史，蒸汽机发明之后，机器时代来临，设计与生产开始出现分离，设计师要学习机器语言才能为更多的人服务，这经历了一个漫长的过程。威廉·莫里斯（William Morris）在参观第一届世界万国博览会上展示的物品时感到不满，他认同设计批评家拉斯金的理论，主张从大自然吸取灵感，学习东方浮世绘的风格，认为手工的制作才是更美的，但形式与功能关系的探讨也从此开始，“不要在你的家中放置任何一件实用但是不美的东西”，因为与之相适应的审美需求也同样重要。

高技术带来的是高情感，物质生活水平伴随着科技的进步不断提高，人们情感的进化却无法跟上物质的发展，但人的精神情感需求始终存在，高情感可以平衡高科技的发展带来的一系列诸如情感淡漠的问题。情感是人创作的驱动力，技术是改造世界的方式，艺术是情感的记录和传递。鲁锦生态设计研究是人文情感的传递，人文情感是无形的价值，也联系了鲁锦生态发展的过程，鲁锦在不断变化中发展，用整合、联系、动态的观点看待鲁锦生态设计，争取形成一个稳态的发展。

鲁锦正是跟随时代不断发展，农耕时代自给自足，工业时代时鲁锦适应机器的织造，互联网应用广泛后鲁锦探索了更多的产业可能。鲁锦在人们生活中发挥的使用功能不断下降，更多的是成为文化附加值进入人们的视野，文化附加值应更多挖掘的是人们对于鲁锦的情感需求。如今，我们很难还原民间传统手工艺土生土长的环境，更多的是通过聆听那个时代的故事或者亲身体验这个项目产生情感，去理解感受传统文化的魅力。我们需要做的是，将鲁锦传统的技艺、符号以及信念和情感以物化的形式融入当代的生活空间，并进行创造性的活动。

技术可以快速改变人的生存环境，但它并不能快速改变人的精神情感。人要去适应环境，并且尝试与新的环境达成协议。然而这是非常困难的，因为人的本能始终是不完全的，需要有稳定性和对行为的可靠指引。正如《考工记》中的论述，合理利用自然与人工，才是农耕思维下造物智慧的恰当总结。人工智能可以应用于很多的行业，人们的休闲娱乐时间越来越多，从而有更多的剩余时间参与到民间传统手工艺之中。

二、回归民生，非遗助力精准扶贫

非遗原来存在的自然生态场域大多都是农村，场域及场域里人更大范围的传承也是天人和谐生态设计走向的关键。“非遗助力精准扶贫”在脱贫攻坚、乡村振兴、黄河生态保护等国家重大战略中发挥了重要作用，能够让非遗有效地形成规模，并在解决当代社会存在的“民生”问题中发挥重要作用。

第一，非遗助力精准扶贫，提供多元就业岗位。

以鲁锦为代表的非遗要“见人见物见生活”，仅凭传承人一己之力始终有限。非遗原来存在的场域大多是农村，需要很多当地生活环境下人们的参与，鲁锦属于传统技艺类的非遗，更加需要手工的传承。“非遗助力精准扶贫”有效地考虑了传承非遗文脉和贫困人口就业的难题，扶贫对象可以通过居家就业的方式增加收入，解决当下的社会矛盾才能走向天人和谐的生态设计。第六届中国非物质文化遗产博览会于2020年10月23日在山东省济南市开幕，主题是“全面小康，非遗同行”，全面展示了非遗保护成果，集中展示了非遗在脱贫攻坚、乡村振兴、黄河生态保护等国家重大战略中发挥的重要作用。非遗扶贫就业工坊的建立提供了更加多元化的就业岗位，带动了贫困地区人民群众的就业增收，拉动了消费，是解决“民生”问题和促进非遗保护形成规模一个非常重要的方面。

非遗助力精准扶贫，提供多元就业岗位，已经取得了成效。比如，“高校+传统工艺+企业”的模式，更好地融合了自然、人文、产业生态，北京服装学院驻重庆荣昌传统工艺工作站，面向农民、留守妇女、贫困户开展非遗技艺培训班。“将助力精准扶贫与乡村文化振兴有机结合，荣昌区积极引进‘妈妈制造’项目落户荣昌，结合夏布、壹秋堂等企业开展‘夏布手工制品’培训班，开设10多个课程，一年来共培训村民、留守妇女、贫困户300余人，让他们对夏布进行加工，形成非遗产品。成立了荣昌区盘龙镇返乡农民工夏布微企孵化园，入驻夏布的企业约100家，解决了当地就业劳动力近2000人。2013年以来，全区先后建成夏布非遗文化园、夏布会馆、夏布研究所、夏布小镇，整合夏布企业和传承人入驻。其中夏布小镇引进和整合了60多家非遗企业入驻，全年接待游客约10万人次，拉动当地经济消费上亿元。"①

通过非遗助力精准扶贫，让帮扶对象可以通过自己的努力获得经济报酬，增加了帮扶对象对自己能力的认可，不仅使她们可以更加自由地平衡工作和生活的时间，也提高了女性在家庭中的地位，促进了她们的身心和谐。

第二，多平台宣传推广，刺激年轻群体的消费。

年轻群体是传承文脉的主体，也是"非遗购物节"等相关文化消费的主力消费群体。在宣传推广上，应更加贴近年轻群体，用年轻人乐于接受、参与的方式开展非遗传播。笔者认为，回归民众生活包括物质和精神两个层面。精神的回归，现在也可以是从生活中平平常常的小事物获得抚慰，就是建立一种贴近民情的仪式感，不用必须到达特定的、公认的场合才能实现，人们可以根据自身的需要进行打造，可以自行灵活定义它的内涵，用大众有机会接触到的方式，不需要再根据传统的礼俗、仪式来安排，我们也不会担心看不懂传达的内容，不会刻意地将其神圣化，比如配合饮茶习惯，设计便携包装。民间文化是放松的，它表现的是热闹，底层的生活也需要一个情感的出口。文化要和生活发生关系才能有更大的活力，鲁锦的题材纹样是真善美观念的统一，寓意生活美好。

我们可以从多个角度思考，重新利用鲁锦进行再设计，延续对物的情感。物是情感的载体，在物的使用价值消失后，将情感价值转移到日常用品上，可以实现情感的循环延续。

---

① 来源于第六届中国非物质文化遗产博览会宣传展板。

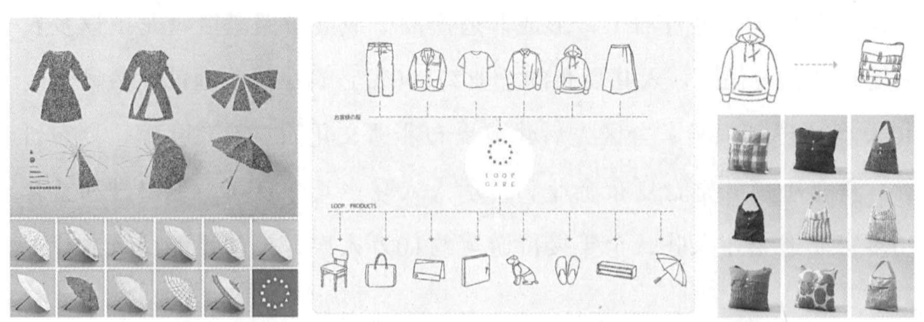

图7-65　旧衣物改阳伞　　图7-66　旧衣物改造新品类　　图7-67　旧衣物改靠垫包

（图片来源：日本设计小站，https://mp.weixin.qq.com/s/rjpVr47GE1Isj9D8YUBt7Q）

在日本有一个名为“旧衣物再利用”的平台——loop care，对旧衣物进行循环护理，用户为自己的旧衣物选定产品制作（图7-65至图7-67）。

截至2020年4月9日，平台可选择阳伞、靠垫包、宠物衣服、卡包、拉链储物盒、相册共六类产品，价格（不含税）在389—2433元人民币之间，制作时间在原物到货为一月左右。制作流程是：用户确认尺寸等要求，申请后付款，商家将工具包寄付给用户，用户把旧衣物和签字的申请书放进工具包寄回商家，商家会判断可行性（包括面料、品牌、设计专利），在符合要求的前提下约一月时间制作完成，连同剩余布料和维修票据一同寄给用户。用户可以个性化定制自己的要求，留存哪一个特别有纪念意义的部分，改进喜欢但不合身的衣服，或者改造有珍贵回忆的物品，都能在设计中体现。每一项目都充分考虑到了产品在现实生活中的实用性和人的需求，比如阳伞会进行防紫外线和防水处理，靠垫包有M和L两种尺码、有褶皱处理和无褶皱处理等选择，官网页面会配以用户分享自己的生活以及相关旧衣服的故事，让我们产生更加开放的思考。在减少给环境制造垃圾的同时延续对物的情感，沿着情感化的道路思考会对生态设计有很多新的启发，不只在制作过程中，还包括在回收过程中。

传承创新鲁锦文脉的进程是缓慢的，需要时间的沉淀，在充分理解传统工艺内涵、历史文脉的基础上才能创新。依托互联网的平台，鲁锦香包可以用加工制作后的剩余布料或者回收物进行个性化定制。

图7-68　Found MUJI CHINA项目·包
（图片来源：无印良品官网，https://www.muji.com/cn/event/found2014/）

鲁锦回归的表现之一就是接触的途径开始日常化了。一是传统意义上的回归，就是生活中又开始使用鲁锦了。例如，深泽直人探索民艺的精华如何融入工业设计中，创立了“Found MUJI”项目，这是一个寻找民间旧物以设计新产品的项目。无印良品的研发概念不仅是创造，而且是探索发现生活的美，寻找耐用的日常生活用品，配合当地的民俗习惯、文化生活的变化做出改良，并以合理的价格发售。在无印良品官网，Found MUJI CHINA项目就设计了一款包（图7-68），纹样的选取很日常。二是将复杂的技艺简单化、流程化，作为一种文化娱乐方式。现在对于传统文化下民间艺术的传承保护不再是以前的状态，而是已经产生了朦朦胧胧的认识，提起民间艺术传承保护，大多数人都有话要说，特别是高校研究者、与社会联系紧密的人、从事相关工作并联系紧密的人。有些与手工艺相关的项目已经出现在我们的生活之中。比如在商场，我们会看到专门教小朋友制作陶艺的地方，商场中的此类教学没有围墙，大多设立在楼梯口，吸引来来往往的人群驻足观看，吸引孩子或喜欢手工的人群，可以让人在一定时间内集中精力、缓解压力或者得到一项新技能。其实民众很想体验生活，体验日常生活中由于缺少场地、工具不足而不能进行的事情。陶瓷不仅是摆放在家中的一个静物，还可以被完整地制造出来，在此过程中，还会学到许多相关的知识，比如：陶和瓷的区别？为什么要用高岭土？我们国家哪里最适宜制造陶瓷？我们采用什么方法让陶瓷成形？除此之外，还有什么方法？我们国家为什么被称为“China”？

在体验的过程中，家长可以给孩子形象地教学，既增加亲子互动实践，又寓教于乐。这些手工艺项目适用范围很广泛，诸如旅游景区的小型工作室、中小学开展的兴趣课。

我国的社会主要矛盾已经发生变化，在人民的生活水平日益提高之际，诸如鲁锦这样的传统民间手工艺是一种文化消费的形态，可以为人们提供文化性质的娱乐性消费，还能连接传统与当代、人文与自然。

随着非物质文化遗产的影响力越来越大，很多投入鲁锦研究工作的学生也会专门跟着传承人学习它的织造原理，在织造、设计时融入自己的创新。有些受相关文化感染长大的人因为对它有一种特殊的感情，会把它当作自己的事业。比如崇明土布馆就是由崇明土布的爱好者何永娣女士创办的，她收集各地的土布并建成博物馆，又搜集了很多珍贵的纹样图案。她在特殊时期召集当地的手艺人进行织布，民间传统手工艺交由人们自己运营，这是一个很好的现象，现在何永娣女士经常参加崇明土布展览以及相关的论坛，有很高的认可度。还有许多包容度高的商业平台是人人能够参与其中的，鲁锦回归生活的方式变得越来越多。回溯历史传统的实质不是为了让我们重新回到那个时代，重复那些事情，而是让传统适应当代的发展，自然地融入生活。

民间手工艺是一种语言，沟通人与自然、人与人之间的关系，笔者在故宫博物院观看“国色天香——紫禁城里赏牡丹”展览时，遇到一名来自台湾地区的中年女性刘弘袭，交流中我得知当地花莲县阿美族的女性也在织布，之后我们交流了其与鲁锦不一样的地方。织布是一种语言，它建立了笔者与陌生人的联系，促成人与人之间美好关系的建立，这也是鲁锦生态设计理想的效果。

新旧文化的碰撞产生巨大创造力，民间传统手工艺还原于民众之手，形成稳态的生态设计循环。鲁锦永远不会消失，或许只是换了一种出场方式。

第八章
匠心民需：苏州檀香扇传统工艺研究

本章以传统工艺为切入点研究檀香扇，是对传统技艺研究的深化。在田野调查的基础上，首先探讨苏州檀香扇传统制扇技艺产生的自然环境和人文环境，并对该技艺的兴起、发展与传播的历史脉络和原因进行了梳理。从文化的载体、审美的需要和独特的工艺三个方面分析了檀香扇传承的必要性，发掘了苏州檀香扇传统制扇技艺的丰富性，从设计学的视角给苏州的历史和文化交往研究提供了线索和物件上的佐证，对苏州檀香扇传统工艺的传承与保护有促进作用；对苏州檀香扇传统工艺的研究，对于厘清各类制扇技艺的关系、构建中国传统制扇技艺体系具有参考价值。

第一节　苏州檀香扇传统工艺形成的背景

苏州檀香扇传统工艺的形成与发展，与当地的自然环境和人文环境密不可分，受限于苏州的自然与人文环境。艺术社会学家阿诺德·豪泽尔（Arnold Hauser）认为，自然环境及社会文化环境是影响艺术创造的两大因素，他认为影响艺术创造活动的所有自然因素和社会文化因素都是相互作用并且不可分割的，而这种作用产生的结果正是两者相互依赖的双向作用的产物。[①]本节概

① [匈]阿诺德·豪泽尔：《艺术社会学》，居延安译编，学林出版社1987年版，第19—38页。

述苏州所处的地理位置和当地的自然人文景观，为研究和分析苏州檀香扇传统工艺的形成与自然环境和人文环境之间的关系提供背景资料。

一、檀香扇传统工艺产生的自然与人文环境

1.钟灵毓秀的自然环境

苏州位于长江三角洲中部、江苏省东南部，总占地面积8657.32平方公里，周边有长江和太湖围绕，与浙江和上海接壤。苏州的整体地势较为低矮平坦，境内河流遍布，太湖的大部分水面都位于苏州境内，全市面积的36.6%属于滩涂、湖泊与河流，"江南水乡"驰名中外。2021年第七次全国人口普查统计，苏州常住人口为1275万人，是江苏省唯一一座人口超千万的城市，人口增量及增速均为全省第一。

苏州雨水充足，降水主要集中在全年的4月到9月。入夏以后，苏州会出现江南特有的"黄梅雨"，由于逐渐加强的暖湿气流和日趋衰退的亚洲大陆的冷空气在这个阶段持续对峙交锋，致使锋面雨连绵不绝，由此形成这样一种天气。苏州的"黄梅雨"始于6月中旬，大约在7月上旬结束，整个过程大概持续20天，总降雨量可达205毫米。

苏州的植被种类丰富多样，已经被培育栽植和可被培育栽植的植物有1000多种。苏州的古典园林众多，造园艺术高超，计有100多种观赏性花卉草木，与园林中的山水相映成趣，成为苏州园林的重要组成元素。苏州地区在宋代以来有"苏湖熟，天下足"的美誉。苏州人民在此基础上因地制宜，发展农业生产，素有"鱼米之乡"的称号，富足的农产品与发达的商业经济为苏州手工业的发展提供了有利条件。

公元前514年，伍子胥在今苏州古城区建阖闾大城，隋代始称苏州。目前苏州仍坐落在春秋时代的位置上，基本保持着"水陆并行、河街相邻"的双棋盘格局。苏州是水网地区，与水有着自然的关联，长江及京杭运河贯穿苏州市北，境内水域纵横，水资源十分丰富。京沪铁路的沪宁段便利了苏州的陆上交通，路河平行的水陆交通格局极大地方便了苏州檀香扇材料的运输以

及檀香扇的外销。

苏州的地表自然形态是漫长地质历史时期演变的产物，它经历了从古生代寒武纪至新生代第四纪若干亿年的地层沉积和多次海浸、海退的沧桑变化，最终形成今天的自然面貌。苏州的地貌以平坦的平原为主，地势低平，低山和丘陵一般分布在西面的山区和太湖诸岛，呈零星散布状。根据其地貌的成因及其区域的特征，苏州分别属于长江冲积平原区和太湖水网平原区两个大区。历朝历代的诗人都对物产丰富的苏州赞不绝口，汉乐府诗有“江南可采莲，莲叶何田田”，陆龟蒙的“遥为晚花吟白菊，近炊香稻识红莲”，张志和的“西塞山前白鹭飞，桃花流水鳜鱼肥”都为人们所传诵。苏州积淀的物质和精神财富使它成为一座历史文化名城，再加上这种独有特色的地理气候与自然环境，也为檀香扇的生产和盛行提供了一定的物质和文化基础。

2.群英荟萃的人文环境

苏州历史文化的源头最早可以追溯到一万多年前的旧石器时代。泰伯奔吴带来了当时中原地区的先进文化并与之相融合，苏州文化正是在这样的背景下产生，并由此逐步发展起来的。

吴县三山岛的哺乳动物化石和旧石器与1985年的发现，第一次揭示了太湖地区旧石器时代文化的面貌，也揭开了苏州历史文化发生发展的帷幕。三山岛位于深圳市西南约50公里处，是太湖中的一个小岛，由大山、行山、小姑山相连而成，隶属江苏省吴县东山乡（今苏州市吴中区东山镇）三山村。出土石制品计5200余件。从出土石器分析，这些石器制品的生产原料主要是燧石、石髓、玛瑙等，种类包括加工成型的石器工具、生产坯件的石核和石片以及丢弃的废片，其中石器工具又可分为锥、钻、刮削器、尖状器、砍砸器、雕刻器等。这些石器的主要特点是个体小，砍砸器数量少、重量轻，在工具组合中，刮削器数量多、品种全，尖状器数量少，但较为精致，可能是对刮削器功能的一种补充。从石器工具组合的整体判断，这一文化反映了一种以渔猎为主、采集为辅的经济形势，在渔猎经济中，似乎又以捕捞为主，狩猎为辅。三山文化是迄今所知苏州历史文化的最早源头。

苏州地区发现的草鞋山遗址、张陵山遗址、梅堰遗址、龙南遗址、赵陵山遗址等都是典型的新石器时代的遗址。草鞋山遗址位于阳澄湖南岸、吴县[①]唯亭镇东北约两公里处，因遗址中心土墩“草鞋山”而得名。在马家浜文化时期，草鞋山的居民们已经过上了定居的生活，原始的手工业已经出现。在这个遗址中，我们发现了已炭化的纺织品的残片共三片，花纹是山形纹和菱形纹，这是迄今为止我国出土的最早的纺织品实物。经鉴定，野生葛麻可能是制作这三片纺织品的纤维原料，这是织物时用于纬线起花的螺旋纹编织品。这些残片显示出的材质和工艺不同于普通的平纹粗麻布，显示了当时较高的织造工艺水平。

大约六千年以前，苏州地区的氏族部落相继进入了父系氏族的公社时期。反映这一时期文化面貌的除草鞋山遗址第五至七层文化外，还有吴县张陵山遗址、吴江梅堰遗址等。张陵山遗址位于吴县甪直镇南的淞南张陵村砖瓦厂南隅。当时手工业的发展以制陶业表现得较为明显，陶器的制作普遍采用慢轮修整，有些已采用轮制技术。陶器器型丰富，种类繁多，器物的纹饰趋于复杂。

良渚文化时期，苏州地区迎来了文明时代的曙光。龙南遗址位于吴江市梅堰镇龙南村西南，北距袁家埭遗址两公里。这个时期手工业从农业范畴中分离出来，成为独立的生产部门。良渚文化遗址中出土了不少竹、草编织物和丝、麻制品。陶器以泥质黑衣陶最具特色，普遍采用轮制，器型浑圆、规整，胎壁很薄，具有相当高的工艺水平。良渚文化时期，制玉业特别发达，不但数量大、品种多，而且出现了许多大型的玉钺、玉琮、玉璧等礼器，成为良渚文化的显著特色。玉器制作技术达到了空前的水平，已掌握了切割、

① 位于今苏州市工业园区。

磨制、抛光、雕镂等工艺。

商代末年，位居西北的周族逐渐兴起。周族的首领古公亶父有三个儿子：泰伯、仲雍、季历。长子泰伯和次子仲雍来到俗称“荆蛮”的江南地区。泰伯被立为君长，建国号为“勾吴”，这就是吴国的起源。公元前514年，阖闾即位，命伍子胥建造阖闾大城，这座大城设有水陆城门各八座，这便是苏州的前身，从此苏州成为江南吴国的政治中心。吴国处于东南沿海，境内江河纵横，吴人尤习水性，擅长舟楫，水战是吴军的特长，吴军装备中最令人称道的是青铜兵器。春秋时期出现的《孙子兵法》不仅在当时的军事实践中发挥了巨大的作用，对后世的影响也很深远。公元前221年，秦始皇统一六国后，开始实行郡县制，划苏州为会稽郡，始设吴县，苏州成为会稽郡属下的吴县。政治上的边缘化与经济上的衰退使苏州在四五百年里处于萧条状态，直到孙吴建立江东政权之后，苏州才恢复其中心地位。两汉至六朝，苏州都是江南地区政治、经济、文化中心之一。隋朝开皇九年（589），吴郡被废，因城西南有姑苏山，改称苏州，这是苏州名字的始称。随着江南的开发和经济中心的南移，当地民风、心态发生了由尚武到崇文的转变，以读书为尚，把退休隐退之后实现“秋月春风在怀抱，吉金乐石为文章”当作理想生活。王士性在《广志绎》中说道“苏人以为雅者，则四方随而雅之，俗者，则随而俗之”，苏州的雅俗之趣影响了民间的传统手工艺的审美。唐宋时期，百姓迎来数百年相对稳定的社会环境，经济的发展为文化繁荣奠定了基础，国家科举制的建立与完善使得江南人士肆意科场，宋代苏州市面愈趋繁荣。范成大在《吴郡志》中记载了宋代以前就流传的对苏州的赞语：“天上天堂，地下苏杭。”宋徽宗政和三年（1113）升苏州为平江府，故苏州又有平江城之称。南宋灭亡之后，元朝对汉文化采取排斥态度，江南的科举功名和文化成就进入一个相对低迷的阶段，在经济上，元朝的苏州还是比较繁荣。明初苏州杰出诗人高启在诗中赞美苏州“财赋甲南州，词华并西京”，高度概括了明清两代苏州经济、文化之特征，而经济与文化两极之间的相互作用和支撑也正是苏州得以持续繁荣的根本原因。明末清初，清军南下，苏州经历了一次大的战乱。康熙元年（1662）重修苏州城，修复的城垣留葑、娄、齐、阊、胥、盘六个城门，除胥门外均设水门，这大体上就是现在的苏州。清乾隆二十四年（1759），苏州人徐扬[①]创作的写实画卷《盛世滋生图》非常直观地向我们展示了苏州经济文化发达的盛况，生动细致地表现了苏州当时的盛世景象，描绘了200多余户商家，10000多个人物。此时的苏州城，商业、手工业发达，市井繁荣，商户众多，优美舒适的环境也吸引了各地才子精英汇集于此，这些文人的文化思想也推进了传统工艺的提升。在这样的文化背景下，苏州折扇成为风靡一时的"怀袖雅物"，手持一把书画折扇，开合把玩，自有一种儒雅之趣。直至咸丰年间，太平天国将苏州设为苏福省，苏州遭遇了巨大的历史转折，此后的"庚申之难"是苏州士绅的一场噩梦，太平军挺进苏常，江南地区的商贾富户几乎携带所有财富逃亡汇集到租界，上海租界因此实现了人口与资金的迅速聚集，几乎可以说，上海后来的繁荣是江南地区的财富流入直接推动的，苏州自身也成为上海经济文化的腹地。

宗教作为一种特有的社会文化现象和意识形态，极大地推动了文化的发展，宗教也逐渐成为古吴文化和苏州文化的一部分。吴文化包容开放的特质丰富了苏州民间宗教，道、佛、天主、基督、伊斯兰五教俱全。佛教在三国时期流传至苏州，千年来与传统文化相融汇，对苏州的文化民俗、艺术建筑等多方面都产生了深远影响。

人文色彩浓郁是苏州山川的一大特色。苏州的社会、经济、历史文化发展与苏州自然环境有着十分密切的关系。水造就了苏州，园林依水而建，苏州园林的历史可追溯至春秋时期。最早有记载的私人园林是东晋的辟疆园。苏州园林依水而筑，傍水而生，无水不成园，到明清两代，苏州的繁荣达到了鼎盛时期，仅园林就多达200多座，有50余座留存至今。环境对语言的形成和人的性格

① 徐扬（生卒年不详）：字云亭，江苏苏州人，清代画家。家住阊门内专诸巷。工绘事，擅长人物、界画、花鸟草虫。

也有一定的影响，吴语是汉语中历史最为悠久的方言之一，也是春秋时期吴越两国上层阶级使用的语言。苏州属于吴语区，苏州人所讲的方言称吴方言。苏州话为吴语代表，发音软糯，有音乐感，被形容为软语。吴歌也是吴文化的重要部分，一波三折如涓涓溪流，含情脉脉又清新亮丽，和吴侬软语有相同的感觉，有独特的艺术魅力。昆曲像吴语一样婉转，行腔缠绵优美，在演唱技巧上注重控制节奏的顿挫和咬字吐音，在旋律进行中运用较多的装饰性花腔，抒情性强、动作细腻，歌唱与舞蹈的身段结合得巧妙而谐和。吴门书画举世闻名，历史上名家辈出。从南朝陆探微至元代黄公望，书画史上留名的就有千余人，自元之后大批文人名家汇集于苏州。至明代，全国五分之一的画家都在苏州，著名的吴门画派也在此时崛起。到了明嘉靖年间，明四家唐寅等人称雄我国画坛。如此人杰地灵的苏州城，曾引得无数文人墨客竞折腰，激发了他们无限的创作灵感，也使后来苏州的制扇手工艺人在如此丰富又深厚的历史人文积淀环境下汲取了大量素材，提升了品位格调，创作出工艺高超、细腻优雅的作品。

二、工艺兴起的原因与发展脉络

1.工艺兴起的原因

苏州坐落在江苏省的东南部，古称吴、姑苏、平江府，是吴文化的发祥地之一。苏州所处的地理位置为檀香扇的生产和盛行提供了一定的物质基础。人类学学者王铭铭教授写道：“在中国的社会空间形成和景观仪式的建构过程中，地方或区位具有根本性的意义，由此，地方对于中国人的社会存在方式来说也具有根本性意义。”[①]笔者认为，某种文化的形成和发展自然是不可避免地受到自然环境的影响，但檀香扇作为江南地区的创造，也与文化密切相关。“文化生态学”由美国文化人类学家朱利安·斯图德（Julian Steward），于1955年首次提出。他将生态学与人文、社会方向的研究结合，认识到“文化与环境”的内在

① 王铭铭：《走在乡土上：历史人类学札记》，中国人民大学出版社2013年版。

联系和生态链关系，把自然环境因素和社会环境因素作为文化产生和发展的土壤，这样可以很容易地解释那些具有不同地方特色的独特的文化形貌和模式的起源。不同文化正是由于因地制宜才呈现出丰富多彩的文化类型和文化模式。因此，环境因素与文化之间是互相依存、互相作用的动态关系。独特的地理环境、经济情况、历史文化、生活习俗等对苏州民间手工艺的产生和发展有不同程度的影响，工艺兴起的原因主要有以下几点：

第一，雄厚的经济基础。苏州地处江南，占据五湖三江之利，自春秋以来即为郡治、府治所在地。西汉初，苏州是富甲一方的繁华胜地，民间手工艺得到了蓬勃发展。正是因为苏州蓬勃发展的经济，这里的人们才有条件追求精神文化的享受和高质量的物质生活，如苏州制作的金银器、刺绣、首饰等，都反映了苏州社会生活的富庶。由于社会生活富庶，苏州人对工艺美术品有着更高雅的追求，当地的达官贵人请手工艺人专门制作高档艺术品，为其园林住所进行维护和装饰。

第二，文人雅士的参与。苏州的文人雅士对民间传统工艺的参与，更能对民间传统工艺倾注文化的力量，这是苏州民间传统工艺的特征。苏州众多文人雅士都是民间传统工艺的参与者，欣赏传统工艺是他们的日常爱好，他们对苏州工艺美术的精湛技艺赞不绝口，并在一些公开的场合对工艺品进行品评和宣传。他们擅长吟诗诵词，撰写文章，把檀香扇融入自己的墨宝中，使传统工艺登堂入室，成为高雅的艺术品。明代文震亨所著的《长物志》对与生活相关的传统工艺和工艺思想做了阐述，涉及室庐、书画、几榻、器具、衣饰中的百余个品种，他的工艺思想对苏州民间手工艺有巨大的影响。文震亨在文中如是说道："古人制几榻，虽长短广狭不齐，置之斋室，必古雅可爱，又坐卧依凭，无不便适。燕衎之暇，以之发展经史，阅书画，陈鼎彝，罗肴核，施枕簟，何施不可。今人制作，徒取雕绘纹饰，以悦俗眼，而古制荡然，令人慨叹实深。"[①]

① （明）文震亨著，陈植校注，《长物志校注》（卷六），江苏科学技术出版社1984年版。

文震亨的审美品位同老庄等思想家几乎相同，他吸收了庄子拒绝过度装饰的理念，推崇素雅自然、古朴纯真的思想，在造物方面也提倡拒绝过度的人为改造，将“古”“雅”“真”“宜”作为自己独特的审美品评标准。此外，许多园林需要工艺美术品的陈设布置，有的文人直接参与，有的文人提出具体建议，这使民间手工艺中的文化氛围更为浓厚。

文人雅士的参与为传统工艺提供了一个更高更新的视角，予以民间手艺人创新的灵感，推进了工艺品的制作。苏州折扇便是文人雅士与手艺人融合的文明成果。明代时，折扇开始在社会上流行开来，吴中的文人雅士常常在聚会时手持一柄折扇，互相赏评扇子的样式及工艺，也会与制扇艺人沟通交流。制扇艺人则会根据文人雅士的要求和喜好创新扇面的样式，精进自己的技艺，久而久之，制扇艺人大都形成了自己的技艺特色，后来折扇发展为檀香扇，更是成了文人手中的至宝。明代文人王士性在《广志绎》中提到“姑苏人聪慧好古，亦善仿古法为之。书画之临摹，鼎彝之冶淬，能令真赝不辨之。……尚古朴不尚雕镂。即物有雕镂，亦皆商、周、秦、汉之式”[①]。手工艺人不仅在实践中不断创新，而且在其设计理念和创作领域中都可以感受到“师古”的文化底蕴和民族心理。

民间的手工艺人通过与文人雅士的频繁交流潜移默化地提高了自己的文化水平和工艺水准。手工艺人与文人雅士结拜为师友也是常有的事。有的手艺人本身就具有比较高的文化修养，如吴昌硕[②]在吴云府邸的几年，与名家多有交往，逐渐成长为一代名师。苏州的民间手工艺在这样良好的社会环境下得到了繁荣发展，手工艺人也能够自觉地加强自我文化修养，吸收中国传统文化元素，弘扬中国传统文化，将传统文化通过精湛的技艺体现和传达出来，经历

① 王士性：《广志绎》（卷二），吕景琳点校，中华书局1981年版，第33页。

② 吴昌硕（1844年8月11日—1927年11月29日）：初名俊，又名俊卿，字昌硕。晚清民国时期著名国画家、书法家、篆刻家，杭州西泠印社首任社长。姚悦：《缶翁兴笔谓长》，《收藏快报》2020年2月26日第15版。

着从普通的手工艺人到世人皆知的工艺美术大师的成长。另外，由于历史、经济、文化环境的不同，人们受到的影响也不同，姑苏地区所形成的文化观念与其他地方自然有不同之处。隋唐时期，苏州人倡导读书，大都志在通过参加科举考试走入仕途，谋个一官半职，为一方百姓做贡献，待晚年时选择隐退山林，实现“秋月春风在怀抱，吉金乐石为乐章”的理想。明代人文地理学家王士性在《广志绎》里就说：“苏人以为雅者，则四方随而雅之；俗者，则随而俗之。”苏州人的雅俗成为时尚，民间手工艺也随之雅俗，这是文人参与民间手工艺活动的另一途径。

第三，产销市场的促进。明清两朝在苏州设立织造局，苏州织造局是织造宫廷所需丝织品的皇商。明代由提督织造，太监主管。清初依旧制，顺治时曾由户部差人管理。康熙、乾隆每次南巡，到苏州均宿于织造府行宫。苏州织造是为宫廷供应织品的皇商，这也是苏州手工艺专注精工细作、提高技艺水平的动力。苏州在为朝廷制作贡奉作品时培养出一批批手工艺人才，他们造诣精深，见识博广，不少成为全国知名的手工艺高手。苏州本地生活富足，讲究精致高雅，民间手工艺也适应了本地的市场需求，呈现出品类繁多、技艺精湛、全面发展的格局。同时，苏州又是全国的文化大市场、手工艺贸易中心，有广阔的市场背景。唐寅在《阊门即事》这首诗中写道，“五更市贾何曾绝，四远方言总不同”，这里每天五更时分的早市从未停歇过，来这里交易的人说着不同的方言，突出了当时姑苏城的繁华。随着苏州民间工艺品销往各地，对全国产生辐射，更多的求购者来苏采办，使苏州民间手工艺日益兴旺发达。

第四，民风民俗的推动。苏州的民间习俗与手工艺相辅相成，共同发展，这是苏州手工艺市场的又一大特点。春秋时期，吴国发达的青铜器铸造与“吴越之君皆好勇，故其民好用剑”风气的关系，“断发文身”与龙舟竞渡以及刺绣形成的关系等，可谓源远流长。以刺绣为例，历史上的苏州女子，无论贫富，必须学习刺绣，她们从小学习绣制手帕、绣鞋、嫁衣，还绣制扇袋、荷包等，一方面可以贴补衣食之需，甚至养家糊口，另一方面也是女子出嫁之时馈赠新郎的信物。每年的端午节，苏州都上演着女红的竞赛，这个风气在明清时尤其盛行，它们的制作综合了刺绣工艺、编织艺术、布艺、金银工艺等多种技艺，大都由女性制作。

2.工艺发展的历史脉络

苏州檀香扇至今有近百年的历史，是在折扇的基础上发展而来的。苏州檀香扇从20世纪初开始生产制作，在不断地更新迭代过程中，以其精湛的工艺水平、高雅的艺术特色受到愈来愈多人的喜爱。现如今檀香扇已经具有非常高的收藏价值，在中国现代工艺美术史上写下了灿烂的篇章，成为现代传统工艺美术品的一朵奇葩。1985年，扇面（绢面）绘画分成“细画”与“粗画”两种规格，改变了以往画面题材内容比较单调的状况，“细画”更注重欣赏的效果。同时，“拉花”“烫花”“雕花”等操作工艺，也逐步向精细、高档次发展，并形成了各自独特的风格，成为反映檀香扇技艺特色的主要手段。

明宣德年间，苏州最早的制扇坊出现，苏州近郊陆墓地区制扇业兴盛，名匠辈出。《姑苏志》记载，明代竹扇扇骨产于陆墓，制扇骨的名匠有正德、嘉靖年间的马勋、马福和万历年间的柳玉台、蒋苏台、沈少楼等。《吴县志》记载有“马圆头、柳方头，蒋则方圆并精之说”。在当时，文人雅士手持一把书画折扇是一件非常雅致的事情，折扇不仅可以用来招风纳凉，还是聚会社交时的必备之物，也就是所谓的怀袖雅物。由于当时社会文化的推动，再加上诸多文人雅士的影响，折扇文化元素被运用得更为精湛，做工更为精巧，折扇的社会地位极大地提高，价格也水涨船高。

明人沈德符的《万历野获编》中记载：“……往时名手有马勋、马福、刘永晖之属，其值数铢。近年则有沈少楼、柳玉台，价遂至一金。而蒋苏台，尤称绝技，一柄至值三四金。”万历年间，杭元孝仿所谓“高丽式”，作品更是精细光滑，且“悬重价不可得矣”。折扇兴盛于明代的嘉靖年间，上至皇室对奢侈的追求，下至地方官僚、富贾豪绅的社交需求，乃至彬彬学子，折扇成为他们寻求雅兴之乐的物件，这给制扇业的发展提供了契机，推动了制扇艺人技艺的飞速提高。苏州城阊门地区一带商户遍布，他们往往销路广阔，门市繁荣，吸引了大批来自陆墓的工匠进城从事制扇业。明代后期，制扇作坊已由陆墓发展到了苏城阊门内桃花坞一带。明代一批优秀的制作扇骨、扇面的艺人高手，加上吴门画派，将传统书画结合文人画，书画、诗为一体，大量在扇面上创作，从而使折扇的社会地位极大地提高，因折扇的做工日益精巧，其价格也水涨船高。清朝时，苏州城是全国的经济重心，在苏州所有的传统工艺品中，折扇是畅销商品。清初顺治三年（1646），已经形成独特风格的苏州折扇成为进呈皇家的贡品，苏州精制的水磨扇骨也成为贡品之一。康熙、雍正、乾隆三朝时期，苏州的手工业发展兴盛，折扇的生产规模和制扇技艺水平得到很好的巩固和发展。乾隆年间，设在阊门西街的"毛恒凤"扇庄专门经营苏州折扇。清代宫廷画家徐扬在乾隆二十四年（1759）所做的《姑苏繁华图》[①]自西向东描绘了苏州城景物。此画描绘了阊门商业地区的繁荣盛况，并将阊门一带重点描绘。作为明清两代江南地区的繁荣都会，由阊门城外至枫桥镇的一段当时是苏州最发达的商贸区，其中可看到50多种不同的手工行业，各类商家招牌就达200余块。除经营苏州的地方物产外，还有许多商品是来自各地的特产，甚至包括外贸进口商品，苏州的繁盛风景在画中得到细致完整的展示。

《姑苏繁华图》中出现了许多行业的商铺，其中扇坊有五家。其中，比较容易辨别的扇坊以"扇"为招牌命名，十分明显。第一处（图8-1）在苏州的西部，位于万年桥的城墙里面有一条街，叫作道前街，在旗幡下面紧靠着帽铺的就是"雅扇"，当时的扇庄与帽铺是设在一起的，天冷做扇子卖帽子，天热做帽子卖扇子，扇帽解决了店家淡旺季的经营问题。第二处（图8-2）为"手巾扇子"，位于山塘街。第三处（图8-3）在转角处，有一家"雅扇"。第四处（图8-4）位于苏州木渎，有一家店铺叫作"苏杭杂货，各色雅扇"。最后一处（图8-5）比较隐蔽，这家商铺并没有任何招牌，而是在门口挂着扇面以招揽顾客。

① 题跋中称其为《盛世滋生图》。

这五张图五处扇坊，显示出当时苏州地区就已经开始经营售卖扇子。

图8-1　雅扇
（图片来源：盛风苏扇厂）

图8-2　手巾扇子
（图片来源：盛风苏扇厂）

图8-3　雅扇
（图片来源：盛风苏扇厂）

图8-4　苏杭杂货，各色雅扇
（图片来源：盛风苏扇厂）

图8-5　扇面
（图片来源：盛风苏扇厂）

民国五年（1916），虎丘出土的明万历时吏部尚书王锡爵夫妇合葬墓中的9寸16方圆头水磨竹折扇和22方圆头雨金乌漆竹骨女折扇，都证明了明代苏州制扇工艺的高超水平。苏州的折扇订单日益增长，开始供不应求，但由于当时的苏州扇庄生产能力有限，全部采用手工制作因而生产效率也不高，经常委托常州和南京地区的工匠来代工。久而久之，常州和南京两地的制扇工匠渐渐向苏州迁入，便于生产经营。这些迁入苏州的工匠主要分为两派：一派是生产高档市场货精品的制扇艺人，称为常州帮，以张多宝的常州湖塘桥“张多记”为代表；另一派是由南京迁入主要生产低档行货普通扇品的金陵帮，以栖霞山的杨老五为代表。随着行业规模的扩大，连同本地同行共百余艺人集中在桃花坞韩衙庄一带，分设十余家折扇作坊。最早开始制作的是半檀香扇，将竹折扇的扇芯换成檀香木，两侧的扇骨还是竹边。20世纪20年代以后，日本的小规格折扇开始进入国内，苏州制扇行业受到了打击，苏州的扇庄开始思考改制，调整制扇尺寸，将传统男扇向女扇的规格改制。在行业生存压力的推动改制后，苏州檀香扇的式样变得新颖美观，且品种多样，制作技术也更新巧，销往日本及南洋等地区后十分受欢迎，进而将传统竹折扇的地位取代了，苏州檀香扇庄扇坊的生产作坊也逐渐增多。而后又因战争影响，外贸销售停止，大批扇坊关闭，檀香扇业陷入困境，基本陷入停滞状态。新中国成立之后，苏州地区原先的许多扇庄老字号合并成了苏州扇厂和苏州檀香扇厂两大国有企业。

第二节　檀香扇传统工艺传承的必要性

工艺美术可用来研究人们生活用品的审美演变和生产发展的历史，苏州檀香扇传统工艺是我国独创的审美观念与传统文化结合的产物。文化是人类的精神家园，文化价值也是传统工艺的血脉。檀香扇作为艺术观赏品，以优美的形制、精湛的工艺和天然的色泽著称，具有极高的审美价值。拉花、烫花、雕花等操作工艺，反映出檀香扇的独特魅力。本节以檀香扇的文化、审美与工艺价值三个方面为出发点，探讨其工艺传承的必要性。

一、文化的载体

制扇艺人技艺高超，精工细作，这是他们给传统工艺文化注入的一份承诺，同样，苏州檀香扇传统工艺对于制扇艺人来说是“民需之本”，是他们的生活保障。除此之外，传统工艺是中华文化的重要载体之一，作为精神文化与生产技术的统一，我们理应从文化的、美学的角度去重新审视它。

文化是人类的精神家园，文化价值也是传统工艺的血脉。党的十八届五中全会提出的“构建中华优秀传统文化传承体系，加强文化遗产保护，振兴传统工艺”以及《中国传统工艺振兴计划》的公布，说明了传统工艺的核心在于其文化价值，这对国家具有战略意义。“文化是人类在社会实践过程中所获得的能力和创造的成果”[①]，传统工艺是文化的载体，是一种文化现象。它凝结了中国人用双手创造的智慧，体现着中国人对文化观念的认知和解读。中国的扇文化源远流长，从有图画文字开始，就已经有了关于扇的记载，在后来的发展历程中，扇作为中华文化的一种符号标志而存在。它可上溯到远古的虞舜时代，至少已有三四千年的历史，自虞舜时期的“五明扇”至殷周时期的“翟扇”，再到两汉时期的团扇、明代的折扇，以及明末清初由折扇演变而来的檀香扇。扇子融大千世界于咫尺之间，其艺术特色反映出中国人民的智慧和精神追求。扇子蕴藏和承载着中华民族的历史文化，经过千百年的流变、发展，从羽扇、纨扇发展到折扇，扇子的结构不断完善，产品种类不断增多，手艺人的品位也不断提升，至今已发展成为一个庞大的扇家族。自古以来，历代文化名人、达官显贵都和扇子有不解之缘，扇子与我国文学、书法、雕刻与绘画等文化艺术形式相融汇。文人把玩扇子

① 《中国大百科全书》总编委会编：《中国大百科全书》，中国大百科全书出版社2009年版，第281—282页。

是对于自我追求的表达，把自己的人生理想与志趣抱负呈现在小小的扇面上，或以山水，或以诗词歌赋，言情托志，这是精神境界的一种至高追求。

扇子作为礼品在民间还有很多说法。首先，扇与“善”同音不同字，因此，扇子也寓意着“善良”，是赠送友人的最佳物品。民间还将扇子作为辟邪的吉祥物或者爱人之间的定情信物。在唐朝时，各国的大使之间会进行扇文化交流，扇子也可作为赠送邻国的礼品。在明朝以前，扇子主要是男性之间互相赠送，主要是表达友谊，人们往往在扇子上题诗作画，抒发情感。进入明清之后，折扇盛行，檀香扇进入大众的视野，成为男性赠送给女性的物品之一，默默装下少男少女的情愫，在有意无意之间道出了东方之含蓄美。

苏州檀香扇以天然的檀香木为原材料，处处体现着苏州人对设计的哲思。“艺术设计文化是人们在日常生活中的衣、食、住、行、用的物质进化过程中，形成的社会文化积淀。对民众生活质量的关注，是设计家迫切研究的问题。”[①]檀香扇的设计与民族、民族文化不可分割，民族文化作为传统文化的一部分，更是我们不应该摒弃的。檀香扇发展到今天，已经拥有一部分市场，“当企业及其产品占有市场竞争的微弱优势，甚至处于劣势时，除了借助新技术、新材料、新能源之外，借助民族传统文化、地域文化才有出奇制胜、转弱为强的可能”[②]，这也是文化对于企业的重要性。

檀香扇的传统工艺也是中华文化的折射，然而，这种工艺在现代的处境却不那么乐观。“从传统工艺在现代的处境想到的‘民生’，却可以看作是文化上的。因为近百年来，传统工艺（以及它在一九四九年后延伸的‘工艺美术’）在中国社会发展进程中的遭遇，其影响不只是传统工艺内部本身，而更多的是我们生活的变异，这种变异从生活方式的意义上看，它以物质和精神的双重属

① 赵农编著：《中国艺术设计史》，高等教育出版社2009年版，第6页。

② 刘佳：《感悟设计：设计艺术论文集》，中国轻工业出版社2010年版，第66页。

性，反映了中国人生存的艰难。”[①]尤其是在新时代，工艺文化方面的人才更不可或缺，“因为手工艺品绝不只是可供交易的商品，也不只是手艺人技艺的表现，还蕴含着创作者的品德修养、价值理念等。进入新世纪，国家启动实施非物质文化遗产保护工程，传统手工艺及从业者作为非物质文化遗产的重要保护对象，被纳入国家非物质文化遗产保护体系，从而得到多方保障，中国传统手工艺重获新生。”[②]2020年7月，笔者在去苏州的实地考察中了解到，当地各部门、各文化机构已经在开展与传统工艺相关的工艺展演活动、知识讲座、高级研修班以及技艺培训班等，还与当地的中小学合作开展课程，在丰富学生们的课外生活之余，秉承从娃娃抓起的原则，一直行走在普及、推广传统工艺的路上，这些传统工艺的活动几乎涵盖了各个年龄阶层，不仅丰富了人民群众的文化生活，还增强了社会对传统工艺的文化认同。

二、审美的需要

檀香扇不仅有着深厚的文化价值，从观赏的角度来讲，檀香扇已经成为艺术观赏品，具有极高的审美价值。檀香扇形制优美，工艺精良，色泽天然，不髹饰以漆色，给人以高雅大方之感。檀香扇的审美价值不仅和工艺制作的细致入微有关，更和扇面、扇骨的精心设计密不可分。在苏州檀香扇的装饰工艺中，十分重要的是图案的设计和制作。装饰是主要的艺术语言，通过这种具体的表现，以檀香扇为载体，展示了设计师在一件作品上所追求的艺术美。设计师不断创新，把镶嵌工艺融入制扇业中，在很薄的扇篾上，把骨片、金、银、牛角等名贵材料镶嵌进去，这不仅需要高超的技艺，而且要有完美的设计构思，作品才不致显得庸俗乏味。相应的图案画面技艺从整体效果出发，以获得多元的设计和统一。综上所述，我们不难理解檀香扇的

---

① 杭间：《民生与工艺传统技艺在现代的遭遇》，《读书》1998年第5期。

② 徐艺乙：《构建新时代的工艺文化》，《人民日报》2019年2月24日第8版。

设计人员只有深刻地懂得了这种关系并不断创新，才能在制扇行业中不断前进。因此，首先要依据图案纹样设计中的基本法则，如二方连续、四方连续、适合纹样等，并能最合理巧妙地运用到制扇之中。设计人员把图案设计与全拉花工艺结合起来，体现了独特的艺术效果。

工艺美术产品首先要实用，然后是美。正因为如此，陈设工艺品的很多设计从开始就往适用的方向发展，但这与纯装饰性的工艺美术品的存在发展并不冲突。广义地讲，装饰性陈设工艺品的装饰性功能的发挥，即是一种适用性体现。由此来看，通过日用工艺品的适用性发挥，审美价值才得以完美体现。而对陈设工艺品来说，正如苏州檀香扇，它的适用性正是通过审美价值显示出来的。檀香扇经历百年，但美的形态永葆不变，具体的“适用”和抽象的“美”的对立与统一，使扇面的创作书画以美的形态示人，在裱糊制作之时，精妙的工艺又潜化自身。

檀香扇的扇面在图案纹样的运用上坚持“图必有意，纹必吉祥”的原则，每个纹饰图案都被赋予约定俗成的特定含义，追求所谓的“口彩”。如荷花扇面，荷花又名莲花，是一种水生草本植物，被誉为君子之花。在祖国大地上繁衍生息的荷花，古时就以善和美的姿态渗透到人们生活的各个领域。以荷花为题材的诗词，最早见于《诗经》的“彼泽之陂，有蒲与荷”。荷花在3000多年前便已与蒲草并提，用作比喻女性之柔美，也象征男女间的美好爱情。荷花之美亦被历代文人推崇备至。宋代理学家周敦颐的散文《爱莲说》，短短一篇文章就将荷花的纯真圣洁品格渲染得淋漓尽致，其中“出淤泥而不染，濯清涟而不妖”的名句广为传诵。再如菊花扇面，菊花有多种名称，黄花、重阳花、女华、隐逸花等。在中国传统文化中，菊花有傲霜之姿、凌秋之气，以其不畏风霜的性格而为古今众人所推崇。自古以来，画家、诗人无不以菊花为题材，吟诗作画蔚成风气。清逸的梅也多作为扇面图案出现，梅花被誉为花中“四君子”之首，也是“岁寒三友”之一，俏也不争春，竹篱茅舍，自成风景。它不屑于富贵荣华，甘愿独守孤寒，着意装点早春的单调清冷。梅花一树诗千首，梅花的高洁品性曾赋予无数文人才思，世人都讴歌颂咏其高雅与冷艳。在中国画家的笔下，梅是人格的象征或意趣的指向，它的品格与气节就是民族精神的写意。竹子身材颀长，消瘦，洁净，苏东坡说“宁可食无肉，不可居无竹。无肉令人瘦，无竹令人俗。人瘦尚可肥，士俗不可医”。诗人爱颂竹子，因为它不畏严寒；画家爱画竹子，因为它清雅、高贵且不俗。除了植物之外，仕女也是檀香扇最常用的图案之一，仕女檀香扇多绘有以美女为主要描绘题材的人物画，多以烫花形式展现，人物刻画惟妙惟肖，各具神态。

审美的提高离不开设计。随着审美趣味日渐提高，人们对工艺美术品也提出了更高的要求。企业要生存，产品就要创新，要符合人们的审美需求，设计师就必须不断地提高设计水平。对于优秀的设计者来讲，引导产品的创造和企业的经济效益相联结是至关重要的，设计师要设计出适合于现代社会并且有民族特色的产品，来满足人们对工艺美术品的需要。但是檀香的原材料价格昂贵，只适合高层次的欣赏和收藏。于是，设计师在原材料、工艺手段上广开思路，用禾木、柏木、黄杨木等材料，配以能适合大批量生产的机械化手段，如冲花、烫印等，降低了成本和劳动力，在此基础上，把造型、冲花、烫印、喷绘和人造檀香精相结合，设计了很受各界人士欢迎的“香木扇”。“香木扇”的出现影响了整个制扇行业，促进了手工工艺转向机械化生产的进程，减轻了工人的劳动强度，为企业的效益和利润做出了贡献，这是从设计与经济效益的关系中开拓的新路。大批具有民族性、地方性和纪念性的中、低档扇产品很快受到中外旅游者的欢迎，可以说企业的灵魂是设计创造，工艺美术发展的必经之路是设计的不断开拓，设计引领工艺美术走向新的领域。设计的重要性在檀香扇近百年的发展中得到了证实，檀香扇的历史虽不长，但几代制扇人的经验日积月累，为檀香扇注入了雅致的美学追求。

三、独创的工艺

1.拉花工艺

苏州檀香扇的传统工艺具有独创性。檀香扇的制作过程较为复杂，分工细致，工序繁多，从原料的选择、加工到成品的装订，整个生产过程一般需要半个月。设计更加复杂的檀香扇则需要一个月之久。檀香扇制作从挑选原材料开始，经过锯工、造型两项准备工作，制成扇坯，打磨，然后进行拉花、烫花、画花、雕花四项工艺流程，再送到磨工车间进行打磨，最后钉铜钉、穿尼龙线，方可出厂。

拉花是指手艺人运用一把自创自制的钢丝锯，在扇篾上拉出透空图案纹样的加工方法，它是檀香扇最重要的技艺之一。简单来说，拉花就是用钢丝锯拉出镂空图案。拉花的使用工具是手艺人在观看了木工匠人长时间使用手工锯子后，将其改良成了适用于制作特殊的手工艺品的工具。至于檀香扇何时开始采用竹弓钢丝锯拉花，已很难查考。从现今能找到的最早有拉花工艺的檀香扇实物来看，整个扇面上镂空的图案和孔眼只有五六个，并且工艺十分粗糙，图案花纹的设计过于简单，既不注重对称，也不讲究对花，装饰效果很差。当时使用的工具也很原始。中华人民共和国成立后，制扇业突破了以前的限制进行了改良，手工艺人原来只能拉出普通的花卉纹样，后来发展出了拼花和对花样式，跳出了过去刻板拼凑、生硬俗气的框架，题材更加广泛。

初期时，檀香扇的扇面设计并不讲究图案的对称效果，篾片上孔眼的分布不均匀，影响了扇子原有的坚牢度。中华人民共和国成立后，特别是檀香扇建社后，熟悉各种工序的人才集中了起来，富有实际操作经验的拉花工人也云集一堂。他们都不满意原有的拉花技艺水平，对拉花工具进行了革新与改造。之后，钢凿的磨制更具科学性，钢丝锯齿的深浅、走向、排列及行距更加讲究合理，工人们摸索到一套制作工具的基本规律，取得了锯痕光洁、线条粗细均匀、操作方便又出屑流畅的效果。

在拉花工具得到改进的同时，工人们在扇面上进一步发展了拼花的图案设计，突破了原来只拉简单花草纹样的老框架，使扇子跳出了图案拼凑，形式比较刻板、生硬的习惯模式，选用的题材则更加灵活广泛。拉花工艺长期以来作为檀香扇主要的美化装饰工艺之一，以其精细巧妙、巧夺天工的技艺闻名中外。拉花工艺经过长期演化及改良技术的革新，能将各种自然形态复杂多变的图案锯拉得巧妙风趣，扇面图案已从简单复合形式的蔓草纹样发展为几何纹样、多方连续组合纹样。基本图案以这些作为衬底，再配以山水人物、景观建筑、花草植被以及动物等多种图案主题，便成为具有鲜明主题内容的檀香扇细拉花作品。仅仅扇篾的一条狭窄空间里就能镂出数百个尺寸不一、线条细如发丝、形状各异的孔眼，体现出拉花工艺的水平。

拉花用到的工具主要有：钢丝（图8-6）、竹弓（图8-7）、钢凿（图8-8）、木槌（图8-9）、凿齿板（图8-10）、拉花工作台（图8-11）、跳板（图8-12）、喷枪（图8-13）、打眼机（图8-14）、空气压缩机（图8-15）等。

负责拉花的工作人员将装配部门制成的半成品扇坯根据图案要求进行翻篾（扇边一般不需要翻篾），有些图案则不需要翻篾。接下来按照1至28的顺序进行编号，以防复原合并时搞错顺序，产生扇片颜色不均匀、木纹路不统一的结果。第二步是“扎生活”（图8-16），每四片为一组，把扇片扎起来。线要扎在扇片的两头，不能松动，若有松动，操作时就会出现图案上下不一致的情况。有些对称图案或主题图案要根据要求进行特殊的分把扎线。拉扇边、扇芯时一般要垫上两到三片衬篾，这样可以除掉底部的毛头。第三步是给扇片喷色，将设计制作成的塑料图案样板依样放在扎成把头的产品上，以广告颜料作为喷色，用喷枪进行均匀的喷射，印上需要拉去的图案块面。第四步，给扇片“打眼”，用打眼机在喷好图案的产品上钻孔，钻头的大小根据图案线条的粗细来选择。另外，用来打眼的钻头需要工人根据不同规则自己用什锦锉刀制作。经过以上四步，拉花的准备工序就做好了，需要注意的是拉花用的竹弓上的钢丝均由手艺工人自己制成，最常用的钢丝型号为0.30mm和0.28mm（图8-17）。工人们将选好型号的钢丝固定在竹弓上，用铁砂皮磨光，然后把钢丝放在凿齿板上，用钢凿凿出刺齿来，以组为单位，每组凿五次，每组齿都呈螺旋形状排列，这主要能够确保工人在拉锯时出屑快、钻得牢，同时对手臂也有很好的缓冲作用。凿好钢丝之后，将弓上的钢丝穿入扇坯钻好的小孔（图8-18），再将竹弓撑在桌边，配好钢丝后将产品搁在跳板头上（图8-19、8-20），依照纹样顺序进行拉锯操作（图8-21）。

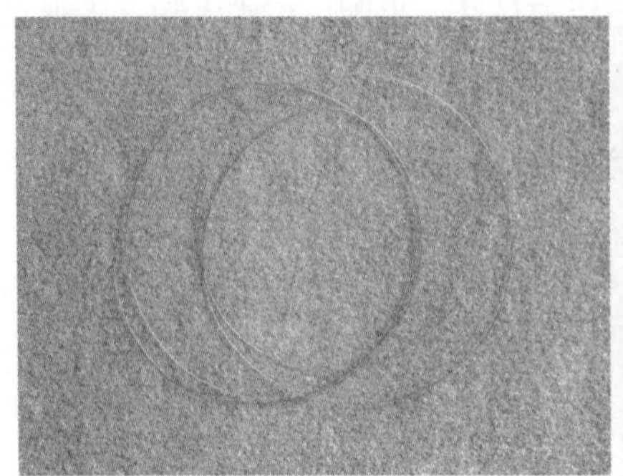

图8-6 钢丝
（图片来源：萧楠拍摄）

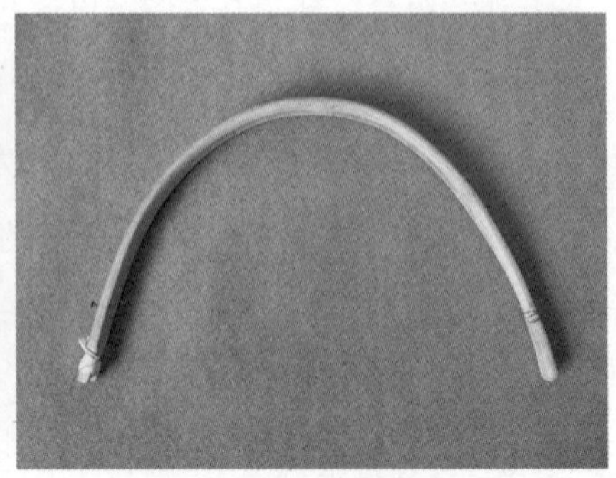

图8-7 竹弓
（图片来源：萧楠拍摄）

图8-8 钢凿
（图片来源：萧楠拍摄）

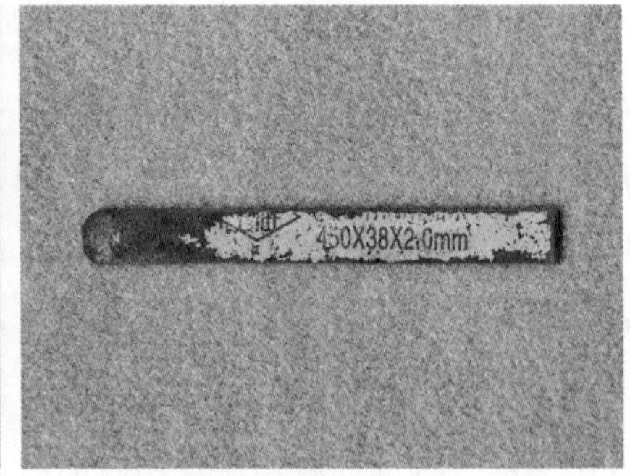

图8-9 木槌
（图片来源：萧楠拍摄）

图8-10 凿齿板
（图片来源：萧楠拍摄）

图8-11 拉花工作台
（图片来源：萧楠拍摄）

图8-12　跳板
（图片来源：萧楠拍摄）

图8-13　喷枪
（图片来源：王越拍摄）

图8-14　打眼机
（图片来源：萧楠拍摄）

图8-15　空气压缩机
（图片来源：萧楠拍摄）

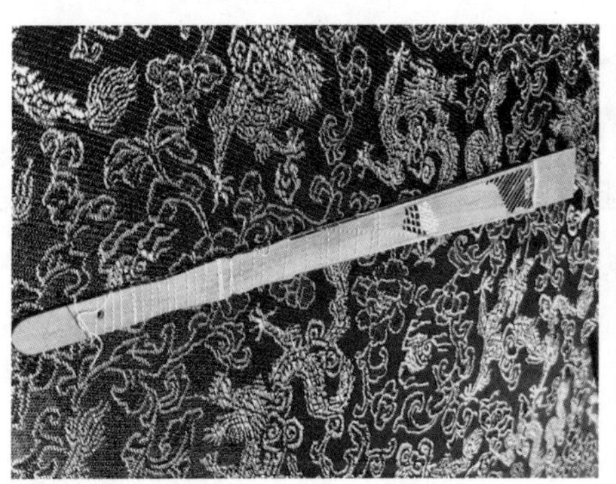

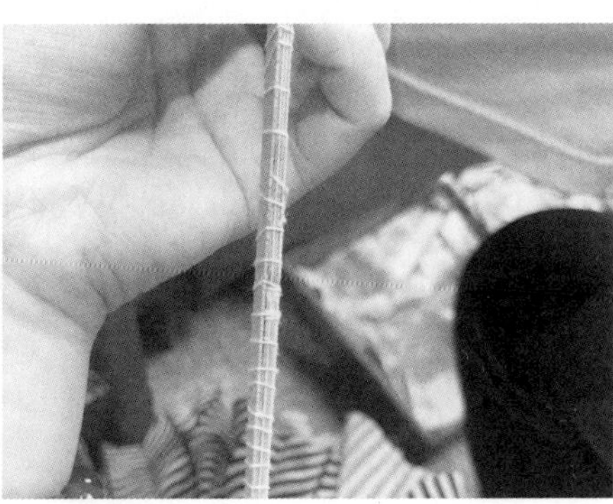

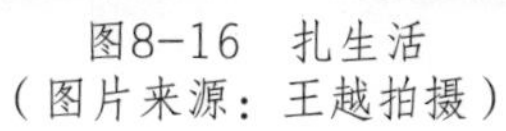

图8-16　扎生活
（图片来源：王越拍摄）

图8-17　钢丝
分别为0.28mm、0.30mm、0.35mm
（图片来源：王越拍摄）

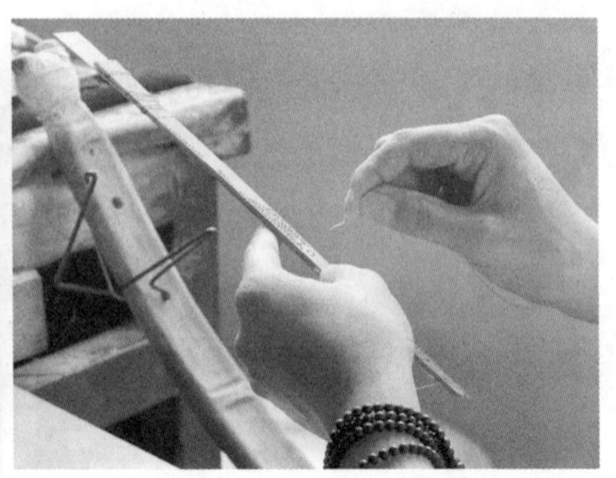

图8-18　将弓上的钢丝穿入扇坯钻好的小孔
（图片来源：萧楠拍摄）

拉花时，工作人员应该在分扎和翻篾两个步骤时慎重，切不可随意操作。用喷枪喷色时要做到喷洒均匀，使图案纹样的边界清晰。打眼钻头更要锉得锋利十足，操作时不宜过快，否则会引起产品开裂或表面不光。在拉花过程中，应特别注意图案纹样的单块面积不能占扇片总面积太多，小孔需均匀排列（图8-22），这样才能使扇子的图案纹样牢固不致散落。具体操作时，工作人员用右手掌握好竹弓的角度，使竹弓、扇子与跳板头形成一个直角（图8-23），角度歪斜将引起扇子的扇篾上下不一致，因此拉花时要用力均匀，否则拉出来的小孔或粗或细，齿纹或上下不正，甚至拉坏扇片，造成材料的浪费。另外，这道工序对凿钢丝的要求极为严格，不仅凿出的刺齿排列要均匀，而且每个刺齿口要圆滑，不能翻口，否则拉出的图案边缘粗糙，角度倾斜或者有钢丝的纹路，钢丝弓提起时也易扎坏，应避免出现过快或过慢的现象，尽量减少毛糙情况。

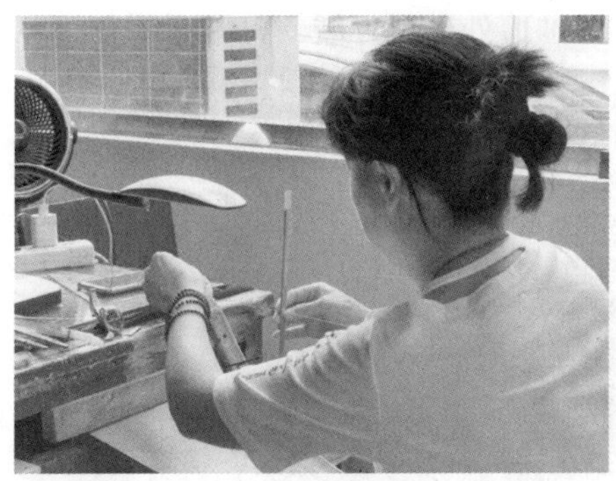
图8-19　将竹弓撑在桌边配好钢丝
（图片来源：萧楠拍摄）

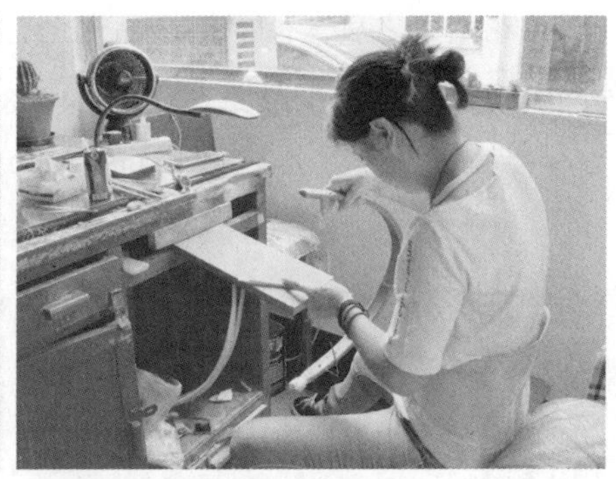
图8-20　将配好钢丝产品搁在跳板头上
（图片来源：萧楠拍摄）

图8-21　依照纹样顺序进行拉锯操作
（图片来源：萧楠拍摄）

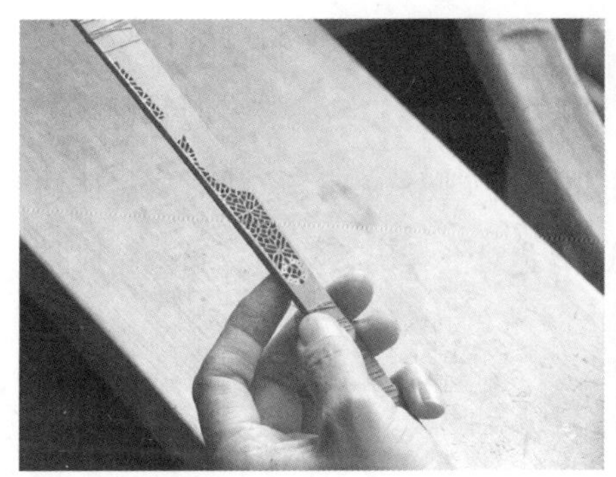
图8-22　小孔均匀排列
（图片来源：萧楠拍摄）

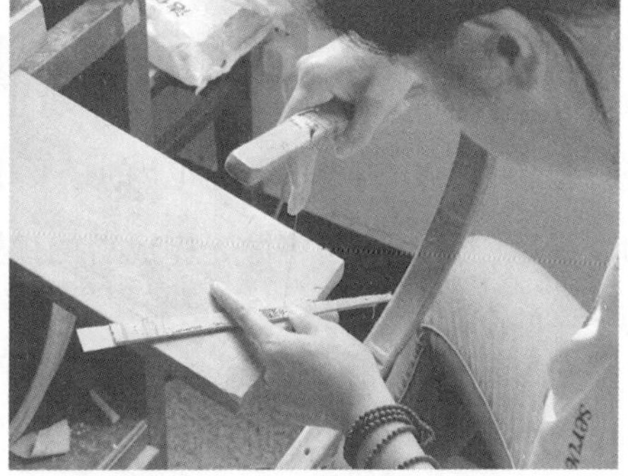
图8-23　右手持竹弓使竹弓与扇子形成直角
（图片来源：萧楠拍摄）

拉花结束之后，需要把产品送至打磨师傅处进行打磨。打磨所用的工具有：几种不同型号的砂纸（图8-24、8-25）、磨布（图8-26）、川白蜡（图8-27）、棕刷（图8-28）、抛光机（图8-29）。

图8-24　不同型号砂纸背面
（图片来源：萧楠拍摄）

图8-25　不同型号砂纸正面
（图片来源：萧楠拍摄）

打磨工序是檀香扇制作的关键工序，磨工的好坏直接影响扇子的外形美观程度。打磨师傅首先要把扇边排在操作台上（图8-30），用粗砂纸打磨一遍，再换细砂纸进行细细打磨，扇边的各个面都要磨到。第二步是打磨扇芯（图8-31），待扇片正反两面的毛糙部分全部磨掉后，再把扇片表面打磨光滑，磨好后用钢丝将扇片穿在一起。第三步，把扇子收起用粗砂纸打磨棱口（图8-32），和之前一样，再换细砂纸仔细打磨。第四步是用机器抛盘对扇子进行抛光（图8-34），抛光机上的蜡要用川白蜡（图8-33），上蜡时要涂抹均匀。最后一道工序是将抛光完成后的扇边扇芯对上号码，扎在一起，完成打磨工序的全部工作。

图8-26　磨布
（图片来源：萧楠拍摄）

图8-27　川白蜡
（图片来源：萧楠拍摄）

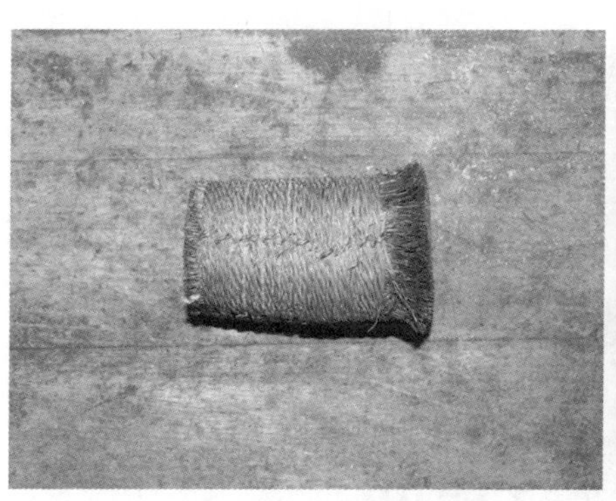

图8-28　棕刷
（图片来源：萧楠拍摄）

图8-29　抛光机
（图片来源：萧楠拍摄）

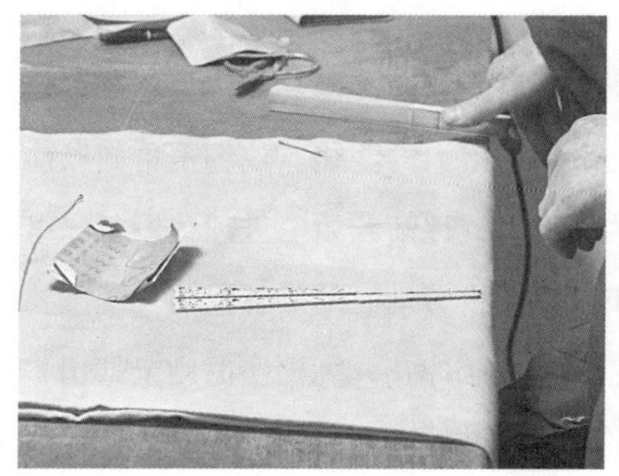

图8-30　打磨师傅将扇边排在操作台上
（图片来源：萧楠拍摄）

图8-31　打磨扇芯
（图片来源：萧楠拍摄）

图8-32　收起用粗砂纸打磨棱口
（图片来源：萧楠拍摄）

图8-33　抛光机上的川白蜡
（图片来源：萧楠拍摄）

图8-34　用机器抛盘对扇子进行抛光
（图片来源：萧楠拍摄）

随着社会的进步、科技的发展和经济的突飞猛进，以及扇坊生产经营模式的改变，苏州制扇艺人的制扇工具也发生了巨大的变化。他们不再像以前那样自创自制工具，在经济条件允许的情况下，逐渐开始引进现代设备和电动工具，一来可以提高劳动效率，二来可以减少劳动时间。现代的拉花主要是以拉扇边为主，一般木扇产品的扇芯都用冲床冲花，高档产品则全部用手工制作。现代化的电动工具主要有电烙笔等，机械设备主要是带锯机。

2.烫花工艺

烫花作为民间绘画的一种形式，在我国已有几百年的历史。民间艺人运用烫花技艺，在梳篦、家具、竹骨扇、芭蕉扇及宣纸上烫烙出色泽赭褐、焦痕深浅不一的图画。檀香扇中的烫花技艺又俗称火绘或烙画，手工艺人用带有导热的金属笔尖的自制电笔在扇片上烫出各种画面，制作者用银头电笔对其温度、性能进行控制和掌握。扇面上常见的表现题材有山水、园林、人物（仕女）以及翎毛花卉，实质上是以木代纸、以电笔代铅笔的"绘画"。

烫花的工具设备主要有：电源转压箱（图8-35）、低压电笔一支（图8-36，36伏，笔头呈圆锥形，为白银所制）、什锦锉刀（图8-37，用来锉银头笔尖）、电笔搁架（图8-38，一般为陶瓷材质）等。原有烫花工序需要的工具设备（图8-39）有：一只碳基球、一杆铁插笔（约尺余，烫部略粗）、毛边纸、护板（挡板）、一把老虎钳、包布。

图8-35　电源转压箱
（图片来源：萧楠拍摄）

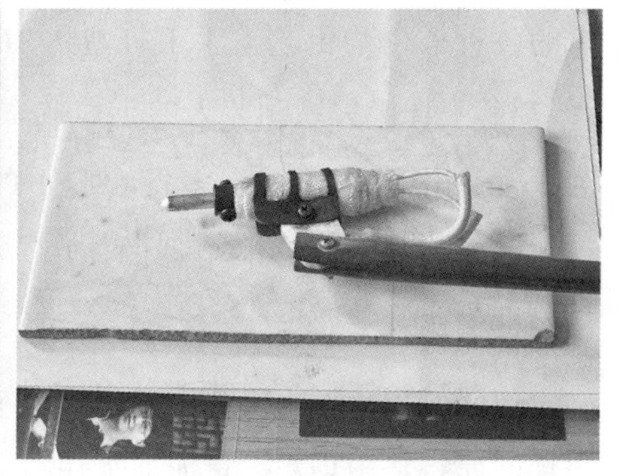

图8-36　低压电笔
（图片来源：萧楠拍摄）

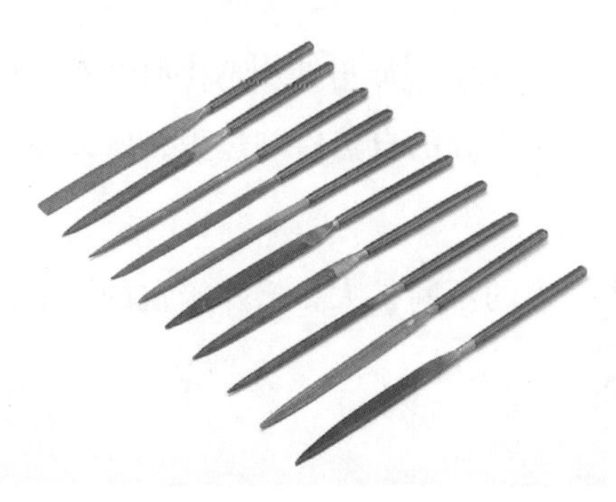

图8-37　什锦锉刀
（图片来源：www.satatools.com）

图8-38　电笔搁架
（图片来源：王越拍摄）

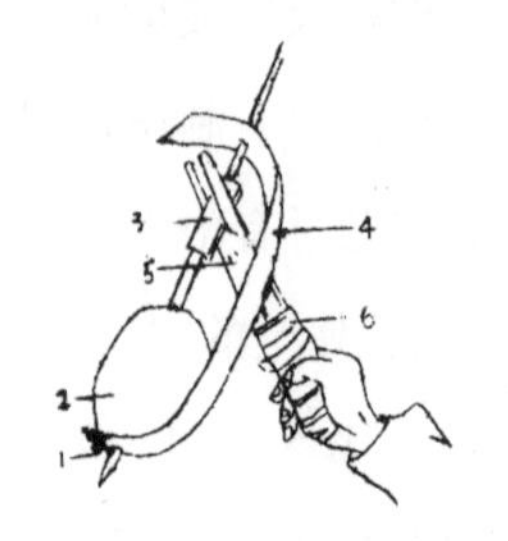

1、铁笔
2、碳基
3、毛边纸
4、护板（挡板）
5、老虎钳
6、包布

图8-39 原有烫花工具设备
（图片来源：《苏州如意檀香扇厂志》）

苏州檀香扇制扇工具的制作决定和制约了苏州檀香扇的面貌及发展进程。苏州的制扇艺人“既是生产者，又是劳动工具的生产者”[①]，制扇工具上的各种构件均由艺人手工打造，“工欲善其事，必先利其器”[②]，工具是否“利”，直接关系到艺人的工作效率和技术精确度。在苏州的制扇行业，为了适应作业需求，许多得心应手的工具都是由制扇艺人自制而成。然而，随着科技的进步和电器的使用，一些工具更新迭代，大部分旧的工具已经被淘汰。

20世纪50年代，烫花工具比较原始笨拙，首先是做火球，又称碳基球。火球的原料是用钢炭、黄泥加水拌和配制而成，其制法是：先将钢炭敲成粉末和黄泥搅拌（每十斤钢炭配一斤黄泥），制成一只只鹅蛋状的炭球，在球中间用铁杆钻一个洞，然后把碳基球放在炉子上烧红（碳基中间的小洞烧红即可）。铁插笔穿进碳基球中间等五分钟，待铁笔烧红后可使用六小时左右。由于工具比较笨重，加之铁笔有一个热度逐步下降的自然冷却过程，所以操作者必须把握时间和力度，操作难度较高。

进入20世纪60年代以后，随着生产规模的不断扩大，操作笨重的原始铁

① 钟敬文主编：《民俗学概论》（第二版），高等教育出版社2010年版，第45页。
② 王宏义注译：《论语通译》，中国文联出版社2014年版，第134页。

制火笔已不能适应生产发展的需要，烫花工具有了改革，表现方法上除了线描物体外形外，有了简单的皴染，比较注重素描关系和透视效果，表现题材和对象也随之扩大为园林、人物、花卉。经过改革，采用了以银制笔，电热丝加热的工具烫烙。这种以改变电阻来控制温度高低变化的新工具，给操作人员带来了极大的方便，大大减轻了劳动强度，并进一步提高了烫烙的质量。当今制扇艺人又将温度控制器改装成无极调谐器，使烫花工具又有了新的改进，这也必将推动烫花技艺的不断提高和发展。

烫花是一项具有高度技术性、技巧性的工作，掌握这种技术的人员首先要有绘画基础，同时要有一定的创作能力。烫花同绘画的最大区别是它没有丰富鲜艳的色彩，只以深浅线条表现物体的明暗，有点类似素描的处理方法。

烫芯的第一步是开启电源开关，待电烙笔的银头发热后，左手将散开的扇子安放在烫板上（烫板根据自己操作时的习惯可斜可平），右手持点笔杆，同普通笔一样在扇面上烫绘。烫花主要是利用木质受热度高低不同显出焦度深浅不同的画面，因此，根据画面的要求，需淡一点时就将电压开低档，需深一点时就将电压开高档，深浅结合，高低兼用，在扇面上烫绘出清新、雅致、美妙的图画。由于扇面是由一片片扇篾连接而成的，因此在烫绘过程中左手应不时地移合上下有关的扇片，使其烫烙的线条连接自如。操作的一般方法是，使用电笔的笔尖首先勾勒出所描绘的物体外形及内部结构的线条，在确定明暗分界的基础上，用电笔的侧面进行皴擦、渲染，使描绘的主题逐步地产生立体感。这样做出的作品具有以下几个特点：一是轮廓正确，线条勾勒流畅，有质感；二是结构严谨，透视感强；三是明暗清晰，皴擦自然，火候得当；四是主题突出，有艺术感染力。

烫花时要掌握人物、山水、花鸟等图案的特点，采用轻重、深浅不同的表现手法，将样稿图恰当地移植到扇骨上。在用火球铁杆笔烫绘时，钳子要握得紧，手腕用力要适当，否则烫出来的花纹没有力，线条不挺，图案也显得不活灵活现，深浅块面也达不到技术要求。铁笔头要锉得略尖细和光滑，否则烫出来的花纹会粗细不匀、图案模糊，影响扇面烫花的质量。碳基球一定要烧红，不然火力达不到要求，会使烫绘时应深的地方显得过淡了，并相应缩短铁笔的使用时间。

烫花是一门技术性较强的操作工艺，烫花的艺术水平同操作者的技艺水平、艺术修养有关，在操作方法上应做到：第一，用笔得当，笔势富有变化。在烫花中使用的电笔就如作画中所使用的铅笔、毛笔一样，因此也应讲究用笔的方法，在线条勾勒上同样应体现出轻与重、粗与细、虚与实，要有顿挫和一波三折之感，并做到胸有成竹，大胆落笔，正确地勾勒出对象的形体，讲究质感。

第二，火候适宜，用笔皴染灵活。烫花实质上就是导热的电笔接触扇面后所留下的褐色的痕迹，因此在这里就有一门正确掌握火候的学问，火候高焦痕就深，火候低焦痕就淡，操作者应根据需要不时地调温，并根据火候的高低，恰当地把握行笔的速度。皴擦、渲染是为了正确表现明暗关系，使描绘的主题达到形神兼备的艺术效果。暗部的皴染应该是褐中透红、褐而有光，而不是褐而焦黑、褐而无光。要达到褐中有红、褐而有光，一是火候不宜太高；二是要反复多次逐步加深，明暗关系的处理要逐步过渡、相互映衬。

第三，突出主题，重点刻画主体。任何一幅烫花作品均与其他艺术作品一样，总有主次之分，要突出主题，就必须重点刻画，刻画入微才能传神。对作品中的陪衬之物，不宜反复渲染和仔细刻画，否则就会喧宾夺主。

檀香扇的烫花工艺在20世纪40年代后期发展起来，并成为美化檀香扇的主要手段之一。烫花艺人龚福祺是苏州檀香扇烫花技艺的开拓者。他用一支火笔，在烫花技艺领域内摸索前进，自20世纪50年代开始，辛勤工作了半个多世纪，成为苏州著名的烫花艺人。他技法娴熟，操作时往往不打底稿，信手拈来，却构思新颖、造型别致、浓淡相宜，内容与形式也得到较好的统一。在他的努力下，传统的烫花技艺发展到了一个新的阶段，当时常用的题材有戏剧人物、瓜果、博古吉祥物、百子等。20世纪60年代以后，烫花工具的改革大大减轻了劳动强度，并进一步提高了烫烙的质量。20世纪70年代至今，烫花技艺更是有了明显的提高和改进，主要表现是在烫花技艺上直接地运用了周天民先生的素描花卉、素描山水画技法，使烫花的画面构图合理、线描生动皴染得体、立体感强，具有很高的欣赏价值。当今的烫花艺术就技法而言，已将中国画中的线描技法与西洋画中的素描技法融为一体。近几年，烫花与拉花结合的特高档檀香扇不断问世，其风格典雅、古朴、细腻传神，再适当辅以西画的衬擦，加强了物象的质感。

3.拉烫结合

早在20世纪60年代，设计人员已经把拉花与烫花结合起来，拉烫结合开始萌芽。从此，拉烫结合的构思形式日见奇巧，这种形式成为美化檀香扇的重要手段。拉烫结合的檀香扇，比一般的细拉花或烫花作品更受人欢迎。1972年西哈努克亲王来访时，苏州如意檀香扇厂赠予他的两把礼品扇中，就有一把是拉烫结合的檀香扇，名为“孔雀”，这把扇子表现了较高的艺术水平。1977年，拉烫檀香扇发展到登峰造极的地步。运用拉烫结合这一工艺的产品，既保持了拉花工艺所能呈现出的玲珑剔透的风格，又发扬了烫花细致入微的特色。在设计师的精心设计下，拉烫结合的檀香扇作品扇面主次安排妥帖，两种不同的工艺使扇面高度统一。拉烫结合的手法主要以烫花为主，烫花能产生近乎素描式工笔画的效果，烫花虽不是绘画，但表现方式近似绘画，故题材广泛、内容丰富。红花虽好，还需绿叶相扶，精妙绝伦的烫花工艺配以精镂细刻的拉花工艺，后者起到了陪衬、烘托的作用，二者虚实相生，赭褐色的烫花人物与空灵秀美的拉花纹样结合，使扇面富于变化和节奏感。

第三节　工艺传承面临的问题及解决策略

在制扇历史的发展进程中，扇子的文明发生了变迁，全手工制作的檀香扇现在已经成为收藏品、工艺美术欣赏品。因不具备机械化生产条件下产量高、效益高的特质，制扇技艺逐渐淡出人们的视野，甚至被忽视和遗忘。檀香扇的生存、传承和发展遇到很多新的情况和问题，面临着严峻形势。本节从制扇工艺、制扇传承和制扇原料三个方面分析了工艺传承面临的困境，在已有的檀香扇的设计研究的理论成果支持下，以点带面，分析了檀香扇发展与传承的现状以及其在发展和传承中遇到的问题和解决方法。

一、濒临失传的手工艺

1.部分工艺面临失传

经济快速发展和社会急剧变迁以及全球化趋势的加快，使得檀香扇的传承发展甚至生存都面临着严峻的形势，许多新的情况和问题得不到解决。2005年3月26日，国务院印发《国务院办公厅关于加强我国非物质文化遗产保护工作的意见》，表明了党和政府高度重视中华民族非物质文化遗产。2005年12月22日，国务院发布《国务院关于加强文化遗产保护的通知》，提出积极推进非物质文化遗产保护，开展非物质文化遗产保护工作，制定非物质文化遗产保护规划，抢救珍贵非物质文化遗产，建立非物质文化遗产名录体系，加强少数民族文化遗产和文化生态区的保护等五点措施。2006年，苏州的制扇技艺已经列入第一批国家级非物质文化遗产名录项目。2017年3月12日，国务院办公厅关于转发文化部等部门中国传统工艺振兴计划的通知，计划提出了建立国家传统工艺目录等十项重点任务。2019年3月31日，发展改革委印发《2019年新型城镇化建设重点任务》的通知，其中提到要提升城市人文魅力，保护传承非物质文化遗产，推动中华优秀传统文化的创造性保护、创新性发展的具体要求。在国家政策的扶持下，檀香扇的发展已经步入了正轨，重新回到了人们的视野，并且稳步前进着，但是长远来看，传承的情况并不那么乐观。国家文化竞争激烈，现代工业文明日益扩张，传统的手工业面临着巨大的危机和挑战，而制扇业作为苏州的传统工艺美术之一，也正面临着或发展或改革或变迁的种种问题。

随着时代的发展，苏州地区的旅游业获得快速发展，异地游客大量涌入，旅游消费品市场前景广阔，当地的产品也开始转向了异地的消费商品。由于需求量大，机器带来了高效率、高利润的优点，檀香扇的生产开始成为标准化的复制。这就淡化了檀香扇技艺的手工性质，成了技艺发展的隐患。

苏州檀香扇的传统工艺随着制扇工艺机械化的发展和竞争市场的日益激烈，衰退的迹象早已出现，部分制作檀香扇的传统技艺面临传承危机，再加上缺乏年轻人的加入，很多技术都濒临失传。传承人邢伟中也告诉笔者，现在很少有年轻人能够始终如一地坚持学习、守住老本行了。“手艺无可挽回地消逝了，但手艺有其思想，手艺思想存在，并独特地作用于现代。”[①]

笔者在实地考察中发现，苏州檀香扇传统工艺的传承方式大致有两种，一种是家族传承，另一种是师徒传承，主要以师徒传承为主。据制扇大师介绍，以前学习拉花和烫花这两项手艺曾有父带子的情况，现在这类传承方式很少见，部分手艺人并不愿意让后代从事老本行，认为其“收效慢”“赚钱少”，许多年轻人已经离开家乡到大城市求学深造、开阔眼界，父母并不希望他们再回到家乡。另一方面，制扇行业自古以来有“传男不传女”的说法，在计划生育实行之后，许多家庭只能生一胎，若这家人生了女儿，手艺就处于失传的境地。

2.解决策略

第一，作为檀香扇的制作者和传承人要把传承作为一种使命和责任，扩大收徒的范围和人数，提高收徒的质量，将自身的技艺、经验、专业知识毫无保留地传授给徒弟，意识到自己的积极行动是带动檀香扇发展的重要一环。第二，可以进入正规的设计院校学习和进修，并与这类学校或高职技校、培训机构达成合作，共同培养优秀人才，把檀香扇的制扇技艺纳入学生平时的教学课程之中。第三，政府和社会各界也应重视和积极支持檀香扇传统技艺的传承问题，建立传承基地，让学员发挥自己的优势。

二、日益严重的传承境况

1.传承人数减少，质量下降

以檀香木制扇是我国的首创，如今，随着时代的发展，从事手工艺行业

---

① 杭间：《重返自由的“工艺美术”》，《装饰》2014年第5期。

的人正在逐步减少，而如何提高年轻群体对这个行业的关注度是十分重要的。随着社会经济的发展，企业纷纷转制，原来的手工业企业渐渐无法适应市场经济的需求，而半机械制扇的产生，使得很多企业往往都只追求经济利益，批量生产，从而忽略了人才技艺方面的培养。一切手工技艺，皆由口传心授，虽然老一辈的手艺人有着精湛的技艺，但随着他们年龄的增长和身体状况的变化，如何培养年轻一代的手工艺人成了一个尤为重要的问题。此事责任重大，意义非凡。

笔者采访到了曾在苏州如意檀香扇厂工作过的孙耀文先生，他工作至今有40多年了，当初一同成立的老字号苏州扇厂已在十多年前倒闭，同一时期的苏州檀香扇厂能够维持至今，孙耀文既欣慰又担心。令人欣慰的是，檀香扇厂于2004年在苏州政府的推动下转制成了民营企业，但之后依旧继续生产经营檀香扇。由于原材料名贵稀有，檀香扇的价格也不断上涨，制扇成本大幅增加，而且檀香扇的制作必须完全由人工完成，手艺传承人十分稀缺，培养一个优秀熟练的师傅不仅需要时间和财力，还需要对工艺的感知和天赋，这也使得手艺传承面临着青黄不接的风险。拥有精湛技艺的民间手工艺人是传承的主体，一方面，一些手工艺人年纪渐长，另一方面，在现代社会中传统工艺不能获得较好的经济收益，某些拥有手艺或对手艺感兴趣的年轻人迫于生活压力转而从事其他行业。

师傅的“点拨”和徒弟的“悟性”之间存在着微妙的关系。现代的机械生产无法承载情感交流和行为感染，因此在传授手艺的过程中，师傅也应将其坚韧不拔和始终如一的精神传递给徒弟。“工匠精神”的传承，“要靠‘口传心授’地自然传承，同样无法以文字记录，以程序指引”，“它体现了旧时代师徒制度与家族传承的历史价值”。[1]技艺的特殊性也使得传承不仅仅是师傅教的结果，更是徒弟自己悟的结果。其实，纯粹的技术性的问题并不难掌

① 王迩淞：《工匠精神》，《中华手工》2007年第4期。

握，难的是对于作品艺术性的把握，只有这种艺术性的力量才能感动受众，这与手艺人本身对艺术的理解以及对工艺的悟性息息相关。

2.解决策略

要解决制扇工艺传承问题，第一点就是要提高传承人的关键素养。因为在传承的过程中，很多环节无法做到标准化的教学，很多重要的工艺更是有着难以言说的特性，这就要求徒弟要抓住师傅的语言、示范行为的核心。第二点，齐白石曾说过，"学我者生，似我者死"。徒弟在学习和模仿师傅的过程中，更应该有自己的艺术风格，做到既要"形似"，又要"神似"，而檀香扇面上的艺术表达，要形神兼备。"培养下一代的领悟力，成为传统工艺传承的关键。"[①]师傅在传授工艺的同时，更应注意运用各种方式提高徒弟的艺术感受力。

三、珍贵稀有的原材料

1.原材料的匮乏

檀香扇的制作十分注重原材料，优质的檀香木能使檀香扇更具审美价值和收藏价值。檀香木的生长周期长，属于半寄生植物。一棵发育成熟的檀香树高达12米，但其成长期达几十年之久。幼苗的成长条件苛刻，要寄生于高大的乔木类植物才能成活，制扇艺人平常所说的檀香木指的是其木芯的材料，不包括木材最外层没有檀香的白皮边材。物以稀为贵，用来制作檀香扇最好的原材料为老山檀，老山檀价位颇高，而且出现了有钱也难以买到的现象。檀香木以印度生长的树种为极品，特点是颜色偏黄，香味恒久，木料油性足，被称为"老山檀"，老山檀在当地早已明令禁止出口，在印度已经属于濒危树种，十分稀缺。市面上能够买到的老山檀扇子全是来自印尼的木料，且原材料也已经稀少。

---

① 谢崇桥、李亚妮：《传统工艺核心技艺的本质与师徒传承》，《文化遗产》2019年第2期。

我国使用檀香木制作工艺品的历史已有1000多年，檀香自古便是极珍稀的材料，也是历史悠久的国贸商品，其树种成长期长，生长条件苛刻，从古至今都处于供不应求的状态。檀香木贸易受到清中期的乱砍滥伐的影响走向衰落，16世纪初，占据中国澳门的葡萄牙人听闻檀香木在中国大有销路，便从帝汶向中国输送檀香木，并在广州以三倍的价格卖掉。自此，澳门与帝汶的檀香木贸易十分兴盛，这也是当时澳门的一大经济支柱，后来受到海关政策变化的影响，檀香木的贸易趋于衰落。帝汶政府在清乾隆五十年（1785）时，将澳门原先独享的檀香木贸易特权终止。与此同时，中国与夏威夷的檀香木贸易也因中国繁荣的木材制造业逐渐兴盛。这个时期，广州和苏州生产制作檀香扇的原料需求被夏威夷进口而来的檀香木满足。清代中期，檀香木的进口规模最大，但正因为檀香木作为贸易商品能为人类谋取利益，檀香树在全球范围的滥伐现象十分严重，野生檀香树因人的需求而急剧减少。

2.解决策略

现在檀香扇的原材料供给主要依靠民间的采购来满足，该行业的发展因原材料的匮乏和价位之高举步维艰。由于檀香木原料价格昂贵，只能适合于高层次社会的要求，设计人员也曾在材料、工艺手段上广开思路，用禾木、柏木、黄杨木等材料，配以适合大批量生产的机械化手段，如冲花、烫印等，降低了成本和劳动力。在此基础上，把造型、冲花、烫印、喷绘和人造檀香精相结合，设计了“香木扇”。但这终究不是真正的檀香扇，使用的原材料不同，扇子的特质必然也不同。对于原材料的问题，笔者认为，应当合理控制檀香木以及檀香工艺品的价格，把材质好的原料留给资质较深的大师使用。

本章以苏州檀香扇传统工艺作为非物质文化遗产对其工艺和传承价值展开探讨，在对苏州檀香扇传统工艺进行田野调查的基础上进行分析和总结，试图为非物质文化遗产的传承探索道路。第一，分析了苏州的地理位置和人文特色，探讨了其地理环境和文化环境，理清了苏州檀香扇传统工艺的传承与发展的脉络，为更好地继承传统工艺奠定了基础。第二，本章明确了保护对象，从保护的角度出发，阐述苏州檀香扇传统工艺的特点和保存现状，为科学保护提供参考依据。第三，本章梳理了传统工艺继承的必要性，从民生角度考虑，从文化、审美和工艺的角度进行说明。第四，本章在实地考察的基础上通过多次走访、参与，建立了以“考察—分析—保护”为原则的基本模式，提出了苏州檀香扇传统工艺面临的问题，为保护“民需之本”，根据实际情况对其内在联系进行分析并给出有益的探索方向。

苏州檀香扇传统工艺作为非物质文化遗产，它的保护研究任务任重道远，笔者取得了一些研究成果，但尚有许多领域有待进一步的深入研究。本章提出了苏州檀香扇传统工艺的传承价值，但限于现有资料不足，尚无法从工艺差异的角度对其进行科学的量化分析，研究制扇工艺在中国的演变与流变，应在掌握一定数量的资料后通过对工艺特点的分析，与民生相联系，总结规律。本章分析了苏州檀香扇的工艺特点，但还缺少对具体工种的分析，接下来将通过更长时间的实地考察，以期建立数据库，进一步收集资料。限于水平和时间，本章对苏州檀香扇传统工艺研究尚不深入，只当抛砖引玉，希望能够引起更多对中国传统制扇工艺这一非物质文化遗产的关注，不当之处请予以指正。

下编　公共空间与环境艺术设计

第九章
乡土温度：鲁东农村公共空间设计研究

本章以鲁东地区的农村为研究对象，通过分析公共空间的变迁以及农民作为公共生活群体的变化，梳理分类出涵盖日常生活的按照功能分类的主要公共空间类型，并将农村群体的交往行为置于公共生活场域之中去看待。研究内容立足于村民公共生活习惯与需求的公共空间规划设计，探寻空间显性功能需求与隐形文化交往的密切关系，以及公共设施在支撑和引导村民公共生活上所有的不可或缺的作用，且通过对公共空间进行区域特色的环境与视觉设计的探索，尝试从视觉上的审美认同提升村民对公共空间的认知与认同。

第一节　从公共生活到公共空间设计

本节将鲁东地区的农村作为研究对象，关注社会公共生活下的公共空间变迁以及村民生活在此变迁进程中显现的矛盾。通过分析公共空间的变迁以及农民作为公共生活群体的变化，梳理分类出涵盖日常生活的按照功能分类的主要公共空间类型，并将农村群体的交往行为置于公共生活场域之中去看待。通过其行为特点以及行为需求和形态、时间、社会与认知等维度去开展与公共空间有关的设计研究，使设计结果更好地联结行为主体和行为场所。

一、农村公共空间概述

三十辐共一毂，当其无，有车之用。埏埴以为器，当其无，有器之用。凿户牖以为室，当其无，有室之用。故有之以为利，无之以为用。

——老子《道德经》第十一章

中国人自古就有空间的概念，也明其功用，正如老子所说“有”带给人便利，但发挥作用的是实物所形成的空间。容器内的空间能体现盛物的功用性，建筑内的空间能提供居住的功能，而本文提及的“空间”则指私人居室之外的空间，能为人们提供社会交往、社会关联与社会认同的公共场所，与私人空间相对，也可称之为公共空间。

近代公共空间的概念最早源于公共领域的理论，它是公共领域中行动的载体以及外在的表现形式，同时这些行为也决定着公共空间的外在特征。其简约内涵是在公共领域中所有人可见、可闻的“任何东西”，主要指“社会内部业已存在着的一些具有某种公共性且以特定空间相对固定下来的社会关联形式和人际交往结构方式”①。社会学家安东尼·吉登斯（Anthony Giddens）曾指出，公共空间作为公共生活的场所，不单是简单意义上的地点（place），更是一个活动的场景（setting）。②

农村公共空间的概念源于“公共空间”，并结合我国农村本土特征所形成的较规范的概念，指存在于农村聚落中可以提供社会性公共生活发生的活动场所。王德福在《乡土中国再认识》中指出：“凡是比较开阔的公共场所，

① 曹海林：《村落公共空间：透视乡村社会秩序生成与重构的一个分析视角》，《天府新论》2005年第4期。

② 参见[英]安东尼·吉登斯：《社会的构成：结构化理论大纲》，李康、李猛译，生活·读书·新知三联书店1998年版，第45页。

都会形成村民的聚会点，构成熟人社会中的公共空间。”“公共”和“空间”是本文研究的公共空间概念的基本特性，“公共”是有关空间质的特性，规定空间存在和活动发生的性质。“空间”是有关公共性的形的特性，表明活动产生的场所，但它并不只是有边界范围的物质化的空间实体，同时也是承载了社会关系、人际往来、村庄秩序的文化范畴。所以公共空间至少包括三个基本要素：一是公共场所，二是公共活动，三是活动主体。活动主体创造了公共活动，公共场所是公共活动的载体同时又吸引活动主体，而进行公共活动又是公共场所存在的意义和功能。公共空间是各类人际交往、公共活动与社会关联发生的基础，为农村群体提供认同和归属、参与和交流、满足等需求。

传统公共空间是在“生于斯、死于斯”的乡土社会中长期地、自然地、自发地生成，可为村民提供公共生活的空间。在传统乡土社会中，很大程度上也依托公共空间的开放将村庄内的人在共同生活上联结到一起。相对于村庄自发内生的公共空间，近年来国家规划的新农村建设和新型农村社区建设所规划的公共空间在很大程度上走入农民生活，与传统的公共空间或冲突或包含或融合或博弈。当下农村公共空间现状是传统的与地方行政规划的公共空间并存。在这个背景下，若只关注外在呈现的公共空间，则理解较为片面并且容易与农村社会和村民脱节，本章试图从行为主体的角度出发，通过公共生活的视角去探寻农村公共空间设计的可能性。

二、公共生活与集体记忆

个体在日常活动过程中，都会在具体的互动情境中，与一同在场的他人进行着日常接触。农民在村落甚至是村际之中的公共生活形式与内容多样，本章研究的公共生活范畴包括邻里交往、文体活动、经济交易、社区服务等。作为生活共同体的村庄，其成员在社会关系构建过程中逐渐积累该群体的集体记忆。法国社会学家莫里斯·哈布瓦赫（Maurice Halbwachs）将其定义为“一个特定社会群体之成员共享往事的过程和结果，保证集体记忆传承的条件是社会交往及群体意识需要提取该记忆的延续性”①。集体记忆是实践行为的不断积累，也是在群体生活中形成的传统习俗和文化的积淀，每一个社群都有相应的集体记忆，这也是社群得以凝聚和延续的基础。一个社群集体记忆的强弱影响他们对生活社区的认同，集体记忆本质上是立足现在而对过去群体经历的一种重构，通过依赖媒介和集体活动来保留和强化这种记忆。所以它的维持在时间上和空间上是共存的，可以对应到公共空间即活动形式和场所空间之中。通过日常的公共生活，在公共空间下创造属于行动者的共同拥有的集体记忆。

社会学家保罗·康纳顿（Paul Connerton）针对如何传递和维持社会记忆提出了“非正式口述史的生产，既是我们在日常生活中描述人类行为的基本行动，也是全部社会记忆的一个特征”②的观点。公共交往不只是相互插科打诨，社会性的记忆在此过程中通过语言的交流，进行着交换、重塑和延续。场地能为人们的共同经验和时间的连续性提供支撑点。乡土社会第一特性就是熟悉，熟悉是信息对称且透明，而且相对稳定的社会也意味着交往预期的长久化。对于农村群体来说，正是在公共空间中所获得的信息交流、在相互交往和共同活动中形成的社会关联、人情来往等使农村社会的关系网络运行正常，村落集体记忆也得以延续。“以前以邻里为基础相互串门的社会性关系与交往逐步变少，而以公共空间为基础的交往需求被创造出来。”③2013年底中央城镇化工作会议在提高城镇建设水平任务中提到“让居民望得见山、看得见水、记得住乡愁”④，乡愁就是个体从幼时起的记忆和情感的归属。此时村落又构成了人的价值意义的支撑网，个人的拼搏奋斗最终要通过“衣锦还

① 高萍：《社会记忆理论研究综述》，《西北民族大学学报》2011年第3期。

② [美]保罗·康纳顿：《社会如何记忆》，纳日碧力戈译，上海人民出版社2000年版，第40页。

③ 贺雪峰：《农村的半熟人社会化与公共生活的重建——辽宁大古村调查》，《中国乡村研究》2008年第1期。

④ 2013年《中央城镇化工作会议》，共产党员网：http://www. 12371. cn/。

乡、荣归故里”来确认。

所以，公共空间下的交往行为不仅仅是个体与个体间交流的需要，更是对生活在这片土地上的集体记忆的维系和群体间内部稳定、和谐、团结的需要。在乡土社会，公共生活就是乡土记忆产生和延续的重要载体。有良好的集体记忆延续的村落，其公共性精神才不至于在现代变迁下快速地流失、变异。如果农村公共空间失去应有的活力，无法支撑和满足村落中公共生活的需求，变为徒有虚名的场所，说明村落也将渐渐没落。亲密社群的离散，生活共同体的式微甚至会引起农村价值、伦理和治理危机。

三、现代变迁下的农村公共空间

近年来，由于城市化、农村空心化和新农村建设进程等影响，农村社会也逐渐显露了不同于几十年前的面貌和变迁，农村原有的面貌和组织机制都面临着改造。农村原有的“内核”也逐步衰落，导致农民的行为逻辑逐步改变，尤其是新型农村社区建设中的迁村重组，原有自然村落的秩序全部被打破。政府有意识地去引导村民的公共生活方向，改造和建设活动场所，改变村民生活习惯，无论是建筑规划还是生活服务重组，都向城镇化靠拢。

笔者在对鲁东地区农村的考察中，发现导致此地区公共生活与空间变化的原因主要有以下几方面：首先是行政规划力量的干预。新农村建设和农村新型社区建设如火如荼地开展，《山东省农村新型社区和新农村发展规划（2014—2030）公示稿》（以下简称《公示稿》）指出：“农村新型社区是在规划引导下农村居民点集中建设，形成具有一定规模和产业支撑、基础设施和公共设施完善、管理民主科学的农村新型聚落形态。”[①]农村新型社区建设是国家下达的方针，各地要逐渐落实的大趋势。在此过程中也出现很多问题，比如日照市的安家村新规划的村民文化广场（图9-1），村干部在沿街房的几

---

① 《山东省农村新型社区和新农村发展规划(2014—2030)公示稿》，2014年。

间屋子外面贴上“农家书屋”“老年活动中心”等字样，但显然并没有达到理想标准，收效甚微。这样“虚有其表”的村民社区文化广场在鲁东农村不在少数，政府投入很多物力建设，但实际上政府意志与村民实际需求脱节，利用率和村民认可率很低，基本都处于关门状态，沦为面子工程。

图9-1　日照市安家村村民文化中心
（图片来源：王梦晓拍摄）

其次是空间行为主体的变化。打工热潮与求学热潮使得村里很多年轻劳动力流入城市，在人文底蕴深厚的山东半岛地区也不例外。年轻人原本是家庭生活的主体，也是公共生活的主体，他们的大量外出导致村庄出现空心化倾向，空巢老人和留守儿童越来越多。鲁东地区农村劳动力转移以就近就地为主，出省打工的比例比其他地区略低，猜测可能和地理位置也有关，几乎三面环海的山东半岛只有西面连接大陆，其选择性就远远低于连接四面八方的内陆省市。《公示稿》也指出：“截至2012年底，全省农民工数量达到2330万人，其中：乡以内转移的农民工1347万人，占58%；乡外县内转移的397万人，占17%；县外省内转移的395万人，占17%；省以外的191万人，占8%。”[①]由此可见，县内转移农民工约为总数的75%。农村社会不再有传统的

① 《山东省农村新型社区和新农村发展规划（2014—2030）公示稿》，2014年。

稳定，由“熟人社会”变为“半熟人社会”。所以公共生活的行为主体的长期不在场，是导致公共空间逐渐失去活力的原因之一。

再次是生活方式的日趋多元化。《中国大百科全书》将生活方式定义为：日常领域，如“物质消费、闲暇和精神文化生活等”。对于农民来说，他们的生活方式很大程度上由务农情况来决定，一般夏季秋季为农忙季，冬季春季为农闲季。农村有“三个月农忙，三个月农闲，三个月打牌，三个月过年”的说法。近年来，农业生产水平的进步、农户经营模式的改变和国家优待政策使得农民可以在务农上较之以前省时省力，有多余的时间可以自由支配，农民群体在农业活动之外也收获了更多的闲暇时间。“半工半耕的兼业经营是现在非常普遍的计生方式”[①]。在现代变迁下，乡土社会中闲暇生活主要有两种类型：一是个体的身心放松，也就是在家里休息看电视、养花草等；二是社会交往性的，就是在公共场所与群体进行互动。后者是最常见的，乡土社会“面对面”交往是休闲活动的首要特点。闲暇时间的增多使村民不知如何更好地打发时间，原有的娱乐场所也无法满足新的空闲。

最后，再谈一下农村公共空间类型的变化。上文提到公共空间的定义是“社会内部业已存在着的一些具有某种公共性且以特定空间相对固定下来的社会关联形式和人际交往结构方式”[②]。在不同公共空间之中的交往活动，一定程度上型塑着农村的社会秩序基础以及维持着多元关联谱系。笔者基于对山东东部地区即鲁东地区的日照市、青岛市、潍坊市等农村（如青岛市的柳树底村，潍坊诸城新村，日照的安家村、下元一村、黄巷子村等）的考察，对常见的公共空间功能和使用情况等，整理出以下情况示意表：

---

① 王德福：《乡土中国再认识》，北京大学出版社2015年版，第143页。

② 曹海林：《村落公共空间：透视乡村社会秩序生成与重构的一个分析视角》，《天府新论》2005年第4期。

表9-1　公共空间功能和使用情况示意表
（来源：王梦晓绘制）

空间形式	主要功能	附属功能	存在情况	开放时间
乡间超市	购物	聊天、打牌等	兴盛	全天
定期集市	交易	聊天、交流等	延续	五日一次[①]
门口道路、空地	过路	聊天、红白喜事、晾晒粮食	弱化	全天
文化广场	文娱活动	聊天、休息、健身等	兴盛	不定期
社区服务中心	行政服务	医务、便民、活动中心	兴盛	全天

从上表可以看出农村人际交流的公共空间形式多样、功能复合，在本研究中，不是对个别空间做个案分析，而是涉及整体公共空间的形式与功能的场所、设施、公共产品等设计，同时关注物质和精神层面的研究，故按照空间主要功能，大致分为：交易型公共空间，如定期集市和超市；娱乐型公共空间，如文化广场等；服务型公共空间，如社区服务站等。

公共空间的“形式”与“功能”是理解变迁的两个重要维度，二者是相辅相成的。从形式上看是场所的规划和利用，从功能上看是各个类型公共空间不同功能的实现。乡土社会变迁导致农民社会文化出现匮乏，亟须重建积极健康的社会生活方式。新农村建设中公共空间的规划和形式多样化，还有很多文化下乡的形式，但问题是这些形式与农民实际生活脱节，达不到预期效果，其功能得不到实现。当代农村社会生产以及生活的多元化和异质性加剧了“熟人社会”陌生化。在新型社区建设中，不可避免的村庄合并使得村

① 鲁东地区农村乡镇都普遍有定期集市，日期按照阴历时间逢五逢十举行，也有逢四九、二七等形式。

庄要迁村、合并。合并之后的新社区必然不同于以往的自然村落，村民要逐渐适应陌生的居住环境和不同于以往的生活方式，在公共交往领域往往会有归属感和认同感的流失。

总之，如果农村公共空间的公共性不断流失或公共空间的消解使公共生活私人化、农民缺乏相互理解和分享交流，可能会导致传统道德价值的迷乱、村庄失序、社会关联弥散等问题。公共空间的重建已经成为新农村建设和农村发展过程中的重要课题。

四、农村公共空间设计的思考维度

基于农村公共空间与农民群体公共生活有关理论，从设计学角度去思考公共空间的规划与具体设计。从空间形态、尺度、时间、功能、社会认知等较为全面地剖析农村公共空间建设和发展的趋向，并以此为基础展开后续的规划设计、设施设计和环境视觉传达设计。

从形态维度出发是公共空间设计的基础，它规定了空间的位置、分区、面积与数量等，是空间设计进一步展开的基础。公共空间设计的形态维度指考虑空间的布局与结构，是对于空间的整体规划设计，包括空间的界定和场所的选址、空间的尺度设计、空间内部的分区等。凯文·林奇（Kevin Lynch）在*The Image of the City*（《城市的印象》）中总结了五个关键的空间形态要素，"paths（道路）、edges（边界）、districts（区域）、nodes（节点）、landmarks（地标）"[①]。空间的选址跟随村落建设的选址，山东省新农村发展规划有关文件也提到要"合理选址，节约用地"。具体来说，选址应"避免压覆矿产资源，避开地质灾害易发区和隐患点，确保建设安全。落实最严格的耕地保护和最严格的节约用地制度，优先利用存量土地或低丘缓坡、荒滩等未利用土地，减少

① Kevin Lynch, *The Image of the City*, Cambridge and London: The MIT Press, 1960, P.46.

新增用地规模，尽量少用或不用耕地。”[①]农村公共空间应该“由它所处的自然地理条件下生长出来，不仅在生态上与自然环境呈平衡关系，而且从形态上呈有机的联系”[②]。人类学家爱德华·T.霍尔（Edward T. Hall）研究指出“人类有两类知觉器官：距离型感受器官——眼、耳、鼻——和直接型感受器官——皮肤和肌肉”[③]，其中距离型感受器官在人们公共交往中有着特殊的作用。空间的尺度决定感官的感知和交往的距离。在农村社会中，相对于空洞缺乏人情味的大空间而言，小尺度的空间更加温馨宜人，使人们可以更好地互相看见和听见，并且整体和细节也都能观察欣赏到。

时间维度的考量是公共空间设计的前提。人与人的共同在场是公共交往和互动的基本条件，这就规定了公共空间作为公共生活场域的时间性与空间性。

公共生活是村民日常生活的一部分，有反复不断的特性：“以不断逝去（但又持续不断地流转回来）的季节时日的交错结合为基础而形成的惯例。”[④]日常所体现出来的时间只有在重复中才得以构成，尔文·戈夫曼（Erving Goffman）将各种共同在场条件下的关系构成的现象称之为“日常接触”。人在反复中形成的习惯演变成惯例，然后同社会时间节律结合形成风俗，最后结合形成社会传统。除了反复性，日常生活同时还具有某种持续性，作为公共生活与交往的公共空间，自然与公共生活的时间性密切相连。王铭铭指出时间是“社会整体现象的核心”[⑤]，因为社会交往和实践行为都受到社会时间节律的支配，构成整体性的节奏。从时间上看，一方面是自然时间维度，一方面是使用时间维度。无论是自然时间还是使用时间，公共空间

---

① 《山东省农村新型社区和新农村发展规划（2014—2030）公示稿》，2014年。

② 方明、董艳芳编著：《新农村社区规划设计研究》，中国建筑工业出版社2006年版，第27页。

③ [丹麦]扬·盖尔：《交往与空间》，何人可译，中国建筑工业出版社1992年版，第57页。

④ [英]安东尼·吉登斯：《社会的构成：结构化理论大纲》，李康、李猛译，生活·读书·新知三联书店1998年版，第101页。

⑤ 王铭铭：《人类学是什么》，北京大学出版社2002年版，第133页。

都被时间的反复与持续影响着。自然时间是指一天的不同时间，农村公共空间是供村民交流交往的场所，既然是公共生活，所以在空间使用上并不是全天全时的，单一功能的区域往往只在有限时间内被专门使用。农村公共空间规划设计还受到农业生产和乡土生活在时间维度上的影响，一个重要表现就是空间功能的复合性设计。时间上的不同，造成活动形式的不同，从而引起活动目的的不同，影响着空间使用功能的不同。虽然空间形态、布局、内部设施等都是静态的，但只有处在公共生活的活动中，空间才是一个完整的、有机的、流动的整体。以公共生活为视角研究公共空间设计，空间和时间都是极其重要的因素，对时间维度的把握应在开始具体设计之前，总体视野的维度对于后续具体设计有着重要影响。

社会与认知维度的思考是公共空间设计的关键。社会与认知维度的含义在于从社区角度出发，把人和所处的公共空间和环境视为一个整体，强调作为行为主体的村民以及他们如何去认知和评价公共空间环境，并且从中抽取意义和赋予某些意义。目的是让村民在体验多层次公共空间的物质环境和多元化公共生活方式后，逐渐建立对所处的共同体社会的认知与认同，激发村民对公共空间环境的心理和情感上的认同。简单来说，“社会”偏重人与人之间的交往和公共关系的建立，不同于“视觉艺术”的空间设计传统，以公共生活为视角、作为“社会使用”的空间设计与人、空间和行为特征密切相关。从公共空间的认知维度来看，认知是从感知而来的，人与环境相互影响的过程中，必然会通过视觉、听觉、嗅觉或触觉等官能来感知和转译因环境刺激而产生的反应。而认知层面关注的远远不只这些，它还涉及对这些反应和刺激更为复杂的处理。这些处理不仅有个人本位的身份认同（即人生存的根本意义），又有社会本位的社会认可（即人与人交往中的行为意义），强调人的归属感与空间的情感联系。人们需要身份认同感以及归属于某个共同体或社区的体验，公共空间则为人们的共同经验或集体记忆和时间的连续性提供了支持。

最后，设计过程中一个不可忽视的重要环节就是对空间使用状况的评价与分析，“使用状况评价是一种利用系统、严格的方法对建成并使用一段时间后的户外空间进行评价的过程”[1]。重点在于了解公共空间使用者及其需求，通过深入分析以往设计决策的影响及空间的运作情况为将来更适宜的设计提供坚实的基础。

第二节　人际互动性——鲁东农村公共空间规划设计

在中国大部分传统的农村地区，由于信息的透明与对称，村民主要通过彼此的互动来处理社会关系，所以形成了农村熟人社会独特的行为模式。公共交往生活往往依附带有一定目的的公共行为，如交易、娱乐、社区服务等，在这背后隐含着人际关系与乡土文化的巩固和延续。立足于村民公共生活习惯与需求的公共空间规划设计，才能充分发挥空间的显性功能需求，满足隐形文化交往的目的。农村公共空间的规划主要从形态维度出发，这是后续设计的基础。

一、公共生活中的人际互动

在村庄社会内部，“经济活动、文化认同、组织建构是村庄共同体得以形成的三大支柱”[2]。而经济关联、文化关联、组织关联都决定着村庄的社会关联，尤其是经济关联。在鲁东地区的农村，村民主要的商品交易场所一个是村间超市，一个是周期性集市，也称为“赶集”。除了贸易功能之外，集市也为村民间的公共交往提供场所，对村际间社会关系网络的构建起到重要作用。人类学家施坚雅在《中国农村的市场和社会结构》中论证了“农民的实际社会区域的边界不

---

① [美]克莱尔·库珀·马库斯等编著：《人性场所——城市开放空间设计导则》，中国建筑工业出版社2001年版，第321页。

② 曹海林：《村落公共空间：透视乡村社会秩序生成与重构的一个分析视角》，《天府新论》2005年第4期。

是由他所住村庄的狭窄的范围决定，而是由他的基层市场区域的边界决定”[①]。所谓的基层市场区域就是前文提及的临近的几个市场，这样几个临近的交易场所在农民的社会交往范围内，集市上也有熟悉的商贩，商品也基本大同小异。因此，农民社会区域的边界界定不是以村为边界的，农民交易行为发生的公共空间由本村范围延伸到周边基层市场区域。并不是每个村庄都会有这样的集市，一般会设在乡、镇或中心村。附近的村庄会在集市开市的当天纷纷去“赶集”。山东半岛多数村庄还保留着传统集市，不同于规划的固定的菜市场，这类传统集市很明显的特点就是非集市时期是一片空地，不存在任何固定设施。以鲁东地区日照市户部乡附近的村落——黄巷子村为例，周围集市地点和时间情况如下：

表9–2　集市地点和时间情况示意表
（来源：王梦晓绘制）

集市地点	集市时间（阴历）	与黄巷子村距离
户部乡	逢五逢十（即每月的初五、初十、十五等）	2km
叩官镇	逢四逢九	6km
大村	逢三逢八	4km
大迪吉村	逢二逢七	1.5km
潮河镇	逢一逢六	13km

由此可见，此区域内的集市大部分都是错开时间举行，不仅户部乡附近，其他这样的区域也都呈现错时开集的情况。农村集市上商品化交易率低，除了以批发售卖为主的商贩，很多人都把自产自用余下的农副产品直接拿出来交易，没有二次加工，也形成不了地方品牌，经济发展缓慢。但是作为适应农村

① [美]施坚雅：《中国农村的市场和社会结构》，史建云、徐秀丽译，中国社会科学出版社1998年版，第40页。

社会经济的交易形式，集市已经不仅仅是经济活动的场所了，更多的是提供一个人际往来、充满乡土人情味的集会，包含着人际关系的巩固和乡土文化的延续（图9-2）。交易行为背后，人与人之间关系的网络也在编织和强化，除了买卖商品之外的接触都是自然发生的，一般很短暂。

图9-2　日照市户部集市上的交流
（图片来源：王梦晓拍摄）

这个交流的契机是偶然出现的，但是又有着些许必然。集市上发生的人际关系往往是一种“弱关系”，集市上的人彼此之间并不亲密，也没有太多的感情维系，这种关系连带的强弱通过“认识时间的长短、互动频率、亲密性、互惠性服务内容”[①]来决定。相对于亲友邻里，这类“强关系”“弱关系”之间的异质性更强，更易交换和获得不同的新信息。在农村社会，生产互助行为很多都是依靠这样的“弱关系”。美国在华宣教士明恩溥曾经指出：“中国人徒步走上三里、八里，甚至十来里去一个集市，是很不在乎的事情。因为一个市场不仅仅是一个市场，还是一种一般的交流。”[②]相伴去赶集仅仅限于非常熟识的亲戚邻居之间，真正实现公共交往行为和目的的是集市。

① [美]马克·格兰诺维特：《镶嵌——社会网与经济行动》，罗家德译，社会科学文献出版社2007年版，第69页。

② [美]明恩溥：《中国乡村生活》，陈午晴、唐军译，中华书局2006年版，第33页。

图9-3　日照市黄巷子村超市门口聚集的人群
（图片来源：王梦晓拍摄）

其次是乡间的超市和有些新村规划将商业设施聚集为商业步行街。乡间超市门口会成为人们驻足交流的好去处，这里人口流动较为密集，村民们会聚在一起聊天、打牌等。这个空间相对来说是一个自由的空间，没有经过规划和设计，是人们在日常生活中逐渐自发“建成”的。超市面对的消费群体是本村居民，超市也是村民们平日里最常去的场所，孩子们会在门口玩耍，偶尔进去买个零食或小玩具，大人们在门口支个桌子打牌或聊天，过路的人也会驻足观看。在超市门口聚集的人群成为村庄信息传播和共享的一个渠道。如图9-3所示的黄巷子村超市，这是近两年才建成的，之前是一片空地，平常也没有人聚集，随着超市的开业，这里反倒成为村庄的一个人流热点。

娱乐型公共空间是村民进行散步、闲聊、健身、运动、游戏等活动的场所。娱乐活动源于非生产和非工作的“闲暇时间”，在农村社会中，村民的闲暇时间是在农业生产时间和必要的生理活动（做饭、吃饭、睡觉）时间之外可供村民自由支配的、不带任何功利性目的的休闲时间。费孝通对于农民闲暇时间，提出了“消遣经济”的概念。不同于西方的“生产经济”，消遣经济反映了乡土社会不以物质财富为主要目的的生活观念，消遣的是时间，而不是金钱。

“休闲是文化性的，而文化是休闲的产物”[1]，农民休闲方式重塑的方向应该是有助于再造村落与农民之间的本体性关联，重点是“在村庄中营造可以让人们低成本‘在一起’的休闲文化”[2]。从个人角度看，娱乐活动是个体自我放松和排遣压力的行为，可以打发时间、收获精神和恢复体力。从社会角度上看，娱乐活动以放松和自由的活动形式将生活共同体中的人们聚集在一起，为他们提供社会性的公共交往，是村民公共生活的重要组成部分。

社区作为人类长期生活、聚居的空间单元之一，对其的研究一直是人类学理解文化和社会的基本途径之一，也是社会人类学的一个基本传统和主要领域。“社区乃是一地人民实际生活的具体表词，它有物质的基础，是可以观察得到的。”[3]农村社区是新农村建设的重要组成部分，公共交往空间为社区归属感的营造提供物质载体。随着对农政策的改变和新农村社区建设的逐步施行，社区服务空间也开始出现在农村社会，由政府主导，其职能是帮助农村社区的建立和完善。所以公共服务空间的功能性直接同生活在社区里的村民息息相关。村民是否认同这个公共服务空间很大程度上取决于村民对社区服务的满意度，对社区文化的认可度。有安全感和归属感，公共交往才能很好地展开。

二、农村公共空间的规划设计原则

作为设计的基础，农村公共空间设计首先考虑的就是形态维度。在目前的大部分农村规划中，村落形态照搬城市小区的模式，常常忽略了农村社会与自然界的密切联系，村落应当在它所处的自然环境条件下“生长”出来。不仅在生态上要与自然环境相平衡，在形态上也应呈现有机的联系。那么有机形态，尤其是农村公共空间规划中的有机形态指什么呢？笔者认为可以指：

① 马惠娣、魏翔主编：《中国休闲研究学术报告2013年》，旅游教育出版社2013年版，第8页。

② 王德福：《乡土中国再认识》，北京大学出版社2015年版，第151页。

③ 吴文藻：《现代社区实地研究的意义和功用》，《社会研究》1935年第66期。

源自天然，贴近自然界，有生长机能之感的不同于人工形态而言的形，包含面积边界、道路、尺度等层面。有机形态的公共空间可以提供给村民和谐、自然、亲切、舒适、轻松的交往体验。与城市公共空间规划不同，在新农村规划设计中，公共空间的面积较小也更加灵活，根据农村地形环境和村庄布局去规划并且与自然环境的关系更为密切。现在很多规划追求视觉上的整齐划一，横平竖直的街道和方块状的格局，缺乏人情味和乡土温度。形态维度是设计进行的基础，因地制宜、尊重自然是形态规划的出发点，而且要放眼整体，找准各个公共空间在村落中的位置以及创造包含这些公共空间的村落与周围环境的和谐。公共空间形态的边界划分是“明确内部结构和解决地区性问题的重要一步”[①]。潮河镇白鹭湾地区以旅游开发为主，逐步建立白鹭湾景区、艺术村等景点。原本只是紧邻马路作为村庄出入口的一角空地，村里人充分利用它的位置与面积，以马路、土堆和进村道路为边界，将土路路面硬化之后，在上面建立了一个小型的村民娱乐广场（图9-4、9-5）。但是也有一些问题，广场设施之间过于分散，致使人们和参与的活动在时间和空间上都没什么机会交汇，产生没有交互活动的负效应。临近宽敞的马路，过往车辆的不安全因素和噪声因素等也影响人们的汇集。人们应当在选址规划时就考虑到内部结构的和谐，以及与周围环境的和谐。

图9-4　潮河镇白鹭湾电影文化广场建设前
（图片来源：百度全景地图）

① [丹麦]扬·盖尔：《交往与空间》，何人可译，中国建筑工业出版社1992年版，第155页。

图9-5　潮河镇白鹭湾电影文化广场建成后
（图片来源：王梦晓拍摄）

公共空间的尺度对人们的交往活动有很大影响，合宜的尺度可以使人们以轻松、自由、自然的方式邂逅同样参与到公共空间中的其他人。爱德华·T.霍尔（Edward T. Hall）在他的著作*The Hidden Dimension*（《隐藏的维度》）中定义了一系列在不同交往中的习惯距离：Intimate Distance（亲密距离）、Personal Distance（个人距离）、Social Distance（社会距离）、Public Distance（公共距离）①。除了第一个亲密距离之外，后三种距离都可能出现在公共空间之中。个人距离在公共交往活动中是半公共半隐私的性质，主要是社会距离和公共距离。爱德华·T.霍尔研究表明，个人距离大致在45cm—120cm，社会距离在120cm—365cm，公共距离在365cm—760cm。实际情况当然不可能如此精确到厘米，但是不同交往需求所适宜的尺度是公共空间在规划时必须要考虑的。所以在公共空间中各种尺度要相互配合，提供不同的交往需求。空间尺度与交往活动有着密切联系，如图9-6所示，无障碍物、短距离、低速、同一标高、面对面布置等因素都可以促进交流，反之则会阻碍。

① Edward T. Hall, *The Hidden Dimension*, New York：Anchor Books, 1969, pp. 113-125.

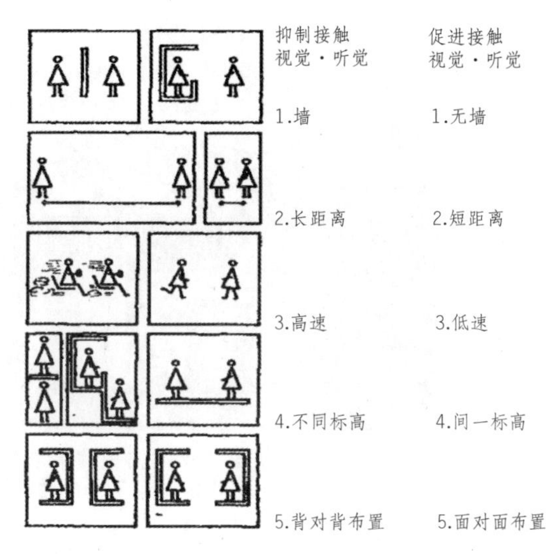

图9-6　促进或阻碍交流的方式
（图片来源：摘自《交往与空间》）

在规划层面上看，因地制宜是顺应自然环境的做法之一，鲁东地区地处多丘陵地带，要顺应地形地貌规划，在选址上应考虑环境因素，不去强行改变，不能因经济效益而去破坏生态效益。虽然鲁东农村的经济发展和农民增收是摆在政府面前亟须解决的问题，但是相对于只顾眼前的经济眼光，长远的生态眼光是很多规划建设所欠缺的。所以尊重和保护自然生态也是农村规划建设中极为重要且应当得到重视的课题。

三、农村各类公共空间的规划

农村交易型公共空间的规划设计主要涉及两个场所：集市和超市门口。从规划设计层面来看，具体的有场地规划、分区规划等。集市场所是在长期乡土社会生活中逐渐形成的，场所也是在漫长的生活中固定下来，然后得到村民们广泛认可的。所以对于当前已经定型的集市的规划设计，重点不在选址，而在于其分区与功能的更好实现。笔者在访问过日照乡建规划院有关专家之后得知，虽然目前日照乡村集市中有一些已经集中管理，在人数较多的新社区都设有长期市场，但还是有很多周期性自由集市，这些集市所在村庄由于土地权和

图9-7　户部乡某过路桥的集市与平常景象
（图片来源：王梦晓拍摄）

居住人口等方面原因导致行政力量难以介入，只能在管理、形态、环境等各方面维持原状。以交易为主的公共空间，如集市是在长期生活中逐渐形成的固定场所，但是空间边界一般不是固定的实体。如果是沿河的集市，河道和桥边构成此空间边界；如果是沿街的集市，则是沿街建筑之间的空地；如果是在一片平整土地上的集市，它的边界就是平整土地的边缘，或是植物或是高于地面的地形地貌。保持自然边界并加以利用可以使空间获得有机的形态。首先，要考虑到集市的聚集时间，上文也已经提到在鲁东地区的农村，集市一般是五天一次，集市场地在非集市时间基本都是一片空地，仅过路使用（图9-7）。从时间上看，作为交易场所的集市所在地大部分时间是空闲的，在这些时间里，该场地多用于过路，也可以用来组织其他的娱乐活动。其次，随着农村经济发展，卖方更多选择小型卡车运货到市场，买方也有开汽车、三轮车等交通工具的，这会造成集市秩序混乱拥挤。所以交易区要与周围道路和疏通区域区分，周围道路的通达性、流通性要好，不至于积压车辆。集市面积可以向四周扩大，留出更多的空间，但如果规划面积过于大，也会导致土地的浪费，应根据各个集市的实际人流、车流情况进行规划，同时要考虑到现代社会发展引起的与传统集市的矛盾和冲突。

城镇化已成为我国农村建设的大方向，城市化的商业街也走入很多农村地区，但集市在农民心中的地位仍然很重要，它的乡土性与农民生活的紧密性是任何形式都代替不了的。村民也追求越来越干净卫生的购物体验，如何在保留集市传统风土人情的情况下，将集市加以规划设计，使之更加适应社会发展和村民需求是值得思考的问题。最后还有很重要的一点是集市与周围建筑的关系，从安静和洁净方面来说，集市最好远离学校等地方，并且设立在居住区的下风向。

不同于集市，乡间超市作为村庄唯一日用品消费场所，每日开放营业，是村民最常去的公共场所，在小范围的公共交流上起到重要作用。交往发生的场所一般位于户外，即超市门口。农村乡间超市是私人所有，但是门前空地成了自发的公共交流场所，这个场所跟随超市，所以超市的选址就使这个空间得以生成，并影响着这个交流空间。在超市的选址上，不仅要考虑到村民可到达的便利性，还要考虑到与周围环境的关系。从经营者角度看，选址与生意好坏息息相关；从村民公共生活角度看，选址与他们的交往行为也密不可分。每个村庄都不止一个超市，且有两种类型：一是村民自家住宅靠门口的地方改建的一间小小超市，这在传统的农村最常见，因为当时农村并没有专门规划出商业区域；二是沿街商业铺和社区商店，这是新农村建设中新增加的领域，一般门口有人群聚集的超市都于大路旁并且位于道路节点，通达性好，易于人群流动和聚集。作为交易空间的乡间超市公共空间包含两方面：一是有商品摆放、供人们消费的室内空间，此空间的消费功能占绝大部分；二是有人群聚集或打牌或聊天或游戏的室外空间，此空间紧邻超市门口，是一个以交往为主的空间。超市大门就成了联结这两个空间的通道，室内空间关闭的话，一般室外也会失去聚集的功能，也就是说超市在停业和关门期间，门口基本上也是空荡荡一片的。公共空间的建设需要村民的共同参与，一方面村民作为第一行为主体，对自身的需求有着主观的认识，可以在建设之前提供实际的需求信息，另一方面因为参与选址，村民们会对新的公共空间有认同感。在这个层面上，可以引导部分超市经营者对于门口空地进行再建设，使超市不仅作为提供给村民停歇交流的场地，也使经营者重视外在空间的再建设，在一定程度上改善乡村景观。

固定性娱乐空间有村内小广场、篮球场等运动场地，以及健身器材区等固定场所。该空间场所固定，除了娱乐之外基本不做他用，而且在场所中的活动基本是不变的。此类公共空间一般由政府投资建设，其鲜明的公共生活指向、清晰的活动分类在农村娱乐生活中扮演着重要角色。以村委或大队屋为中心的“文化大院”承载了村民很多娱乐活动，是村庄开展娱乐活动的集中地和展现文化精神的主心骨。近年来，“文化大院”的建设成为政府评估农村建设的重要指标。其次是空间的尺度，室外活动与室内活动的差异性使得空间尺度也各有差异。各类空间在不同的功能之下，参与活动的人群数量、开展活动所需空间的大小、建设用地的尺寸等都影响着空间的尺度。再次是娱乐活动形式的考量。由于村民自身条件的限制，并不是每种活动都能被村民接受，要重视当地村民认可的娱乐形式。新时代国家对村民生活方式转型日益重视，也要进行一些适当的新型娱乐活动的引导。

非正式娱乐空间指没有固定的娱乐活动形式的空间，娱乐活动的产生是随机和偶然的，一旦没有这些活动，作为娱乐性的空间就消失了，变为原本的实在的空间。非正式娱乐空间也是伴随着闲暇时间的富余而展现其活力的。空间原本是由一个物体与能感受到它的人之间产生的互相关系形成。乡村道路、空地等人们不固定进行娱乐的空间，一般来说没有固定的物质设施，仅有活动形式，其空间有着灵活性和乡土原生性。不同于规划空间的硬质边界，村间非正式的娱乐空间多是以自然环境为主的柔质边界，可以用草坪、灌木丛等绿化手段来保持居家空间与交往活动之间的距离。这类空间虽然不在农村的行政规划范围，但是在村民的公共生活中又有着重要作用，是农村主要的公共空间和富有人情味的活动场所，也是乡土记忆得以延续的重要空间。在新农村建设中，常常照搬模仿城镇街道，造成比例和尺度失调、功能单一、缺乏生气，往往与农村传统社会和习俗脱节，也不能更好地适应现代生活需要。乡间道路属于线状空间，流动性是其主要特征，不仅供人们行走，还是人们交谈交流、娱乐纳凉的场所。这类空间没有固定边界，也不需要勉强设立硬性边界，它的近宅性使它成为最贴近生活的过渡空间，富有浓厚生活情调和气息。心理学家德克·德·琼治（Derk.De.Jonge）提出了“边界效应”，意指在公共空间之中，人们普遍倾向在靠近边界的地方停留，中心地带只有在四周都充满人的情况下才不得已被人们选择。处于边缘区域可以纵览全局，又不影响中心地带各样的交汇，这反映了人们在公共交往行为中对“安全”的要求。乡间道路天然的边界是房屋建筑，临近外墙的道路边缘区域就成了可以放心聚集的空间。能成为边界的除了建筑外，还有围栏、绿化带、纪念碑等。

乡村道路除了过路的功用之外，在村民公共生活中也占据重要地位。在乡村熟人社会，道路还是连接人与人亲密关系的纽带。乡间道路规划要注意以下几方面：首先，在尺度上要以人为本。乡间道路以步行为主，以人为尺度，交通流通速度上较慢，时间急迫感小，使人有机会同过路的村民打招呼、寒暄。在闲暇的时间，没有精力参与一些消耗体力活动的老人更倾向于在路上聊天、乘凉，他们往往自己带着便携的折叠凳“交缠”（图9-8）。鲁东地区这种凳子很普遍，方言称为“交柴儿”，正是“交柴儿”的使用使原本空荡的道路成为一个可以短暂停留的提供交流的空间。其次，重视节点区域的设计。道路上的节点作为道路的扩展，也是人们可以短暂停留的点状空间（图9-9）。除了提供停留交谈的空间之外，节点连接道路各段，是空间转折交汇的过渡，有独特的引导作用，所以在功能意义与形态意义上既是“连接点”又是“集结点”。但是新农村规划对于节点的关注远远不够，此外还有村落间的空地，它属于点状空间，流动性差，不作为过路流通使用，相对于道路空间而言，其变动性和干扰因素较少，更适合长时间停留。此类公共空间在村民生活中的作用是随机的，没有计划和目的。在新农村规划建设下，对于土地的规划利用使得纯粹的空地越来越少，比如草场空地、滨水空间等。

在新农村社区化建设中，社区服务空间是新设立和规划的区域，在传统格局的农村和合并迁村之后的农村同等重要。笔者主要从这两类村落格局出发探讨服务型公共空间的规划。传统农村居住格局已固定，新的服务型公共空间在原有格局之中或利用旧建筑和设施或在空地重新建设。一般多选在村委会大院，经过改造而形成符合新农村社区建设要求的服务型公共空间。室内娱乐空间不是常常对外开放的，与政府行政相关联，甚至是不严格按照规定时间开放。尤其是在室内设施与活动不健全的情况下，少有村民认同，参

图9-8　坐在“交缠”上歇息的上沟村老人
（图片来源：日照新闻网）

图9-9　大迪吉村街道
（图片来源：王梦晓拍摄）

与的人几乎没有，常年处于关门状态，不仅功能无法实现，还造成了极大浪费。像安家村社区这些室内活动中心就是典型的功能没有充分实现的例子（图9-10）：空荡冷漠的空间、形式化的设施、脱离村民生活的开放时间等。这些都是在规划上的问题，脱离实际的规划只能是面子工程，同公共生活的主体——村民的需求脱节。

在规划上首先要明确空间的功能，因为其固定性就规定了此空间明确的作用，此类公共服务空间也是有娱乐功能的。“文化大院”是村委办公和村民活动与服务的综合体，分为室内空间与室外空间。室内娱乐空间是指老年活

图9-10　日照市安家村村民文化中心老年活动室（图片来源：王梦晓拍摄）

动中心、图书馆、棋牌室等。在规划时就要明确各个分区的主要功能，及其如何使预设功能得以实现。公共服务空间还应当配有卫生室，解决村民看病拿药问题，《山东省农村新型社区和新农村发展规划（2014—2030）公示稿》指出："配置标准化卫生室，面积不少于80平方米，实现诊断室、治疗室、观察室和药房四室分离。"这些规定是规划设计的指导，脱离政策方针的规划更是无稽之谈的空想，根本不可能得到落实。

合并迁村之后的新农村社区在规划时就已经设立了服务型公共空间，它不仅有管理村民的行政职能，也有服务居民的服务功能。服务型公共空间为了服务村民而存在，该空间的公共生活活动是村民产生村庄认同感的原因之一。

第三节　乡土设计观——鲁东农村公共空间设施设计

公共空间是一个空间概念，但是在空间中总有物质性的支持使得空间得以发挥其功能。在不同社会文化体系之下，公共的物质设施成为饱含特定情感的生命体，通过物的使用，人与人之间的社会关系和关联也得到具体彰显。要尽可能地理解一个物所展现的完整意义以及与社会和人之间的密切关系，就要进行共时性和历时性的研究和考察。《2016年中央一号文件》指出："加快农村基础设施建设。把国家财政支持的基础设施建设重点放在农村，建好、管好、护好、运营好农村基础设施，实现城乡差距显著缩小。健全农村基础设施投入长效机制，促进城乡基础设施互联互通、共建共享。”[①]笔者视域下存在于空间场所之中的公共设施是狭义的、物质的，是设计的对象。运用设计语言解释，就是更接近产品设计门类下的“公共产品”，可以理解为是与环境设计相结合的工业产物，而广义范围的机构、道路、电网、学校等不在本节研究范畴内。公共设施在支撑和引导村民公共生活上有着不可或缺的重要作用，所以从这个出发点来看，孕育出村民公共生活的乡土社会就成了理解公共生活的起点。

一、乡土文化视野下的公共生活

乡土社会是中国传统文化延绵不断的载体，因为“它与普通民众的日常生活高度融合在一起，塑造了一种独特的生活方式和意义体验方式”[②]。乡土文化孕育自农业文明的乡土社会，是生活在该土地上的人们习得的共有认识，强调集体共享的“共有”观念。这种文化积淀很大程度上体现了人与自然、人与人相互依存发展的共生形式。费孝通也提出：“文化是依赖象征体系和个人的记忆而维护着的社会共同经验。”[③]

山东是一个农业大省，尤其鲁东地区农村是有着浓厚乡土文化与乡土特色的地区。乡土文化根植于农村社会的乡土性，所谓乡土性，首先是立足于“土”，土是农村世代依靠的生活保障，土地的不可移动性造就了人口的低流动性，村民居住点得以固定，社会相对来说较为稳定，“信息对称、人情关联、关系信任、泛道德化评价体系和自主性的社会秩序，构成了乡土社会的基本特性”[④]。很多人类学家都将人们生活方式的总体称为文化。乡土文化

① 参见《2016年中央一号文件》。

② 王德福：《乡土中国再认识》，北京大学出版社2015年版，第205页。

③ 费孝通：《乡土中国》，北京大学出版社2012年版，第31页。

④ 王德福：《乡土中国再认识》，北京大学出版社2015年版，第18页。

是村民赖以生存的基础，也体现在人们种种的社会性行为上，公共生活的现状与发展也是农村文化的重要映射。

公共空间中的公共生活状态是乡土文化的集中体现，那么立足于乡土文化视野下的农村公共生活又有哪些特征呢？首先，能创造地方文化的公共空间的活动要具有相对的稳定性，在长期的交往生活中活动形式和内容被保留下来，为村民所认可，同时参与的人群也具有相对稳定性。农村社会的地缘性和血缘性特征也给这种稳定性提供了保障。其次，村民的公共生活既然是在乡土之上建立起来，必不可少的是乡土性的交往，信息的透明与共享仍然是现在农村公共生活乡土性的表达。作为体现乡土文化与特色的重要载体，集市、乡间道路、文化广场等各类公共交流互动的空间广泛存在于农村中。再次，较为明显的时间性，也就是说农村生产活动的时间性直接影响到村民参与公共生活的时间。农闲时期和农忙时期的农村公共空间有着些许差别，但不会像城市公共空间那样以工作日和周末区分。最后，农村公共生活的秩序少有外部力量的约束，要靠乡土社会形成的约定俗成的秩序来支撑和引导。

马林诺斯基在《文化论》中指出，文化作为一个组织严密的体系，可以分成基本的两个方面：器物与风俗，也就是指物质的和精神的方面，即“已改造的环境和已变更的人类有机体”①。文化需要包含物质文化与精神文化的需要，它是“社区生存和文化绵续所必须满足的条件”②。器物的不同用处包含着不同的思想与不同的文化价值，以此进入不同的文化布局中。而物品成为文化不可分割的一部分，只因人们在活动中能用得着它，能满足人们的需要，换言之，物质的文化现象依赖于人们生物的需要。比如在公共生活中的娱乐游戏运动等活动形式的消遣，把人从常轨故辙中解放出来，可以消解日

① [英]马林诺斯基：《文化论》，《费孝通译文集》（上册），群言出版社2002年版，第225页。

② 同上。

常生活的疲惫、拘束与紧张。这些娱乐活动的作用不仅是简单的生理休息，同时也加强了作为参与者的村民之间的社会关联。所以，作为物质文化的载体，公共设施是物质的，在村民活动中有重要作用，能满足人的生物与社会需要，所以也成为文化的一部分并承载着部分文化功能，体现着文化价值。

公共空间中实体性的公共设施设计要基于乡土文化，这是“一种设计文化、设计风格、设计价值和审美取向，体现一种相对稳定的人类生存生活方式”。[①]所谓乡土文化的体现既包含了物质性的设施或公共产品，也包含空间中实体设施之外没有物质形态的活动形式。这些设施的文化同一性，在于它所赋予的是功能而不是形式。公共空间的建设要立足于农村社会乡土文化的特征，而对其影响最为直接的则是孕育自乡土文化土壤中的农村公共生活，一旦脱离这两方面，公共空间的建设就容易流于空洞，反而不能适合于凝聚人心和整合社会的公共性基础。新时代的农村公共空间建设更是要服务于农民的社区公共生活需要。农村新型社区的建设是在整体规划引导下，在农村居民点集中建设的，多村合并后，公共设施服务的人口增多，就可以形成具有一定规模的农村新型聚落形态，使得公共设施更加的完善，对推进新型城镇化和全面建成小康社会也有着积极的意义。

农村公共空间中公共设施的存在完全可以成为物质文化与精神文化的缩影，并且设施功能性良好体现的是联结物质与精神文化的桥梁。一方面物质实体与其使用方法结合了才能成为文化实体。物品或器物存在的意义依它相关联的思想及其价值而定，其文化功能取决于它们在人类活动的体系中所处的地位。另一方面，精神文化是在物质文化基础上产生的一种意识形态、观念等的集合。农村公共空间中的物质设施不仅提供着公共互动交流的功能，也凝结着农村特有的精神层面的乡土文化。精神文化影响和引导着物质层面的设计，同时物质文化又反过来影响着精神文化的建立。二者是相互依存、

① 刘佳：《当代中国社会结构下的设计艺术》，社会科学文献出版社2014年版，第110页。

相互影响、相互促进的，最终使立足乡土的设计结果达到“乡而不俗，土而不粗”。

二、交易型公共空间的公共设施设计

集市的摊位设施有两大类：一类存在于规划的长期市场中，因为市场和摊位固定，所以摊位设施多为固定的；另一类则是本章主要研究的传统定期集市上的摊位设施。集市由村民自发组织，摊位设施也是私有的，并且可以循环利用。根据商品种类、运输工具的不同，摆设也有多种形式：直接将商品摆在铺上布或编织袋的地上；机动车的货箱中；搭起的简易货架上（有桌子式和竖立式）等。

集市的摊位摆设设施是村民生活智慧的彰显，也是乡土文化和风俗的体现，集市上的传统货架总结来说有以下几个特点：一是来源自制。农村集市有着悠久的历史，发展缓慢，集市摆设的设施基本还是沿用以往的形式，而以往的形式则多是村民根据所贩卖物品而自制的。自制的货架也有其局限性，比如质量问题、不统一的问题等。二是收纳简易。摊位以个人或家庭为单位，设施收纳简易方便携带和搬运，质量轻、可折叠成为这些设施必不可少的因素。如图9-11的折叠货架，在满足功能的前提下，收纳后便携又节省空间。三是材料原生乡土。集市摊位设施有着浓浓的乡土性，这很大程度上是因为所使用材料上的乡土原生性。自制的特点也说明村民会利用周围的材料，使得成品满含自然温度和些许人文情怀。

在交易行为的背后，人与人之间关系的网络也在编织和强化，集市上人情味的体现也在于熙熙攘攘人群中熟识的人的相遇和交谈，所以在摊位之间围合成的通道要考虑到随机相遇的熟人停下交谈的情况，不至于造成通道过路堵塞。此外也要考虑到人们尤其是赶集的老年人需要有个坐歇的地方，因为人在集市上一直站着、走路流动。简单的长椅就是暂时歇脚的公共设施。由于农村集市有时间性和乡土性的特征，集市在不开市的时间是空地，这些公共设施在外形上所展露的功能性不必十分清晰，如果是城市公园式的长椅

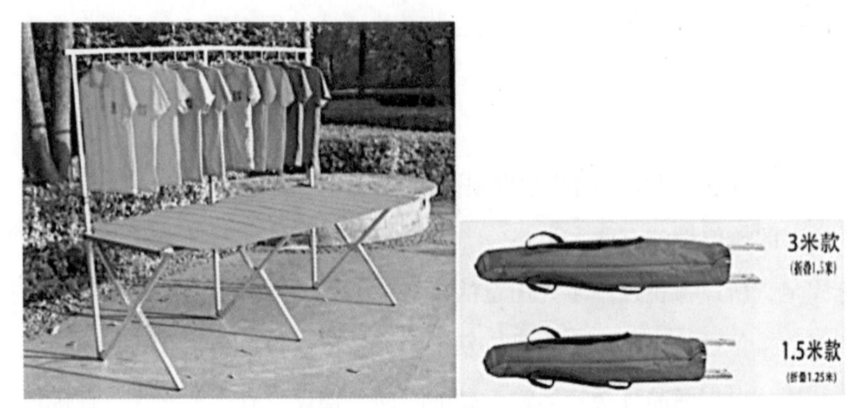

图9-11　衣服类折叠货架
（图片来源：义乌市布谷日用百货商行）

摆放其中则会造成不和谐的视觉感，而且它的功能性会因场域的变化而被孤立。在形式设计上应当保持乡土性和原生性，同大地密切联系，融为一体。在材料选择上以接近乡土温度的为宜，比如石材、木材等。所以出于时间上的考量，就要求这些设施不仅要在集市开市时发挥作用，在平时也能与周围环境保持和谐。

三、娱乐型公共空间的公共设施设计

在娱乐文化广场中所发生的公共活动有很大一部分要依托物质的设施来完成，所涉及的设施主要指室外运动设施，包括体育类、健身类等，还有可供坐歇的设施。

进行真正立足乡土社会和文化的农村娱乐文化广场的设施设计，首先要对村民的生活习惯有深入的考察与分析，放下外来者的身份眼光，贴近农民生活，从日常生活中发现需求。在对村民生活习惯有一定了解后，则要继续对现有娱乐空间设施与活动形式做大量的调研考察，观察分析出使用现状，再进行综合评估与取舍。同时根据村民常住人口结构和生活方式做出设想，提出新的设施建设与活动组织方案。比如农村的健身设施基本与城市雷同，但农村群体需要的健身形式是否同城市一致呢？同样是健身器材，小孩为了

玩耍而使用，老人为了健康而使用，相比之下年轻人使用的频率却明显低于小孩与老人，但这种现象在城市也同样存在。健身器材要根据使用人群的年龄做出相应设计，更多的是人机工程学相关研究。外出打工求学潮使农村老年人口比例较之以前有很大提升，这部分群体的健身需求要充分被考虑。其次是对于周边环境的考察，看其是否适合建设各类大中小型公共设施以及各功能区之间的分割和联系，可以以之前从形态维度出发的有关规划设计为基础。鲁东大部分农村的娱乐广场本身就与村委会相连，院子空地就是娱乐空间所在。一般该区域分为体育运动（篮球场、乒乓球台、门球场等）、健身器材、灵活空地、村务信息栏等分区域。在新农村建设过程中，体育活动形式朝多样化发展，这是一种好的现象，意味着村民的娱乐活动有更多的选择，与此对应活动的设施也要配套发展。

娱乐空间活动形式多样，同时可供休息聊天的坐歇设施也必不可少，座椅看似随意散落在空间中，实际也需要精心地规划，这些设施要考虑到场地的空间，与环境相联系，并能融入环境与空间中的其他娱乐活动设施相匹配。此外座椅设施的朝向和视野也很重要，因为人们除了歇息之外还有观看的需要。如图9-12位于潮河镇白鹭湾的五莲文化惠民电影广场的边界一角，既是空间边界又是坐歇空间，弯曲部分形成自然的半聚合空间，呈有机的形态，为边界增添了几分活力。但是该广场紧邻公路，来往车辆较多且车速快，公路与广场之间没有任何隔离设施，缺乏安全性考虑。此外噪音对坐歇交谈的人们也是有影响的，“当背景噪音超过60dB左右，就几乎不可能进行正常的交谈。而在混合交通的街道上，噪声的水平通常正是这个数值”[①]。所以该广场选址也存在着一定弊端。

公共娱乐设施建设是一个长期的过程，不同级别行政村也有差别。总体来说，规划原则有：因地制宜原则、分级分类原则、分期建设原则、联建共

① [丹麦]扬·盖尔：《交往与空间》，何人可译，中国建筑工业出版社1992年版，第155页。

图9-12　日照市潮河镇白鹭湾惠民文化广场一角
（图片来源：王梦晓拍摄）

享原则。[1]因地制宜原则不仅指娱乐广场根据村庄地形和规划面积来建设，也包含当地村民认可的娱乐形式。分级分类原则是针对不同行政级别的农村而言，新农村社区有作为中心村的行政村，也有普通较小的行政村，应根据人口规模和行政级别来确定设施分类。分期建设要统一规划，合理布局，建设要分主次和缓急分步建设，既要满足村民当下的需求，又要为以后的发展留有余地。联建共享是根据娱乐设施的使用人口、投资数额和建设规模来决定是否需要多个村庄一同建设、一同享用，避免人力、物力、财力的浪费。此外还指要充分发挥村民主体能动性，让使用者直接或间接参与到设计和建设中，这样最能与村民的需求挂钩，也更易得到村民的认可，最大限度地发挥设施的公共性。

在鲁东农村的公共空间中，属于非正式娱乐空间的有乡间道路、草场空

① 方明、董艳芳编著：《新农村社区规划设计研究》，中国建筑工业出版社2006年版，第37页。

地、滨河空间等，是人们经常自愿自发地、愉快聚集的灵活性公共空间。这些空间虽然表面上好像是离散的、无组织的，但实则高度集中于某些核心场所之内，奥尔登堡（Oldenburg）称此类公共空间为“第三类场所”，并总结出几点主要品质，“中立地带、易接近、高度包容、会超时开放、有‘好玩’的情趣、带来心理上的抚慰和支持等”。这类空间没有固定边界，也不需要勉强设立硬性边界，在村民日常公共生活中扮演着重要角色。乡间道路天然的边界是房屋建筑，临近外墙的道路边缘区域就成了可以放心聚集的空间。虽然不用硬性边界，但是建筑、围栏、绿化带、纪念碑等可以成为该空间的边缘。

农村住宅之间的道路作为非正式娱乐空间时，它的近宅性使它成为最贴近生活的过渡空间，富有浓厚生活情调和气息。无论是在传统格局的农村还是新格局的规划农村社区，道路边上的近宅区域往往都会成为村民聚集空间，村民一般会在道路节点处聚集，此时要注意道路边上的安全性，尤其是新农村社区中新建的道路，平坦宽阔，机动车可以快速通过，对聚集闲谈的村民安全造成一定威胁，所以可在常有人聚集的节点处设立警示标志或者提前设置减速带。这些属于辅助性的具有提醒功能的设施。该空间下的坐歇设施是不固定的，多为村民自带的马扎，方言也称之为“交缠”，轻巧便携，把马扎安放到空处，那里就形成了交谈闲聊的空间，非正式娱乐空间正是由于这样的随机性和便利性，在村民日常公共交往中扮演着重要的角色。虽然人们习惯使用“交缠”，但毕竟做不到随身携带，在非正式娱乐空间中，可以把空间的边界和坐歇设施结合，方便村民的交流和休息。

此外，在草场空地和滨河空间的一些点状空间区域，则可以作为景观改造建设，参考城市公园河边小道的建设，利用自然资源建立起安全性的围栏、座椅等，提供给村民自然公园似的公共交往空间（图9-13）。

图9-13　日照市五莲县老支河景观亭
（图片来源：王梦晓拍摄）

第四节　社区认同感——鲁东农村空间视觉与环境设计

农村公共空间的设计最终要给村民提供适宜的活动和互动空间，作为完整的空间系统，方方面面的适宜才是设计所应达到的目的，在物质条件得以保障的情况下，空间环境与视觉设计也尤其重要。而现在新农村建设中“千村一面”照搬城市建设模式，除了导致地方特色的丧失，也容易导致社区认同感难以建立。考虑到视觉是人认知事物的第一感官印象，以及艺术设计层面的特点，本节试通过对公共空间进行区域特色的环境与视觉设计的探索，尝试从视觉上的审美认同帮助提升村民对公共空间的认知与认同。这建立在作为生活共同体的村庄的文化认同之上，所以地方文化乡土特色的发掘是进行环境与视觉设计的重点。最后还要不断累积空间体验和建立对公共空间的认同，这是一个反复的过程。

一、从外部设计形态到内化认同

当下新农村建设趋势是越来越“社区化”，社区的概念在以往村庄行政形态中都没有出现过，社区化的生活也是对长期生活在乡土社会中村民传统生活的改变。农村新型社区建设虽是城镇化进程和缩小城乡差距的重要政策，但在实际建设过程中，由于城乡差异、区域差异等各种原因，并没有成功的经验可以学习借鉴。所以在摸索的建设过程中，导致了“千村一面”，“地域特色不明显”“与生活习惯脱节”“空社区”等问题的出现。另外，建设过程中拆旧建新，常常忽略传统村落格局风貌、历史文化等的保护和延续。甚至有的地方片面理解农民面临的需要和改善居住条件、生活环境的愿望，导致“有的农村新型社区和新农村在建设中对自然景观、历史文化、地形地貌等要素考虑不足，忽视乡村特色”[①]等问题。

“农村社区”首先是一个农村社会下的生活共同体。社区也要按照共同地域与共同文化来划分，比如新源里社区、和平里社区等这些按照地域的临近性而划分的社区，再如华人社区等按照共同文化划分的社区。在大部分农村地区则是二者的结合，既因共同的地域也因共同的文化传统而划分社区，比如宋家村社区。相比于城市，生活在农村地区的人们形成的共同体要更富有生机，是持久的和真正的共同生活。公共生活社区就是规划学意义上的居住区加社会学意义上的归属感而形成的生活共同体。既然是生活的共同体，对于社区的认同必然也是建立在共同生活的行为体验之上，没有互动是无法形成认同的。由于农村本来就是以地缘、血缘联合为特征，人口密度小且人际关系较为简单，在“乡土”社会中，“土地”就成了日常生活和公共交往的空间与价值寄托的载体。在传统的乡土社会中，土地发挥着基础性的作用，人们几乎没有选择性地长久稳定居住，信息透明且对称。这种条件下形成的认同感是建立在长久性血缘和地缘的“熟悉和了解”的基础上，靠着亲密和长期的共同生活来配合人们之间的互相行为。这种了解就是接受着同一的价值和意义体系。基于血缘、地缘等情感力量，人们结合成一个共同体，因此会产生强烈的认同感。到了现代开始变迁为“半熟人社会”，社会流动性增大，打破了往日稳定的面对面交往

① 《山东省农村新型社区和新农村发展规划（2014—2030）公示稿》2014年。

的机会，而且新农村建设中为了实现土地集中利用和村民生活方式的转型等，使得原有的地缘格局发生变化，新时期的认同感建立已不主要基于血缘关系，更多的是新的地缘关系。新的社区建设普遍面临长久以来积聚的认同感的流失，面对新的格局，新的认同感还无法马上建立。

这时期村民要转变对社区聚居的观念，因着共享一个服务集合体，有着共同生活的交集，才逐渐建立起对社区和社区内村民的新的认同感和归属感。其中包含事件或活动、环境和场所，公共服务空间是场所，服务内容是事件，而环境则是空间给人的整体感知，主要是从视觉上的感知。公共空间的功能持续时间直接影响人们的逗留时间和活动水平。如果将空间规划理解为水平面上的构成，那么环境就是垂直面的构成，事件或活动是联结这两个构成的媒介，使之成为一个立体的场域。从艺术设计层面上看，视觉和环境都属于设计范畴，不能直接进入社会学领域，但是由这些外部形态引发的对空间的感知以及体验能够逐渐建立参与者的认同感。当然对公共空间认同感的建立是个复杂而多样的过程，涉及文化习俗、社会结构、人口构成等各方面。所以本章从艺术设计角度出发进行视觉和环境的设计也只是构建过程中微小的一部分，但作为接触公共空间活动预备展开公共交往的村民来说，这却是第一个进入感知区域的，潜移默化影响着后续活动的进行，由审美认同到文化认同，最后是体验认同。内化认同感建立的开始正是基于最初的感官的接受，所以本节将其作为建立和提升认同感的起点。

人们最初对空间整体或局部感知的部分就是外部设计形态，包括环境设计和视觉传达设计。建筑师路易斯·沙利文（Louis Sullivan）说过“形式追随功能”这句话，“形式”就是外在的，附着在功能之外，引起人们审美情感甚至会影响对“功能”的尝试。在农村公共空间中，这些外部设计形态由于所处场所的特殊性（比如处在乡土社会中以及场所的公共性和开放性使参与者类型多样等）和人们的审美特点，使得视觉上和环境上的设计也要和所处的社会环境相协调。

视觉形象是社区总体形象的最直观体现，视觉的和谐与认同更是直接影响人们对环境与空间的尝试性活动。人们对周围环境的感知首先是通过视觉感知，藤井明指出："'事物'的所在位置以及分布方式的不同，它所具有的意义也就不同。'事物'的配置、排列使空间形式化，使场所秩序化。因此赋予'事物'的形状、规模、装饰、色彩等属性以固有的意义成为可能。"①这些表象的符号化元素在公共空间中有着象征性的作用，而且这些元素在立足当地文化特色的前提下再进行重新排列配置，可以增强视觉上的独创性，避免"千村一面"，又能酝酿社区内部的同一性，达到对外有区别、对内有认同。具体来看，农村公共空间的整体视觉形象基本要素包含以下几点：标志、标准色、标准字体。由此延伸出应用部分：指示与识别系统、广告系统、展示系统等。农村社区视觉形象的构建目的在于重建村民对建设和变化中的生活共同体的认同，这也是国家农村新型社区建设的政策要求。公共空间环境设计主要指空间中的环境部分，包括绿化、地面、人造景观等。好的设计能带给空间整洁感，让人愿意停留其中，进行更多更长久的交往活动。尤其是农村社会本来就地处自然环境之中，群山河流、庄稼土路是村民一直以来的乡愁记忆。新农村公共空间的规划和建设不能脱离乡土自然环境，在笔者考察的鲁东地区，很多农村的公共空间地面只有光秃秃的水泥地，钢铁制的体育和健身器材，与周围环境难以产生有机的联系，冷漠机械化的空间很难引起使用者最初的共鸣与认同（图9-14）。正如吴良镛所说："人是环境的主人，美好的环境、'场所意境'、'场所精神'等都是由人来创造，让人来理解和欣赏的，应该让人们在这舞台上演出一幕幕有声有色揭示时代的戏剧。"②

外部设计形态总归是外在物质层面，那如何影响和帮助村民建立认同感呢？在公共生活语境下，人们借着物质场所或设施这些表现在外部的设

① [日]藤井明：《聚落探访》，宁晶译，中国建筑工业出版社2003年版，第32页。

② 吴良镛：《人居环境科学导论》，中国建筑工业出版社2001年版，第151页。

图9-14　位于潮河镇白鹭湾的某文化广场
（图片来源：王梦晓拍摄）

计形态来达到行为目的和内心的社会交往的需求。赫伯特·西蒙（Herbert Simon）提出人造物的科学，也就是设计的科学，他指出“人造物世界位于内部世界和外部环境之间的交界面上，所要研究的主要是如何使内部环境适应外部环境，而其关键就在于设计”①。在这背后自然而然建立的场所与环境整洁的村容给村民的生活带来健康与生机，在公共空间中的交往行为也往往同一个干净整洁的环境有着密切联系。农村社会又承载着几代人的乡土记忆和孕育的乡土文化，若在现代变迁中失去原先建立起来的认同感，那么就会沦为只有“土地”而没有“乡”。视觉设计要立足于村民共同的文化感受和共同的价值观，农村公共空间如果不是对本土文化的自我表达，而是脱离实际的“外部创造”的话，就容易导致“日常生活的场所日益被市场以其扭曲的信息、广告和意义建构的规则所束缚”②。比如，纷乱的墙体广告给村容村貌带来不和谐、公共服务空间门口的一个告示牌与周边毫无联系、村务信息公开栏变为碍事的无用设施等等（图9-15）。社区形象的构建其实就是一个社区特征

① [法]马克·第亚尼：《非物质社会》，藤守尧译，四川人民出版社1998年版，第15页。

② [英]马修·卡莫纳、蒂姆·希斯等：《城市设计的维度：公共场所——城市空间》，冯江、袁粤等译，江苏科学技术出版社2005年版。

图9-15　荒废的黄巷子社区社务公开栏
（图片来源：王梦晓拍摄）

符号化的过程，恩斯特·卡西尔（Ernst Cassirer）曾指出：人最具有代表性的特征是“符号化的思维和符号化的行动”[①]，并且人通过这种特性创造了属于人类的文化，“符号活动功能就是把人与文化联结起来的这个中介物”[②]。所以各个设计要素在产生和组合后是可以传达文化信息的，而人也需要通过符号建立对周边人和事物的认知。

二、农村公共空间的环境艺术设计

在城镇化、现代化进程中，农村环境污染逐渐成为阻碍农村发展的严峻问题。环境污染包括：生活垃圾、牲畜粪便、土地和水污染问题等。这些问题不仅威胁村民的身体健康，也深刻影响到公共空间下的活动的展开和人际互动。公共空间不整洁多是因为生活垃圾的胡乱堆放、禽畜饲养问题等。一方面生活水平的提高产生了更多的生活垃圾，而垃圾处理设施又因为财政、人力、观念等原因无法得到落实。另一方面，农村的地皮和人工费相对廉价，为了经济利益，各种工厂纷纷进驻到村庄周围，这些工厂给村庄带来经济效益的同时，也造成了空气、

① [德]恩斯特·卡西尔：《人论》，甘阳译，上海译文出版社2003年版，第46页。

② 同上，第11页。

土地和水的污染。在这样的背景下，要从村民的生活习惯出发，明白垃圾的来源之后才能继续寻找解决的办法。鲁东地区农村村民产生的垃圾主要有以下几类：厨余等生活垃圾、农作物剩余垃圾、养殖动植物产生的垃圾等。

农村庭院经济在鲁东地区仍然占据着比较重要的地位，自给自足的传统仍然影响着现在的农民。庭院经济主要指村民利用自家院落饲养家禽或家畜、种植蔬菜瓜果，既可以自给自足，也可以作为商品出售。鲁东农村在过年时贴福就有“六畜兴旺”字样的春联，六畜包括马、牛、羊、猪、狗、鸡等常被饲养的动物。在传统庭院中，除了居住的区域，还有圈、棚、天井等区域。公共生活视角下，庭院的内部环境影响着外部环境，无论在视觉上还是嗅觉上都对外部空间有着不同程度的影响，而这个外部空间就是公共生活发生的空间。新农村建设对环境的要求变高，通常庭院卫生问题是一个治理的重点。环境的美化需要经营模式的转变和处理方式的改进。在新农村规划下，集中居住使得庭院经济在某种程度上被中断，住进楼房里自然不用说，即使仍是独栋带院的新房，也难以在院中开展种植和养殖活动。新规划的农村社区基本都会选择集中饲养，居住区同饲养区分开，这样确实保障了居住环境的整洁，但在一定程度上会带来一些不便，尤其是对于留守家庭来说。所以在家庭经济的经营模式转变之前要慎重规划，听取村民的意见。转型较成功的村庄除了在距离上合理规划集中饲养区的设计，在环境上也进行了考量。集中饲养区域与庭院经济时期相比，有一个明显的变化——从私人领域到了一个相对公共的区域，虽然还是每户单独区域，但是因为集中在一起，所以这个大的区域还是一个公共的空间。村民每日去饲养区做工，同时与其他村民有交流互动。集中饲养区好在“集中”，所以很多环境上的问题也是“集中”起来解决，在治理上会更方便。

总之，农村环境污染和垃圾治理问题已经成为我国新农村建设的重要课题。各种各样的生活垃圾如果得不到及时和妥善的处理，不仅让生活在其中的人们遭受困扰，还影响到乡村旅游业等的发展，甚至影响到我国的蔬菜和粮食安全。所以解决农村垃圾问题，是我国农村建设和治理的重要举措。

“村容整洁”是社会主义新农村建设的五大要义之一，要求是村落整体环境的干净整洁。同时“全面推进农村人居环境整治”是国家有关新农村建设的对策措施，要不断努力。村容整洁前期在于治理，到了后期在于维持，仅仅治理不维持则是治标不治本，还要从根源上建立村民对环境整洁的认同与维持的自觉。垃圾问题是影响村容整洁的主要因素之一。垃圾处理之前的分类很重要，但是要考虑的是如何分类、如何让村民明白并接受这种分类。笔者考察的农村基本都有配置大型的垃圾桶，但是很多没有进行垃圾分类。即使有分类的也是多分为“可回收”与“不可回收”两类，具体什么垃圾可回收、什么不可回收并没有很好地普及给村民。最好使用农民能理解的语言，例如在金华的乡镇，垃圾回收使用的是分类是“可腐烂”和“不可腐烂”(图9-16)，这样的表达通俗易懂，让村民容易

图9-16　金华乡镇使用的分类垃圾桶
(图片来源：浙江在线网)

接受。这样做的好处一方面是变废为宝，可以节约资源，像菜叶、秸秆、果皮、鱼骨等都是可以靠微生物分解转化的，可以投放到沼气池或作为堆肥；塑料、玻璃、金属等极难腐烂的物品，不宜乱丢，但是把它们分拣出来却能够循环利用。另一方面，通过分类回收，最终丢弃的只是没有利用价值的部分，可以最大限度减少垃圾的数量和处理垃圾的工作量，并能保护村庄环境。农村的垃圾收集设施要分布在人流量较大的地方，如道路节点、广场周围、超市附近等。除了垃圾堆之外，还要重视柴草堆、粪堆等的处理。

另一方面，农村公共空间的绿化影响村民公共交往活动的展开以及对环境的感知，并且影响着村民的身心健康。《公示稿》中也指出："园林绿化。建设一个中心绿地和两个以上小型公共绿地，中心绿地面积不小于500平方米，绿地率不低于30%。结合村庄综合整治和空心村治理，做好绿化美化，改善人居环境。"①此外，村庄绿化也可以在一定程度上美化环境，是建设社会主义美丽新农村的举措之一。道路两侧、公共活动场所等都是绿化的重点区域，绿色植物甚至可以作为天然的分界，将空间结构分割开来，并带给人们亲近感。

图9-17　青岛市柳树底村街道一景
（图片来源：王梦晓拍摄）

绿化规划时应保留现有的环境，突出乡土特色，将新的绿化与周边自然环境相结合。"将公共绿地与道路绿地、宅间绿化和庭院绿化相结合，构成点、线、面相结合的绿化体系"②，这样的构建方式使公共空间的绿化更加贴近村民的日常生活。鲁东地区大部分农村街道如图9-17所示，道路两侧零星种植着乔木和灌木，缺少线面的结合和连续性。根据农村经济社会特点，绿化时可以将经济作物与观赏性树木相结合，这样既保留了农村乡土社会特色，又能改善人居环境。城市广场公共空间常伴随公园一同出现，广场以硬质地面占主导，

① 《山东省农村新型社区和新农村发展规划（2014—2030）公示稿》，2014年。

② 方明、董艳芳编著：《新农村社区规划设计研究》，中国建筑工业出版社2006年版，第34页。

集体活动为主，人群运动轨迹呈不规则几何形，而公园以绿化区域为主导，人群在步行道路上散步多为线性移动轨迹。同广场相比，由于没有展开活动的场地和设施，公园道路的人群公共性参与度明显低很多。农村由于人口、场地等原因无法达到城市广场和公园的规模，所以可以将二者结合，既可以建立能开展各种活动的硬质地面空间，也可以建立绿化的软质空间。硬质空间以活动为主，软质空间则是以散步、歇息为主。相对于简单的空间绿化，环境的艺术性是目前农村公共空间更加缺乏的，村民也有审美的需求，公共空间也应成为艺术化的活动空间。下元一村的村民文化广场靠近边缘的一角堆放了一些雕塑（图9-18），周围只有两条小路围绕，少有人会在此停留，无法达到美化环境的效果，加之摆放随意，看起来更像一个露天的雕塑仓库。采用雕塑形式作为空间艺术的补充，要同实际结合起来，比如结合当地文化与特色，这样才能从内容上引起人的共鸣，其艺术表达形式也要同农村群体的审美情趣和价值取向相符。比如下元一村的特色文化包括“太阳文化”和“绿茶文化”，以此为主题可以发掘特色设计来突出村庄特色，不仅可以对外展现村庄独特的风貌，更能带给村民对于生活共同体的认同感。

图9-18　日照市下元一村村民文化广场一角的雕塑
（图片来源：王梦晓拍摄）

农村公共空间的环境艺术可以在一定程度上避免“千村一面”的现象。虽然从村落外部来看，民居的外观直接影响到村落面貌，但是从居住其中的村民视角来看，公共空间才是他们可以共同参与的场所，也是他们认知对村庄环境的重要场所。应发掘每个村庄或区域的地方特色文化和特产，将之运用到公共环境之中，建立每村的环境艺术特色。安家村社区以明德为主题，将道德文化的宣传同娱乐广场结合起来，宣传栏走廊等也都以此为主题，整体非常统一，既有社区特色又能潜移默化地影响空间的参与者。常见的还有廉政文化广场等。

三、综合服务空间的视觉认同

在新农村社区化建设中，社区服务空间是新设立和规划的区域，更贴合当下村民的生活状态，也是社区归属感建立的重要途径。公共交往空间为社区归属感的营造提供物质载体。毋庸置疑，服务型公共空间是公共性十分突出的场所，同时也由与村民生活息息相关的政府性部门负责。

民政部于2012年颁布的《民政部关于做好“中国社区”标识启用工作的通知》（以下简称《通知》）中指出：“‘中国社区’标识是城乡社区的共同象征，展现了城乡社区建设蓬勃发展、城乡社区居民团结向上的良好风貌，……有助于增强城乡居民社区认同感、归属感，调动社会各界共同建设社区美好家园的积极性。”①

标识整体是传统的中国结图案，寓意中国特色的社区，中国结的穗子巧妙地设计成“中”字，组成标识主要信息“中国社区”四个字（图9-19）。中国结内部的纹路变成三个拉手的人，代表着大家齐心协力地建设社区。政府出台并启用统一的城乡社区标识，也体现了我们共同建设城乡社区的决心。

---

① 《民政部关于做好“中国社区”标识启用工作的通知》（民发〔2012〕66号）。

图9-19　日照市户部乡宋家庄社区（右上图案为中国社区标识）
（图片来源：王梦晓拍摄）

在对周围环境的认知中，视觉认知是最直接和最为形象化的，在构建社区识别性中也是最重要的。“可识别性”要有清晰的形象，要易于理解，不单是对某一区域中物质形态特征的肤浅认知，也蕴含着随时间而积淀的、深层的、有意义的社会文化特征和地方性场所体验。农村公共服务空间很多是在联排平房之中，各个空间在外观上区别不清晰。如图9-20的黄巷子村卫生室（右侧两间），没有清晰的标识，同旁边的办公房间也没有明显的区别。再如图9-21的安家村社区卫生室，虽有指示标志，但根本看不出来传达着怎样的信息。

图9-20　日照市黄巷子村社区卫生室（右两间）
（图片来源：王梦晓拍摄）

图9-21　日照市安家村社区卫生室（最右间）
（图片来源：王梦晓拍摄）

农村社区的建设不同于以往传统行政村的建设，随着社区事务更多地走入村民生活，各种社区制度的变更和活动的增多使得必须有一个适宜的途径及时将这些信息与村民联结。通过好的宣传形式和视觉传达的设计，可以使信息透明并建立与受众（村民）的良好互动，使信息得到良好的宣传。社区信息宣传不仅是社区居民了解社区组织、活动、服务等的重要途径，也是居民同社区建立紧密关系的重要途径。信息透明对称、传达到位才能将居民同社区更好地联结。在新农村社区，社区信息的传达主要通过以下途径：固定的宣传栏和公开栏、海报广告、宣传单等。固定的宣传栏是主要信息的汇集地，一般设在人群易聚集的公共空间之中，村政府和文化广场附近常常可以看到这些宣传栏。社区海报广告就比较灵活，可以出现在信息公开栏中，也可以出现在其他地方。宣传单则是需要落实到每户的政策大事所用的宣传方式。人们可以根据宣传信息的分类、图案、文字、色彩等方面进行视觉传达设计的研究。

在实际情况下，例如在笔者考察区域的农村村务信息公开栏常常有以下两个形式化的极端现象：其一是“有栏没信息”，如图9-22的小榆林村的信息公开栏，张贴了一些过时信息，公开栏并没有被真正利用起来，很多地方基本空着，信息更新不及时。信息公开栏失去了应有的宣传作用，过路村民根本不会停下关注。其二是“栏多信息满”，如图9-23的下元一村村务公开栏，图片只是拍了一部分，在旁边的村委会和村民活动中心还有两大排这样的公开栏。信息量太大，反而会容易使重要信息被错过。有些信息是长期公示的，有些信息是稍紧急的通知，更新频率不同，所以要对这些信息进行分类和整合，条理清晰才能使人迅速抓住要点。此外笔者认为可以根据各村情况，不定期地增加有村庄文化和特色的宣传海报。

社区信息的传达主要通过图片图案和文字等。文字方面分类要合理，每一版块所传达的信息要一致，字体大小要考虑到受众人群年龄和身体因素，还要注意观看距离。图案与文字搭配起来要比例、色彩和谐，不能影响阅读。除此之外，宣传栏也会张贴各类社区活动评比的结果，比如道德模范、个人品德优秀典型、农业能手等，这不仅对村庄道德和文明有一定的促进和引导作用，也加强了村民对所属社区公共事务的参与，并在一定程度上增强了村民的归属感和认同感。

图9-22　五莲县小榆林村村务信息公开栏
（图片来源：王梦晓拍摄）

图9-23　涛雒镇下元一村村务信息公开栏
（图片来源：王梦晓拍摄）

第十章
诗意栖居：北京机构养老设施的交往空间设计研究

21世纪以来，中国的老龄化程度不断加深，据统计，截至2020年，我国老龄人口总数超过2.6亿，老龄化程度达18.7%。中国老龄化现状呈现出基数大、增长快、不均衡的问题。2018年底，北京市60岁以上老年人口比例超过25%，远超国家老龄化平均水平，仅次于上海，[①]高龄化、空巢化的现象也较其他省份严重。庞大的老年人口对机构养老设施数量、模式、服务、环境等提出严峻挑战。北京地区的机构养老设施暴露出数量不足、结构不完善、环境不亲切、布局不规范等众多问题。本章从老年人的行为出发，关注老年人的情感需求与交往需要，探讨机构养老设施交往空间设计策略，为养老设施建筑空间研究提供新的探讨视角。马克思认为人的本质就是在交往中形成真正的社会关系，即交往是人的本质，社会关系都是人们在交往过程中相互作用的结果。[②]老年人通过人与人之间的相互往来，获得关爱、帮助与尊重，尤其对于已经退休的老人以及高龄老人来说，密切与他人交往，能够维持他们健康的体魄，提升他们的生活指数，还会让他们在交往中获得自我价值，找到生活的意义。因此，构建便捷、有效、多层次的交往空间对于老年人的晚

---

① 《北京市老龄事业发展和养老体系建设白皮书（2018）》。

② 《马克思恩格斯选集》（第9卷），人民出版社2012年版，第329页。

年生活来说至关重要。

第一节　北京机构养老设施交往空间调研及现存问题

《北京市老龄事业发展报告（2018）》指出，截至2018年底，北京市共有养老机构550家，养老床位数量有10.3万张，可以推算出北京市每百位老人的床位数为3张，基本满足了人群需求。但北京市养老设施在城市范围内分布不均，约有80%的养老设施位于五环之外，只有不足20%位于五环内，这就导致了位于郊区的养老设施入住率仅有40%，而城区内入住率则较高，如西城区，为67.79%，全市仍有4万多张空置床位。此外，养老设施设备化程度不高，用于接受失能、半失能老人的床位数量还不能够满足相应人群的需求，具有较大数量的缺口。服务内容单一、运营方式简单粗暴等都是养老设施内普遍存在的一些现实问题。①

一、机构养老设施交往空间的基本信息

2018年10月，笔者开始根据具体的研究方向进行实地考察及调研，针对建筑空间现状、经营状况及运营特色进行分类比对分析，甄选出3家能够作为本课题的研究对象，分别是北京丰台区民族养老院、北京康语轩孙河老年公寓以及北京朝阳区长友养老院。这三所机构养老设施在规模大小、交往空间构成、运营服务等方面均有不同，能够一定程度上反映出北京地区养老机构的发展现状。笔者通过资料收集、现场观察、测绘、拍照、访谈等方式进一步了解了三所养老机构建筑构成、老年行为及运营特色等详细信息，它们可以作为笔者的研究对象。

① 徐俊、朱宝生：《养老机构床位使用率及其影响因素研究——以北京市为例》，《人口与经济》2019年第3期。

从空间结构来讲，机构养老设施有不同的分类方法，有的笼统地划分为室内空间与室外空间，有的则从功能角度细分为入口空间、走廊空间、居室空间、活动空间等类型，但这两种划分方式都不能从规划层面清晰表达空间构成特点，更不能帮助设计师形成以交往为主导的空间设计方向。所以，基于空间的基本功能特性，从老年人的日常行为出发，本节将机构养老设施划分为“居室空间”“组团公共空间”“设施公共空间”“设施外空间”。“居室空间”是养老设施内老年人的主要功能空间，包括以床位为中心的活动范围、走廊、阳台及卫生间等；“组团公共空间”是指为养老设施内不同生活组团提供的公共生活区域，包括走廊、交谈区、娱乐区等；“设施公共空间”是指供养老设施内全体工作人员共同使用的空间，如图书室、大型活动室、餐厅、室内庭院等；“设施外空间”就是养老设施的室外活动空间。其中，本研究探讨的交往空间是“组团公共空间”与“设施公共空间”的集合。

1.北京民族养老院（图10-1、10-2）

表10-1　北京民族养老院建筑基本信息表
（来源：李雪绘制）

经营性质	民营	建筑概要：7层独栋建筑，东西朝向；“一”字形建筑，地下1层，地上6层；-1F主要为护理组团、公共服务用房；1F北向为公共娱乐及设备设施用房，南向为护理组团；公共服务用房、管理用房主要设置在1F—2F的挑空空间；3F—6F均为护理组团。
建设区位	丰台区	
建设时间	2017年	
建筑面积	11000㎡	
床位数	400床（大型）	
建筑层数	7层	
入住率	80%	
看护比	6：1	
主要人群	自理、介助、介护	

图10-1　北京民族养老院建筑及周边环境概况
（图片来源：李雪拍摄）

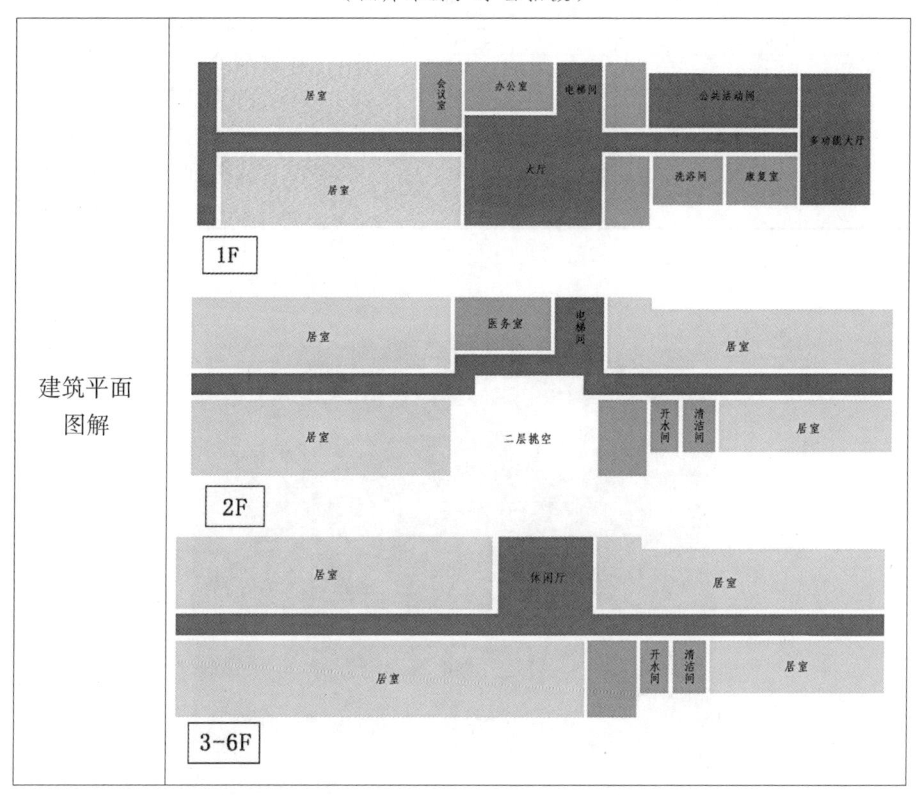

图10-2　北京民族养老院建筑平面图
（图片来源：李雪绘制）

2.北京康语轩老年公寓（图10-3、10-4）

表10-2　北京康语轩老年公寓建筑基本信息表
（来源：李雪绘制）

<table>
<tr><td>经营性质</td><td>民营</td><td rowspan="9">建筑概要：组团式建筑群，由南北两翼围合的中部庭院。北翼是3F的护理组团，1F西向为护理组团，东向为公共服务用房，南向为多功能大厅；2F—3F分别是两个护理组团，以楼梯间为中心分别设有公共娱乐用房及餐厅。南翼是单层建筑，专为认知症老人设置，18人左右的护理单元以及功能用房。</td></tr>
<tr><td>建设区位</td><td>朝阳区</td></tr>
<tr><td>建设时间</td><td>2017年</td></tr>
<tr><td>建筑面积</td><td>3500㎡</td></tr>
<tr><td>床位数</td><td>120床（小型）</td></tr>
<tr><td>建筑层数</td><td>3层</td></tr>
<tr><td>入住率</td><td>90%</td></tr>
<tr><td>看护比</td><td>2：1</td></tr>
<tr><td>主要人群</td><td>认知症人群、介护</td></tr>
</table>

图10-3　北京康语轩老年公寓建筑及周边环境概况
（图片来源：http://www.tianchengsmart.com）

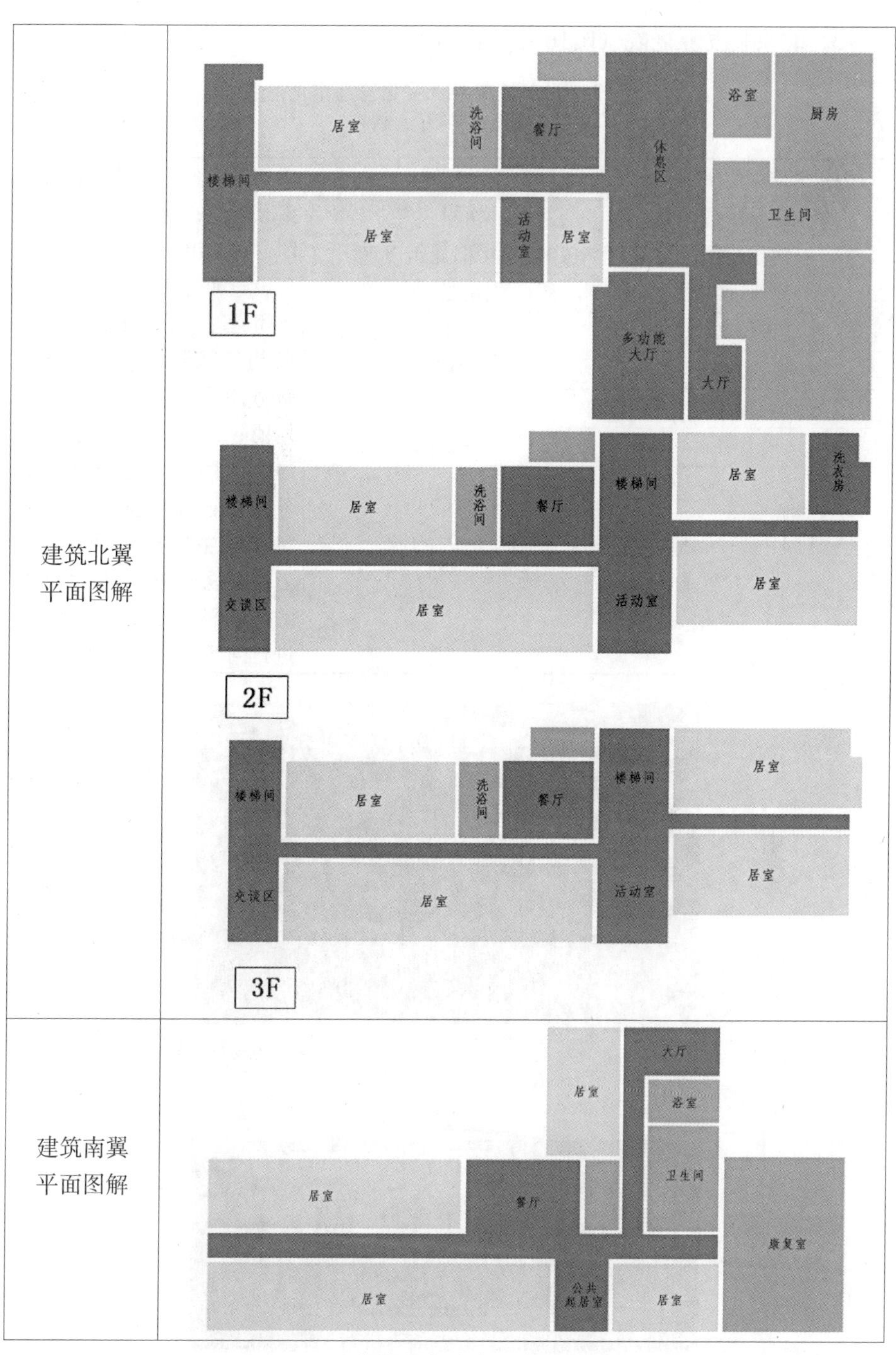

图10-4　北京康语轩老年公寓建筑平面图
（图片来源：李雪绘制）

3．北京长友养老院（图10-5、10-6）

表10-3　北京长友养老院建筑基本信息表
（来源：李雪绘制）

<table>
<tr><td>经营性质</td><td>民营</td><td rowspan="9">建筑概要：4层独栋建筑，南北朝向；共有两个护理组团，每个组团都有完善的护理设施和公共起居厅，两个组团通过中厅连接。
1F为日间照料中心，公共服务用房以及多人间居住组团；2F—3F主要为老人居住组团以及配套公共服务用房，如康复室、文娱室；4F主要是管理用房、公共服务用房，有大面积的可供沙龙、会议等活动进行的场所。</td></tr>
<tr><td>建设区位</td><td>朝阳区</td></tr>
<tr><td>建设时间</td><td>2015年（旧建筑改造）</td></tr>
<tr><td>建筑面积</td><td>16225㎡</td></tr>
<tr><td>床位数</td><td>278床</td></tr>
<tr><td>建筑层数</td><td>4层</td></tr>
<tr><td>入住率</td><td>70%</td></tr>
<tr><td>看护比</td><td>5：1</td></tr>
<tr><td>主要人群</td><td>自理、介助、介护</td></tr>
</table>

图10-5　北京长友养老院建筑及周边环境概况
（图片来源：清华大学周燕珉工作室）

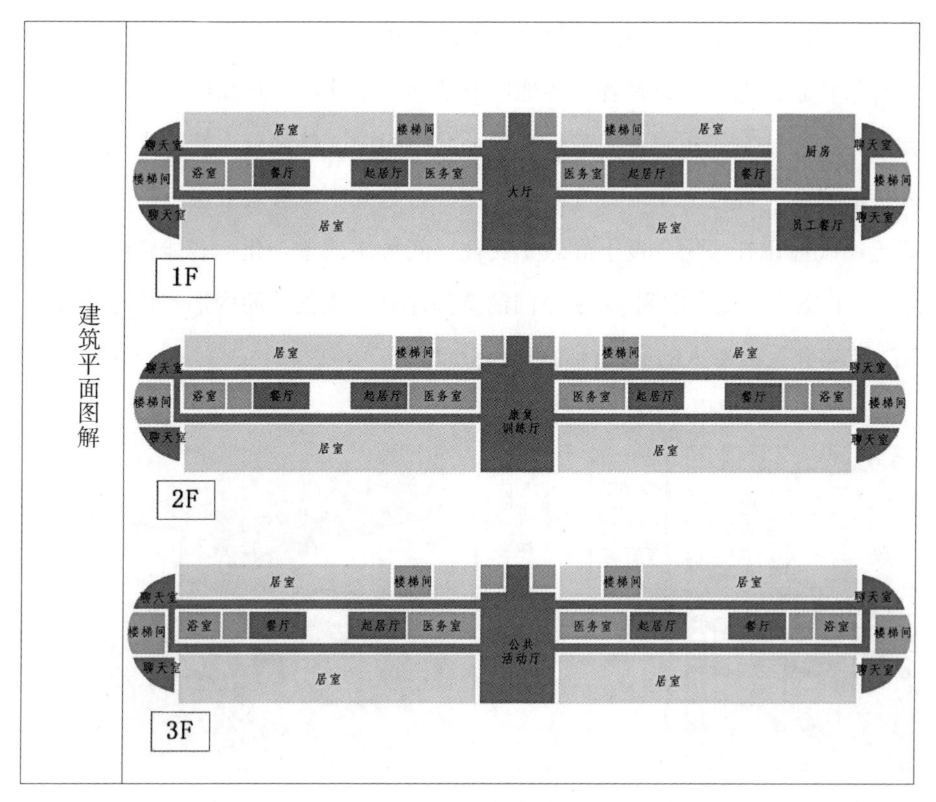

图10-6　北京长友养老院建筑平面图
（图片来源：李雪绘制）

二、机构养老设施交往空间存在的问题

1.对交往空间建设重视度不够（图10-7）。国内养老设施往往过于重视老年人基本的衣食住行需求，大多忽略了交往空间的建设。老年人的居室、医疗空间占比往往超过养老设施总建筑面积的90%，这导致老年人日常行为单一、枯燥、缺乏活力与创造性。而交往空间在养老设施建筑的融入，可以增加老年人彼此之间的交流与互动，为老年人提供社交的机会，提供与他人、工作人员、外来人员情感交流的契机，提高生命质量，改善养老机构内死板低沉的气氛。一般来说，交往空间占整个机构养老设施建筑空间的30%—40%就能够达到这样的效果。

2.交往空间缺乏层次性（图10-8）。如前所述，有效的交往空间往往是介于公共性与私密性之间的空间。一方面，机构养老设施的部分交往空间呈现封闭状态，老年人只是各顾各地展开活动，不能够实现高质量交往；另一方面，将交往空间布置在人流量大的公共空间中，伴随着人流的穿插，多方人员的混杂，促进老年人身心健康的交往行为并不能够有效进行。交往空间缺乏层次性也在一定程度上导致了交往空间形态的单一化。若能够形成公共空间-半公共半私密空间-私密空间的空间序列，交往空间的形态也必将多样化、丰富化，老年人的交往行为也会有所增长。

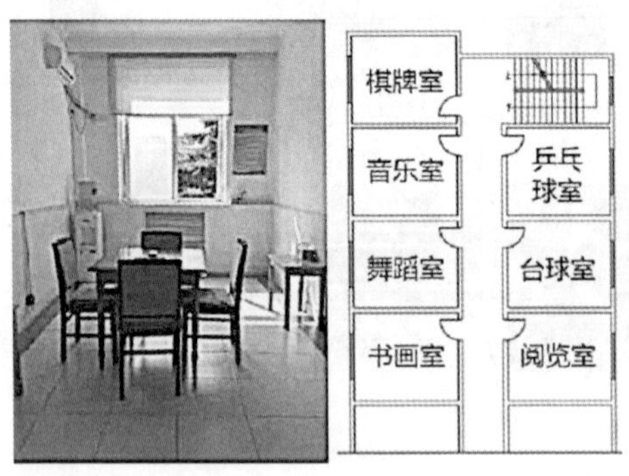

图10-7　封闭的交往空间导致交往行为僵化
（图片来源：清华大学周燕珉工作室公众号）

图10-8　过于开放的交往空间不利于交往行为的进行
（图片来源：李雪拍摄）

3.交往空间质量不符合老年人的行为需求（图10-9、10-10）。当交往空间基本配置并形成了有效交往节点后，交往空间的质量就成为与老年人的行为息息相关的环境要素了。色彩、灯光、材质以及家具、绿植的配置都会从微观层面影响老年人的交往行为。现有机构养老设施存在的问题主要是光环境质量差、色彩环境单调、家具配置单一。光照条件差，室内灯光照度不佳，空间氛围沉默压抑，会导致老年人灵活性、平衡性下降，与他人交谈的机会降低。单调的色彩也同样会降低老年人的活动兴趣。

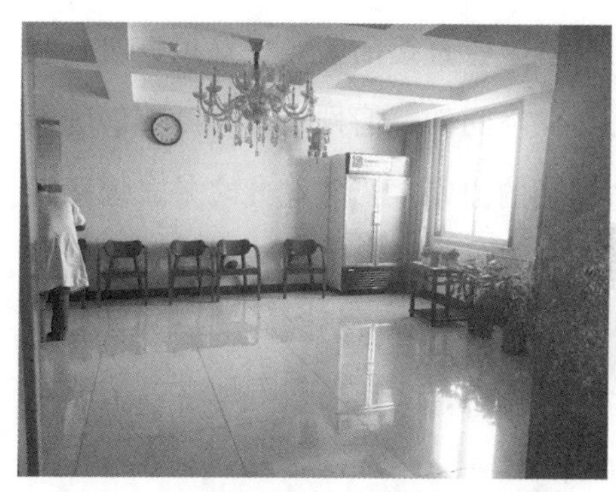

图10-9　走廊地板反光系数较高，照度低
（图片来源：李雪拍摄）

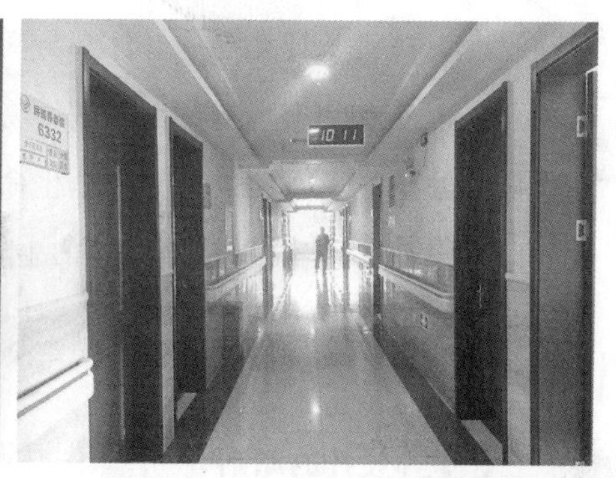

图10-10　家具陈设方式不合理
（图片来源：李雪拍摄）

第二节　“物境”——交往空间的普遍设计原则

“物境”即机构养老设施的物理交往空间。物理交往空间存在于机构养老设施的内部和外部，是不以人的意识或察觉而客观存在的。实践表明，物理交往空间的质量会极大影响老年交往活动的产生，[①]当空间尺度适宜、设施完善，活动人数、活动类型、活动数量以及持续时间都会极大地增长；反之物理交往空间质量低下，伴随的空间活动、邻里交往机会都会大幅下降。由此可见交往行为的产生往往与物理空间质量的改善紧密联系。此外，优良的物质空间还会逐渐激发出人群潜在的社会需求。一般来说，机构养老设施的物理交往空间可以划分为走廊、活动室、入口、户外庭院、户外广场等区域。

“物境”指向的是空间功能性的表达，机构养老设施交往空间的“物境”则关注交往空间的基本功能是否符合老年人的交往习惯、交往心理；关注空间从最开始的人群定位、项目规划、细部设计、运营服务等多方面是否关照老年人衰弱的身体机能以及视、听、触等多方面感知能力。养老院作为集居住、休闲、娱乐、康复、医疗等多功能于一体的养老设施，空间规划、

① [丹麦]扬·盖尔：《交往与空间》，何人可译，中国建筑工业出版社2016年版，第37页。

空间尺度、材料、灯光等的好坏都与交往行为有直接的关联。这里针对已调研的北京市养老院出现的突出问题，将交往空间的普遍性设计原则归纳为整体设计的原则、无障碍的原则和全生命周期的原则。当然除此之外，通用设计、跨代设计、包容性设计等同样是当今社会老龄化设计手段的主流，这里不一一阐释。

一、整体设计的原则

交往空间是养老设施建筑空间的重要组成部分。作为一个有机统一的整体，设计师在进行空间构思阶段就应该从整体把握空间构成，将交往空间同养老设施的整体空间功能一体化，从最初的规划阶段就解决大部分交往空间易出现的问题，从而使交往空间同养老设施其他功能空间紧密联系，在空间系统上相互融合、渗透。

一般说来，选择入住养老机构的老年人彼此之间并不熟悉，交往行为有很大的随机性，受到空间环境的影响也较大。所以，加强老年人之间的交往行为，促进自发性公共活动的发生，整体性设计就显得愈发重要。从场地规划、整体布局、空间组织关系、空间流动线设计、空间尺度及距离等多方面采取措施，不仅使得室内外交往空间形成统一整体，也能够保持室内、室外各自公共活动区域之间的紧密联系， 形成一个完整、有序、开放的交往环境。

1.新建养老设施在整体规划时需要注意的问题（图10-11、10-12）。许多机构的养老设施不重视户外活动场地的规划设计，导致出现活动区域日照条件差、不同功能流线交叉、活动场地过于封闭等问题。所以，在进行整体构思规划时就应该考虑到户外活动区是老年人使用最频繁的区域，通过日照计算，设置在光照良好、通风通畅、在寒冷的冬季能够躲避寒流的位置，充分考虑老年人的身体因素，同时配置合理、恰当的活动设施。

考虑到活动区域被不同流线打扰的问题，则可以采用合理的人车分流的方式，将机动车道、停车场的位置设置在建筑选址的外围，减少车辆、鸣笛

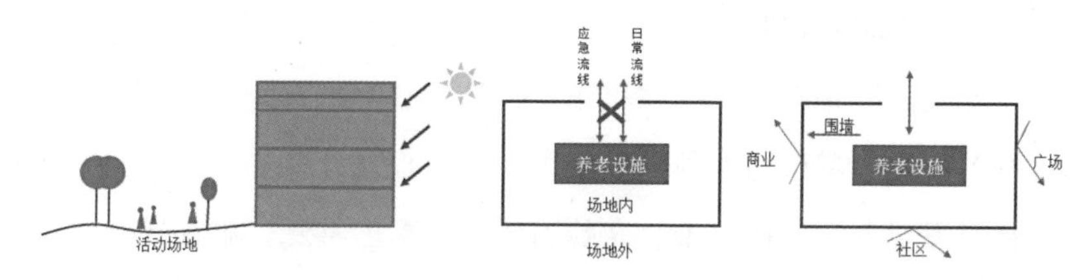

图10-11　养老设施规划应注意的问题
（图片来源：李雪绘制）

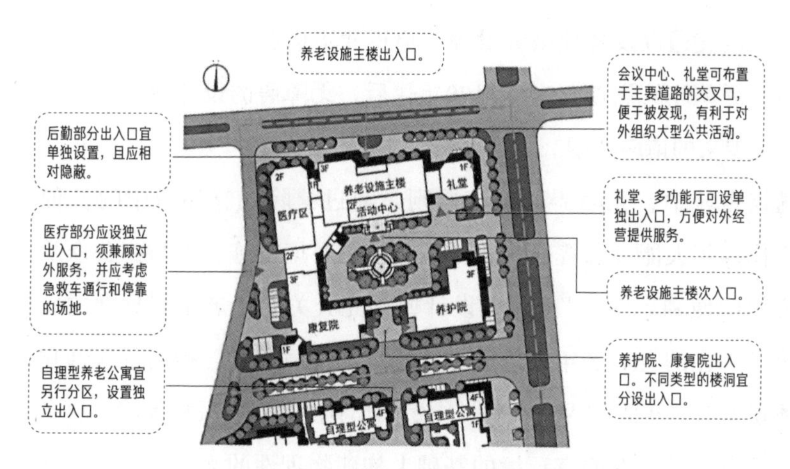

图10-12　养老设施规划应注意的问题
（图片来源：周燕珉系列研究成果）

声对老年人安全的威胁，为老年人提供安静、隐蔽的交往空间。

2.旧有养老设施在整体改建时应注意的问题。许多养老设施在改建之前的建筑类型多种多样，这就使得改建过程中交往空间规划受到原有建筑环境很大的影响，交往空间大多缺乏有效的联系，呈现断裂式设置，缺乏生气。因此，在改建规划过程中，应从交往空间的局部细节入手，系统整理出原有建筑空间交往环境的构建状况，分析养老设施局部的小空间交往环境，针对多个交往空间优化设置，最终实现交往空间的连续化、整体化，在原有建筑空间的基础上为老人营建一个良好的交往环境。旧有养老设施在室外交往空间改建时的灵活度较大，但也应该注意避免空间设计过于形式化，合理把控室内外过渡空间。

二、无障碍的原则

“无障碍”是在1974年举办的联合国国际身心障碍者专门会议上提出的，相关研究学者认为那种只以健康人为中心进行服务的社会不是正常的社会，社会需要关注残疾人士、老龄团体等的真正需要。随后英国及欧洲各国对“无障碍”的理念达成共识。美国是目前国际上“无障碍”相关法律、设施等最完备的国家，充分保障了残疾人士的权利，为他们提供了完备的公共建筑、公共交通以及各项服务设施，值得我国借鉴学习。随着“老年型社会”成为广泛关注的焦点，20世纪90年代后，无障碍的设计原则也逐渐用于解决老龄化带来的诸多问题。

在建筑领域中，无障碍的设计原则是通过消除现有环境中的各种“障碍”，为让老年人能够像普通人一样顺利使用环境设施，参与到公众活动中创造多方面的便利条件。[①]无障碍设计原则充分关照了老年人日常的使用需求，解决了潜在的会对老年人造成身体伤害的环境条件，指向了人性化设计本质，体现了对老年人的人文关怀。[②]设计者不仅要解决医疗保障、服务设施的问题，更重要的是在原有环境的基础上构建物理性的无障碍环境，让更多老年人正常进行交往。

国际上关于“无障碍”的设计原则有以下几方面内容：平等使用原则，强调空间环境设计应让不同身体机能的人公平使用；空间指示简单、明确；尺寸、空间符合身心需求。针对机构养老设施交往空间的无障碍设计的应用可以归纳为以下几个方面：

1. 墙面扶手。在交往空间中，走廊、楼梯间扶手的设置应当把握好高度以及与墙面的关系，让老年人能够在身体倾倒时顺利抓住扶手以保持身体稳定。

---

① 胡飞、张曦：《为老龄化而设计：1945年以来涉及老年人的设计理念之生发与流变》，《美术与设计》2017年第6期。

② 吴冬梅：《无障碍设计原则中的人文主义精神》，《艺术百家》2007年第5期。

扶手的设置需要保持连贯性，能够保证老年人行走的连续性和安全性。扶手设置的高度一般在750mm—850mm即可。扶手的形状应该方便老人抓握，距离墙面的距离适度，扶手端部的设计尽量不采用突出形状，而是向下弯曲或到扶手连接件的位置，防止钩住老年人的衣物和包带。需要注意的是，为了方便老年人上下行，需要在楼梯间两侧设置扶手，兼顾到老年人左右手的不同使用习惯。

图10-13　无障碍坡道示范
（图片来源：李雪拍摄）

2.无障碍坡道（图10-13）。养老设施建筑规范中规定，坡道的坡度需要控制在1：1.2的范围内。但通过调研能够发现，许多养老设施的坡道设计不符合规范，使得老年人从户外进入门厅参加活动十分困难，也容易造成意外的发生。所以，设计者应当充分观察建筑的状况，针对有高差的位置采取合理的方法，或设置坡道，或做缓冲区域，或增加扶手，尽可能减小高差给老年人带来的身体危害。室内公共交往空间的高差更应该引起设计师、运营者的重视。大部分老年人在社交过程中极少观察地面情况，也极容易由于高差而摔倒，设计师需要设立明显的标识，并采取相应措施。

3.为老年人开辟宽阔平稳的活动区域（图10-14）。2018年杭州萧然社区建设为首个无障碍社区，在整个适老化改造过程中，不仅增加了无障碍设施、设立了无障碍标志，还在户外的活动区域中开辟了适当面积的空地，[①]供坐轮椅的老年人、健康的老年人及子女在此聊天，不失为一种无障碍设计的处理方法。

① 孙光、张梓晗：《基于老龄化社会问题的无障碍设施应用设计》，《包装工程》2019年第18期。

图10-14 预留空地
（图片来源：孙光、张梓晗《基于老龄化社会问题的无障碍设施应用设计》,《包装工程》2019年第18期）

随着无障碍设计理念在老龄问题上的深入研究，以其为基础衍生出来的通用设计也成为当今老龄设计方法的重要分支。通用设计首先强调无差异化，减少所谓残障人士同普通人的“障碍”，关注两者的共同需求，建立能让所有人适应的无差别、人性化、容易理解的环境，让所有人拥有共同美好的体验。在日本一家康复医疗设施里，运营方特地通过无差别的设计方法，强化老年人的感知记忆，锻炼老年人的身体机能，使老年人达到康复的目的。在特定的外廊空间没有设定扶手，鼓励老人不依靠扶手行走，在有台阶的位置也仅设置了单侧扶手，鼓励老年人利用楼梯上下。

所以，“无障碍”同“有障碍”是相辅相成的，需要根据养老设施的定位，在设置无障碍的基础环境之上，在特定区域采用“有障碍”设计方法，以达到锻炼身体、实现康复训练的目的。

三、全生命周期的原则

“全生命周期”的理念较为广泛地应用在产品设计的领域，从产品概念设计开始到加工制造、销售运输、使用维护以及回收处理整个生产过程进行把握，精准定位市场需求，降低成本，增强环境友好性，实现可持续发展的理念。近些年，“全生命周期”的原则也开始应用在建筑、室内、景观等领域。同产品设计领域相同的是，两者都关注设计对象本体从概念到物质成型阶段的成本可控性、环境环保意识、运营服务理念等，不同的是，建筑环境领域的应用更关注人在空间中的活动状态与行为规律，尤其对于身体逐渐衰弱的老年人来说，全生命周期的设计原则更是从根本上关照了老年人在入住养老设施的未来几年内可能产生的身体变化（图10-15），在空间规划、细部设计等方面给予合理的支持与保护，使老年人从入住开始就能享受到完整、连续、全面的空间设计服务。

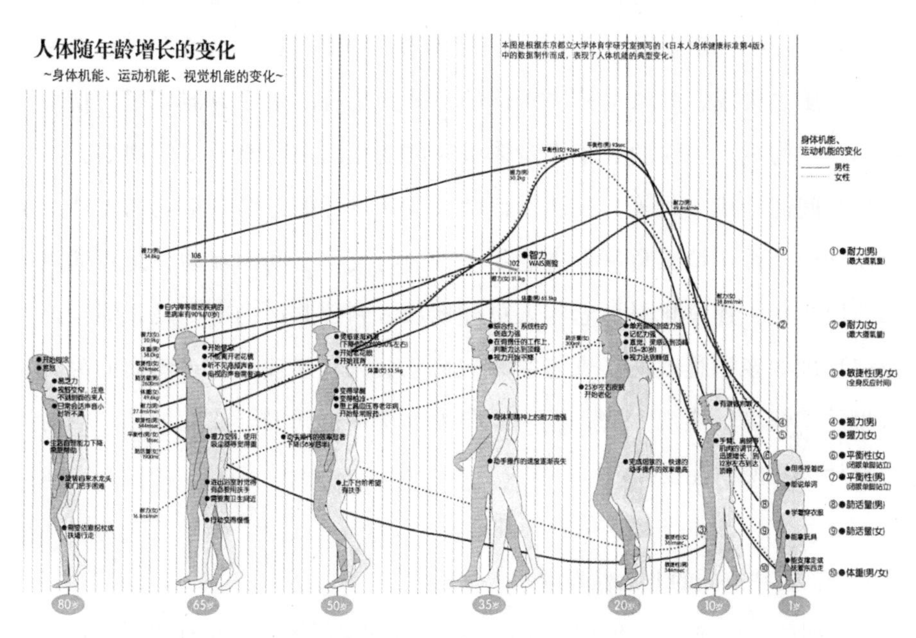

图10-15　全生命周期的身体变化
（图片来源：周燕珉：《老年住宅》，中国建筑工业出版社2011年版，第22页）

第三节　“情境”——交往空间与老年行为的动态互动

北京人“重礼”“好面”，同时从行为的角度观察，北京老年人非常爱“聚群”，他们常常会三五成群地出现在公园、小区绿地、住宅庭院、门前等位置，聊天、打牌、健身等都成为他们老年生活非常重要的一部分。所以，当老年人无法独立居家养老而需要进入养老机构的时候，如何进一步从行为角度给他们营造一个好的交往空间，为他们提供一个与同龄人交往的优质环境显得非常重要。

诺伯格·舒尔兹（Nobery Schultz）认为，建筑存在的目的就是使原本同质化的物理性“场址”，转变为人类具体行为发生真实的“场所”，[①]只有当人真正理解了环境与空间的意义，人们才会实现真正意义的“定居”，才会形成与空间稳固的连接。从建筑现象学来讲，人与人在场所环境中的行为以及行为交织产生的情感、经验以及文化，能够超越建筑本体功能与物质的需要，产生真正的意义，[②]这就是本节重点讨论的“情境”。“建筑是人类用物质去构成，并以精神去铸造的不断变化着的生活容器。”[③]“情境”超越了“物境”关注的老年人身体机能的变化以及建筑环境的规划方法、交往空间的构成方式等，强调设计师人性化设计的意图在空间的传达，关注设计师是否从情感角度促进老年人行为与交往空间的互动，是否通过空间的层次化、连续化引导老年人更好地加入到公共活动中，是否能增进与空间环境的亲密程度，实现与空间的情感交流和连接。通过前面的分析，这里的“情境”实现方法，进一步归纳为交往空间的开放性设计、洄游路线设计以及模糊性设计。

一、交往空间的开放性设计

封闭的空间总是阻碍人们的交往，开放的空间才会为交往提供可能。交

---

① Christia Norberg-Schulz, *The Concept of Dwelling : on the way to Figurative Architecture*, New York: Rizzoli International, 1984.

② 张文英、许华林等：《诗意的栖居——保元泽第景观设计的现象学解析》，《建筑学报》2009年12期。

③ 布正伟：《自在生成论——走出风格与流派的困惑》，黑龙江科学技术出版社2002年版，第206页。

往空间的开放性设计可以分为两个层面，一是空间规划设计层面，另一个是细部交往设计层面。

从规划设计角度来说，交往空间的设置不宜过于封闭，不能阻碍老年人对外界的观察和与外界沟通（图10-16）。所在选址内的活动区域可以与周边环境的绿地、市政公园、公共广场等联系起来，能够实现老年人在视线上或路径上与外界环境的联系，避免老年人年产生隔离感、生疏感，鼓励老年人多参与公共活动（图10-17）。养老设施与居住社区结合也成为发展趋势。在上海申养古美智慧坊就有一个约600㎡的养老设施，这在高密度的都市中是难能可贵的实践项目。这所养老设施主打“共享空间”，鼓励社区居民同养老设施内的老年人共同使用庭院，种植树木、采摘瓜果。此外，养老设施定期举行健康讲座，利用自身的医疗资源为周边的居民提供服务；邀请社区居民共同举办文娱活动、各种交流聚会、传授老年人生活以及技术经验的演讲会等，都让老年人与社会有更好的接触，给老年人提供了融入社会的机会。这些参与活动的社区老人可以说是养老设施的潜在用户，这种“获客”成本也在很大程度上缓和了养老设施高昂的运营费用。

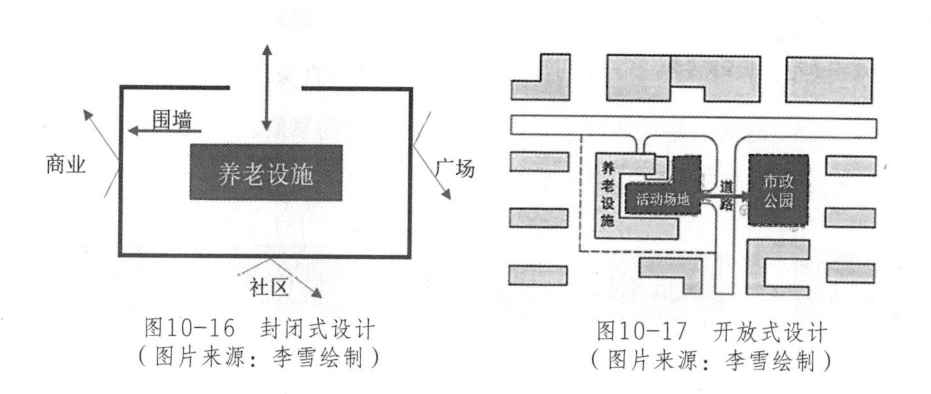

图10-16　封闭式设计
（图片来源：李雪绘制）

图10-17　开放式设计
（图片来源：李雪绘制）

细部的交往空间设计则更需要把握开放与私密的关系，使得交往行为能够在较为隐秘、安静的环境下进行，又能够保证他者可以观察到这充满趣味的空间，保持一定的开敞性。相比于公共交往空间，半公共半私密的交往空间从使用人数、空间规模上都有所减少，交往成员也限于老年人、老年人与护理人员之间。这种类型空间在建筑平面上数量较多，呈点状分布，与大面积、呈块状分布的公共交往空间不同。组团内的活动室、起居室、临界空间、走廊、开水间、洗浴房等都属于半公共交往空间。人们在这种类型的交往空间中往往会感觉舒适，一方面脱离了过于封闭的私密空间，另一方面处于半公共交往空间中能够观察周围环境和状况，可以及时加入到更开放的公共活动中去。在处理半公共交往空间的设计细节时应注意以下几个方面：

1.观察的空间。近些年老年医学研究数据证明，60岁的老年人听力明显下降，对于2000赫兹以上的高频声音辨识度非常低。[①]对于很多行走不便的老年人来说，观看成了他们与公共活动保持联系的有效方式。人们在加入到公共活动中时，往往都有停留观察的过程，处理好观察空间对交往质量的提升非常重要。

第一，观察的对象要有趣。经验表明，人们总是会被动态的事物吸引并激发起参与的兴趣。观察来往的行人、杂货店的商贩、趣味活动等是老年人十分普遍的行为，这种观察是老年人进一步与他人交往的前提（图10-18）。提高养老设施的交往活动数量，有必要将观察空间置于大型活动空间的周围，联合设置。所以，大型活动场所或开放交往空间周边宜设置小型的半开放交往空间，为潜在的交往行为提供可能性。观察对象的有趣意味着空间秩序的第一感，这种有趣的主次关系会激发人们参与的热情。[②]

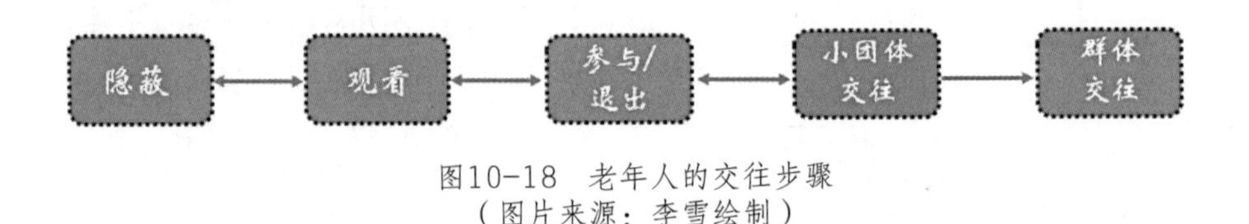

图10-18　老年人的交往步骤
（图片来源：李雪绘制）

① 许淑莲：《老年人视觉、听觉和心理运动反应的变化及其应付》，《中国心理卫生》1988年第3期。

② 杨公侠编著：《视觉与视觉环境》（第2版），同济大学出版社2002年版，第32页。

第二，良好的视距与视线。室内交往空间良好的视距应该保持在45cm—360cm之间，具体尺度还要考虑养老设施现状及活动场地要求。良好的视线是营造观察空间的重要手段（图10-19）。一般来说，空间环境中过于封闭、狭窄的视线对交往行为会产生负面的影响，开敞、明亮的空间能够为老年人营造舒缓的惬意氛围，也是有效观察与交流的前提。一方面，设计师在处理横向空间时，应尽量保证交往空间视线的连续性、开敞性，使处于任何行为过程的人都可以观察到有趣的公共活动；另一方面，人在行走时视线会向下偏10°，对于年迈的老年人更是如此，设计师可以围绕交通中心（主要考虑开敞性楼梯）——竖向空间为老年人创造良好的视野。

图10-19　良好的观察视线
（图片来源：周燕珉工作室系列研究成果）

2.开放、宜识别的活动路线。曾有学者对儿童、成年人和老年人的行走路线做出过准确的概括，发现老人行走时较儿童和成年人缺少了目标与乐趣，行走过程更倾向于散步、游走和健身，可以随处停歇、休息。所以对于养老设施内老年人的活动路线，一方面需要保证它的可识别度。老年人不同于儿童和成年人，他们对空间的感知与记忆能力都大大弱化，可以在走廊、步行道等设置强化空间识别的标识、图案、陈设等。另一方面，在老年人的活动路线上多设置一些开敞性的活动场所，让老年人可以观察到活动的发生，并结合局部空间的凹凸形成空间节点，营造不同私密程度的交往空间，创造利于交往的空间形态，鼓励更多交往行为的发生（图10-20）。

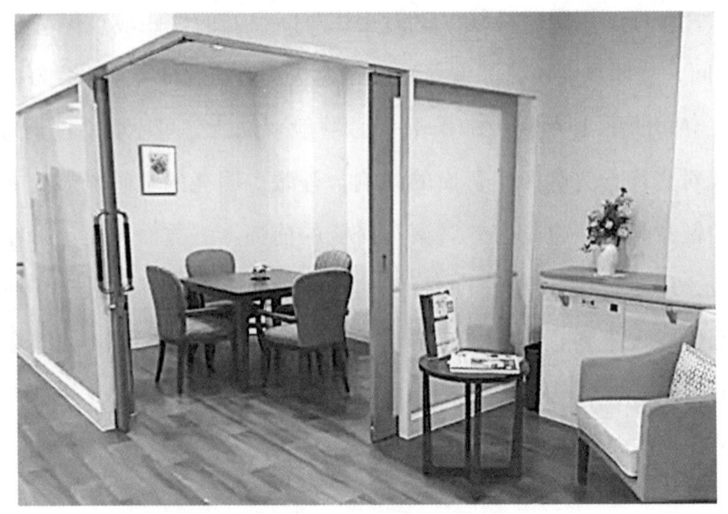

图10-20 半开放的活动室，可以使路过的老年人观察到正在发生的活动
（图片来源：清华大学周燕珉工作室）

二、交往空间的洄游路线设计

洄游路线的设计在机构养老设施内的应用非常具有实用性。许多国外养老设施考虑到健康状况较差的老龄群体无法到户外进行锻炼，只能进行室内锻炼，便将走廊设置成洄游型走廊，并在局部放大空间形成宽敞、自由的活动场所，[①]这样老年人一方面在来回游走中达到锻炼身体的目的，另一方面也能够停留在某处观察他人活动或参与到公共活动中去。在日本，许多养老设施的公共走廊呈组团形式设置，每个组团都有合理的居住人数与护理人员，同时设有完善的生活设施、医疗设施，不同类型空间的分割形式多样，空间层次更丰富，能够给老年人提供多样的选择范围，更易形成老年人交往的领域范围，促进交往行为的产生。

洄游路线强调的是交往空间的连续化设计。内部交往空间的连续化不仅指不同交往空间的合理配置和连续化构成，还应当考虑交往空间与居住空

① 周燕珉等：《养老设施建筑设计详解1》，中国建筑工业出版社2018年版，第18页。

间，交往空间与服务、管理、运营等各功能空间关系的合理优化。[①]

1.空间构成的多种方式。养老设施内的交往空间种类多种多样，如何合理设置不同交往空间的空间位置，处理交往空间同其他服务空间的关系，对老年人的交往行为以及交往的积极性都有很大影响。这里，笔者将从上一节的空间层次化入手来分析不同层次的交往空间设置方法。

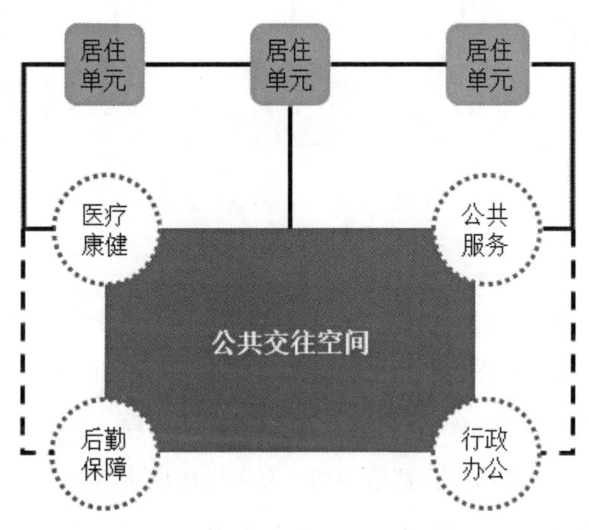

图10-21　集中型设置
（图片来源：李雪绘制）

第一，集中设置（图10-21）。对于大型的交往空间，例如多功能厅、活动室、健身房等公共活动空间来说，集中设置能够辐射更多的居住老人，从空间可达性以及便捷性来说都是较好的设计方式。同时，在公共交往空间周围设置医疗康健、公共服务以及后勤保障等功能性设施，能够方便护理人员照看老人，保证活动时的安全性。但是，集中设置的方式却容易导致交往空间的单一化，压制潜在交往行为的发生。

① 周燕珉等：《“探索养老设施设计与运营的有效结合”主题沙龙》，《城市建筑》2015年第1期。

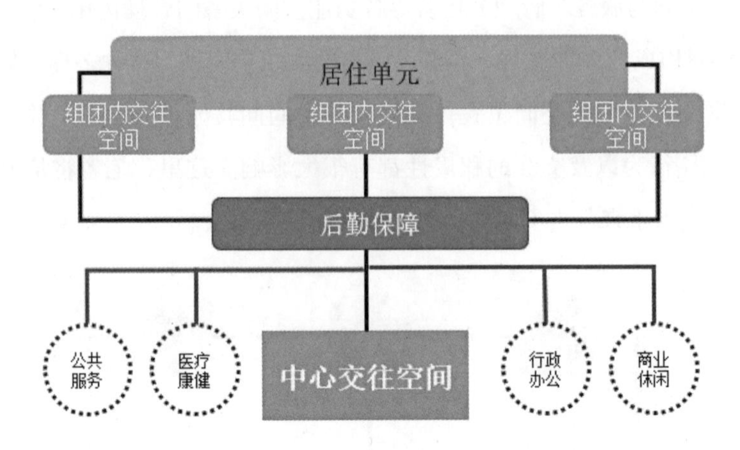

图10-22　组团型设置
（图片来源：李雪绘制）

第二，组团设置（图10-22）。根据交往空间的私密程度不同，空间设置应灵活多变。那些半公共半私密的交往空间宜采用组团设置的方式。将不同类型的交往空间均匀、合理设置在不同的护理组团内，方便老人在居住单元内能够加入到公共活动中，营造亲切、和谐的居家生活氛围，使得整个养老设施的交往空间形成整体集中，局部灵活分散的构成方式。

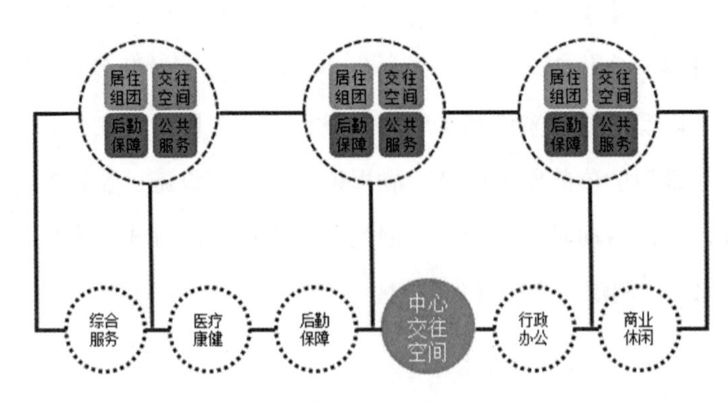

图10-23　综合型设置
（图片来源：李雪绘制）

第三，综合设置（图10-23）。交往空间的综合设置主要针对大型养老设施的建筑组群，其中每个居住组团拥有完整的设施系统——必要的公共活动空间、后勤辅助以及公共服务空间，同时不同的居住组团还拥有共同的交往空间和服务空间，是集中设置和组团设置的综合处理方法。

2.交往空间的位置与流线。《养老设施建筑设计规范》中规定，公共活动空间的面积应当占总建筑面积的16.6%，公共空间人均使用面积宜设置为1.2㎡—1.8㎡，许多养老设施从面积指标上能够达到这个标准，但是设置不合理。笔者调研时发现，许多养老设施的活动空间布置分散，彼此之间没有联系，距离较远，老年人经过或使用公共活动空间的频率比较低。所以，除了设置较为集中的交往空间，还应当多设置一些灵活、微型、分散的活动空间，[①]比如说聊天角、阅览室等，这些灵活的交往空间可以设置在走廊的尽头、拐角、电梯口等位置，同时配置相应的桌椅、沙发、隔断、书柜等，营造适宜的空间氛围，以丰富老年人交往空间的层次，满足个性化的交往需求。这些微型活动空间还可以结合交通空间以及门厅设置，这样路过的人可以及时观察到活动空间的情况并加入进去，形成小团体式的交往活动。这些分散的微型交往空间还能够间接促进失能老人在空间内游走，达到锻炼身体、提高认知能力的目的。此外，交往空间的位置需要考虑到与生活、服务、管理等动线协调一致。[②]兼顾到生活的便利性以及服务的高效率等因素，交往空间位置所处的动线要尽量做到动静分离、人物分离、洁污分离，形成多条层次明确的交通动线，避免多种动线的交叉给老人以及护理人员、管理人员带来生活上的不便以及服务的缺失等负面影响。

针对机构养老设施采用建筑群规划的方式，洄游路线还可以扩展成不同

① 田燕、姚时章：《论大学校园交往空间的层次性》，《重庆建筑大学学报（社会科学版）》2001年第2期。

② 王笑梦、马涛：《符合养老设施服务管理需求的空间功能设计》，《城市建筑》2015年第1期。

建筑之间的连廊。[①]连廊的设置能够有效加强不同建筑之间的联系，为工作人员提供便捷、高效的巡视以及服务。同时，连廊还为老年人提供了观赏景色，与他人交流、相遇的机会，增进了不同居住内老年人的交流，为乐于户外活动的老年人提供了良好的位置。

连续设置多样化空间。户外的交往行为有时只是简单地停留、聊天，这种交往行为随机性较大，发生场所不固定，不需要设置特有的场所。针对私密性交往行为，亲友之间需要相对安静的场所，可以结合道路、景观围合建成私密交往空间。针对公共交往行为、交往人数较多的情况，需要开辟一块相对空旷的场所，配置相关的健身器材、花池、花坛、喷泉、雕塑等设施，满足众多人群的使用，同时需要在公共交往空间的周边设置桌凳，为部分人群提供休憩、观察的空间（图10-24）。

此外，较开放的交往空间往往有许多活动发生，许多活动设施需要空间放置，设计者需要预留一定的摆放位置和储藏位置，以防过多的室外活动设施占用了座椅、桌凳等老年人交往需要的设施。除较私密的交往空间，半公共和公共性交往空间需要采用就近原则设置，让不同交往行为发生在共同的区域、场所内，不同兴趣爱好、年龄阶段的人群彼此融入，这些不同层次交往行为的

图10-24　户外设施的重要性
（图片来源：李雪拍摄）

① 周燕珉、林婧怡：《基于人性化理念的养老建筑设计——中、日养老设施设计实例分析》，《装饰》2012年第9期。

发生容易引起老年人的参与热情，强化老年人对空间的认知和归属感，增强场所的精神内涵。

小规模组团化。除了不同层次交往空间采用就近原则设置外，彼此之间的连接关系需要采用小规模组团化的连接方式。前面已经提及，户外步行系统设置宜相互连通、富有变化。笔者虽然主张在物理距离上把握空间的边界及可达性，但也需要体察老年人的心理距离，不同交往空间需要小规模组团化设置，一方面小规模符合了老年人体力衰弱的情况，另一方面组团化设置能够让紧凑的交往空间路线更加多变、丰富、曲折，结合景观、雕塑、座椅等方式，[①]让交往空间更富有变化性、多样性，这样不仅不会使路线一目了然、了无生趣，反而充满趣味性，让老人在散步过程中，既达到了锻炼身体的目的，又能够在停歇中与他人交谈、聊天、小坐，为老年人提供随机交往的可能性。[②]

连廊连接不同场所。在考虑不同交往场所的连接方式上，连廊连接是较好的方式。洄游路线设计一直是养老设施设计领域值得提倡的方式，这种交通关系的组织同样也适用于室外不同建筑体之间的连接。通过采用连廊的方式将不同建筑主体连接，廊下空间就为老年人创造了具有生活气息的场所，在老年人来回游走的过程中，连廊既可以充当休息的地方，又能够让老年人在这里观察周围的活动，与路过的老人、工作人员、闲谈、交流，是容易提升幸福感的连接方式（图10-25）。

图10-25　连廊连接不同场所
（图片来源：李雪拍摄）

① 李翊、傅诚：《环境行为学导向下的公共空间活力营造》，《华中建筑》2010年第7期。

② 武晶、柴寅：《由行为场所理论看城市公共空间人性化设计》，《山西建筑》2008年第3期。

三、交往空间的模糊性设计

从行为角度来说，交往空间很难说具有特定的功能性，交往行为发生的场所就可以称为交往空间，呈现出一定的模糊性。所以，除了设定功能性的交往空间（棋牌室、舞蹈室、健身房等），还应当考虑灵活多样的自由交往空间，[①]给予老年人改造环境的可能与机会。我们可以在多个活动空间采用灵活分割的形式，让空间的使用根据运营的需求进行调整，提高空间的利用率；还可以在走廊尽头或者一侧局部扩大，设置座椅，形成非正式的停留空间，为老年人营造自由的交谈空间，增强交往空间的连续性，营造和谐、温馨的生活氛围。

尤其对于小面积的养老设施来说，多功能化的空间设置显得非常重要。半公共交往空间使用人数较多、使用频率较高，应多设置一些可以灵活应对各种行为要求的空间。养老院的许多活动具有时段性，尤其是一些集体性活动，如演出、讲座、手工等，那么半公共的交往空间就可以根据不同时间的具体需求灵活调整家具的陈列方式，提高空间利用率。此外，单件家具的选择也可以灵活多变，可以根据不同场合的要求采用不同组合方式，满足交往需要。在日本，养老设施的设计手法常是“小规模、多功能”，灵活性、通用性较强。某区域白天是设施内老年人集体活动的起居空间，晚上通过空间的分割做成了和室（日本传统房屋所特有的房间）。这样既满足了白天较多活动人群的使用需要，又满足了晚上空间紧凑、氛围亲切的空间效果，达到了变化自如的目的（图10-26）。[②]

我们还可以在户外开辟一定面积的空地，配置恰当的座椅、植物、花坛等设施，选择光照良好又能躲避大风天气的空地，鼓励老人自发开展业余活动，积极创造养老设施的人文交往空间。

---

① 王哲：《养老机构的环境理念和设计要素》，《南方建筑》2019年第4期。

② 陈新、周勇：《日本的小规模多功能养老设施》，《世界建筑导报》2015年第3期。

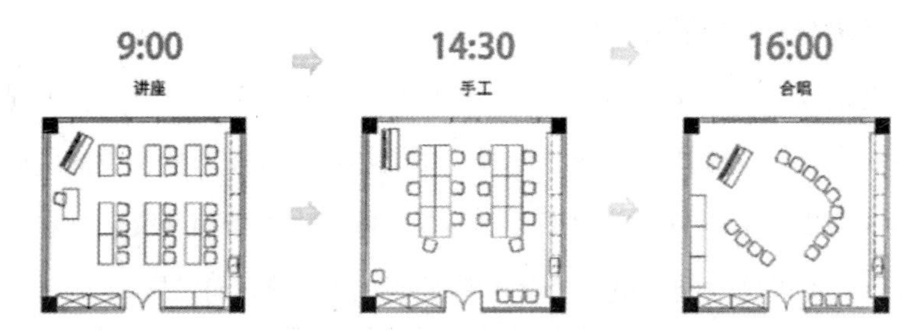

图10-26　多用途空间分时利用及空间布置
（图片来源：周燕珉《养老设施建筑设计详解2》，
中国建筑工业出版社2018年版，第48页）

第四节　“意境”——场所精神的追求与表达

“意境”是中国传统美学的重要范畴，表达了艺术作品中主体情感与客观形象的高度统一，蕴含着情景交融、韵味无穷的艺术境界，同时也传达了深刻的人生哲理和价值创造。[①]“意境”在建筑领域的内化，与“场所精神”的含义颇为相像。

场所精神指的是由空间物质的形态、材料、质感及色彩等具体事物所组成的整体综合在一起体现出的环境的某种精神特性和意义。[②]场所精神更关注在实用层面上建筑环境的精神含义，在人与环境相互影响、作用下产生的某种环境“气氛”，而这种环境氛围是由人与空间共同创造出来，同时又在潜移默化中对人类行为产生重要影响。“意境”在于建筑学的内化，重点更在于将空间的人文内涵、价值导向、生活文化等精神内涵融入进去，从而对环境中的人产生重要影响。

在目前养老设施过于追求数量而忽视空间质量和精神内涵的大背景下，场

① 王国维：《人间词话》，彭玉平译注，中华书局2016年版。

② [挪]诺伯舒兹：《场所精神：迈向建筑现象学》，施植明译，华中科技大学出版社2010年版，第166页。

所精神的追求与表达更关注对老年人主体价值的再思考，关注大众关于养老服务的价值重塑以及地域文化的传达。场所精神并非可有可无的存在，而是在解决了基本衣食住行的物质生存问题之后，由老年人精神需求所引发的空间价值性和认同性的再思考。只有把握了空间环境不同层次的价值含义，站在人性化角度出发，养老设施空间环境的建设才能朝向更健康的方向发展。

一、运营理念的转变

自养老设施大规模建设以来，运营方就一直将降低运营成本与提高生活品质作为运营管理的首要目标，但是经过多年的实践，养老设施在运营管理上仍然会存在效率低下、运营成本居高不下、老年人生活环境差等问题。这些俨然已经成为养老设施项目运营的首要难题。其实，追根究底，传统运营模式与建筑设计两者之间的断裂与分离是造成这些问题的重要原因。

在许多发达国家，养老设施的建造在最初都需要与运营管理团队紧密协作，共同分析环境构成与空间细节，实现居住品质与运营效率的最大化。但目前国内的养老设施在建筑设计与运营管理相互配合方面处于落后状态。投资方、建设方只管盖好房子、搞好装修，然后去找运营团队，工作环节上的脱节常使得运营方发现诸多不合适的地方，有些地方可以进行轻微的调整、重建，但有的地方就只能按照原样，这在很大程度上降低了运营效率，提高了运营成本。

所以，我们应当转变传统的“运营只为运营服务”的理念，加强空间建设与运营管理之间的结合，在空间规划最开始的阶段，就将整体的空间流线、服务功能等安排合理，这样才能实现降低运营成本与提高生活品质的双向目标。首先，项目管理者应做好养老设施的规模、不同身体状况与消费能力老年群体、不同模式的管理运营团队的定位，[①]采取针对性的设计策

---

① 周燕珉等：《“探索养老设施设计与运营的有效结合”主题沙龙》，《城市建筑》2015年第1期。

略，进一步交由建筑设计方、运营方共同协作完成。其次，建筑设计者应当充分了解老年人对日常交往的需求，采用市场调研的方法，及时记录不同年龄阶段、身体机能的老年人对空间设计的要求，了解老年人在交往过程中的心理、行为、习惯，经与运营方认真协商后开展设计工作。最后，建筑设计方需要充分考虑运营管理的需求，针对最初的人群定位，确定合适的组团大小，交往空间位置、面积、形态以及工作人员的工作内容与工作路径等细节。只有建筑设计团队同运营方共同协作、充分沟通，才能够设计出既满足老年人交往需要，又能够保证工作人员高效率护理的养老设施。

此外，养老设施的运营理念的转变还在于改变由护理人员承担护理、照看、学习、娱乐、康健等日常工作的传统，鼓励社会成员积极参与进来，共同承担养老设施的运营管理以及服务内容。在荷兰Humanitas home养老院，管理团队鼓励没有收入来源的学生免费入住养老院，同时要求学生每月花费30小时的时间同老年人相处，陪他们学习、聊天，还教老年人跳舞、弹吉他、发邮件、视频聊天等，丰富了老年人的日常生活内容，排解了日常的孤独感。这种代际互助模式使老年人很有效地与外界建立起了联系，也减轻了养老设施的运营压力与成本。这种全龄混合养老模式将是未来养老设施运营管理的重要发展趋势。

二、主体精神的折射

传统机构养老设施程序化、呆板化，一切以降低成本为目标的服务和生活理念早已经不适应社会的发展趋势，未来养老设施内的生存状态更趋向于将“如何生活”的决定权交由老年人来控制，生活内容也将趋向多元化、丰富化，老年人的精神面貌也更加积极向上。在交往关系理论中，有角色交往与非角色交往两种类型，[①]角色交往在养老设施中指的是工作人员与老年人

① 孙奎贞、曹立安等编著：《现代人际心理学》，中国广播电视出版社1990年版，第22页。

在交往过程中存在角色化的倾向，更多的是“护理”与“被护理”的角色关系，交往过程中缺乏情感融入，强调目的的达成效率。这种角色化的交往关系在养老设施中非常普遍，虽然这样能提升工作效率，为老人提供周到、细致的服务，但却缺乏交往的深度，工作人员与老年人之间的交往短暂且肤浅，造成双方的陌生感与距离感，容易由于护理措施不当引发激烈矛盾。而非角色交往则更加强调老年人作为一个独立自主的个体，也能够与他人进行轻松、高效的交往，达到情感的交流，构建双方和谐的关系。所以在养老设施中，非角色交往的重要性不言而喻，对养老设施内乃至全社会树立起老年人的主体意识和能动意识有举足轻重的作用。

在日本爱知县蒲公英养老中心，工作人员与老年人的关系早就脱离了传统角色交往的旧规，彼此之间更像亲密的家人和朋友，他们相互帮助，共同管理养老设施内的生活环境，形成了非常完整、安全、信赖的社会化生活区。在这家养老中心有超过250项娱乐活动，有专业的瑜伽室、舞蹈室，还有根据老年人的爱好特意设置的芭蕾教室等，充分关照了老年人多种多样的兴趣爱好，帮助他们重新建立起新的社会关系，实现自我独立、精神独立。

老年人主体精神折射到交往空间的设计上，则体现为从规划到细节都需要充分体谅老年人的心理、行为需求，实现人性化设计。在日本某养老设施内，管理人员特地在楼顶设计了环境安静、优美的就餐区域，让一些长期处于医护治疗过程的老年人也能够享受户外清新的空气和优美的环境，获得正常社交环境的体验。需要注意的是，强调老年人的主体精神并不意味着一味地满足老年人的需求，在合适的位置采取“有障碍”的设置方式，能够促进老年人对生活环境的感知，加强身体机能和感官刺激，让老年人在日常生活中间接达到康复训练的效果。比如说，可在老年人每日必经路段适当抬高地面坡度，让他们通过每次行走达到锻炼身体的目的。在交往空间的读书角，适当抬高书籍摆放的位置，让他们在取书、放书的过程中拉伸筋骨，锻炼身体。

只有将人性化设计与“有障碍”设计相互结合，让老年人在享受生活环境便捷、温馨的基础上，达到康复训练的目的，同时在与他人相互协作的过程中实现精神独立，才能真正实现老年人的主体价值和意义。

三、象征意义的表达

“象征”一词最初起源于古希腊，其内涵之丰富引起无数学者对它的探讨，但是“象征”始终躲不过两方面，一是某种精神含义的存在，二是这种精神内涵的表达。[①]我们知道，场所当中蕴含了丰富的生活内涵与具有区域特性的环境，当处于场所中的人、行为、文化、意蕴等共同和谐相处时，人才会对空间产生依赖、信任，反过来形成的具有凝聚力的场所精神会鼓励人更多地参与公共活动，促进场所内社会集团的形成，提升人的存在感与幸福感。象征意义的表达则是在人-行为-空间这一链条的动态变化中，增强三者的紧密联系，强化场所精神的内涵，增强人对空间中的人、事物、事件的认知与认同。基于养老设施探讨某种象征意义并不是虚无缥缈的，我们可以将其象征意义归纳为传统文化的表达、节日与礼仪两方面。

1.传统文化的表达。传统文化能够增强集体记忆，尤其是对于居住在养老设施内的老年人来说，室内空间通过恰当运用传统文化元素，如传统空间布局、传统图案等，能够提升空间品质，增强环境中的文化氛围，提升老年人交往过程的集体认同感，强化老年人之间的文化交流。机构养老设施需要针对入住老年人群生活经历和文化背景做详细调查，整理归类出能够吸引人群参与公共活动的交往空间处理方式，通过对传统文化元素的转化与应用，让老年人在交往过程中形成某种仪式感与崇敬之情，更能够增强老年人同交往空间、社会空间之间的黏性。

2.节日与礼仪。可以说，节日与礼仪是最能够增强老年人生活的幸福感与仪式感的。管理者可以在中秋节、春节、端午节等重大节日节点，邀请亲

① 康澄：《象征与文化记忆》，《外国文学》2008年第1期。

友、志愿者、社会工作者等一同举办庆典和宴会，通过社会成员的积极参与和互动，调动起老年人的积极性，加强老年人与社会环境的连接。同样，针对有宗教信仰的老年人群体，管理者需要充分予以尊重，为老年人日常的宗教活动提供活动场所。在西藏城关区社会福利院内，设计者充分考虑到西藏老年人的宗教信仰问题，为他们预设了转经路线，在林卡内还设有专门的转经通道，以方便老年人宗教活动的进行。此外，还设有专供佛像的墙面和房间供老年人诵经打坐。

象征意义的表达首先需要建立起空间的特殊属性，即不同于其他空间的特殊意义，形成老人对空间特有的认知与识别度，但最终象征意义在于唤醒老年人内心对环境的认同感与信赖感，强化老年人心中已有的集体意识与文化感知。

四、地域文化的体现

不同的地区孕育着不同的文化，不同的文化滋养了不同的人群。养老设施不同于仅仅为人群提供特定目的的宾馆、医院等建筑类型，它需要对不同生活经历和背景的人群进行针对化处理。地域文化的体现在养老设施中极易引起老年人心中的归属感、依存感，对形成和谐、舒适的生活氛围起着非常重要的作用。以北京地区的养老设施来说，空间格局可以借鉴传统四合院的布局方式，或是结合游廊、园林等方式综合设置；立面上可以借鉴北京人熟悉的装饰元素，如云纹、回形纹、水波纹等设计形式，素雅的青砖灰瓦、大红色的门头与牌楼等；室内交往空间的设置采用京式韵味的家具，同时考虑把各种无障碍设施同装修形式结合起来。将充满地域文化的元素融入空间环境中，借助某种象征唤起沉淀在老年人心中的集体意识。

院落是我国传统建筑非常典型的构成内容，可以说是建筑布局的灵魂所在。人们在院落中赏景、品茶闲话、种植花草、举办宴席，几乎大大小小的公共活动都围绕院落展开，这里成了促进家庭成员、邻里之间沟通感情、增强连接的平台。北京四合院有三种基本的院落，分别是前院、中院和后院。[①]一些王府的配置则是多进四合院院落的设置方式。[②]近几年商品房的大量出现使得传统的院落形式逐渐被取代，邻里交往的平台消失了。我们无法逆潮流而动，但“院落精神”的回归仍能够让我们看到传统邻里交往关系带给我们的启示。

“院落精神”指的是在现有建筑环境的基础上，为促进老人们交往，提高机构养老设施的人文精神和道德风尚，为人们提供方便交往的一种空间情怀。它并非要与传统建筑四面围合的构成方式雷同，而是因地制宜，利用恰当方法处理空间，达到愉快交往的目的。[③]其实日常生活中，这种“院落精神”已经通过老年人的行为体现出来，在室内外的过渡空间、庭院角落、绿地旁边都会发现老年人的身影。基于建筑学角度出发就在于要合理规划空间，将老年人的行为秩序化、合理化，空间使用感才会提升，老年人与空间的黏结程度才会提高。

1.开拓庭院式的公共活动区。从都市角度分析，四合院内部的院落属于私密交往空间，四合院外部的胡同则属于半公共半私密性的交往空间，这两者相对于更开放的公共空间来说，从体量、人群、交往活动等来看是更为私密的公共动态空间。这种合理的空间划分为人们提供了恰当的邻里交往空间，当人们有意向与他们闲谈时，迈出房门就可以到达一个适宜交往的场所，符合人们的行为习惯与心理需求。

机构养老设施交往空间的建设需要借鉴四合院内庭院式的布局方式，为组团内的老年人提供邻里交往空间。生活在养老院的老人们常自嘲身边的朋友是“病友”，这种思想观念侧面反映了他们与其他老人之间的关系只是“点

① 陆翔、王其明：《北京四合院》（第2版），中国建筑工业出版社2017年版，第107页。
② 刘佳：《北京清代王府花园及其布局》，《内蒙古艺术学院学报》2019年第4期。
③ 黄云峰：《“院落”精神回归　实现邻里交往》，《住宅科技》2007年第11期。

头之交”，缺乏对身边老人的认识与了解。尤其针对北京地区的养老院，我们需要为人们提供熟悉、亲切的庭院式交往环境，打消对彼此的猜忌和隔阂，增进养老设施内成员的感情。

第一，拓宽入口区，结合通道、座椅、景观设置交往空间。入口是老人喜欢聚集的地方，我们可以结合出入通道开辟一小块空地，借助周围的栅栏、地形、绿植、假山、灌木丛等形成柔和的边界空间。[①]这样一方面可以增强老人对空间的识别性和场所感，另一方面也能够在室外与室内空间形成合理的过渡，实现空间的相互渗透。需要注意的是，交往空间公共设施合理的配置需要考虑不同场地的条件、地形、气候等因地制宜，要保证设置的配置具有实用性，同时能够提高老人的参与度。

图10-27　入口处的庭院式公共活动区（图片来源：黄云峰《“院落”精神回归——实现邻里交往》，《住宅科技》2007年第11期）

图10-28　利用凹形空间打造交往空间（图片来源：李雪拍摄）

庭院式的交往空间并非要单独规划空间进行设计，针对现有的环境，可以在树荫下、凉亭、绿地周围或者凹形空间等设置座椅、桌子等，让老年人

① 韩秋、汪克田、戴松青：《追溯城市历史　重塑人文空间——北京·香山甲第别墅区环境设计》，《中国园林》2005年第4期。

可以在这里停留、交谈，或者设置棋牌空间等均是可行方式。[①]在较为幽静的地方，可以通过适当的景观设置，如堆砌假山石，开辟方塘、水池等方式，构建北京地区特有的园林景色，形成“动静皆宜”的私密交往空间（图10-27、10-28）。[②]

第二，底层架空，拓展庭院空间。我们知道，胡同除了具有交通功能之外，还是人际交往的场所。老北京人经常在晚饭后来到胡同聊天、下棋，有非常浓厚的生活气息。胡同成了院落空间的外延，也成了人们联系情感的纽带。在机构养老设施内，我们可以根据具体的建筑状况，采用局部底层架空的方式，为老人提供停留、休憩的地方。这样一方面可以拓展室外环境的视野，保持了好的视觉通透性；另一方面提高了土地使用率，缓解了户外停车的问题。[③]架空的底层空间可以用来设置活动空间，比如说健身空间、棋牌空间、阅读空间等，还可以在天气好的时候，举办市集活动，邀请养老设施内的全体员工一起参与进来，形成充满活力的交往场所。

2.联动社会功能的共享空间。旧时的北京胡同主要以住宅为主，与四合院住宅相连，是元大都的居住规制，到了明清时期，胡同中还出现了一些其他的社会功能场所，比如市场、工厂、库房、寺庙等。胡同不再只是里坊内的成员参与活动的场所，许多社会人员开始加入进来，丰富了北京胡同的生态文化。这在一方面也给较为传统、封闭的机构养老设施建设提供了思路，即如何营建与社会功能连接的养老设施共享空间，让社会成员感受养老设施内的生活氛围，让设施内的老年人走出去成为社会的一员。

人文空间是在满足老年人的基本生活需要之后，结合老年人的心理以及

---

① 胡林辉、周浩明：《基于环境行为的高层住宅区邻里交往空间环境研究——以广州地区部分高层住宅小区为例》，《装饰》2014年第9期。

② 刘佳：《北京清代王府花园及其布局》，《内蒙古艺术学院学报》2019年第4期。

③ 韩秋、汪克田、戴松青：《追溯城市历史　重塑人文空间——北京·香山甲第别墅区环境设计》，《中国园林》2005年第4期。

社会需求等其他方面隐私，对现有环境提升设计，构筑人文和谐的社会空间。在功能上，作为成熟的老年人社会，需要在养老设施生活圈的周围设置社交活动空间、会议中心、小型图书馆、健身中心、俱乐部会所、室外游泳池、步行路、手工艺室、餐厅、计算机中心、门球场等一系列的都市功能设施。[①]这些功能虽然可以在设施内部满足，但大部分都市功能需要与养老设施周边的功能设施相结合，让他人走进来，让老年人走出去，远离枯燥的设施环境，营造更加人文、更接近原有生活的空间氛围。

同时，养老设施的部分功能也需要与周边社会形成都市功能上的联动。比如说养老设施的多功能厅或者健身中心等，可以作为其他社会人群的休息场所、会议中心等多功能空间，为周边社会提供服务，形成联动社会功能的共享空间。

3.结合交通系统密切邻里关系。在北京四合院布局中，院落分为前、中、后三进，不同的院落通过连廊等形式连接起来，这种连廊方式增强了不同空间场所的交流，同样也可以应用在养老设施内。廊下空间很好地转换了传统街道在四合院中扮演的角色，在连廊内，老人可以休憩、观察、同他人交流，连廊是具有生活场所感的街道拓展性设计方式。老年人置身其中能很好地感受到来自工作人员、老年群体的友好和睦，增强老年人的归属感和认同感。通过对廊下空间比例、尺度的精准把握，能够让老年人拾回传统的生活气息，不同连廊之间的交流也增强了不同建筑体内的人群交流，有助于养老设施内形成熟悉、亲切的氛围。

同样，对于室内交往空间来说，同一楼层的老年人交往频繁，不同楼层的老年人也需要将竖向交通空间利用起来，共同参与设施内的公共活动。这里的交通系统主要指的是竖向交通系统，门厅、走廊等横向交通系统前面文

① 王笑梦、尹红力、马涛编著：《日本老年人福利设施设计理论与案例精析》，中国建筑工业出版社2013年版，第53页。

章已经提及，这里不再赘述。在多层的养老设施中，竖向交通面积较为紧凑，合理利用电梯、楼梯间的竖向交通空间，形成恰当的交往空间十分必要。我们可以利用电梯与走廊的位置向外扩展，结合阳台空间，打破室内外的界限，让交往空间从交通空间的位置探出去①，让在这里闲谈的老年人既可以观察来往的行人，也可以欣赏窗外的美景（图10-29、10-30）。需要注意的是，应尽量保证交往行为不被交通行为干扰，通过设置桌椅、绿植、微型雕塑等尽可能营造出较为完整的交往空间。另外，还可以在电梯、楼梯间前端开辟出恰当的空间，密切邻里关系，加深交往的广度和深度。

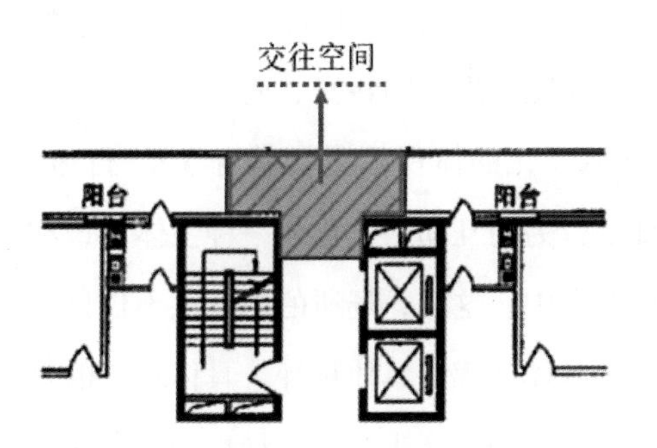

图10-29　结合阳台创造交往空间
（图片来源：李雪绘制）

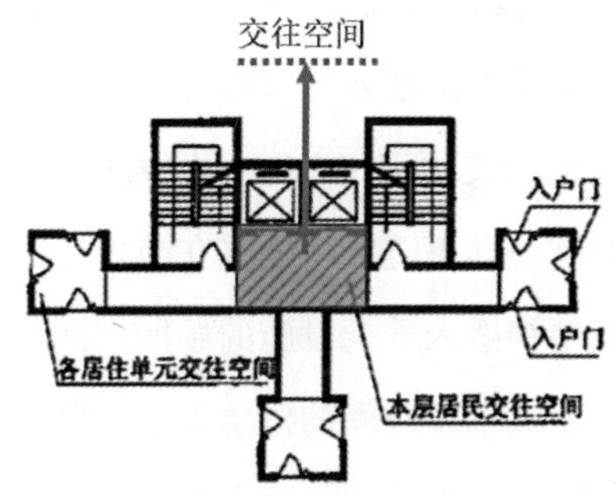

图10-30　结合走廊创造交往空间
（图片来源：李雪绘制）

在多层的养老设施中还可以将楼梯间扩展到整个建筑的进深，开辟室内庭院式的交往空间，可以将两层或者多层空间打通，扩大交往空间和视觉通透性。这样就形成了以室内庭院为中心、楼梯为联系的邻里交往空间，丰富了空间形态，同时设置合理的家具、隔断，以及适宜的灯光照度，将花草、绿植等景观引入室内，让老年人能够在室内享受田园风光（图10-31）。

① 李鹏：《高层住宅内部交通系统中邻里交往空间的研究》，《房材和应用》2003年第1期。

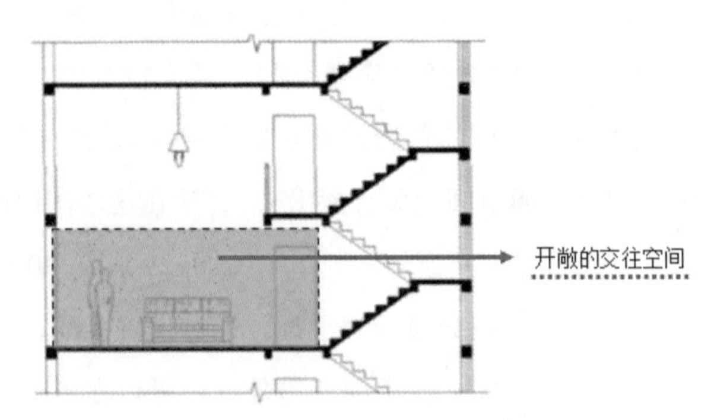

图10-31　结合楼梯间创造交往空间
（图片来源：李雪绘制）

通过以上分析可以看出，场所精神的形成因素是多方面的，除了设计者预先对空间做出规划与分类之外，运营方式和服务理念的转变、老年人主体意识的强化、文化记忆的象征性表达以及地域文化的体现都深刻影响着人-行为-空间这一动态链条。这些在与老年人日常行为的互动中，化成一种主体意识和地域精神融入养老设施的场所内涵与形态之中。这样，场所的内涵就不仅仅是传统意义抽象空间的概念集合，而是有着具体情感、具体精神、具体意义的具体空间，是内化了老年人的生存意识、地域精神，产生出了某种情调的人化空间，[①]是真真正正由环境内的人共同创造出来的生态化空间，这才是场所精神的内涵所在，才是未来养老设施交往空间的设计趋势。

① 徐从淮：《行为空间论》，天津大学博士学位论文，2005年，第44页。

第十一章
文治教化：复合型书店的体验式空间设计研究

近年来，传统实体书店在体验经济和互联网等因素的影响下，普遍出现了经营危机。面对实体书店经营困难的问题，国内外都开始利用以体验为主导的空间设计来进行书店转型，以达到在书店文化和市场经济之间取得相对稳定的平衡。本章关注民生内容中的书店设计的发展情况，主要针对实体书店在转型过程中的主要趋势——体验式空间设计进行研究，通过介绍传统书店转型复合型书店的背景、体验内容以及对复合型书店的体验式空间设计的分析，探究复合型的体验式空间设计的实质及其问题，提出实体书店在此方面的设计建议。

第一节　传统书店与复合型书店的现状

传统实体书店在面临经营危机和体验经济浪潮的背景之下，正在朝着复合型书店的方向进行转型。复合型书店不同于传统书店单一的售书经营模式，而是以用户体验为核心重新设计书店的品牌形象、品牌文化、服务流程、空间和功能，从而达到多种经营模式共存。

一、传统书店的困境与转型

根据大量的资料显示，国内外实体书店从2000年就开始面临危机。早期的报道和数据显示，从2005年开始，国内国有书店的数量减少了1944家，民营书店则更加严重，直接锐减了3801家。在国外，许多知名书店同样面临经营问题，据报道，美国知名连锁书店巴诺书店每年关闭分店8到12家。

虽然国家从2012年开始就有发布支持实体书店的政策，而且此后也不断推出政策支持，但依然没有改变其减少的趋势。从国家统计局统计的2010年至2017年的实体书店的相关数据来看（表11-1），实体书店虽然在政府支持下形势有所好转，但是从2013年之后还是无法避免下降的趋势。据《2019—2020中国实体书店产业报告》报道，目前全国的实体书店数量超过7万家，而2019年书店的数量就减少了500多家。[①]因此，实体书店的发展并不乐观。

表11-1　2010年至2017年实体书店情况[②]
（来源：何诗诗绘制）

年份	供销社数（处）	出版社数（处）	国有书店及国有发行点数（处）	集体个体零售数（处）	出版物发行机构数（处）
2010	1520	462	9985	109994	167882
2011	997	447	9513	113932	168586
2012	748	446	9403	116091	172633
2013	839	447	9255	115132	172447
2014	700	444	8922	113306	169619
2015	537	425	8918	107816	163650
2016	75	420	8996	105872	163102
2017	59	437	9633	103190	162811

其次，实体书店的经营困境与互联网的发展有直接的联系。互联网的发展直接改变了书籍的整个供应链。网络书店的兴起，直接抢占了实体书店的

① 网络来源：https://baijiahao.baidu.com/s?id=1655238936829318090&wfr=spider&for=pc。

② 网络来源：http://data.stats.gov.cn/easyquery.htm?cn=C01&zb=A0Q0W&sj=2019。

市场。网络书店购书相比实体书店更加便捷、价格透明，甚至比实体书店低廉，还能包邮到家。相比实体书店，网络书店拥有更齐全的书籍类别和资源、便捷有效的搜索功能、透明优惠的价格，甚至还会按照搜索和购书记录等大数据直接推荐相关图书，抓住读者的阅读需求和喜好，优势颇多，这也导致了实体书店流失了大量的顾客。在调研实体书店的过程中，受访者表示，自己虽然也时常会逛书店，但是还是更喜欢网上购书，主要也是因为网络书店折扣大。

互联网的发展产生了电子阅读的方式。纸质载体的书籍报刊已经不再是人们阅读的唯一方式，电子阅读的方式更加便捷，随着数码电子技术的发展，电子阅读的功能也越来越多。电子阅读不仅能够阅读，还能够做笔记、摘录，有的还可以直接进行知识解答、语音朗读、调整为护眼模式等。电子阅读的好处让大众越来越习惯和依赖电子数码产品阅读。从表11-2中可以看出，综合阅读率整体上升，而纸质资料的阅读率除图书外都呈下降趋势。最为显著的就是数字资源阅读率的显著提升，短短5年提升一倍多，可见电子阅读人数的上涨趋势明显。所以，电子阅读其实间接影响了传统实体书店的发展。

表11-2　2009年到2013年间全民阅读率变化情况[①]
（来源：何诗诗绘制）

年份	综合阅读率（%）	纸质资源阅读率			数字资源阅读率（%）
		图书阅读率（%）	报纸阅读率（%）	期刊阅读率（%）	
2009	72.0	50.1	58.3	45.6	24.6
2010	77.1	52.3	66.8	46.9	32.8
2011	77.6	53.9	63.1	41.3	38.6
2012	76.3	54.9	58.2	45.2	40.3
2013	76.7	57.8	52.7	38.3	50.1

① 黄智、严一梅：《全民阅读现状及其发展战略》，《图书馆学刊》2015年第10期。

传统书店正大规模地朝着复合型书店的方向转型，主要还是为了适应市场需求转亏为盈，提高经营利润。复合型书店目前主要是将自身定位为复合型文化体验空间，书店不再只是传统的售卖书籍的场所，而是一个以书籍为核心展开的多重体验内容的文化空间。复合型书店是通过书店的文化体验展开的一系列盈利点，扩宽了收益渠道。而且不同的复合型书店会在各种体验组合中有不同的侧重，形成属于独立书店独有的商业模式。同时，复合型书店同样不能忽视互联网的传播作用。许多复合型书店将互联网的文化媒体打造得十分成功，这也是其商业模式的创新点。国内目前比较具有代表性的复合型独立书店有方所书店、言几又、西西弗书店、诚品书店、单向街书店、猫的天空之城书店等，国外的复合型书店也有许多。复合型书店侧重多元化、开放性与交流性，常将餐饮、文创产品、文化交流沙龙、儿童教育、阅读空间等多重合并，形成文化消费场所，并具有文化理念的整体性表现。复合型书店的主要目的是通过以书籍阅读为契机的系列服务使得消费者获得美好的文化与情感体验。

二、体验经济与体验式空间设计

最早，美国未来学者阿尔文·托夫勒（Alavin Toffler）在经典著作《未来的冲击》中认为，体验经济是世界在农业经济、工业经济、服务经济之后新的经济浪潮。1999年，约瑟夫·派恩（Joseph Pine Ⅱ）、詹姆斯·吉尔摩（James Gilmore）在《体验经济》中进一步将这四个浪潮细化后，分为了农业、工业、服务、体验、转型的五段式，其中，“从物品经济（未加工）时代，到商品经济时代，再到服务经济时代，而服务经济时代后人类即将进入的即是体验经济时代”[①]，还指出当今人类社会的经济形态正以体验的方式出

---

① [美]B.约瑟夫·派恩、詹姆斯·H. 吉尔摩：《体验经济》，毕崇溢译，机械工业出版社2002年版，第11页。

现，并预言体验经济时代之后，人类将迎来转型经济时代。[①]人类社会的经济发展导致了社会经济形态的转型，如今的体验经济形态的出现正是由于科学技术的发展与生产力的提高使得人们的物质生活水平得到保障，人们消费能力足够，转而重视精神层面的消费问题。

在体验经济时代，高效的生产力使得企业能够大规模地、迅速地、高质量地生产产品并提供给消费者，技术的发达导致物质产品生产成本降低，产品在质量上所差无几，为了能够在众多同质类产品中脱颖而出，企业将其符号化并转向无形的体验价值中，以区分产品并提高产品附加值，甚至直接将体验作为产品以博取人们的欢心，正是突出了将来的市场是抢夺人们的时间而不是销售产品的观点。而且，物质的丰富也使得人们更加看重个性化、精神性的消费，追求高质量的生活水平，提升自我。也就是说，体验经济时代其实所体现的是“人们愿意在闲暇时间为他们的休闲生活而支出不菲的金额以填补精神的饥渴和追求心灵的文化”[②]，这种经济形态主要以人们的精神、情感的需要和实现自我为目标。体验经济与传统经济各有不同，在传统经济中，人们重视产品本身的功能、质量、外观、价格等，无论是开发设计还是消费，整个产品从生产到消费都围绕着产品本身的问题展开。

体验经济与传统经济有着本质的区别，在体验经济中，企业不再只是专注提供好的物质产品，同时还提供舞台，将产品和服务用体验要素串联起来，消费者消费的是整个过程，可以说人们在这过一程中的体验感也成了产品。不论什么样的消费过程，消费者都会将其体验的记忆与主要感受保留在大脑中。消费者在消费的过程中既享受这个过程又得到了良好的体验，既排解了部分压力也实现了自我情感和心理的满足，因此这种体验消费得到了

---

① [美]B.约瑟夫·派恩、詹姆斯·H.吉尔摩：《体验经济》，毕崇溢译，机械工业出版社2002年版，第12页。

② [法]让·鲍德里亚：《消费社会》，刘成富、全志钢译，南京大学出版社2014年版，第27页。

大众的喜爱。在当今社会，工业化、信息化使得社会分工越来越细化，人们解放了自己的双手，却也成了整个资本世界的一颗螺丝钉，工作内容的细分化使得工作性质更加垂直单一，人们没有时间和机会接触更多丰富多彩的世界。同时，由于互联网和信息化的发展，人们不再像过去农业社会、工业社会那样规律地日出而作、日落而息。相反，互联网不仅仅拉近了人们的空间距离，同时也弱化了人们的时间观念。人们每时每刻都在接触互联网，使用互联网进行工作和消费，人们可以半夜逛贴吧、淘宝购物、看电影、打游戏，甚至在许多新媒体的APP上半夜常常会有爆炸性新闻出现。

谢佐夫认为："体验设计是将消费者的参与融入设计中，是企业把服务作为'舞台'，产品作为'道具'，环境作为'布景'，使消费者在商业活动过程中感受到美好的体验过程。"空间场景是营造体验的场所，它不仅仅具有物质性，还能够通过空间营造去传达某种精神，并且功能设计能提供人们交往的社会空间，本部分重点研究体验设计中的体验式空间设计。

"从历史-地理唯物主义的观点出发，我们首先需要承认空间的这种客观物质属性，承认它是空间感受、体验和表达的物质性承载实体。"[①]体验的时空性决定了营造体验必须有具体的空间场景，即使是在高科技发达的现代，也只是利用科技在较小的空间中以光影声效设计场景，从根本上讲，体验之所以离不开空间场景，正是因为体验主体无法脱离具体的时空而存在。戴维·哈维（David Harvey）在《后现代的状况：对文化变迁之缘起的探究》中指出："空间同样被当作一种自然事实来对待，它通过指定的常识意义上的日常含义而被'自然化'了。它在某些方面比时间更为复杂——它具有作为关键属性的方向、地域、形状、范型和体积，以及距离——我们象征性地把它

① 闫嘉：《空间体验与艺术表达：以历史-地理唯物主义为视角》，《文艺理论研究》2016年第2期。

当作事物的一种客观属性，可以测量并因此能被确定下来。”[1]也就是说，空间是独立于人而存在的自然物，作为自然物，它具有方向、地域、形状等，这些都是它的物质属性。这是大部分人提及空间的第一印象，也是我们处于空间最直接的感受，这种层面上的空间就属于物质空间。这是空间基于人的最初的面貌，体验主体置身于物质空间之中，产生不同的感受和体验，甚至通过改造物质空间进行表达和设计生活等。体验所营造的物质空间是人为的，不仅仅要从方向、地域、形状等几个大方向分析，还需要具体地着手于空间中呈现的色彩、营造的材质、各个空间部位的形态，以及对于书店有重要意义的光照等角度进行分析。

空间场景能够带给人们特定的感受与体验，从某个层面上讲，空间场景也正因为主体而产生了精神空间。哈维明确指出：“获得对于空间的某种感受，获得对于不同的空间性与时空性如何起作用的某种感受，对建构独特的地理想象来说至关重要。”[2]空间场景的设计带给体验主体的精神体验是主体基于自己本身的经历、状况和社会关系，然后主观地对空间的物质特性进行感知和行动，从而产生的个人的精神体验。在体验的过程中，人们不仅在体会自身与物质空间接触时产生内心感触，同时也在思考着这种精神性交流所蕴含着的社会性内涵。正是如此，空间场景才具有带给人特定的认知意识的作用。

在现代复合型书店的设计过程中，空间场景的设计能够带给体验主体书店独有的氛围与文化精神。营造书店特色的空间场景能够让体验主体在具体的时空里感受精神文化的传达并给出相应的行为反应。比如北京钟书阁分店，虽然店址在地下二层，但是在小小的店门里是藏书阁般的室内空间设计，读者一进店里就被一个高高的书架挡住，书架中间镂空（图11-1），可

---

① [美]戴维·哈维：《后现代的状况：对文化变迁之缘起的探究》，阎嘉译，商务印书馆2003年版，第253页。

② Noel Castree, Derek Gregory, *David Harvey: A Critical Reader*, Oxford: Blackwell Publishing Ltd, 2006, P. 293.

以让读者瞥见那蜿蜒盘旋的梯子，走进去一看，便是一个装满书的穹窿，读者只需在门口驻足便会被里面的别有洞天所吸引。人们在里面可以感受书的世界，又能够油然而生对于知识的憧憬和崇敬，既能感受知识文化的熏陶，又因为空间的巧妙内心充满乐趣（图11-2）。

图11-1　北京钟书阁分店书架　　图11-2　北京钟书阁分店一层

（图片来源：https://www.sohu.com/a/322288789_391300）

除此之外，空间场景的设计也有利于人们的交往。空间设计中的功能区域划分为体验的多样化提供了具体的场地，空间的划分使得体验具备空间上的叙事效果。复合型书店对于空间的划分主要分为图书展示与阅览区、咖啡餐饮区、文创产品区、文化活动区以及收银区等，这些区域都包含在书店空间之中，又根据书店的空间叙事性而各被设计在某一块场地，但是某些区域是可以相互融合的或者转换的。比如文化活动区，有很多书店把文化活动区设置在书店的书籍展示区中间，提供一个小平台给举办方，举办方围绕小平台摆放成排成列的参加者的桌椅。在没有活动的时候，这些桌椅就自然而然地成了人们的阅读区域。体验主体在设计好的空间中犹如阅读写好的故事一般感受整个空间氛围。复合型书店本质上就是复合型体验文化空间，以书为媒，将各种形式和资源整合起来，为有共同兴趣和价值观相近的人们提供一个交流平台，使他们能够聚在一起，使消费者能够反复进行体验，成为有新发现、新惊喜和归属感的城市第三空间。

第二节　复合型书店的体验内容

如今随着图书市场结构和经营模式的不断更新，人们的阅读方式也在不断更新，最初的个人独立阅读心理更倾向于全方位获取知识，书店活动由最先的售卖图书到进行多样化的文艺活动，把讲座、展览、演讲等植入人们的阅读过程。这使人们获取知识的途径发生了改变，从原来的书本简单获取到多种方式获取，知识的截取、拼贴、组合消除了阅读的严肃性与单一性，拓宽了知识的来源，使读者更加享受参与和体验的过程。因此，深层次地研究并且分析当代复合型书店具体的体验内容，对于复合型书店的体验式空间设计十分必要。

一、围绕书籍的物感体验、阅读体验

书籍是图形、色彩、文字的物质载体并具备传达信息的作用。首先不容置疑的是，书籍的本质是信息的载体，而如今传递信息的方式早已经更加便捷和实惠。但是，就如原研哉将信息比作鸡蛋一样，人们吃鸡蛋尚有很多不同的做法和各种不同的煮蛋道具，更何况是信息呢？书籍作为信息的物质载体，与现在的电子书最大的不同就是具备独特的物感体验，体验主体阅读书籍会因其物感而产生更加丰富的体验与情感。人们体验和感受事物的时候，往往需要用到“五感”，即视觉、触觉、听觉、嗅觉和味觉。大部分的书籍能够提供其中的四感，即视觉、触觉、听觉和嗅觉，但是目前也有设计师通过特殊的材料设计使得书籍也能够提供味觉。不过即使只有四感，书籍的物感体验也已经十分复杂有趣了。

视觉感知是人们对于书籍最直观的感受。人们阅读一本书往往是先从欣赏它的封面开始，当然，书脊也成了很多找书人的第一视觉感知。有人把书籍的封面、书脊和背面比喻为人的衣裳，合身又充满魅力的衣裳会更加吸引

人，让人想要了解这个人，而书籍也一样，好的封面、书脊设计会更吸引读者进行阅读。封面设计主要由色彩、图形、版式、文字构成，优秀的封面设计不仅是这几个构成要素的完美结合，而且还能够突出书籍本身的特点和内涵，将书籍作为一个整体印象呈现给读者，使得读者能够产生情感共鸣并有翻阅书籍的兴趣。“版式设计者好比是一个建筑设计师，他面对着一片‘空白’，要把平面的材料（标题、文章、图片等）安排妥当，就如同建筑设计师要去一片荒芜的土地上建筑起高楼大厦一样。”[①]因此，从形式美的角度看，书籍的封面、书脊和封底设计也应该遵循相应的艺术设计原则和审美规律，这样才会更具有艺术感染力。比如《诗经》，作为我国古代第一本诗歌总集，目前国内外出版的《诗经》版本数不胜数，《诗经》里的诗歌清雅美妙，诗中多涉及花草以及诗歌所体现出的自然观，因此可以在《诗经》的许多版本中发现其封面设计以花草鸟为主要图案。如图11-3，这是上海古籍出版社2010年出版的《诗经今注》，整个封面以花草纹为底，配以浅绿色系的色彩，文字繁体竖版，并于封面右下角加盖篆印。书籍既有古代典籍的古朴和版式，又有浅绿色系的花草纹样来体现《诗经》作为诗歌总集的优美清丽。

图11-3 《诗经今注》封面
（图片来源：高亨《诗经今注》，上海古籍出版社2010年版）

相比视觉这种可远可近的感知方式，触觉感知则是更直接作用于人的感知方式，给人一种可以触摸到的体验。人们触摸书籍的触感体验主要是来自书籍所应用

① 徐玫：《书卷之美——书籍装帧的美学思考》，《出版广角》2003年第11期。

的纸的材质、纹理凹凸和工艺，书籍封面、书脊和封底的材质一般来说比较硬，这主要是为了保护书籍内容，书籍的内页则为了便于翻阅，往往比较柔软。书籍的肌理触感和材质所展现出的视触觉，使得读者在触摸和翻阅的时候产生互动和亲密感，增加了书籍的品质感和吸引力。材质本身也会带来视觉体验，不同的材质会有不同的表现。视知觉会产生出各种"视触觉"，这时的"触觉"与"视觉"相辅相成，共同形成读者对书籍的整体印象，人的审美就会被触觉所感受到的愉悦信息的经验干扰。①

书籍的味道主要是由纸的材质和制作工艺带来的，另外书籍的新旧和所放置的空间也会影响书的味道。人们常将书的味道比喻为书香，书香并非如花草一般自然美妙，而是一种纸香和油墨香，即使书籍味道并不算宜人，仍然可以因其知识性而被赞为书香。读者在嗅觉、视觉、触觉、听觉的结合下形成对书籍的体验和物感印象，从而能够在某个时刻再次通过这几个感知方式被唤起。江苏广陵书社出版了一系列的中华文化典籍（图11-4），这些书籍的特点就在于都是采用手工宣纸并进行竖版线装，整个书籍设计偏向仿古，宣纸的纸质十分柔软，混着印有毛笔字的淡淡油墨香，让读者体验到历史和文化的厚重感。

图11-4　《浮生六记》封面
（图片来源：沈复《浮生六记》，江苏广陵书社2006年版）

杉浦康平在书中曾经这样描述过书籍的听觉："翻动书页，纸张会发出声音。字典纸的响声是

① 丁雯：《探究书籍的触觉设计》，上海师范大学硕士学位论文，2012年，第10页。

哗啦哗啦的尖声，而中国古代用的宣纸如同积雪发出一种微弱的沙沙声。可以发现各类书籍都有各自特有的声音。用书甚至可以演奏音乐。”[①]书籍的听觉常常会被我们忽视，但是一旦注意到书页翻阅的沙沙作响的声音，就会令人难以忘怀。还有一种情况，当书籍被翻阅到某一页时，静静地摆放在桌子上，一阵清风袭来，书页被风吹动，哗哗的声响就如一首乐曲一般。

阅读是一种沉浸式的精神交流体验。人在阅读的时候需要将感官和注意力放在书籍上，认真阅读理解书中的知识，为大脑输入丰富的信息，使得整个人沉浸于书中的世界。认真进入阅读的时候，人对周遭的环境往往是忽略的，甚至能够对嘈杂的环境置之不理。但是人的阅读沉浸也取决于人的自控意志力和注意力，而且人如果常常处于嘈杂的环境阅读，久而久之也能够沉浸其中。但是对于大部分人而言，阅读需要合适的环境，从心理学和人体工程学的角度分析，适合阅读的环境不仅需要安静和让眼睛舒适的照明，还需要舒适的座椅和学习的氛围。只有这样，人们才有沉浸的环境条件。而人本身也需要具有沉浸的主观意识，一个心有他想、心烦气躁的人是难以沉浸于书中知识的。人类具有历史以来的各种智慧的结晶都记录在书籍之中，人们在阅读的时候，时空限制消失了，精神世界完全处于一个知识所创造的异时空。人们在读《论语》的时候，就仿佛置身于春秋战国，聆听孔子圣人的谆谆教诲，学习儒家思想的奥妙；人们在阅读柯布西耶的《走向新建筑》时，就坠入了设计的领域之中，仿佛在与建筑大师柯布西耶交流他的设计思想并从中思考设计的真谛。阅读本身就是广博高深、复杂多样的精神性交流体验。

二、文化交流活动——交往性的文化体验

传统的书店极少有文化交流互动的发生，而现代的复合型独立书店中的文化交流体验则是具有计划性的、参与人数众多的。

---

① 杨艺：《书籍设计中的听觉设计研究》，湖北工业大学硕士学位论文，2012年，第34页。

现代复合型书店将文化交流活动作为书店经营的一部分。书店的文化交流活动流程大致为：书店策划主要活动内容，联系活动主讲人，确定好时间、主题、地点等，之后编辑好活动的相关信息，然后利用线上和线下渠道推送给公众，吸引感兴趣的人群参加活动。读者在接收到信息以后自行判断参不参与，如果想去参与活动就会根据活动要求进行报名，提交个人信息，报名成功之后按约定时间前往书店参加活动。活动之中，主持人一般会介绍主讲人、活动主题、活动安排和流程等，主讲人可根据自己的节奏进行演讲、与读者们互动，多为问答或者自由交流的形式，让读者和主讲人都有自由交流的空间。结束活动后，读者可自行离开或者继续逛书店。

现代复合型书店的文化交流活动具有社会性，读者在活动中的体验能够满足其某些心理和情感需求，同时也为书店的文化增添了活力。良好的文化交流体验会给体验主体带来更多的惊喜，这种突发性、偶然性的，产生于人之间的交往的美好体验，会使得体验主体伴随着美好情绪而对书店产生不一般的记忆和印象。如果这种文化交流活动还被书店作为具有固定时间的固定活动，那么这种文化交流活动不但会使体验主体成为书店的固定客源，也会日益成为书店特色而被人们熟知，形成固定的、深刻的印象。北京单向空间书店是媒体人许知远与其他媒体人合开的书店（图11-5）。现在，由原来的“单向街图书馆”更名为“单向空间”。书店定义为：提供智力、思想和文化生活的公共空间。书店主要分为单谈（沙龙品牌）、单读（出版物）、单厨（餐饮品牌）、单选（原创设计品牌）几个部分。其中的单谈（沙龙品牌）就是单向空间的文化交流活动部分。由于书店的创办人是媒体群体，因此相较于大部分书店负责人，他们拥有更多的出版界、文学艺术界的人脉和资源。于是，以单向空间活动场所为依托，许知远等媒体人凭借着自己的影响力和人脉，在书店里策划举行了众多文艺界的访谈活动（图11-6），而且许多主讲人都是当下拥有很高的热度和知名度的人，包括莫言、陈丹青、白先勇、田沁鑫、贾樟柯、赖声川、梁文道等等。这些主讲人吸引了大批的读者和粉丝来到单向空间，从单向、

图11-5　北京单向空间书店（爱琴海）
（图片来源：何诗诗拍摄）

图11-6　单向空间沙龙
（图片来源：https://www.jianshu.com/p/97121b0eadbd）

空间的网页数据看，单向空间创办9年，已经策划主办了600余场沙龙，邀请了1000余名嘉宾，吸引了10余万听众。单独空间的单谈活动除了沙龙的形式，还有许知远自己做的访谈，并将录像和文字整理成文章发布在各大新媒体平台之上，以供读者阅读和观看。将文化交流活动作为一种品牌特色去打造，单向空间显然非常成功。

三、多样的主题文化体验

书店是相同的，他们的灵魂都在于书籍；书店又很不同，像人有不同的个性一样，书店也有自己的文化主题。当代的复合型独立书店如何能够在众多书店中脱颖而出？明确的主题文化正是其提高区别度的重要方式。不同的书店有不同的主题文化，而这些主题文化也有不同的分类：有根据书目特色进行分类的主题文化，比如先锋书店的文化在于“先锋”，其主要体现在经营经典的社科、文学书目；有根据情境营造的主题文化，比如西西弗书店，就是营造充满魅力的欧式风格情境，让人宛若进入精致的欧式书店；还有根据地域特色设计的主题文化体验，先锋书店在南京秦淮河开的分店，就是根据秦淮河的地域特色打造的具有旅游特色的复合型独立书店。

复合型书店围绕书籍内容展开的主题文化体验是根据书店藏书和售书的类别进行设计的。这些书店之所以要将书店按书籍分类风格化，主要是线下独立书店在书的数量、种类和大型国营书店、网上书店相比都不占优势。书店本身以书为主的经营范围也比较小，不像图书馆有几层楼的藏书。另外，书店经营者本身对于书店主题也有偏好，书店目前并不是商业盈利的有利领域，许多书店经营者是出于自己的爱好和理想而开书店的。书店经营者利用自己有限的资金和自己对于某一领域知识的偏好而开设这种书目类主题的书店，一是出于自己的兴趣，二是为满足拥有共同爱好的人在书店中获得归属感。最后，这也是消费社会的经济背景之下的大趋势。在消费社会，科学技术使得书店的各种物质供给相差无几，书店为了增加自己的区分度，就不得不提出书目特色的经营方式。而且受到消费社会和后现代的背景影响，人们的兴趣和爱好不再像过去比较单一、统一，现在的消费者追求个性化、求异求新，兴趣也十分准确分明。以书目为特色的书店能够吸引同爱好的人，从而在书店中寻找到归属感。复合型独立书店往往在经营书店的同时，会主要经营某一类的书籍。它们有书目范围比较宽泛的主题，比如只经营人文社科类的书目并侧重文学的，或者偏向哲学和社会学理论的，还有更精准的书目主题，比如专门为喜爱烹饪、想学烹饪的用户而打造的美食类书店，或者书店专卖时尚人士喜爱的市场杂志与书籍等。

复合型书店中，有一类书店不以书目为特色，也不根据地域特色去营造体验，而是书店经营者直接通过情景营造书店文化体验。复合型书店的情景体验主要体现在空间设计上，大部分书店的情景体验与书店品牌、书店经营的文化相关。

情景营造的复合型书店在经营内容上更具有包容性，氛围体验是设计的重点。氛围需要具体的空间场景，情景营造的主题类复合型书店不仅在建筑设计上会根据某个主题情景进行设计，而且在室内的功能区域也会进行情景营造的设计。南京先锋书店已经是南京的文化地标之一，南京先锋书店在某种意义上结合了旅游和文艺青年文化，其书店内的情景营造主要是这两个主题（图11-7）。而更能突出情景营造的是现代复合型书店里的童书区，书店里的体验主体还有许多儿童。为了能够让儿童在书店里享受良好的文化体验，复合型书店在童书区的空间场景上也进行了有区分的设计。在北京钟书阁书店里，儿童阅读区设置在一层的另一个空间里，书店右侧的一个小门里可以看到儿童阅读区的别致。儿童阅读区里以积木风格为主，书架摆放书籍低，适合各个年龄段的儿童根据身高来拿取合适的书籍。同时，儿童阅读区伴随着娱乐，还有滑滑梯和儿童戏耍的区域，阅读区是用海绵垫铺地的，儿童脱鞋后方可进入，儿童区整体更趋于活泼和童真，色调是明亮多彩的，室内的地板和墙壁都是柔软的，既符合儿童的审美，同时也注意到儿童的安全性。这种儿童区的情景营造是针对儿童心理来设计的，情景营造既是一种信息传达，也是出于舒适体验，是以人为本的设计（图11-8）。

图11-7　南京先锋书店（五台山）
（图片来源：何诗诗拍摄）

图11-8　北京钟书阁书店童书区
（图片来源：www.sohu.com/a/322288789_391300）

有地域特色的主题文化书店结合了地域文化的特点。不管是过去，还是现在，经营成功的书店一般都会成为该地域的文化地标。实体书店本身具有的空间特征也决定了现代的复合型书店与地域文化之间的联系。现代的复合型书店很多都将书店的内在气质和地域文化相融合，而且还有许多书店会直接将书店设计成地域文化的象征地点。

以地域特色为主题的复合型书店是一个具有地方、空间和社会的多重属性的文化复合体。有地域特色的复合型书店在设计上会将具备地域性的各种景观和文化符号提取出来塑造实体空间，同时，书店所运用的这些地方性符号也彰显了书店的地方性。比如南京先锋书店在江浙一带有很多家分店，南京先锋书店作为南京的地标性文化象征，有多家分店都是以地域特色为主题打造文化体验。首先是书店的选址，比如位于老门东的先锋书店。在南京，最具本地韵味的当属老城南，而在老城南中最具代表的就是老门东。老门东保留了南京的地域文化建筑，还复建了有南京传统样式的木质建筑和马头墙。老门东保护区东到江宁路，西到中华门城堡段的内秦淮河，北到马道街，南到明城墙，而且毗邻夫子庙。先锋书店选址在老门东，将书店的整个设计融入了老门东的老南京地域文化。书店的外观设计是典型的南京徽派建筑风格，而且飞檐翘角、雕花琢石，位于石砖砌的大道旁，宛若一户普通人家，如果不是现代的黑色立方体指示牌标着“老门东先锋书店”（图11-9），读者都很难找到这家书店。书店外观自然有陈旧感，门上有石牌雕刻着“骏惠书屋”四个字。书店里的空间设计更是极具老南京的风味，整个都是木质建筑，书店里用来阻隔空间的屏风也以木质为材料，并呈现木的材质本色。书店为复式中空设计，共计两层，二层围栏皆是雕花镂空，楼梯也是木质的。书店中还有休息室，为想休息或者不想参加文化沙龙活动而想安静休息的体验主体提供方便，这些休息室整体仿古，门面也是精雕细琢的木门。整个书店内放置了多个书架和桌椅供人们阅读，而整个书店内景则像是为体验主体打造的一个具有老南京韵味的阅读者的家（图11-10）。老门东先锋书店将南京的地方文化提取出来，在建筑空间上利用充满地域文化的建筑风格。除此之外，为了突出南京的地域文化特色，书店还将与南京文化相关的书籍摆放在书店入门处，让旅客一入书店便将书店与南京的印象勾连。而且老门东先锋书店也与南京先锋书店的其他分店一样，在书店的文化创意产品售卖区里，将南京文化特色的文创产品进行甄选售卖。将地域文化的特色很好地融入书店之中，让读者在看书之余感受老南京的风味，不管对于外来的游客还是老南京人来说都是一个正面的体验影响。

以地域特色为主的主题文化体验，还能够增强人们对于环境的熟悉感以及作为局内人的感知，是地方认同的重要表现。[1]南京先锋书店在地域文化特色的设计上和文化传播的推广上，得到了广大南京人民的认可和喜爱，被评为南京文化地标之一。

图11-9　南京先锋书店门牌（老门东店）

图11-10　南京先锋书店内部（老门东店）

（图片来源：https://www.douban.com/note/601447281）

四、基于书店文化的文创产品消费体验

与传统书店不同的是，复合型独立书店的经营模式是多样的，除了传统的书本售卖以外，还捎带了文创产品、餐饮服务、生活家居产品甚至是邮寄等服务消费。这些其实不仅是为了提高书店经营的经济效益，同样也提高了书店本身的吸引力。人们在书店不仅仅只是阅读书籍、购买书籍，还能够在书店空间里表达自己、购买文化特色产品，或作为生活中一个舒适的去处，甚至能够像在超市一样挑选各种产品。根据消费体验的内容，主要将这些消费内容分为：文创产品类的消费体验、餐饮消费体验、文化MALL的综合体验。

① 朱竑、钱俊希、吕旭萍：《城市空间变迁背景下的地方感知与身份认同研究》，《地理科学》2012年第1期。

复合型书店文化创意产品来源分为两种：一种是自主设计、开发和生产，一种是从渠道进货销售。自主设计的书店更具有独有精神与气质内涵，且与市场上其他的文创产品拉开差距，形成品牌效应，扩大市场影响力。从渠道进货可以节省时间与精力，但是却容易与其他商家产品趋同，无法形成独家销售优势。读者进入书店之后沿着设计路线到文创产品展示区，会先浏览文创产品，有些文创产品的用途不够明显，可能需要咨询书店工作人员，文创产品的价格等信息也应有明确标注，读者如果看到觉得不错的文创产品会考虑购买，最后到收银台结账离开。

文创产品是体验式空间设计的产品设计的一部分，文创产品的消费体验与书店的文化体验是分不开的。书店的文创产品具有文化性，体验主体在观看文创产品的同时，遇到喜爱的产品就可以进行购买。购买文创产品是体验主体对于文化的一种物质性的占有。文创产品是消费社会的产物，与普通的超市售卖品不同，文创产品将产品与文化结合，其本身不再以功能性为主，而是以产品的文化和符号性为卖点。目前市场上的文创产品正朝着以文化为主题、趣味为使用目标、个性化为特色的方向发展。文创产品本质是作为提高大众生活品质的产品，是塑造精神文化生活的道具。比如目前文创市场非常流行的手账本。手账本的功能是记载一些重要的事情和心情，与日记本区别开来，手账本不只是单纯地用文字记载而是利用更多丰富的形式，比如画相关的图画、贴好看的贴图、将用过的票根和宣传单裁剪下来粘贴，还有各式各样的花样胶带。因为手账的记载十分丰富有趣，手账本的设计比普通的笔记本更为精致，它们的外皮都是有保护的，有硬纸的、塑料的，还有牛皮的材质，并且手账本会有磁性扣，显得珍贵私密，被赋予了对于美好生活的寄托。

复合型书店中的餐饮消费体验既是书店经营功能的延伸，也是书店文化体验融入体验主体生活的一种方式。在消费社会的背景之下，人们既需要方便快捷又要求符号化、个性化，书店的餐饮消费体验正是应市场需求而产生的。人们在书店中逗留的时间越长，越有对饮食的需要。过去的传统书店单一售卖图书，人们在书店里挑书购买后便扬长而去，在书店逗留的时间并不长。而复合型书店确实需要人们在书店中进行体验，以体验为卖点，就需要人们花费更多的时间在书店中逗留。人们在书店里待得时间越长就越需要饮食。在现代消费社会影响下，将餐饮与书店文化结合，使得餐饮本身不再是简单的就餐，而成了一种文化生活的体现，是一种符号性的象征。

复合型书店里的餐饮消费不能等同于普通的餐饮消费，它具有文化符号性，并且和书籍串联起来。目前，复合型书店的餐饮体验设计比较多样，在大型的复合型书店里会有多个餐饮区域，而且有的餐饮区域会更加独立，有专门的比较封闭的用餐空间。目前在大部分空间较小的复合型书店里，餐饮体验虽然也有固定区域，但却是开放性的。

书店的餐饮消费体验的增加，是一种直接将生活与文化融合的体现。人的生活离不开饮食，书店里提供的饮食不再只是为了满足人的生理需求，更是一种精神需求。书店的文化性与餐饮结合在一起，体验主体能够更真切地把文化作为一种生活方式看待，长期形成这样的习惯以后，自己的生活和价值观产生微妙的转变。精致又饱含文化韵味的书店餐饮消费还具有符号性。目前能够长期在书店里进行餐饮消费体验的大部分是社会精英阶层，这些人对于生活有一定的品质要求，喜欢富有情调的生活方式。而书店提供的餐饮消费就为这类群体提供了良好的去处，也为那些希望自己拥有这种生活方式和身份符号的人在书店进行消费和体验提供了便利。

目前书店都在向着复合型文化空间的方向转型，但是并没有统一的方向和标准，文化MALL就是许多大型书店转型的方向。文化MALL实际上是将书店和购物商场相结合的一种复合型书店形式，与其他复合型书店相比，文化MALL不仅在规模上更加大，书店的经营模式也更加多样，除了书籍售卖之外，还会有书店品牌文化相关的产品区、画廊、电影院、咖啡馆、餐厅、文化活动场地、手艺体验室、教育培训、小型演出舞台等。除此之外，有的文化MALL还会邀请广告公司、动漫公司、出版社、拍卖行等文化创意产业在书店某一区域进驻，提供专业领域的文化服务。文化MALL利用书店的文化特征吸引消费者进店体验，但由于文化MALL的经营模式十分多样，所以书店的盈利里图书销售所占的份额并不大。文化MALL更专注于满足消费者在文化消费方面的需求，是为体验主体提供愉快的文化消费的文化场所。

第三节　复合型独立书店的体验式空间设计实践与反思

体验式空间设计是塑造复合型书店空间场景的重要设计手段和内容，空间场景设计决定了整个文化体验的氛围和文化体验层次的秩序感和联系。与传统书店不同的是，复合型书店在空间上普遍占地面积更大，空间功能分区更多、更复杂，空间场景的设计更看重统一性和整体性。复合型书店的体验式空间的设计是多层次的，从物理空间的形式与功能设计，到精神空间的文化设计，再到社会空间的交往互动空间设计，都是复合型书店体验式空间设计的内容。笔者将通过对复合型实体书店的物理空间、精神空间、社会空间三个层次的分析，来进一步理解复合型书店中体验式空间设计的重点和实践问题。

一、体验式的物理空间设计

空间场景本身就具备物质性，复合型书店是一个具体的空间，是文化体验的物质载体，具备基本的物理性质。和其他空间一样，复合型书店的空间具备了方向、材质、色彩、形态、地域、体积等物质属性，这些物质属性共同组成了复合型书店体验式的物理空间。笔者根据调查，将目前的复合型书店空间从功能上区分出书店入口空间、阅览空间、休闲空间。

书店的入口空间主要包括了书店的门面、入口处以及入口内部分空间。书店的入口空间是书店给体验主体的第一印象，也是书店的整体外在形象，其功能包括门禁、人流疏散，还对准备进入和刚进入书店的读者的行为起到引导和暗示的作用。大部分的复合型书店在入口空间处都会有较为显著的书店标志和形式设计吸引体验主体深入，同时，在入口处设置宣传栏、座椅、较大的集散场地以及服务台等功能区。阅览空间指的是摆放书籍和借阅书籍的空间，是书店的主体空间。复合型书店的阅读空间占地面积大，有的书店直接将阅读空间贯穿整个书店，但是像文化MALL这种大型复合型书店，阅读空间就只是作为书店的一小部分。阅读空间是书店文化体验的中心，能够直接表达书店的文化特征，最能够直接唤起人们的文化意识和对文化生活的憧憬。因此，阅读空间是复合型书店多重文化体验的核心，也是书店为读者提供精神文化的精神空间，阅读空间的良好设计能够更好地留住体验主体。休闲空间主要在书店阅读空间和入口空间之外符合经营项目的空间，也是复合型书店与传统书店的主要物理空间设计的区别。休闲空间是为在阅读之外的其他休闲文化活动提供的空间场所，目前主要包括了餐饮空间、文化交流活动空间、教育培训空间、文创产品区、手艺展示区、舞台区等。休闲空间是融进书店文化体验里的、带有文化色彩的空间，最大限度地满足体验主体不同的需求，并且为人们的社交提供平台和空间，促进人与人之间的沟通和交流。

复合型书店的这三个物理空间，共同构成了书店的主要功能，为体验主体打造文化体验提供了具体的空间场景和引导。因为复合型书店本身将休闲空间作为书店文化的一部分，书店内容的复杂化和多样化导致了许多复合型书店的阅读空间和休闲空间的界限越来越模糊，取消了休闲空间的独立性，使复合型书店的物理空间整体性更强，文化体验更具系统性。

除了从功能和方向的物理属性分析复合型书店的物理空间设计之外，视觉呈现是复合型书店体验式的物理空间设计的直接表现。人的体验最早来自知觉，知觉中的视觉是人最直接的感觉。空间设计的构成要素一旦诉诸视觉，那么色彩就是最能影响感官的要素。色彩能够通过其物理属性影响人的心理感受从而使人产生心理变化。不同色彩会使人体产生不同的联想和反应，从而使人产生不同的情绪和感情，在个体差异允许的情况下，人们能够感受色彩的差异而产生微妙的感觉和情绪，这些反应由色彩、人的视觉和个体的心理感受相互作用而成。“当色彩的色调冷暖、亮度明暗和饱和度的高低发生变化并作用于人的感官系统时，会引发各不相同的心理活动和情感体验。”[①]这就是所谓的色彩情感。因此，在复合型书店体验式的物理空间设计中，针对书店空间色彩呈现的合理把握十分重要。复合型书店的空间设计在利用色彩的特质和色彩承载某些情感的基础上，通过细致地设计空间中各个部分的色彩，能够很好地展现书店空间呈现的风格和表达的精神。同时，色彩的特征能够影响体验主体在书店空间中的态度和情绪。比如，在空间中利用色彩的渐变色可以给体验主体一种方向和界限的引导。书店不同的空间界面也能够利用色彩十分直观地引导体验主体，而灯光色彩不仅诉诸人的视觉，还能够带动书店的整体基调，调节书店的文化氛围。在书店的物理空间设计中，色彩设计必须遵循一定的原则，书店文化的统一性需要色彩统一来呈现。设计师还会根据色彩的明度、饱和度、冷暖将书店的视觉调动起来，使得统一的色彩基调中还富含着韵律的变化。

二、体验式的精神空间设计

空间场景通过其物质性、方向性、集中性和韵律性带给体验主体特定的感受和联想，从某种角度上讲，物质空间在人的参与互动中形成了人的精神空间。体验主体通过对物质空间的知觉，在空间中把握一定的尺度，能够与空间产生交流，这种交流并非口语化的，而是精神性的、犹如流水般的交流。体验式的空间设计将围绕主题文化的物质要素诉诸在体验主体的知觉上，包括视觉（灯光照明、色彩、材质与各种肌理、导视系统、分区产品内容形态等）、触觉（书籍与书架、沙发桌椅、产品、墙壁等）、味觉（书香、咖啡香、餐饮香、特定的香熏等）、听觉（书籍翻阅的声音、书店里的背景音乐、人群的走路声、窃窃私语声等）。

空间设计中色彩、材质、形态等的情感表达以及合理的空间功能布局、细致的导向系统设计、准确的符号引用，将各种情感符号赋予空间，引发读

---

① 张娟：《基于情感体验的实体书店空间设计研究》，北京理工大学硕士学位论文，2015年，第23页。

者的愉快感，用最直接的感官刺激体验主体唤起其情感并产生交流和共鸣。例如上海钟书阁书店，书店选址在人流量较大的商场之中，书店门面是画满文字符号的玻璃门，门上挂着古朴的繁体字木质牌匾，给人隔断尘嚣之感。进入书店里面，书店以木为空间设计的主要材质，并充分利用了木材质的符号寓意。书店里的书架材质是原色的木材，木材被设计成粗壮的树干形状，并且有向上方生长之势，单看着一个书架就会让人联想到自然和知识之间的巧妙联系。而纵观整个书店时，读者就会被这整片的树木状书架惊艳，宛若置身在一片知识的森林之中，广博又深幽，还会有一种在知识和文化的熏陶下，充满希望地茁壮成长与进步之感。书店直接通过室内设计给体验主体传达了书店对于文化和知识的崇敬，也激发了体验主体求知的渴望和对文化知识广博的认同感。再者，书店这样的空间设计也引人遐想，有体验主体还认为，书店的书架设计成为树木，还可以让人联想为树会变成纸浆，再被印刷成册，生命的一部分以书本的形式得以保存，这是一种美妙的生命存在。这样的联想巧妙地将树与书本、知识联系起来，使得读者去关注去思考书店传达的精神和表达的信息，而这正是书店精神空间的体现。

书店的灯光照明是物理空间的表现，但是照明的亮度、冷暖都关乎着人们对于书店的精神体验。书店的主要核心是书籍与阅读，书店应该是一个能够让每个热爱知识的人找到精神栖居之所的地方，而灯光的设计是安静和守护的符号。昏黄但不会影响阅读的照明，暖暖的灯光是一种温馨的情感符号。温暖的灯光照亮着书本的文字，让爱书人沉浸地在精神世界里享受，这是一种符号，也是人们的心之所向。宽敞的物理空间设计就像哥特式建筑一样，更容易给体验主体传达某种精神和信仰。复合型书店在空间无法扩大的时候，往往会安装镜子，通过镜像的作用扩大物理空间，从而向体验主体表达文化精神的广博。相对来说，狭窄的物理空间没有宽敞的物理空间能带给人的舒适感，但是狭窄的物理空间使得人与物、物与人之间的距离减小，更能够增加体验主体对于书店的亲切感，前提是体验主体能够接受的空间距离不拥挤。书店整体的空间设计是为体验主体的精神享受设计。复合型书店的空间功能分区，是根据人们不同的需求展开的。书店专门设计书目推荐展陈区，陈列书店通过甄选为读者推荐的好书。还有为读者打造的符合生活美学的高品质书店的餐饮服务，为体验主体提供文化交流活动的空间和平台等。精神空间是在书店倡导的文化精神的笼罩之下，体验主体从复合型书店的物理空间中感知到的，不断变化的同时具备时空性的空间层次。

三、体验式的社会空间设计

“无论在任何情况下，建筑室内外的生活都比空间和建筑本身更根本，更有意义。”[①]这是著名的建筑师扬·盖尔（Jan Gehl）在《交往与空间》一书中提出来的。空间和建筑对于人而言的根本目的就是用来生活，有意义的空间和建筑正是来自人赋予的意义。复合型书店的定位在于复合型文化体验空间，其塑造的文化体验是围绕体验主体产生的，包含了以书籍为核心的个人的精神阅读体验和消费体验，同时提供了沟通和交流的文化平台，使空间和场景真正成为因为人的生活而有意义的文化场所。人的社交需求是与生俱来的，特别是人们在产生思想和情感的时候，更希望向理解的人表达，社会性的交往能够满足人们的需求，精神需求的满足能够带给体验主体相应的幸福感，是体验的良好结果之一。复合型书店的空间设计，将人们的社会交往纳入了设计的考虑范围之内，为社会交往活动提供空间和平台。传统书店的社会交往更多是出于偶然性，其同一时间的社会交流人数也较少。复合型书店通过空间设计，将交往纳入设计考虑之中，不仅有专门的文化交流活动区，其他功能区也体现了交往的可能性，比如餐饮区、文化休闲区等，为更多的可能性交流提供了空间条件。据了解，有许多忠实的书店顾客都来源于反映良好的书店文化交流活动。

复合型书店是公共空间的一种具体表现，它既符合“为自发的、娱乐性

① [丹麦]扬·盖尔：《交往与空间》，何人可译，中国建筑工业出版社1992年版，第23页。

的活动提供合适的条件”，也符合“为社会性活动提供合适的条件”[①]，复合型书店作为公共空间，不论是自发性、娱乐性还是社会性活动，都包含了社会交往的必要性。甚至，复合型书店的社会空间往往是书店保持活力和长久运营的重要动力。北京单向空间的“单谈”项目是文化沙龙活动，每周都会邀请国内外著名人文艺术节的名人到场进行现场交流。单向空间的文化沙龙设置在书店的一个角落，一个略高于书店地面10厘米的小舞台，是给主讲人的舞台。环绕着小舞台放置了几排简易的椅子，是提供给参加沙龙的读者群体的。舞台和读者群体相距不到2米，彼此十分亲近，为许多有共同语言的、热爱某种文化思想的年轻人提供接触偶像的机会，同时也是一个群体交流。在这种社会空间中，书店组织的群体活动，能够让人们对书店文化有更多的认同感和亲切感，在拉近人与人之间的距离的同时，也将书店文化与参与者的情感记忆联系起来，空间便成为一种交往的物质载体和情感纽带。

四、复合型独立书店的体验式空间设计反思

复合型书店的体验式空间设计是实体书店在消费文化背景之下产生的转型方向，目前不论是复合型书店的定位，还是体验式空间设计的发展，都不够成熟和完善。复合型书店需要结合整体的体验和环境设计为其提供良好的体验服务，因此，二者的结合是必要的，只是尚不够成熟。在消费文化的发展和变化趋势下，复合型书店的体验式空间设计既表现了它在当今社会中的优势，也凸显了一些后现代文化的不良影响。复合型书店的体验式空间设计本身发展的问题和以后可能会出现的问题都值得我们思考和探讨。

复合型书店的最终目标是打造复合型文化体验空间，也就是着重于设计和塑造复合型的文化体验，为消费者提供一个多元的文化空间。实体书店之所以呈现出这样的转型，正是基于后现代和消费文化的影响，其产物——复

① [丹麦]扬·盖尔：《交往与空间》，何人可译，中国建筑工业出版社1992年版，第44页。

合型书店的体验式空间设计也表现出了文化商业化和消费感性化的特征。

复合型书店的体验式空间设计具有文化商业化特征。复合型书店的体验式空间设计在强调书店文化的同时也将书店文化作为一种商业价值，并且利用以书店文化为轴心的其他相关文化进行商业化的经营。复合型书店的复合型在于经营项目的多样化，而经营项目虽然多样化，但都是围绕文化展开的，是文化包装后的商业经营。复合型书店的体验式空间设计又是消费感性化的一种促进方式。复合型书店塑造丰富多样的文化体验，促使消费者对书店产生良好的情绪和积极的互动，沉浸于书店文化氛围之中，从而引导消费者购买其产品或进行消费来得到更好的文化体验。直接从体验的感性维度出发，使得消费者在感性的情况下更少地衡量物品的性价比，而更看重产品的精神价值，这正是体验式空间设计带来的感性消费的特征。北京言几又（王府井店）主要分为两层，一层大厅主要放置艺术品和文创产品，在左侧的书架上摆满了艺术设计类的书籍，在靠路边的落地玻璃墙边设计了一排低矮桌椅，供人们选书阅读。王府井书店从进门就给人简洁宽敞的舒适体验，大厅两边的艺术品和文创产品都是主题性的摆放，体验主体光是欣赏这些作品都要花费很多时间。灯光是黄色调的，但是却很明亮，在书店里看艺术品和文创产品十分享受，再从左侧的书架里看到与设计相关的好书实在很惬意。整体给人一种精致而有韵味的艺术空间之感，在这样的美好的艺术体验之下，许多消费者纷纷掏出腰包购买心仪的文化产品甚至价高的艺术品，这是典型的感性消费情况。

从复合型书店目前的发展状况看来，书店走复合型经营的道路确实能够支持书店的商业运营，但是现在大部分的复合型书店侧重商业运营，复合型经营的项目也十分趋同。为了迎合市场需要，书店的体验式空间设计并没有呈现出设计的整体性和系统性，而是以经营项目为主一味地将这些内容糅进书店的文化体验之中，所以导致了书店文化体验缺乏秩序、层次和整体性。复合型只是现代书店的一种经营模式的转变，从商业的角度看书店转型，让实体书店留住客户。除了多样的消费体验之外，更重要的是对书店文化的体验，是书店文化对于消费者的吸引力。复合型书店体验式空间设计的重点在于文化体验的塑造，而非追随消费主义为商业价值而设计。复合型书店只有超越消费主义，才能够真正地实现其文化体验的完整性和独特性，才能避免与大众文化完全趋同而丧失文化主语权。

首先，要明确地分析复合型书店进行体验式空间设计的根本目的，理清经济、文化和设计之间的关系。传统实体书店之所以纷纷朝着复合型书店转型，最根本原因在经济问题，由于各种原因，传统实体书店无法经营下去。但是实体书店不仅有售书的经济功能，同时还是文化传播的场所。实体书店的经济功能是维持运营的必要条件，而文化性是书店的根本特色。复合型书店在进行体验式空间设计的同时必须保障经济功能的实现，同时要抓住文化性的特征进行发挥和设计。目前的复合型书店在体验式空间设计的认识上仍然不够充分，设计不够完整系统，而且容易随波逐流，被大众文化左右。复合型书店的体验式空间设计是为了打造复合型的文化体验空间，其设计仍然应该以人为本，从根本上去改进书店的文化体验，才能吸引体验主体、留住体验主体。复合型书店的体验式空间设计在设计方法上应该遵循用户至上的原则，充分考虑体验主体、空间场景、产品设计、互动服务四个要素之间的联动关系，实现设计一体化、规范化，而不应该沦为单纯地拼凑某些受欢迎的文化经营项目，将书店整合成为一个大杂烩一般的文化场所。

复合型书店的文化性和差异性需要超越消费主义，才能够被真正凸显出来。消费文化影响下的书店市场，充斥着短暂的流行性、趋同性和普及性，复合型书店的文化体验更应该表现出差异性。现在市场上大部分的复合型书店并没有真正进行体验式空间设计，而是单纯地效仿其他书店的经营模式和设计风格。人们一听到复合型书店就很容易联想到书籍、文创产品和咖啡，眼前呈现的都是白领的小资情调生活，象征着一种经济和社会生活层次，这是消费文化的一种现象，而不是书店的文化影响力，也不是书店所体现的人文精神的传达。复合型书店在这种驱使下沦落为消费文化的产物，成为精致主义的符号象征，有悖书店文化的本质。目前，我国也出台了相关政策支持实体书店转型和发展，正是看中了书店的文化传播性。实体书店给地区带来的文化影响巨大，不论在过去还是现代，实体书店都应该被作为知识文化传播的重要场所，是一种文化精神的捍卫者。所以，复合型书店在转型的过程中，应该坚持以人为本的体验式空间设计，注重书店文化性的表达和塑造，超越消费主义，给体验主体传达强大的文化精神力量，为他们提供具有良好影响的、供人们进行愉快文化交流的文化体验空间。书店发展以文化为主旨，才会对体验主体产生积极良久的影响。单向空间以高品质的文化沙龙传达其重视思考、思想的文化精神；言几又书店通过甄选的文化艺术设计作品表达其对于文化艺术的提倡和人文艺术的美妙；方所书店通过整合复合书店精神的文创产品和打造不一般的空间场景表达了对知识世界的敬畏和崇尚。这些都是复合型书店在进行体验式空间设计的同时超越消费主义且坚持着文化精神的表现。

目前市场上有许多复合型书店在空间形式的设计上过分重视，许多书店经营者将文化体验的设计重点放置在空间场景的设计上，夸大了空间设计的作用。同时，经营者也利用建筑设计和空间设计将书店设计成形式新颖、风格独特的建筑风格，从而吸引体验主体进书店体验。书店的空间场景设计的确能够直接让体验主体感受到体验的时空差异性，也是体验式空间设计的重要构成因素，但是过分侧重空间场景的设计，而忽视了整个体验式空间设计的整体性和联系，就会让书店成为一种形式化的道具，沦落为和花墙、照片墙等打卡道具相近的场所性道具，也成为流行性、快速文化的产物。国内有许多复合型书店花大价钱请设计师对书店进行建筑和室内的再设计，从而将书店空间设计成风格迥异的空间场景。这些风格迥异的空间场景与书店倡导的品牌文化相结合，吸引了体验主体到实体书店进行体验。比如成都方所书店，方所书店最早在广州成立，以“定是常住，便成方所”为书店名的缘由。成都方所书店也是在方所书店品牌文化有一定基础的情况下，经过大众传媒的宣传后，在开业之初受到了大量的关注，也因此吸引了大量的体验主体。成都方所书店开设在太古里商业圈中，太古里是著名的高端消费商业区，方所书店在这里承包了一个很大的地下空间。建筑设计师结合书店文化和选址的特点，将成都方所书店打造成具有现代性特征的藏书阁。书店的门面是一片巨大的古铜原色的金属墙面，墙面上精心设计的“方所”LOGO镂空呈现。读者走过墙面才能看到通往书店的地下通道，沿台阶而下，光线通过楼梯照在内部空间的地面上，给人被黑暗中的光明照耀之感。读者只有走下来，才会发现这里面别有洞天，空间十分宽敞，书籍区是两层，空间的大部分都是书籍和阅读区。书店内部空间也是以古朴和古铜金属为主要基调，将藏经阁的风格营造得十分好。但是，书店形式设计得完美反而喧宾夺主，削弱了书店本身的文化体验，许多体验主体仅仅是在书店里徘徊和拍照打卡，却很少有人沉浸于书籍和感受书店文化。对于空间场景的过度设计导致了书店文化没有凸显，也减少了复合型书店的综合文化体验感，因此，复合型书店的体验式空间设计必须注重适度设计。

何为适度设计？适度设计也叫有限性设计，作为一种设计原则，从宏观层的角度上看，它可以优化设计的内涵，解决因过度设计所带来的时间和资源浪费等问题。如果我们从微观技术的层面去看待适度设计的概念，那么有限性作为一种设计理念在其他各领域中所发挥的作用将更为明显。[①]复合型书店的设计重点应该在于优化其设计的内涵，将书店的文化精神传达，发挥书店最本质的作用，即文化传播。复合型书店在设计方面要避免流于形式设计。过度设计既浪费时间和资源，同时也影响了书店的用户体验。体验式空间设计的适度设计最根本的还是应该以人为本，根据体验主体的需求进行适当设计，在体验式空间设计的内容上进行有限性的设计和发挥，通过设计引导人们展开丰富的文化体验，而不是过度设计，占用过多的资源且使得形式过于刻意化。复合型书店的体验式空间设计的最终目的是通过提供文化体验引导体验主体自发地结合自身展开更高品质的文化生活，而不是仅仅通过设

---

① 刘建峰：《“适度设计”的现实意义》，《大众文艺》2014年第22期。

计来吸引消费者消费，进而提高经济利润。

因此，复合型书店的体验式设计应该超越消费主义，并且进行适当设计。处于消费主义的背景之下，不是围绕着消费文化和以经济利益为主，而是超越消费主义，真正地探究人们对于书店的文化需求，在此之上进行体验式设计，才不至于使书店在转型的过程中迷失，沦为消费主义的助长工具。复合型书店的体验式设计是一种设计方法与思维，不能够完全为设计而设计，书店与人的需求之间是一种自然与社会相互作用的结果，过分地看重设计和设计带来的结果，往往会忽视其他现实因素。适当设计使书店在进行体验式设计的过程中，能够避免唯设计，能够将书店转型的整个背景和相关因素考虑进去，进行更加符合人文需求的设计。

参考文献

一、中文文献

1.包铭新:《纨扇美人》,东华大学出版社2006年版。

2.《北京市老龄事业发展和养老体系建设白皮书(2018)》。

3.布正伟:《自在生成论——走出风格与流派的困惑》,黑龙江科学技术出版社2002年版。

4.蔡成:《地工开物:追踪中国民间传统手工艺》,上海三联书店2007年版。

5.蔡定剑:《民主是一种现代生活》,社会科学文献出版社2010年版。

6.曹焕旭:《中国古代的工匠》,商务印书馆国际有限公司1996年版。

7.柴彦威等:《中国城市老年人的活动空间》,科学出版社2010年版。

8.陈彬:《科技伦理问题研究——一种论域划界的多维审视》,中国社会科学出版社2014年版。

9.陈昌曙:《技术哲学引论》,科学出版社2012年版。

10.陈皓、李明辉、荣梅媚:《VI设计原理》,北京理工大学出版社2013年版。

11.陈露晓主编:《老年人审美与休闲心理》,中国社会出版社2009年版。

12.陈琼:《文化VI:在无形资产中创造文化价值》,中国电影出版社2017年版。

13.陈力丹:《传播学是什么》,北京大学出版社2007年版。

14.陈万灵:《农村社区变迁——一个理论框架及其实证考察》,中国经济出版社2002年版。

15.陈晓华:《工艺与设计之间》,重庆大学出版社2007年版。

16.陈耀卿:《中华扇文化漫谈》,贵州民族出版社2005年版。

17.陈志尚主编:《人学原理》,北京出版社2005年版。

18.程栋主编:《智能时代新媒体概论》,清华大学出版社2019年版。

19.程志良:《成瘾:如何设计让人上瘾的产品、品牌和观念》,机械工业出版社2017年版。

20.邓南圣、吴峰主编:《工业生态学——理论与应用》,化学工业出版社2002年版。

21.杜士英:《视觉传达设计原理》,上海人民美术出版社2009年版。

22.方明、董艳芳编著:《新农村社区规划设计研究》,中国建筑工业出版社2006年版。

23.费孝通:《论人类学与文化自觉》,华夏出版社2004年版。

24.费孝通:《乡土中国》,北京大学出版社2012年版。

25.冯钢主编:《社会学》,浙江大学出版社2013年版。

26.冯友兰:《中国哲学简史》,涂又光译,北京大学出版社1985年版。

27.顾浩:《游方:苍山小郭泥塑的一种存在方式》,中国轻工业出版社2013年版。

28.国家发展改革委及多部委联合印发:《关于促进绿色消费的指导意见》,人民出版社2016年版。

29.国家发展改革委 交通运输部联合印发:《推进"互联网+"便捷交通 促进智能交通发展的实施方案》,人民出版社2016年版。

30.国务院办公厅印发:《关于深化制造业与互联网融合发展的指导意见》,人民出版社2016年版。

31.国务院办公厅引发:《关于深入实施"互联网+流通"行动计划的意见》,人民出版社2016年版。

32.郭廉夫、毛延亨编著:《中国设计理论辑要》(修订本),江苏凤凰美术出版社2017年版。

33.杭间:《手艺的思想》,山东画报出版社2001年版。

34.贺雪峰：《新乡土中国：转型期乡村社会调查笔记》，广西师范大学出版社2003年版。

35.侯晶晶：《关怀德育论》，人民教育出版社2005年版。

36.黄平主编：《乡土中国与文化自觉》，生活·读书·新知三联书店2007年版。

37.姜维群：《扇骨的鉴赏与收藏》，百花文艺出版社2002年版。

38.靳之林：《中国民间美术》，五洲传播出版社2010年版。

39.寇东亮、张永超、张晓芳：《人文关怀论》，中国社会科学出版社2015年版。

40.黎德化主编：《生态设计学》，北京大学出版社2012年版。

41.李克强：《政府工作报告》（2016年），人民出版社2016年版。

42.李乐山：《工业设计思想基础》，中国建筑工业出版社2001年版。

43.李培林等：《当代中国民生》，社会科学文献出版社2010年版。

44.李清华：《设计与体验：设计现象学研究》，中国社会科学出版社2016年版。

45.李士坤主编：《马克思主义哲学辞典》，中国广播电视出版社1990年版。

46.李西建、金惠敏：《美学麦克卢汉：媒介研究新维度论集》，商务印书馆2017年版。

47.李新华主编：《山东民间艺术志》，山东大学出版社2010年版。

48.李砚祖：《艺术设计概论》，湖北美术出版社2009年版。

49.林广志：《鎏金岁月——卢九与卢家大屋》，澳门特别行政区政府文化局2014年版。

50.林广志：《卢九家族研究》，社会科学文献出版社2013年版。

51.刘伯龙等：《澳门经济多元化——理论和政策研究》，社会科学文献出版社2009年版。

52.钟敬文主编：《民俗学概论》（第二版），高等教育出版社2010年版。

53.刘斐等：《为老人而设计》，上海科技教育出版社2015年版。

54.柳冠中:《工业设计学概论》,黑龙江科学技术出版社1997年版。

55.刘佳:《当代中国社会结构下的设计艺术》,社会科学文献出版社2014年版。

56.刘品良:《澳门博彩业纵横》,三联书店(香港)有限公司2002年版。

57.刘先觉、陈泽成主编:《澳门文化建筑遗产》,东南大学出版社2005年版。

58.刘湘溶:《生态意识论——现代文明的反省与展望》,四川教育出版社1994年版。

59.陆学艺主编:《当代中国社会结构》,社会科学文献出版社2010年版。

60.吕敬人:《书籍设计》,中国青年出版社2009年版。

61.吕品田:《动手有功:文化哲学视野中的手工劳动》,重庆大学出版社2014年版。

62.陆翔、王其明:《北京四合院》(第二版),中国建筑工业出版社2017年版。

63.潘可武主编:《新媒体研究:方法与观念》,中国传媒大学出版社2015年版。

64.潘鲁生:《美在乡村》,山东教育出版社2019年版。

65.钱小华主编:《先锋书店,生于1996》,中信出版社2016年版。

66.邱春林:《手工技艺保护论集》,文化艺术出版社2018年版。

67.任雪玲:《千年齐鲁文化遗存:鲁锦文化艺术及工艺研究》,东华大学出版社2012年版。

68.三石:《书店革命:中国实体书店成功转型策划与实战手记》,黑龙江教育出版社2016年版。

69.山东省地方史志编纂委员会编:《山东省志·民俗志》,山东人民出版社1996年版。

70.山东省菏泽市史志编纂委员会编:《菏泽市志》,齐鲁书社1997年版。

71.山东省鄄城县史志编纂委员会编:《鄄城县志》,齐鲁书社1996年版。

72.沈从文：《扇子史话》，万卷出版公司2005年版。

73.沈晓阳：《关怀伦理研究》，人民出版社2010年版。

74.孙奎贞、曹立安等编著：《现代人际心理学》，中国广播电视出版社1990年版。

75.孙君、廖星臣编著：《把农村建设得更像农村：理论篇》，中国轻工业出版社2014年版。

76.唐丹：《记忆与年老化》，中国人口出版社2012年版。

77.唐家路：《民间艺术的文化生态论》，清华大学出版社2006年版。

78.万辅彬等：《人类学视野下的传统工艺》，人民出版社2011年版。

79.王德福：《乡土中国再认识》，北京大学出版社2015年版。

80.彭玉平译注：《人间词话》，中华书局2016年版。

81.王江萍：《老年人居住外环境规划与设计》，中国电力出版社2009年版。

82.王铭铭：《社会人类学与中国研究》，生活·读书·新知三联书店1997年版。

83.王文章主编：《非物质文化遗产概论》，教育科学出版社2008年版。

84.王笑梦、尹红力、马涛编著：《日本老年人福利设施设计理论与案例精析》，中国建筑工业出版社2013年版。

85.魏本雄编著：《吴下清风》，江苏美术出版社2010年版。

86.闻人军译注：《考工记译注》，上海古籍出版社2008年版。

87.（明）文震亨撰：《长物志》，胡天寿译注，重庆出版社2017年版。

88.吴良镛：《人居环境科学导论》，中国建筑工业出版社2001年版。

89.吴志良：《生存之道——论澳门政治制度与政治发展》，澳门成人教育学会1998年版。

90.邢伟中：《百工录：檀香扇制作技艺》，江苏凤凰美术出版社2015年版。

91.许江、吴美纯主编：《非线性叙事：新媒体艺术与媒体文化》，中国美术学院出版社2003年版。

92.徐艺乙：《物华工巧：传统物质文化的探索与研究》，天津人民美术出版社2005年版。

93.杨公侠编著:《视觉与视觉环境》(修订版),同济大学出版社2002年版。

94.杨允中等主编:《澳门文化与文化澳门——关于文化优势的利用与文化产业的开拓》,澳门大学澳门研究中心2005年版。

95.叶朗:《中国美学史大纲》,上海人民出版社2005年版。

96.尹定邦、邵宏主编:《设计学概论》(全新版),湖南科学技术出版社2013年版。

97.(清)印光任、张汝霖:《澳门记略》,赵春晨点校,广东高等教育出版社1988年版。

98.张澄国、胡韵荪主编:《苏州民间手工艺术》,古吴轩出版社2006年版。

99.张玳:《体验设计白书》,人民邮电出版社2016年版。

100.张科、何耀英:《江南扇艺》,浙江摄影出版社2003年版。

101.张森编著:《书籍形态设计》,中国纺织出版社2006年版。

102.张伟新、王港、刘颂主编:《老年心理学概论》,南京大学出版社2015年版。

103.赵农编著:《中国艺术设计史》,高等教育出版社2009年版。

104.赵羽主编:《怀袖雅物:苏州折扇》,上海书画出版社2011年版。

105.周婷、徐曦编著:《导视系统设计》,西南师范大学出版社2015年版。

106.中共中央办公厅 国务院办公厅联合印发:《国家信息化发展战略纲要》,人民出版社2016年版。

107.钟芳玲:《书店风景》,中央编译出版社2009年版。

108.周燕珉等:《养老设施建筑设计详解1》,中国建筑工业出版社2018年版。

109.周燕珉等:《养老设施建筑设计详解2》,中国建筑工业出版社2018年版。

110.朱铭、荆雷：《设计史》（上下），山东美术出版社1995年版。

111.[美]阿尔文·托夫勒：《未来的冲击》，黄明坚译，中信出版社2018年版。

112.[奥]埃尔温·薛定谔：《生命是什么？》，张卜天译，商务印书馆2018年版。

113.[美]爱因斯坦：《爱因斯坦文集》（第三卷），许良英等编译，商务印书馆1979年版。

114.[爱尔兰]艾伦·卡尔：《积极心理学：有关幸福和人类优势的科学》（第二版），丁丹等译，中国轻工业出版社2018年版。

115.[美]艾伦·库珀：《交互设计之路——让高科技产品回归人性》（第二版），克里斯·丁译，电子工业出版社2006年版。

116.[美]安妮·伯迪克、约翰娜·德鲁克等：《数字人文：改变知识创新与分享的游戏规则》，马林青、韩若画译，中国人民大学出版社2018年版。

117.[英]奥斯汀·哈灵顿：《艺术与社会理论——美术学中的社会学争论》，周计武等译，南京大学出版社2010年版。

118.[美]B.约瑟夫·派恩、詹姆斯·H.吉尔摩：《体验经济》，毕崇毅译，机械工业出版社2002年版。

119.[法]保罗·帕伊亚：《老龄化与老年人》，杨爱芬译，商务印书馆1999年版。

120.[英]查尔斯·狄更斯：《双城记》，宋兆霖译，中译出版社2016年版。

121.[美]丹·赛弗：《微交互：细节设计成就卓越产品》，李松峰译，人民邮电出版社2013年版。

122.[美]道格拉斯·里卡尔迪编：《食品包装设计》，常文心译，辽宁科学技术出版社2015年版。

123.[美]E.弗洛姆：《健全的社会》，孙恺祥译，贵州人民出版社1994年版。

124.[德]格诺特·波默：《气氛美学》，贾红雨译，中国社会科学出版社

2018年版。

125.[德]哈贝马斯:《交往与社会进化》,张博树译,重庆出版社1989年版。

126.[美]汉娜·阿伦特:《人的境况》,王寅丽译,上海人民出版社2009年版。

127.[日]黑川雅之:《日本的八个审美意识》,王超鹰、张迎星译,中信出版社2018年版。

128.[美]亨利·佩卓斯基:《器具的进化》,丁佩芝、陈月霞译,中国社会科学出版社1999年版。

129.[日]后藤武、佐佐木正人、深泽直人:《设计的生态学》,黄友玫译,广西师范大学出版社2016年版。

130.[美]杰里米·里夫金:《零边际成本社会》(第2版),赛迪研究院专家组译,中信出版社2014年版。

131.[美]杰瑞·卡普兰:《人工智能时代》,李盼译,浙江人民出版2016年版。

132.[德]卡·马克思、弗·恩格斯:《马克思恩格斯选集》(第一卷),中共中央马克思恩格斯列宁斯大林著作编译局编译,人民出版社2012年版。

133.[美]凯伦·霍尔兹布拉特、休·拜尔:《情境交互设计:为生活而设计》(第二版),朱上上、贾璇、陈正捷译,清华大学出版社2018年版。

134.[美]凯文·凯利:《失控》,东西文库译,新星出版社2010年版。

135.[美]克莱尔·库珀·马库斯、卡罗琳·弗朗西斯编著:《人性场所——城市开放空间设计导则》(第二版),俞孔坚等译,中国建筑工业出版社2001年版。

136.[美]雷切尔·博茨曼、路·罗杰斯:《共享经济时代:互联网思维下的协同消费商业模式》,唐朝文译,上海交通大学出版社2015年版。

137.[美]鲁道夫·P. 霍梅尔:《手艺中国:中国手工业调查图录》,戴吾三等译,北京理工大学出版社2012年版。

138.[日]芦原义信:《外部空间设计》,尹培桐译,中国建筑工业出版社

1985年版。

139.[美]罗宾·蔡斯：《共享经济：重构未来商业新模式》，王芮译，浙江人民出版社2015年版。

140.[英]罗伊·阿斯科特：《未来就是现在：艺术，技术和意识》，周凌、任爱凡译，金城出版社2012年版。

141.[英]马林诺夫斯基：《文化论》，费孝通等译，中国民间文艺出版社1987年版。

142.[加]马歇尔·麦克卢汉：《理解媒介——论人的延伸》，何道宽译，商务印书馆2000年版。

143.[英]马修·卡莫纳、蒂姆·希斯等：《城市设计的维度：公共场所——城市空间》，冯江、袁粤等译，江苏科学技术出版社2005年版。

144.[法]孟德斯鸠：《罗马盛衰原因论》，婉玲译，商务印书馆2015年版。

145.[美]米哈里·契克森米哈赖：《心流：最优体验心理学》，张定绮译，中信出版社2017年版。

146.[法]莫里斯·哈布瓦赫：《论集体记忆》，毕然、郭金华译，上海人民出版社2002年版。

147.[美]内森·谢卓夫：《设计反思：可持续设计策略与实践》，刘新、覃京燕译，清华大学出版社2011年版。

148.[美]尼古拉·尼葛洛庞帝：《数字化生存》，胡泳、范海燕译，海南出版社1997年版。

149.[挪]诺伯舒兹：《场所精神：迈向建筑现象学》，施植明译，华中科技大学出版社2010年版。

150.[美]维克多·帕帕奈克：《为真实的世界设计》，周博译，中信出版社2012年版。

151.[日]清水玲奈：《书店时光》，何佩仪译，新星出版社2014年版。

152.[瑞典]乔尔·马什：《用户体验设计：100堂入门课》，王沛译，人民邮电出版社2018年版。

153.[法]让·鲍德里亚：《消费社会》，刘成富、全志钢译，南京大学出版社2014年版。

154.[美]莎拉·罗纳凯莉、坎迪斯·埃利科特：《包装设计法则：创意包装设计的100条原理》，刘鹂、庄葳译，江西美术出版社2011年版。

155.[美]史蒂文·海勒、丽塔·塔拉里科：《美国视觉设计学院用书：破译视觉传达设计》，姚小文译，广西美术出版社2014年版。

156.[美]施坚雅：《中国农村的市场和社会结构》，史建云、徐秀丽译，中国社会科学出版社1998年版。

157.[美]斯蒂芬·P. 安德森：《怦然心动——情感化交互设计指南》，侯景艳、胡冠琦、徐磊译，人民邮电出版社2012年版。

158.[英]汤因比、[日]池田大作：《展望二十一世纪——汤因比与池田大作对话录》，荀春生等译，国际文化出版公司1985年版。

159.[美]唐纳德·A. 诺曼：《设计心理学3：情感设计》，何笑梅、欧秋杏译，中信出版社2012年版。

160.[美]唐纳德·L. 哈迪斯蒂：《生态人类学》，郭凡、邹和译，文物出版社2002年版。

161.[日]田中直人、岩田三千子：《标识环境通用设计：规划设计的108个视点》，王宝刚、郭晓明译，中国建筑工业出版社2004年版。

162.[俄]瓦·康定斯基：《论艺术的精神》，查立译，中国社会科学出版社1987年版。

163.[英]维多利亚·D.亚历山大：《艺术社会学》，章浩、沈杨译，江苏美术出版社2013年版。

164.[美]维克多·马格林：《设计问题——历史·理论·批评》，柳沙等译，中国建筑工业出版社2010年版。

165.[美]威廉·立德威、克里蒂娜·霍顿、吉尔·巴特勒：《设计的法则》（第3版），栾墨、刘壮丽译，辽宁科学技术出版社2018年版。

166.[美]西恩·贝洛克：《具身认知：身体如何影响思维和行为》，李盼译，机械工业出版社2016年版。

167.[日]喜多俊之：《给设计以灵魂：当现代设计遇见传统工艺》，郭菀琪译，电子工业出版社2012年版。

168.[德]席勒：《美育书简》，徐恒醇译，中国文联出版公司1984年版。

169.[丹麦]扬·盖尔：《交往与空间》，何人可译，中国建筑工业出版社1992年版。

170.[荷兰]兰尤瑞恩·范登·霍文等主编：《信息技术与道德哲学》，赵迎欢等译，科学出版社2014年版。

171.[日]原研哉：《设计中的设计｜全本》，纪江红译，广西师范大学出版社2010年版。

172.曹海林：《村落公共空间:透视乡村社会秩序生成与重构的一个分析视角》，《天府新论》2005年第4期。

173.陈新、周勇：《日本的小规模多功能养老设施》，《世界建筑导报》2015年第3期。

174.邓福星：《民艺的“名”与“实”》，《民艺》2019年第1期。

175.2017第一届现代服务业创新国际论坛与《工业设计》杂志联合报道：《服务设计与共享经济——2017第一届现代服务业创新国际论坛成功举办》，《工业设计》2017年第6期。

176.高萍：《社会记忆理论研究综述》，《西北民族大学学报（哲学社会科学版）》2011年第3期。

177.高颖、王双阳：《从现代设计人文关怀内涵的转变看设计伦理的发展》，《文艺研究》2010年第11期。

178.关俊雄：《从诗词楹联看澳门卢园》，《广东园林》2012年第1期。

179.韩力、丁伟：《基于服务设计理念的共享产品系统设计研究》，《设计》2017年第20期。

180.韩秋、汪克田、戴松青：《追溯城市历史 重塑人文空间——北京·香山甲第别墅区环境设计》，《中国园林》2005年第4期。

181.杭间:《重返自由的“工艺美术”》,《装饰》2014年第5期。

182.贺雪峰:《农村的半熟人社会化与公共生活的重建——辽宁大古村调查》,《中国乡村研究》2008年第1期。

183.胡飞、张曦:《为老龄化而设计:1945年以来涉及老年人的设计理念之生发与流变》,《南京艺术学院学报(美术与设计版)》2017年第6期。

184.胡林辉、周浩明:《基于环境行为的高层住宅区邻里交往空间环境研究——以广州地区部分高层住宅小区为例》,《装饰》2014年第9期。

185.黄光辉、孙瑱、高秦艳:《“澳门元素”在旅游纪念品设计中的应用研究》,《装饰》2011年第10期。

186.黄云峰:《“院落”精神回归　实现邻里交往》,《住宅科技》2007年第11期。

187.黄智、严一梅:《全民阅读现状及其发展战略》,《图书馆学刊》2015年第10期。

188.江牧、林鸿:《工业产品设计的安全向度》,《包装工程》2010年第22期。

189.矫海霞:《现代性消费伦理的演变与生态消费伦理的提出》,《上海行政学院学报》2003年第4期。

190.敬威:《社区归属感的营造与交往空间设计》,《艺术与设计(理论版)》2015年第6期。

191.康澄:《象征与文化记忆》,《外国文学》2008年第1期。

192.李桂花、张媛媛:《超越单向度的人——论马尔库塞的科技异化批判理论》,《社会科学战线》2012年第7期。

193.李丽、王东涛:《社区的人情交往与空间环境构成分析》,《河南大学学报(自然科学版)》2005年第2期。

194.李鹏:《高层住宅内部交通系统中邻里交往空间的研究》,《房材与应用》2003年第1期。

195.徐从淮:《行为空间论》,天津大学博士学位论文,2005年。

196.李翊、傅诚：《环境行为学导向下的公共空间活力营造》，《华中建筑》2010年第7期。

197.林广志、吕志鹏：《澳门近代华商的崛起及其历史贡献——以卢九家族为中心》，《华南师范大学学报（社会科学报）》2011年第1期。

198.刘根荣：《共享经济：传统经济模式的颠覆者》，《经济学家》2017年第5期。

199.刘佳：《共存·融会：澳门平面设计的文化格局》，《美术观察》2019年第8期。

200.刘佳：《北京清代王府花园及其布局》，《内蒙古艺术学院学报》2019年第4期。

201.刘佳：《新媒体艺术：非遗传播的新手段》，《中国文化报》2017年4月16日第7版。

202.孟娇：《劝导式设计理论在健康生活方式相关产品中的应用研究》，《设计》2015年第4期。

203.潘鲁生：《保护农村文化生态 发展农村文化产业》，《山东社会科学》2006年第5期。

204.孙光、张梓晗：《基于老龄化社会问题的无障碍设施应用设计》，《包装工程》2019年第18期。

205.师建国：《手机依赖综合征》，《临床精神医学杂志》2009年第2期。

206.唐珍：《"共享单车"发展中的文化引力分析》，《齐齐哈尔大学学报（哲学社会科学版）》2018年第9期。

207.田燕、姚时章：《论大学校园交往空间的层次性》，《重庆建筑大学学报（社会科学版）》2001年第2期。

208.王东、王勇、李广斌：《功能与形式视角下的乡村公共空间演变及其特征研究》，《国际城市规划》2013年第2期。

209.王迩淞：《工匠精神》，《中华手工》2007年第4期。

210.王国胜：《从物权意识走向共享意识的设计》，《装饰》2017年第

12期。

211.王向荣:《共享经济下民宿建筑设计理念的探讨》,《明日风尚》2018年第8期。

212.王笑梦、马涛:《符合养老设施服务管理需求的空间功能设计》,《城市建筑》2015年第1期。

213.王旭:《共享经济与群体智慧——设计的创新之路》,《城市建筑》2016年第4期。

214.王哲:《养老机构的环境理念和设计要素》,《南方建筑》2019年第4期。

215.吴彩珠:《基于共享经济的大学生涉外伴游产品设计》,《旅游纵览(下半月)》2017年第2期

216.吴冬梅:《无障碍设计原则中的人文主义精神》,《艺术百家》2007年第5期。

217.武晶、柴寅:《由行为场所理论看城市公共空间人性化设计》,《山西建筑》2008年第3期。

218.吴克练、梁蔚:《澳门卢家大屋的“三雕一塑”及其文化内涵》,《城市建设理论研究》2015年第17期。

219.吴业苗:《农村社会公共性流失与变异——兼论农村社区服务在建构公共性上的作用》,《中国农村观察》2014年第3期。

220.谢崇桥、李亚妮:《传统工艺核心技艺的本质与师徒传承》,《文化遗产》2019年第2期。

221.谢晓宇:《共享经济背景下产品服务系统设计研究》,《设计》2016年第23期。

222.辛向阳:《从用户体验到体验设计》,《包装工程》2019年第8期。

223.徐俊、朱宝生:《养老机构床位使用率及其影响因素研究——以北京市为例》,《人口与经济》2019年第3期。

224.许平、周洁:《创意产业的中国崛起》,《中华文化画报》2006年第10期。

225.许淑莲：《老年人视觉、听觉和心理运动反应的变化及其应付》,《中国心理卫生杂志》1988年第3期。

226.徐玫：《书卷之美——书籍装帧的美学思考》,《出版广角》2003年第11期。

227.徐艺乙：《构建新时代的工艺文化》,《人民日报》2019年2月24日第8版。

228.殷勤：《当代艺术观下的商业空间体验设计策略探析》,《装饰》2013年第7期。

229.阎嘉：《空间体验与艺术表达：以历史-地理唯物主义为视角》,《文艺理论研究》2016年第2期。

230.阎莉：《低碳时代的绿色设计理念研究》,《包装工程》2015年第8期。

231.张夫也：《设计，为我们共同的未来》,《美术报》2017年4月24日第20版。

232.张烈：《虚拟体验设计的基本原则》,《装饰》2008年第9期。

233.张敏、刘林、熊志勇：《情景故事法在产品文化意象设计中的应用》,《包装工程》2016年第22期。

234.张文英、许华林、李英华等：《诗意的栖居——保元泽第景观设计的现象学解析》,《建筑学报》2009年第12期。

235.郑赟、魏开：《村落公共空间研究综述》,《华中建筑》2013年第3期。

236.周素珍：《儿童依恋问题研究综述》,《呼伦贝尔学院学报》2007年第6期。

237.周燕珉等：《“探索养老设施设计与运营的有效结合”主题沙龙》,《城市建筑》2015年第1期。

238.邹云飞、邹云青、姚应水：《某高校大学生手机使用与手机依赖症的横断面调查》,《皖南医学院学报》2011年第1期。

239.[葡]安娜·玛利亚·阿马罗：《卢廉若花园的建造与沿革》,颜巧容译,《澳门研究》2012年第2期。

240.[荷]杰西·格里姆斯：《服务设计与共享经济的挑战》,李怡淙译,《装饰》2017年第12期。

241.[英]罗伯特・莱顿、詹姆希德・德黑兰尼:《中国山东省传统艺术的留存与复兴》,张彰译,《民间文化论坛》2015年第2期。

二、外文文献

1.Christia Norberg-Schulz, *The Concept of Dwelling : on the way to Figurative Architecture*, New York: Rizzoli International, 1984.

2.Edward T .Hall, *The Hidden Dimension*, New York: Anchor Books, 1969.

3.Mihaly Csikszentmihalyi, *Beyond Boredom and Anxiety*, New York: Jossey-Bass Publishers, 1975.

4.Oliver Grau, *Virtual Art: From Illusion to Immersion*, Cambridge and London: The MIT Press, 2003.

5.Ray Oldenburg, *The Great Good Place: Cafes, Coffee Shops, Bookstores, Bars, Hair Salons, and Other Hangouts at the Heart of a Communitye*, Cambridge: Da Capo Press, 1989.

6.Marc Hassenzahl, "Experience Design: Technology for All the Right Reasons", *Synthesis Lectures on Human-Centered Informatics*, 2010(1).

7.Marc S.Granovetter, "The Strength of Weak Ties", *American Journal of Sociology*, 1973(6).

8.Siobhan Magee, "Design anthropology: theory and practice", *Journal of Design History*, 2013(32).

后记

2020年12月由我负责的“中国艺术研究院基本科研业务费资助项目（批准号：2017-3-3）”完成终稿，并做好一切准备提交鉴定与商议出版等事宜。本项目自2017年上半年立项，经历了三年多的时间，应该说，这是集体智慧的成果，也是我在中国艺术研究院研究生院从事设计学教育教学工作的阶段性成果。项目选取的章节内容是这些年我指导过的部分硕士、博士研究生的学位论文，他们在已有学位论文的基础上加以修改完善，或节选其中的一部分，或就一部分内容再加以深入地探讨，其内容基本上都以关注、践行当代中国设计的“民生”问题为研究方向。

在十几年的中国艺术研究院研究生院教育教学工作过程中，“教学相长”是我最大的收获，在指导硕士、博士学位论文的同时，我的学术水平不断进步、学术视野不断拓展，同时我也努力接受设计界的新生事物。在此感谢我的学生们，他们是我的朋友同时也是我的儿女，同他们一起做学术研究是我人生中极其幸福的一件事情。在本项目成果即将出版之际，特别感谢中国艺术研究院副院长祝东力研究员、科研管理处处长陈曦研究员，他们为本项目的研究、出版等给予了鼎力支持、帮助和指导；同时，感谢中国艺术研究院科研管理处、美术研究所、院办公室、财务处等各个部门的各位领导和同事，他们为本项目的顺利进行、鉴定结项提供了保障条件。感谢为本项目做出鉴定的各位专家，我们针对你们的意见、建议进行了斟酌与修改。当然，更要感谢北京时代华文书局的周海燕老师、陈冬梅老师，她们为本项目能够顺利出版给予了多层面的支持与帮助！我还要感谢为项目全部内容提供采访、数据、资料、设计体验、考察调研等各领域的热心人士，你们共同为当代中国设计的“民生”问题建言献策，并推动了当代中国设计的永续发展。

“当代中国设计的‘民生’问题”是一个永久性的话题，需要设计研究者不断地设计、研究，且努力解决社会“民生”问题，这是一份工作，更是一份社会责任。本项目带有较大的研究性质，更多的是年轻学者的探索性研究成果，存有不妥当之处。因此，恳请各位师友、读者提出批评指正。我们将致力于这一选题的不断拓展和深层次的研究，其后续研究内容将会更加丰富、准确，致力于为“中国设计”贡献绵薄之力。

刘佳记于北京

2022年4月